高等学校“十二五”规划教材

建筑电气

主编　赵乃卓

哈爾濱工業大學出版社

内容提要

本书共九章，主要内容包括：建筑电气基础知识；建筑供配电系统负荷分级原则及对供电的要求，变配电所布置及主接线；负荷的计算；供电导线的选择及室内线路的敷设方式，高低压电气设备的种类及作用；建筑照明光源的选择，灯具的选择与控制，照度的计算，建筑物内照明设计；建筑物的防雷、接地与等电位连接；智能建筑自动化系统的组成及工作原理；建筑电气工程设计与施工。本书注重理论与实践相结合，采用国家现行的最新技术规范及技术标准，配有实际工程施工图。

本书可作为高等院校建筑类相关专业的教材，也可供从事建筑电气设计、施工管理等人员参考。

图书在版编目(CIP)数据

建筑电气/赵乃卓主编. —哈尔滨：哈尔滨工业大学出版社，2014.8

ISBN 978-7-5603-4783-7

Ⅰ.①建… Ⅱ.①赵… Ⅲ.①房屋建筑设备—电气设备—高等学校—教材 Ⅳ.①TU85

中国版本图书馆CIP数据核字(2014)第121657号

策划编辑　王桂芝
责任编辑　李长波
出版发行　哈尔滨工业大学出版社
社　　址　哈尔滨市南岗区复华四道街10号　邮编150006
传　　真　0451-86414749
网　　址　http://hitpress.hit.edu.cn
印　　刷　哈尔滨工业大学印刷厂
开　　本　787mm×1092mm　1/16　印张18.75　总字数455千字
版　　次　2014年8月第1版　2014年8月第1次印刷
书　　号　ISBN 978-7-5603-4783-7
定　　价　38.00元

前　　言

"建筑电气"属于建筑技术科学学科，是建筑电气类专业、建筑类专业、建筑环境专业、给水排水专业的特色课程。建筑电气技术是随着建筑技术、电气科技的发展而同步发展的，尤其是随着信息技术的发展，建筑技术实现了飞跃性的发展。

建筑电气是以建筑为平台，以现代电气技术、计算机技术、通信技术及智能化技术为手段，来创造、维持和改善室内空间的电、光、热、声以及通信和管理环境的一门科学，它能使建筑物更充分地发挥其特点，实现其功能。随着建筑技术的迅速发展和现代化建筑的出现，建筑电气所涉及的范围已由原来单一的供配电系统、照明系统、防雷和接地系统，发展成为以近代物理学、电工学、机械电子学、光学、声学等理论为基础，将供配电技术、安全防范技术、通信技术、自动化技术、计算机技术应用于建筑工程领域的一门新兴学科，向着综合应用的方向发展。现代建筑电气已成为现代化建筑的一个重要标志。

本书编写时，结合作者多年从事建筑电气方面的教学和科研工作实践经验，采用国家现行的最新技术规范及技术标准，强调理论联系实际的学习方式，配有实际工程施工图，使基础理论更好地为应用服务，注意加强工程设计应用能力的提高，注意最新知识的介绍。深入浅出地阐释基本概念，充分体现现代建筑电气技术的理论性、工程的实用性，让读者通过阅读和学习能全面了解建筑电气领域的主要内容、发展方向及在建筑中的应用，获得建筑电气知识与设计中的基本应用能力及创新能力。

本书主要内容包括：建筑电气基础知识，建筑供配电系统，负荷计算，导线的选择及高低压开关设备，建筑室内配电线路布线系统，建筑电气照明，建筑物防雷、接地及等电位连接，智能建筑电气技术，建筑电气工程设计与施工。

本书由赵乃卓主编，崔宁等参编。其中，第 2、3、6、7、9 章及附表由赵乃卓编写，第 1 章由高永新、王巍、姜国强、程漠强、李丹编写，第 4、5、8 章由崔宁、李建东、陈烜、陈炜、杨伟编写。本书由辽宁省阜新市建筑设计研究院赵乃颖主审。

由于编者的经验和学识有限，加之当今我国建设工程飞速发展，建筑技术也在不断进步，书中难免出现疏漏及不妥之处，恳请广大读者给予批评指正。

编　者

2014 年 4 月

目　　录

第1章 建筑电气基础知识

本章主要讲述建筑电气的任务与组成;建筑电气设备的类型与系统的分类;电力系统的基本概念及组成;单相交流电路;三相交流电路;磁路与变压器;三相异步电动机。

1.1 建筑电气的任务与组成

1. 建筑电气的任务

随着社会的进步和改革开放的不断深入,我国建筑工业突飞猛进。绿色建筑和智能建筑的兴起,标志着现代建筑正朝着多元化方向发展。与国际标准接轨,将计算机和信息处理技术与建筑艺术相结合,为人们提供一个舒适、安全、高效、节能的生活和工作环境,是当代建筑的主要特征。随着现代化建筑崛起与发展,建筑电气技术与建筑电气设计也进入了一个迅速发展的新时期。

建筑电气是以建筑为平台,以现代电气技术、计算机技术、通信技术及智能化技术为手段,创造、维持和改善室内空间的电、光、热、声以及通信和管理环境的一门科学,它创造人性化生活环境,能使建筑物更充分地发挥其特点,实现其功能。

2. 学习建筑电气的意义

随着建筑技术的迅速发展和现代化建筑的出现,建筑电气所涉及的范围已由原来单一的供配电、照明、防雷和接地,发展成为以近代物理学、电磁学、无线电电子学、机械电子学、光学、声学等理论为基础的应用于建筑工程领域内的一门新兴学科,并向综合应用的方向发展。这不仅使建筑物的供配电系统、火灾自动报警系统、安全防范系统实现了自动化,而且对建筑物内的给水排水系统、空调制冷系统、电梯系统及经营管理系统实行了最佳控制和最佳管理。因此,现代建筑电气已成为现代化建筑的一个重要标志。

3. 建筑电气系统的组成

建筑电气系统包括建筑强电系统和建筑弱电系统。

(1)建筑强电系统。包括供配电系统、照明系统、动力系统、建筑物防雷与接地系统。

(2)建筑弱电系统。包括火灾自动报警系统、安全防范系统、有线电视系统、电话系统、有线广播及扩声系统、综合布线系统、智能建筑自动化系统等。

1.2 建筑电气设备的类型与系统的分类

1. 建筑电气设备的类型

建筑电气设备的类型繁多,其性质和功能也各不相同。下面仅从建筑电气设备在建筑中的作用和专业属性进行划分。

1)按建筑电气在建筑中起到的作用划分

(1)创造环境的设备。创造环境的设备是指为人们创造良好的光、温湿度、空气和声音环境的设备,如照明设备、空调设备、通风换气设备、广播设备等。

(2)追求方便的设备。追求方便的设备是指在生活和工作中为人们提供方便以及缩短信息传递时间的设备,如电梯、通信设备等。

(3)增强安全性的设备。增强安全性的设备主要是指保护人身与财产安全以及提高设备与系统本身可靠性的设备,如报警、防火、防盗和保安设备等。

(4)提高控制性及经济性的设备。提高控制性及经济性的设备主要是指延长建筑物使用寿命、增强控制性能的设备,以及降低建筑物维修、管理等费用的管理性能的设备,如自动控制设备和电脑管理等。

2)按建筑电气设备的专业属性划分

(1)供配电设备。如变电系统的变压器、高压配电系统的开关柜、低压配电系统的配电屏与配电箱、二次回路设备、发电设备等。

(2)照明设备。如各种电、光源及灯具。

(3)动力设备。各种需要依靠电动机拖动的机械设备,如水泵、风机、电梯等。

(4)弱电设备。如电话、通信设备、电视及CATV、音响、计算机与网络、报警设备等。

(5)空调与通风设备。如制冷机泵、防排烟设备、温湿度自动控制装置等。

(6)洗衣设备。如湿洗及脱水机、干洗机等。

(7)厨房设备。如冷冻冷藏柜、加热器、自动洗刷机、消毒机、排油烟机等。

(8)运输设备。如电梯、运输机、文件及票单自动传输设备等。

2.建筑电气系统的分类

建筑电气系统一般由用电设备、供配电电路、控制和保护装置三大基本部分组成,根据这三大基本部分的性质不同,可以构成多种类型的建筑电气系统。因此,详尽地对建筑电气系统进行分类是非常困难的。但从电能的供入、分配、输送和消耗使用的角度来看,全部建筑电气系统可分为供配电系统和用电系统两大类。而根据用电设备的特点和系统中所传递能量的类型,又可将用电系统分为建筑电气照明系统、建筑动力系统和建筑弱电系统三种。

1)建筑的供配电系统

供配电系统是接受发电厂电源输入的电能,并进行检测、计算、变压等,然后向用户和用电设备分配电能的系统。供配电系统一般包括:

(1)一次接线。直接参与电能的输送与分配,由母线、开关、配电电路、变压器等组成的电路即为供配电系统的一次接线,也称主接线,它表示电能的输送路径。一次接线上的设备称为一次设备。

(2)二次接线。为了保证供配电系统的安全、经济运行以及操作管理上的方便,常在配电系统中装设各种辅助电气设备(二次设备),如控制、信号、测量仪表、继电保护装置、自动装置等,从而对一次设备进行监视、测量、保护和控制。通常把完成上述功能的二次设备之间互相连接的线路称为二次接线,也称二次回路。

供配电系统作为用电设备提供电能的路径,其质量的好坏将会直接影响到整个建筑电气系统的性能和安全,因此对供配电系统的设计应给予高度的重视。

2)建筑的用电系统

(1)建筑电气照明系统。建筑电气照明系统是用电能转换为光能的电光源进行采光,以保证人们在建筑物内外正常从事生产和生活活动,以及满足其他特殊需要的照明设施,一般由电气系统和照明系统组成。

①电气系统。电气系统是指电能的生产、输送、分配、控制和消耗使用的系统,主要由电源(市供交流电源、自备发电机或蓄电池组)、导线、控制和保护设备及用电设备(各种照明灯具等)组成。

②照明系统。照明系统是指光能的产生、传播、分配(反射、折射和透射)和消耗吸收的系统,主要由光源、控照器、室内空间、建筑内表面、建筑形状和工作面等组成。

③电气与照明系统之间的关系。电气与照明两套系统,既相互独立,又紧密联系。因此,在实际的电气照明设计中,一般程序是根据建筑设计的要求进行照明设计,再根据照明设计的成果进行电气设计,最后完成统一的电气照明设计。

(2)建筑动力系统。将电能转换为机械能的电动机,拖动机械设备运转,为整个建筑提供舒适、方便的生产与生活条件而设置的各种动力系统,统称为建筑动力系统,如供暖、通风、供水、排水、热水供应、运输系统等。维持这些系统工作的机械设备,如鼓风机、引风机、除渣机、上煤机、给水泵、排水泵、电梯等,全都是靠电动机拖动的。因此,建筑动力系统实际上就是向电动机配电,以及对电动机进行控制的系统。

①电动机的分类。电动机的分类如图 1.1 所示。

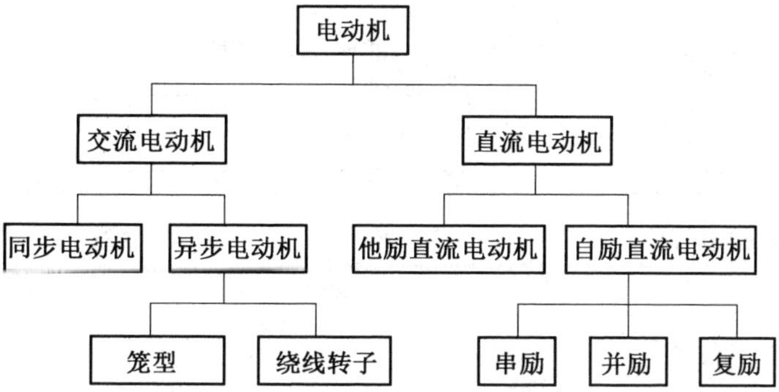

图 1.1　电动机的分类

②电动机在建筑中的应用。

a. 同步电动机构造复杂、价格昂贵,一般在建筑动力系统中很少采用。

b. 直流电动机构造比较复杂,价格也比较贵,而且需要直流电源,因此除了在对调速性能要求较高的客运电梯上应用以外,其他场所则很少应用。

c. 异步电动机构造简单,价格便宜,启动方便,在建筑动力系统中应用广泛,其中用得最多的是笼型。当启动转矩较大,或负载功率较大,或需要适当调速的场合时,则宜采用绕线转子异步电动机。

③电动机的控制。电动机的控制通常可分为人工控制和自动控制两种。

a. 人工控制。当电机功率较小,且允许现场直接控制时,靠人直接操纵执行设备(如刀开关等)为电动机配电的方式称为刀开关控制,也称人工控制。

b. 自动控制。当电动机功率较大,靠人直接控制不太安全时,或当电动机距控制地点太远而无法就地直接控制以及需要远距离集中控制时，则要采用自动控制方式。自动控制方式中最常采用的是继电器接触器控制方式和可编程逻辑控制器（PLC）控制方式。有时为了节能，也会采取变频控制方式。

（3）建筑弱电系统。电能作为弱电信号的电子设备，具有信号准确接收、传输和显示，并以此满足人们获取各种信息的需要和保持相互联系的各种系统，它们统称为建筑弱电系统，如通信系统、广播系统、共用电视天线系统、火灾报警系统、智能保安系统、综合布线系统、办公自动化等。

随着现代建筑与建筑弱电系统的进一步融合，智能建筑也随之出现。因此，建筑物智能化的高低取决于其是否具有完备的建筑弱电系统。

1.3　电力系统的基本概念及组成

电力是由完成电能的生产、输送、分配以及消费任务的电气设备所组成的统一整体。现代工农业生产及整个社会生活中所应用的电力，绝大部分均是由发电厂发送出来的。电力从生产到供给用户应用，通常需要经过发电、输电、变电、配电、用电五个环节。电力从生产到应用的全过程，客观上就形成了电力系统。因此，电力系统是由发电厂、电力网及电力用户所组成的统一整体，通常简称为系统，其示意如图 1.2 所示。

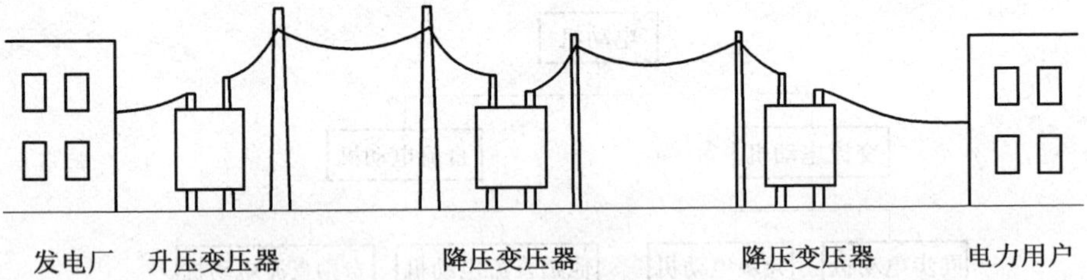

(a)示意图(一)

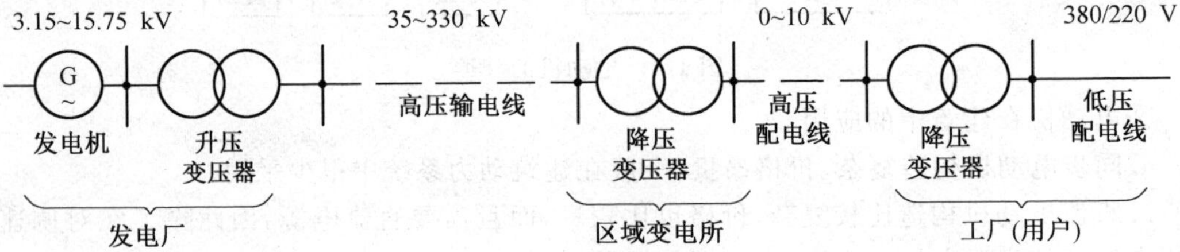

(b)示意图(二)

图 1.2　电力系统示意图

电力系统的功能是将自然界的一次能源通过发电动力装置（主要包括锅炉、汽轮机、发电机及电厂辅助生产系统等）转化为电能，再经输、变电系统及配电系统将电能供应到各负荷中心，通过各种设备再转换成动力、热、光等不同形式的能量，为地区经济和人民生活提供服务。

由于电源点与负荷中心多处于不同地区，且无法大量储存，所以其生产、输送、分配和消费均需在同一时间内完成，并在同一地域内有机地组合成一个整体，电能生产必须时刻与消费保持平衡。

电力系统的出现，使高效、无污染、使用方便、易于调控的电能得到了广泛的应用，并且推动了社会生产各个领域的发展，开创了电力时代。电力系统的规模和技术水准已成为一个国家经济发展水平的标志之一。

1. 发电厂

发电厂是生产电能的场所，在这里可以把自然界中的一次能源转换为用户能够直接使用的二次能源，即电能。

根据发电厂所取用一次能源种类的不同，主要有火力发电、水力发电、核能发电等发电形式，此外还有潮汐发电、地热发电、太阳能发电、风力发电等。

2. 电力网

电力系统是由电源、电力网以及电力用户所组成的整体。其中，电力网由升压和降压变电所及与之相对应的电力线路组成，其主要作用是变换电压、传送电能(负责将发电厂生产的电能经过输电线路，输送到用户或用电设备)。

由输电、变电、配电设备及相应的辅助系统所组成的联系发电与用电的统一整体称为电力网，如图1.3所示。

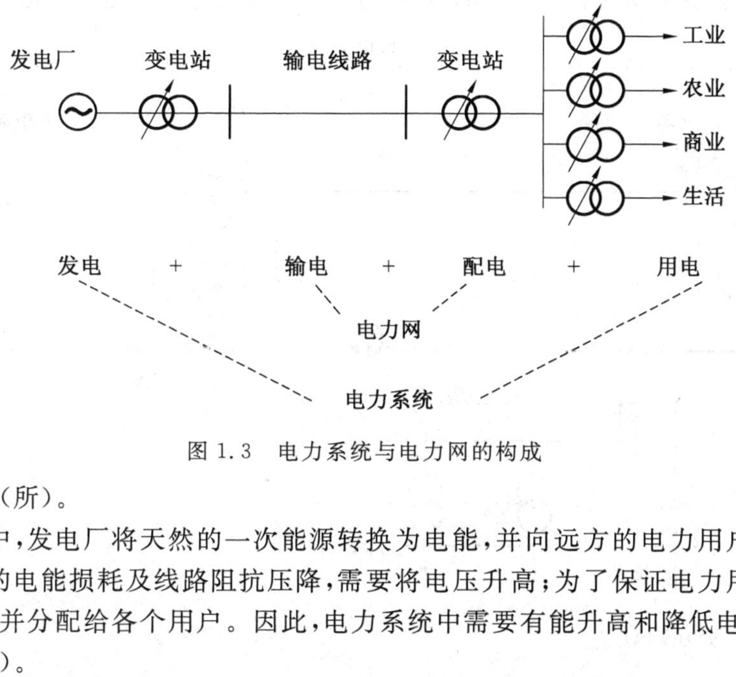

图1.3　电力系统与电力网的构成

(1)变电站(所)。

电力系统中，发电厂将天然的一次能源转换为电能，并向远方的电力用户送电，为了减小输电线路上的电能损耗及线路阻抗压降，需要将电压升高；为了保证电力用户的安全，又要将电压降低，并分配给各个用户。因此，电力系统中需要有能升高和降低电压并能分配电能的变电站(所)。

变电站(所)是电力系统中变换电压、接受和分配电能的场所，主要包括电力变压器、母线、开关及控制保护设备等，其作用是通过控制电力的流向和调整电压，将各级电压的电网联系起来。

变电站(所)由电力变压器、配电装置、二次系统及必要的附属设备组成。其中，变压器是变电所的中心设备，主要利用电磁感应原理；配电装置是变电所中所有开关电器、载流导体、辅助设备连接在一起的装置，主要由母线、高压断路器开关、电抗器线圈、互感器、电力电容器、避雷器、高压熔断器、二次设备及必要的其他辅助设备所组成，其作用是接受和分配电能；二次设备是指一次系统状态测量、控制、监察和保护的设备装置，由这些设备构成的回路称为二次回路，总称二次系统。

根据变压器的功能，可将变电所划分为升压变电所和降压变电所两种，如图 1.4 所示。前者一般位于发电厂内部或电力网的枢纽部分，用于将电压升高到可以远距离输送的高电压；后者一般位于电网的末端，用于将电能降低到用户所需要的配电电压。

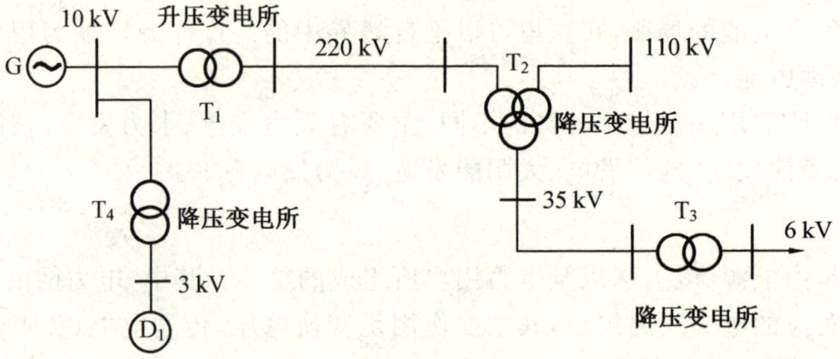

图 1.4　升压变电所和降压变电所

根据变电站(所)在系统中所处的地位可分为枢纽变电所、中间变电所和终端变电所，如图 1.5 所示；根据变电所所在电力网的位置，可分为区域变电所和地方变电所。

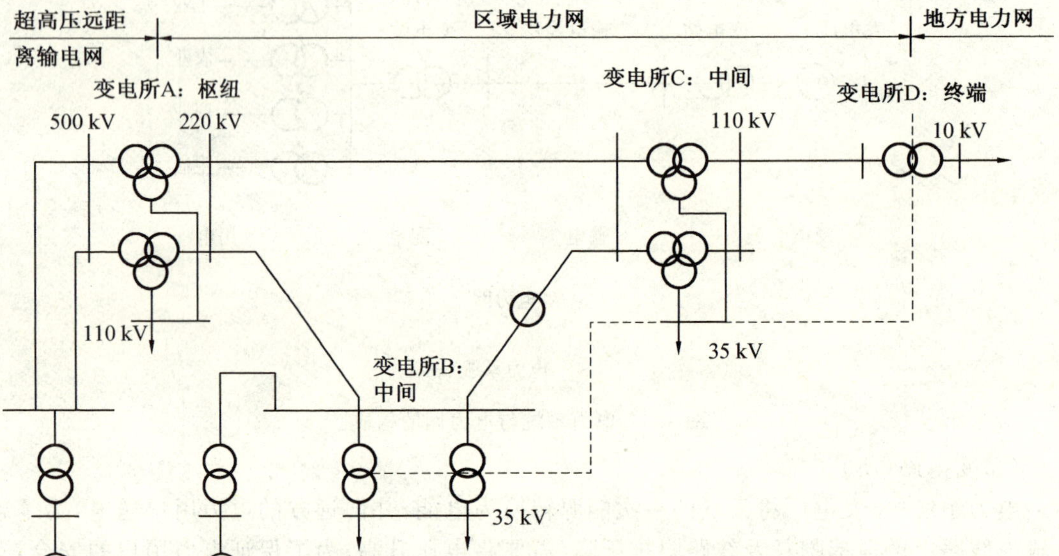

图 1.5　枢纽变电所、中间变电所和终端变电所

配电所是接受电能、再分配电能的场所，主要由母线、开关及控制保护设备组成，不包括电力变压器。

(2)输电网。

输电网可以把相距遥远的(可达数千千米)发电厂与负荷中心联系起来，使电能的开发和利用超越地域的限制。与其他能源的传输(如输煤、输油等)相比，电力输送具有损耗小、效益高、灵活方便、易于调控、环境污染少等特点；此外，输电还可以将不同地点的发电厂连接起来，实行峰谷调节。输电是电能利用优越性的重要体现，在现代化社会中，它是重要的能源动脉。

输电线路按结构形式的不同，可分为架空输电线路和地下输电线路两种。前者架设在地面上，由线路杆塔、导线、绝缘子等构成；后者主要用电缆敷设在地下（或水下）。输电方式按所送电流性质的不同，可分为直流输电和交流输电两种。19 世纪 80 年代首先成功地实现了直流输电，后因受电压不易提高的限制（输电容量大致与输电电压的平方成比例）在 19 世纪末被交流输电所取代。交流输电的成功，迎来了 20 世纪的电气化时代。20 世纪 60 年代以来，由于电力电子技术的不断发展，直流输电又有了新的发展，它能够与交流输电相互配合，形成交直流混合的电力系统。

输电电压的高低是输电技术发展水平的主要标志。至 20 世纪 90 年代，世界各国常用的输电电压包括 220 kV 及以下的高压输电、330～765 kV 的超高压输电、1 000 kV 及以上的特高压输电。

输电线路的功能是将发电厂发出的电力输送到消费电能的地区，或进行相邻电网间的电力互送，使之形成互联电网或统一电网，保持发电与用电或两电网间的供需平衡。

输电网由输电设备和变电设备构成。前者主要包括输电线、杆塔、绝缘子串、架空线路等；后者主要集中在变电站内，包括变压器、电抗器（用于 330 kV 以上）、电容器、断路器、接地开关、隔离开关、避雷器、电压互感器、电流互感器、母线等一次设备，以及确保安全、可靠输电的继电保护、监视、控制和电力通信系统等二次设备。

（3）配电网。

配电网的作用是将电力分配到配电变电站后，再进一步分配和供给工业、农业、商业、居民及特殊需要的用电部门。这其中也有一部分电力不经配电变电站，而是直接分配到大用户，再由大用户的配电装置进行配电。

配电网应按地区进行划分，一个配电网担任分配一个地区的电力及向该地区供电的任务。配电网之间通过输电网发生联系。

配电网一般分为高压、中压、低压配电网三种。35～110 kV 为高压配电网；10 kV 为中压配电网；220/380 V 为低压配电网。

3. 电力用户（用电设备）

在电力系统中，所有的用电设备和用电单位统称为电力用户。电力用户是消耗电能的场所，主要将电能通过用电设备转换为能够满足用户需求的其他形式的能量，如电动机将电能转换为机械能、电热设备将电能转换为热能、照明设备将电能转换为光能等。

（1）动力负荷。

建筑内常用的动力设备主要是可以将电能转换为机械能的电动机、拖动水泵、风机等，一般包括给排水动力负荷、冷冻机组动力负荷、电梯负荷、通风机负荷、弱电负荷、电炊负荷、插座设备负荷等。建筑动力负荷实际上就是向电动机配电，以及对电动机进行控制的系统。

（2）照明负荷。

照明负荷主要用于各种电光源，通常包括一般照明和应急照明两种。

①白炽灯。白炽灯是利用电流的热效应制成的，多用于建筑物室内的照明、施工工地的临时照明。聚光灯的电光电压，其额定电压为 220 V 和 36 V 安全电压，可用作地下室施工照明或手持临时照明光源。

②卤钨灯。卤钨灯是白炽光源的一种，因灯内充入卤化物而得名。一般包括碘钨灯和溴钨灯两种，被广泛应用于宾馆、商场、柜台、舞厅及家庭作为装饰照明，在交通运输、电视及仪器方面也可大量使用。

③荧光灯。荧光灯比白炽灯节电 70%，适用于办公室、宿舍、图书馆、教室、隧道、地铁、商场等对显色性要求较高的场所及顶棚高度在 5 m 以下的车间。紧凑型荧光灯的发光效率比普通荧光灯高 5%，细管型荧光灯比普通荧光灯节电 10%。因此，紧凑型和细管型荧光灯是当今“绿色照明工程”实施方案中推出的两种高效节能电光源。

④高强度气体放电灯(HID 灯)。高强度气体放电灯(HID 灯)主要包括汞灯、金属卤素灯、钠灯等。在这些灯的弧形管里输入气体，因此每一种灯都具有不同的颜色及特点，从而提高了灯的整体发光效率。

电力用户根据供电电压的不同，可分为高压用户和低压用户两种，高压用户的额定电压在 1 kV 以上，低压用户的额定电压一般为 220/380 V。

建筑供配电系统由高压配电线路、变电站(配电站)、低压配电线路和用电设备组成；或由它们其中的几部分组成。

1.4 单相交流电路

正弦电压与正弦电流在电工技术中应用十分广泛，在电力工程中几乎所有的电压电流均随时间按正弦规律变化。通信工程上使用的非正弦周期函数，均可分解为一个频率成整数倍的正弦函数的无穷级数。因此，了解正弦交流电路的分析方法具有非常重要的意义。

1. 正弦交流电的概念

(1) 正弦电流。

随时间按正弦规律变化的电流称为正弦电流，同样也有正弦电压、正弦电动势、正弦磁通等。这些按正弦规律变化的物理量统称为正弦量。

设图 1.6 中通过元件的电流 i 为正弦电流，其参考方向如图所示。正弦电流的一般表达式为

$$i(t) = I_{\mathrm{m}}\sin(\omega t + \varphi) \tag{1.1}$$

$i(t)$ 表示电流 i 是时间 t 的正弦函数，不同的时间 i 有不同的量值，称为 i 的瞬时值，以小写字母表示。电流 i 的时间函数曲线如图 1.7 所示，称为波形图。电流值有正有负，当电流

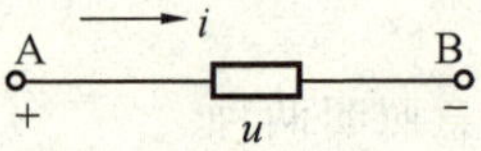

图 1.6　电路元件

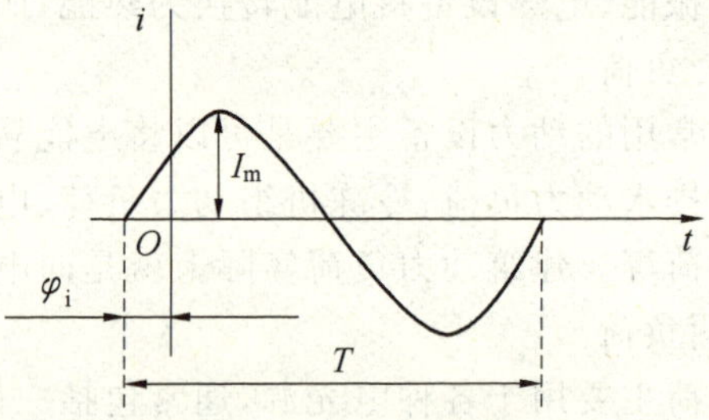

图 1.7　正弦电流的波形图

值为正时，表示电流的实际方向与参考方向一致；当电流值为负时，表示电流的实际方向与参考方向相反。但应注意，符号的正负只有在规定了参考方向时才具有意义，这与直流电路是相同的。

(2) 相位差。

在正弦交流电路分析中，经常要比较两个同频率正弦量之间的相位。设任意两个同频率的正弦电流为

$$i_1(t)=I_{m1}\sin(\omega t+\varphi_1)$$
$$i_2(t)=I_{m2}\sin(\omega t+\varphi_2)$$

其相位差为

$$\varphi_{12}=(\omega t+\varphi_1)-(\omega t+\varphi_2)=\varphi_1-\varphi_2 \tag{1.2}$$

相位差等于它们初相位之差，是与时间无关的常量，习惯取 $|\varphi_{12}|\leqslant 180°$。若两个同频率正弦电流的相位差为零，即 $\varphi_{12}=0$，则称这两个正弦量为同相位，如图 1.8 中的 i_1 和 i_3；否则就称为不同相位，如 i_1 和 i_2。若 $\varphi_1-\varphi_2>0$，则称 i_1 超前 i_2，即 i_1 比 i_2 先到达正峰值，相反也可以说成 i_2 滞后 i_1。超前或滞后有时也需指明超前或滞后多少角度或时间，以角度表示时为 $\varphi_1-\varphi_2$，若以时间表示，则为 $(\varphi_1-\varphi_2)/\omega$。若两个正弦电流的相位差为 $\varphi_{12}=\pi$，则称这两个正弦量为反相；若 $\varphi_{12}=\dfrac{\pi}{2}$，则称这两个正弦量为正交。

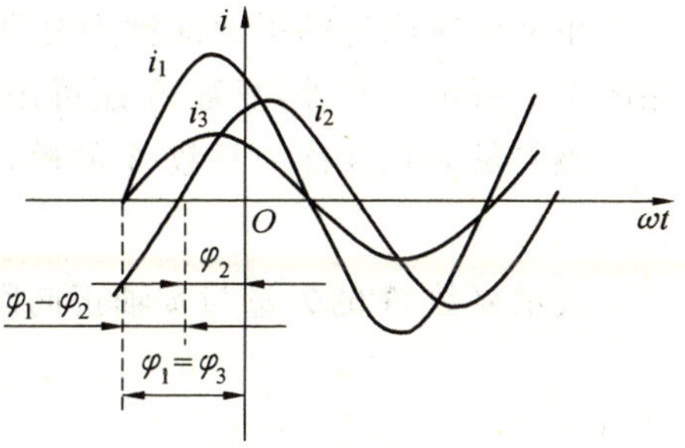

图 1.8　正弦量的相位关系

(3) 有效值。

正弦电流是随着时间而变化的，要完整地描述它们需要通过其表达式或波形图来进行。在电工技术中，往往并不要求知道每一瞬时的大小，这时可采用有效值来表征大小。其定义如下：周期电流 i 流过电阻 R 在一个周期所产生的能量与直流电流 I 流过电阻 R 在时间 T 内所产生的能量相等，则此直流电流的量值为此周期性电流的有效值。其表达式为

$$I=\sqrt{\frac{1}{T}\int_0^T i^2\,\mathrm{d}t} \tag{1.3}$$

从式(1.3)来看，周期电流的有效值是瞬时值的平方在一个周期内的平均值再开平方，所以有效值又称为方均根值。对于正弦电流则有

$$I=\sqrt{\frac{1}{T}\int_0^T i^2\,\mathrm{d}t}=\sqrt{\frac{1}{T}\int_0^T I_m^2\sin^2(\omega t+\varphi)\,\mathrm{d}t}=\frac{I_m}{\sqrt{2}}\approx 0.707I_m \tag{1.4}$$

同理可得

$$U=\frac{U_m}{\sqrt{2}},\quad E=\frac{E_m}{\sqrt{2}}$$

在工程上凡谈到周期性电流或电压、电动势等量值时，若无特殊说明则总是指有效值，一般电气设备铭牌上所标明的额定电压和电流值也是指有效值，如灯泡上注明电压 220 V 字样是指额定电压的有效值为 220 V。但是电气设备的绝缘水平(耐压)，则是按最大值来考虑的。大多数交流电压表和电流表均测量其有效值。

2. 正弦交流电路的计算方法

一个正弦量用三角函数式或正弦曲线来表示时其运算是十分烦琐的，有必要研究如何简化。由于在正弦交流电路中，所有的电压、电流均为同频率的正弦量，所以要确定这些正弦量，只需确定其有效值和初相即可。相量法就是用复数来表示正弦量，使正弦交流电路的稳态分析与计算转化为复数运算的一种方法。

(1) 复数及其表示形式。

设 A 是一个复数，并设 a 和 b 分别为其实部和虚部，则有

$$A = a + \mathrm{j}b \quad (\mathrm{j}^2 = -1) \tag{1.5}$$

电工中一般选用 j 来表示虚单位以避免与电流 i 混淆。式(1.5) 为复数的代数形式。

复数可用复平面上所对应的点来表示。作一直角坐标系，以横轴为实轴，纵轴为虚轴，此直角坐标所确定的平面即称为复平面。复数 A 可用复平面上坐标为(a,b) 的点来表示，如图 1.9 所示。此外，复数 A 还可用原点指向点(a,b) 的矢量来表示，如图 1.10 所示。

该矢量的长度称为复数 A 的模，记作 $|A|$，其表达式为

$$|A| = \sqrt{a^2 + b^2} \tag{1.6}$$

表示复数 A 的矢量与实轴正向间的夹角 φ 称为 A 的辐角，记作

$$\varphi = \arctan \frac{b}{a} \tag{1.7}$$

从图 1.10 中可得到如下关系：

$$\left.\begin{aligned} a &= |A| \cos \varphi \\ b &= |A| \sin \varphi \end{aligned}\right\} \tag{1.8}$$

复数

$$A = a + \mathrm{j}b = |A| (\cos \varphi + \mathrm{j}\sin \varphi) \tag{1.9}$$

称为复数的三角形式。

再利用欧拉公式

$$\mathrm{e}^{\mathrm{j}\varphi} = \cos \varphi + \mathrm{j}\sin \varphi$$

又得

$$A = |A| \mathrm{e}^{\mathrm{j}\varphi} \tag{1.10}$$

称为复数的指数形式。在工程上简写为 $A = |A| /\varphi$。

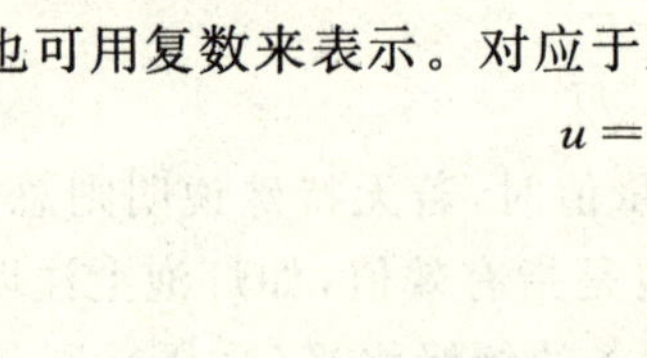

图 1.9　复数在复平面上的表示

图 1.10　复数的矢量表示

(2) 正弦量的相量表示。

正弦量也可用复数来表示。对应于正弦电压

$$u = U_{\mathrm{m}} \sin(\omega t + \varphi)$$

可以写作

$$\dot{U} = U\mathrm{e}^{\mathrm{j}\varphi} \tag{1.11}$$

简写为

$$\dot{U} = U/\varphi \tag{1.12}$$

$\dot{U}$ 称为正弦量的相量，它包含了正弦量的有效值 U 和初相角 φ，复数上面的小圆点表示相量。

复数 $e^{j\varphi}=1/\varphi$ 是一个模等于 1，而辐角等于 φ 的复数。任意复数 $A=|A|e^{j\varphi_1}$ 乘以 $e^{j\varphi}$ 等于

$$|A|e^{j\varphi_1}\times e^{j\varphi}=|A|e^{j(\varphi_1+\varphi)}=|A|\angle(\varphi_1+\varphi)$$

即复数的模不变，辐角变化了 φ 角，此时复数矢量按逆时针方向旋转了 φ 角，故 $e^{j\varphi}$ 称为旋转因子。使用最多的旋转因子一般为 $e^{j90^\circ}=j$ 和 $e^{j(-90^\circ)}=-j$。任何一个复数乘以 j(或除以 j)，均相当于将该复数矢量按逆时针方向旋转 90°；而乘以 −j(或除以 −j) 则相当于将该复数相量按顺时针方向旋转 90°；−1 也是旋转因子，任何复数乘以 −1，均相当于将复数相量旋转 180°。

用相量表示正弦量时，必须对正弦量和相量进行区分。正弦量是时间的函数，而相量只包含了正弦量的有效值和初相位，它只能代表正弦量，而并不等于正弦量。正弦量与相量之间存在着一一对应的关系。给定了正弦量，可以得出表示它的相量；反之，由一已知的相量，也可以写出代表它的正弦量。

相量与复数一样，可以在复平面上用相量表示，这种表示相量的图称为相量图，如图 1.11 所示。为了清楚起见，图上省去了虚轴 +j，今后有时实轴也可以省去。

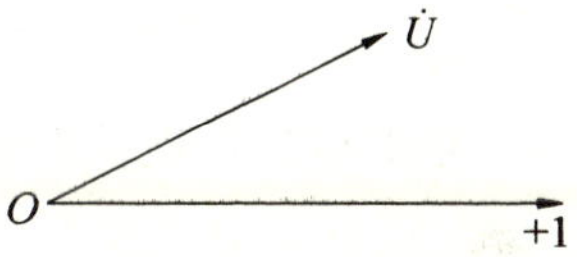

图 1.11　电压相量图

【例 1.1】　已知两频率均为 50 Hz 的电压，它们的相量分别为 $\dot{U}_1=380\angle30^\circ$ V，$\dot{U}_2=220\angle-60^\circ$ V，试写出这两个电压的解析式。

解

$$\omega=2\pi f=2\pi\times50\ \text{rad/s}\approx314\ \text{rad/s}$$

$$U_1=380\sqrt{2}\sin(314t+30^\circ)\text{V}$$

$$U_2=220\sqrt{2}\sin(314t-60^\circ)\text{V}$$

【例 1.2】　已知 $i_1=100\sqrt{2}\sin\omega t$ A，$i_2=100\sqrt{2}\sin(\omega t-120^\circ)$ A，试用相量法求 i_1 与 i_2 的和。

解

$$\dot{I}_1=100\angle0^\circ\text{A}$$

$$\dot{I}_2=100\angle-120^\circ\text{A}$$

$$\dot{I}_1+\dot{I}_2=100\angle0^\circ\ \text{A}+100\angle-120^\circ\ \text{A}=100\angle-60^\circ\text{A}$$

$$i_1+i_2=100\sqrt{2}\sin(\omega t-60^\circ)\text{A}$$

由此可见，正弦量用相量表示，可以简化正弦量的运算。

(3) 电阻电路。

① 正弦电压与电流的关系。如图 1.12 所示，当电压与电流为关联参考方向时，如电阻两端的电压 $u_R=U_{Rm}\sin(\omega t+\varphi_u)$，则电阻上的电流为

$$i_R=\frac{u_R}{R}=\frac{U_{Rm}\sin(\omega t+\varphi_u)}{R}=I_{Rm}\sin(\omega t+\varphi_i)\tag{1.13}$$

上式中

$$I_{Rm}=\frac{U_{Rm}}{R},\quad \varphi_i=\varphi_u$$

有效值关系为

$$I_R=\frac{U_R}{R}\tag{1.14}$$

从上述分析可知，电阻电路中：电阻两端的电压与电流同频率、同相位；电压与电流有效值（或最大值）之间的关系符合欧姆定律。其波形如图 1.13 所示（设 $\varphi_i=0$）。

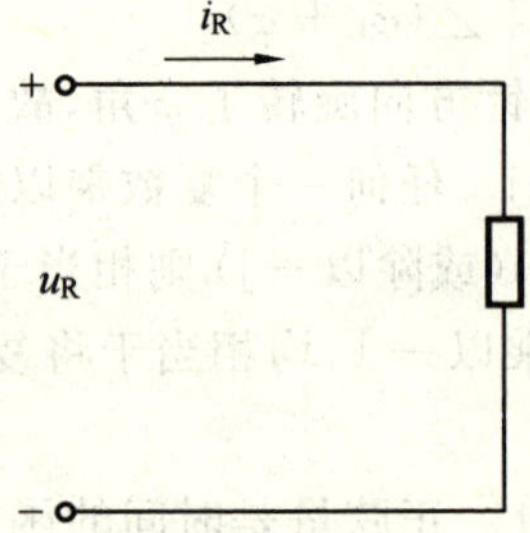

图 1.12 电阻元件

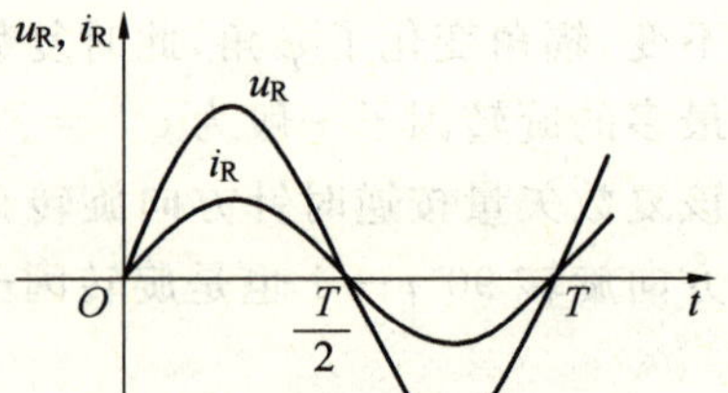

图 1.13 电阻元件的电压、电流波形图

② 电压与电流的相量关系。设流经电阻 R 的电流为

$$i_R=\sqrt{2}I_R\sin(\omega t+\varphi_i)$$

其相量

$$\dot{I}_R=I_R\angle\varphi_i \tag{1.15}$$

根据电压与电流的基本关系，可得

$$u_R=Ri_R=\sqrt{2}RI_R\sin(\omega t+\varphi_i)$$

其相量

$$\dot{U}_R=RI_R\angle\varphi_i \tag{1.16}$$

比较式(1.15) 和式(1.16) 可得

$$\dot{U}_R=R\dot{I}_R \tag{1.17}$$

式(1.17) 就是电阻元件上电压与电流的相量关系，也是相量形式的欧姆定律。

将式(1.17) 改写为

$$U_R\angle\varphi_u=RI_R\angle\varphi_i$$

比较上式等号两边可得

$$U_R=RI_R \tag{1.18}$$

$$\varphi_u=\varphi_i \tag{1.19}$$

式(1.18) 与式(1.14) 完全一致。可见相量关系式既能表示电压与电流有效值之间的关系，又能表示其相位关系。

电阻元件的相量模型及相量图如图 1.14 所示。

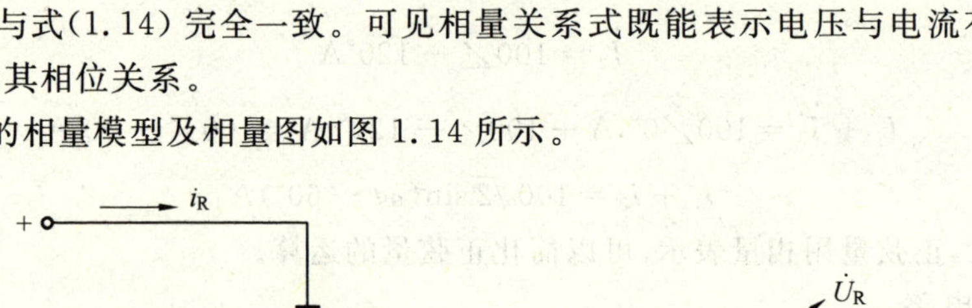

(a)相量模型　(b)相量图

图 1.14 电阻元件的相量模型及相量图

③ 电阻元件的功率。在交流电路中，任意电路元件上的电压瞬时值与电流瞬时值的乘积称为该元件的瞬时功率，以小写字母 p 来表示。

当 u_R，i_R 取关联参考方向时，设初相角为 0°，则正弦交流电路中电阻元件上的瞬时功率为

$$\begin{aligned} p &= u_R i_R = U_{Rm}\sin\omega t \times I_{Rm}\sin\omega t \\ &= U_{Rm} I_{Rm} \sin^2\omega t \\ &= U_R I_R (1-\cos 2\omega t) \end{aligned} \tag{1.20}$$

其电压、电流、功率的波形图如图 1.15 所示。

从图中可以看出，只要有电流流过电阻，则电阻 R 上的瞬时功率 $p \geqslant 0$，即总是吸收功率（消耗功率）。其吸收功率的大小在工程上都用平均功率来表示，周期性交流电路中的平均功率就是瞬时功率在一个周期内的平均值。由于

$$P = \frac{1}{T}\int_0^T p\,dt = \frac{1}{T}\int_0^T U_R I_R(1-\cos 2\omega t)\,dt = U_R I_R$$

又因为　$U_R = R I_R$

所以　$P = U_R I_R = I_R^2 R = \dfrac{U_R^2}{R}$　(1.21)

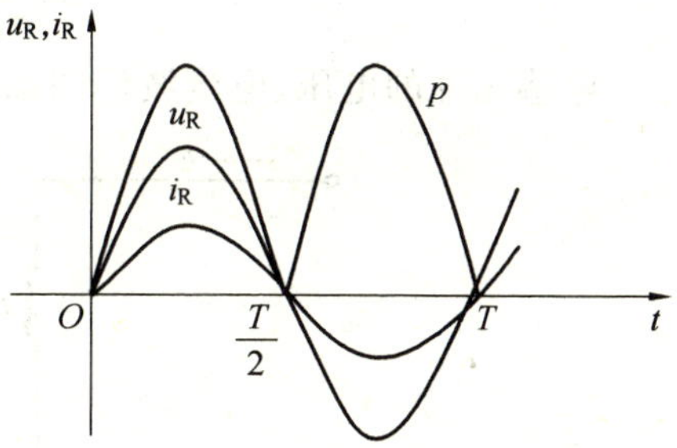

图 1.15　电阻元件的功率波形图

式（1.21）与直流电路中电阻功率有相似的公式，但应注意 U 与 I 是正弦电压与正弦电流的有效值。由于平均功率反映了元件实际消耗电能的情况，所以也称为有功功率，习惯上常简称为功率。

【例 1.3】　一额定电压为 220 V、功率为 100 W 的电烙铁，误接在 380 V 的交流电源上，此时它消耗的功率是多少？会出现什么现象？

解　已知额定电压和功率可求出电烙铁的等效电阻，即

$$R = \frac{U_R^2}{P} = \frac{220^2}{100}\Omega = 484\ \Omega$$

当电烙铁误接在 380 V 电源上时，其实际消耗的功率为

$$P_1 = \frac{380^2}{484}\text{W} \approx 298\ \text{W}$$

此时，电烙铁内的电阻很可能被烧断。

（4）电感元件。

① 正弦电压和电流的关系。设一电感 L 中通入正弦电流，$i_L = I_{Lm}\sin(\omega t+\varphi_i)$，其参考方向如图 1.16 所示，则电感两端的电压为

$$\begin{aligned} u_L &= L\frac{di_L}{dt} = L\frac{dI_{Lm}\sin(\omega t+\varphi_i)}{dt} \\ &= I_{Lm}\omega L\cos(\omega t+\varphi_i) \\ &= U_{Lm}\sin\left(\omega t+\varphi_i+\frac{\pi}{2}\right) \\ &= U_{Lm}\sin(\omega t+\varphi_u) \end{aligned}$$

上式中

$$U_{Lm} = \omega L I_{Lm} \tag{1.22}$$

有效值为

$$U_L = \omega L I_L,\quad \varphi_u = \varphi_i + \frac{\pi}{2} \tag{1.23}$$

从上述分析可知：电感两端的电压与电流同频率；电感两端的电压在相位上超前电流

90°；电感两端的电压与电流的有效值（或最大值）之比为 ωL。

令
$$X_L = \omega L = 2\pi f L \tag{1.24}$$

式中　X_L—— 感抗，Ω。

感抗是表示电感元件对电流阻碍作用的一个物理量，它与角频率成正比。

在直流电路中，由于 $\omega=0$，$X_L=0$，所以电感在直流电路中被视为短路。将式(1.24)代入式(1.23)得

$$U_L = X_L I_L \tag{1.25}$$

电感元件的电压、电流波形图如图 1.17 所示（设 $\varphi_i=0$）。

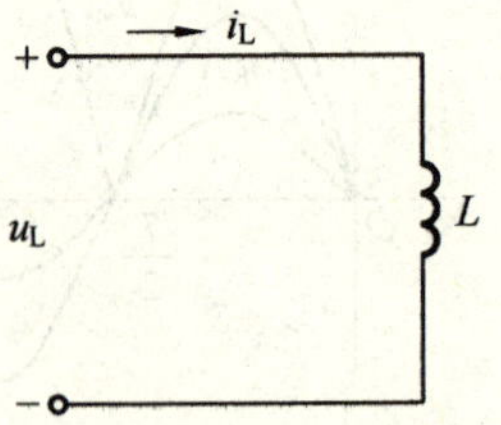

图 1.16　电感元件

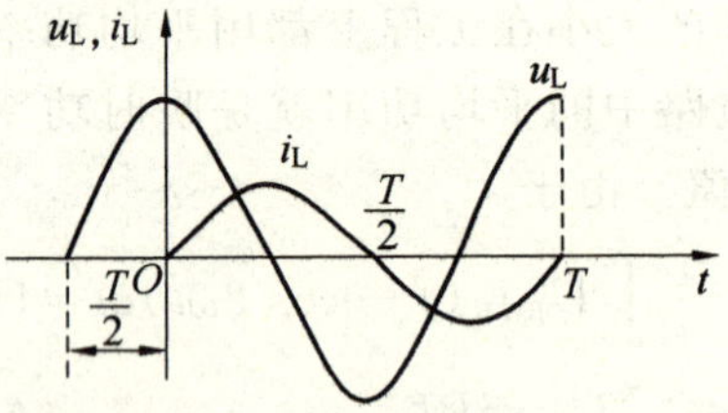

图 1.17　电感元件的电压、电流波形图

② 电压与电流的相量关系。设电感 L 的电流为

$$i_L = \sqrt{2} I_L \sin(\omega t + \varphi_i)$$

相量为
$$\dot{I}_L = I_L \angle \varphi_i$$

电感两端电压为
$$u_L = \sqrt{2}\,\omega L I_L \sin\left(\omega t + \varphi_i + \frac{\pi}{2}\right)$$

其相量形式为
$$\dot{U}_L = \omega L I_L \angle \varphi_i = \mathrm{j}\omega L \dot{I}_L = \mathrm{j} X_L \dot{I}_L \tag{1.26}$$

式(1.26)就是电感元件上电压与电流的相量关系式。

将式(1.26)改写为
$$U_L \angle \varphi_u = X_L I_L \angle \varphi_i + 90^\circ$$

比较上式等号两边可得

$$U_L = X_L I_L$$
$$\varphi_u = \varphi_i + 90^\circ$$

这与式(1.23)完全一致。电感元件的相量模型及相量图如图 1.18 所示。

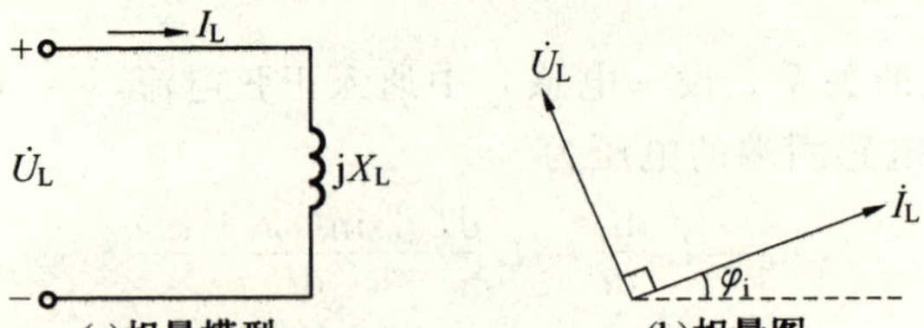

(a)相量模型　　(b)相量图

图 1.18　电感元件的相量模型及相量图

③ 电感元件的功率。设电压与电流取关联参考方向，且 $\varphi_i=0$，则电感元件的瞬时功率可表示为

$$p = u_L i_L = U_{Lm}\left(\omega t + \frac{\pi}{2}\right) \times I_{Lm} \sin \omega t$$
$$= U_{Lm} I_{Lm} \sin \omega t \cos \omega t = U_L I_L \sin 2\omega t \tag{1.27}$$

其电压、电流、功率的波形图如图 1.19 所示。

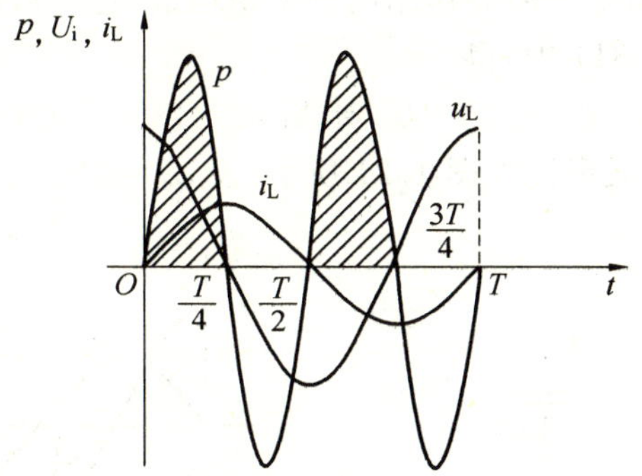

图 1.19　电感元件的电压、电流、功率波形图

电感平均功率为

$$P=\frac{1}{T}\int_0^T p\mathrm{d}t=\frac{1}{T}\int_0^T U_L I_L \sin 2\omega t\,\mathrm{d}t=0 \tag{1.28}$$

这意味着电感元件不消耗能量，它是储能元件。但电感吸收的瞬时功率不为零，在第 1 和第 3 个 1/4 周期内，瞬时功率为正值，电感吸取电源的电能，并将其转换为磁场能量储存起来；在第 2 和第 4 个 1/4 周期内，瞬时功率为负值，将储存的磁场能量再转换为电能返送给电源。

为了衡量电源与电感元件之间能量交换的大小，把电感元件瞬时功率的最大值称为无功功率，以 Q_L 来表示，即

$$Q_L=U_L I_L=I_L^2 X_L=\frac{U_L^2}{X_L} \tag{1.29}$$

无功功率的单位为乏(var)，工程中有时也用千乏(kvar)。

(5) 电容元件。

① 正弦电压和电流的关系。设一电容 C 中通入正弦交流电 $u_C=U_{Cm}\sin(\omega t+\varphi_u)$，其参考方向如图 1.20 所示。

电路中电流的表达式为

$$\begin{aligned} i_C&=C\frac{\mathrm{d}u_C}{\mathrm{d}t}=C\frac{\mathrm{d}U_{Cm}\sin(\omega t+\varphi_u)}{\mathrm{d}t}\\ &=U_{Cm}\omega C\cos(\omega t+\varphi_u)\\ &=I_{Cm}\sin(\omega t+\varphi_u+\frac{\pi}{2})\\ &=I_{Cm}\sin(\omega t+\varphi_i) \end{aligned} \tag{1.30}$$

式(1.30) 中　$I_{Cm}=U_{Cm}\omega C$

写成有效值为　$I_C=\omega C U_C,\quad \varphi_i=\varphi_u+\frac{\pi}{2}$　(1.31)

从上述分析可知：电容两端的电压与电流同频率；电容两端的电压在相位上滞后电流 90°；电容两端的电压与电流有效值之比为 $1/\omega C$。

令　$X_C=\frac{1}{\omega C}=\frac{1}{2\pi f C}$　(1.32)

式中　X_C—— 电抗,Ω。

电抗是表示电容元件对电流阻碍作用的一个物理量,它与角频率成反比。

将式(1.32)代入式(1.31)中,得

$$U_C = X_C I_C \tag{1.33}$$

电容元件的电压、电流波形图如图 1.21 所示(设 $\varphi_u = 0$)。

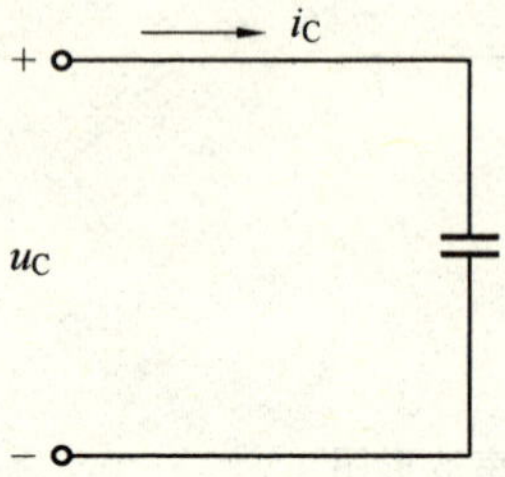

图 1.20　电容元件

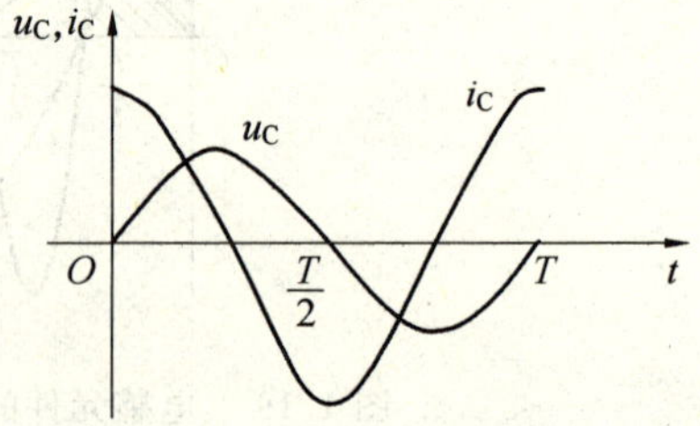

图 1.21　电容元件的电压、电流波形图

② 电容元件上电压与电流的相量关系。设电容两端的电压为

$$u_C = \sqrt{2} U_C \sin(\omega t + \varphi_u)$$

其相量形式为　$\dot{U}_C = U_C \angle \varphi_u$

根据式(1.30),则流过电容的电流可表示为

$$i_C = \sqrt{2}\, \omega C U_C \sin\left(\omega t + \varphi_u + \frac{\pi}{2}\right)$$

其相量形式为　$\dot{I}_C = \omega C U_C \angle \varphi_u + 90° = j\omega C \dot{U}_C = j\dfrac{\dot{U}_C}{X_C}$

或　$$\dot{U}_C = -jX_C \dot{I}_C \tag{1.34}$$

式(1.34)就是电容元件上电压与电流的相量关系式。

电容元件的相量模型及相量图如图 1.22 所示。

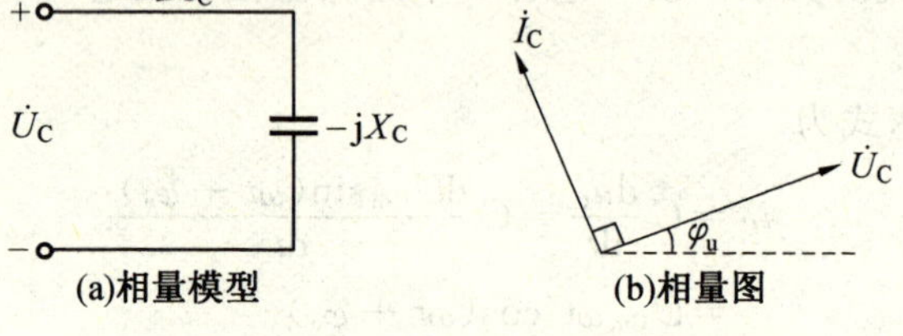

图 1.22　电容元件的相量模型及相量图

③ 电容元件的功率。电压与电流取关联参考方向,设 $u_C = U_{Cm} \sin \omega t$,则电容元件的瞬时功率可表示为

$$\begin{aligned} p &= u_C i_C \\ &= U_{Cm} \sin \omega t \times I_{Cm} \sin\left(\omega t + \frac{\pi}{2}\right) \\ &= U_{Cm} I_{Cm} \sin \omega t \cos \omega t \\ &= U_C I_C \sin 2\omega t \end{aligned} \tag{1.35}$$

其电压、电流、功率的波形图如图 1.23 所示。

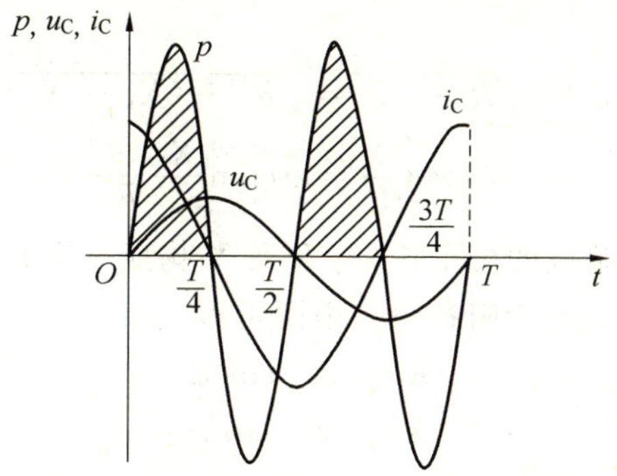

图1.23 电容元件的电压、电流、功率波形图

电容的平均功率为

$$P=\frac{1}{T}\int_{0}^{T}p\mathrm{d}t=\frac{1}{T}\int_{0}^{T}U_{\mathrm{L}}I_{\mathrm{L}}\sin(2\omega t)=0 \tag{1.36}$$

这意味着与电感元件相同，电容元件也不消耗能量，也是储能元件。电容吸收的瞬时功率也不为零，在第1和第3个1/4周期内，瞬时功率为正值，电容吸收电源的电能，并将其转换为电场能量储存起来。在第2和第4个1/4周期内，瞬时功率为负值，将储存的电场能量再转换为电能返送给电源。

与电感元件相似，可用无功功率 Q_{C} 来表示电源与电容之间的能量交换，表达式为

$$Q_{\mathrm{C}}=U_{\mathrm{C}}I_{\mathrm{C}}=I_{\mathrm{C}}^{2}X_{\mathrm{C}}=\frac{U_{\mathrm{C}}^{2}}{X_{\mathrm{C}}} \tag{1.37}$$

(6)*RLC* 串联电路。

电阻、电感和电容串联电路如图1.24所示。根据相量形式的KVL有

$$\begin{aligned}\dot{U}&=\dot{U}_{\mathrm{R}}+\dot{U}_{\mathrm{L}}+\dot{U}_{\mathrm{C}}\\&=R\dot{I}+\mathrm{j}\omega L\dot{I}+\frac{1}{\mathrm{j}\omega C}\dot{I}\\&=(R+\mathrm{j}\omega L+\frac{1}{\mathrm{j}\omega C})\dot{I}\\&=[R+\mathrm{j}(X_{\mathrm{L}}-X_{\mathrm{C}})]\dot{I}\\&=Z\dot{I}\end{aligned} \tag{1.38}$$

上式中

$$Z=R+\mathrm{j}(X_{\mathrm{L}}-X_{\mathrm{C}}) \tag{1.39}$$

令

$$X=X_{\mathrm{L}}-X_{\mathrm{C}}$$

则有

$$Z=\frac{\dot{U}}{\dot{I}}=R+\mathrm{j}X$$

可见，在 *RLC* 串联电路中，电压相量 $\dot{U}$ 与电流相量 $\dot{I}$ 之比为一复数 Z，其实部为电路的电阻 R，虚部为电路的感抗 X_{L} 与容抗 X_{C} 之差，X 称为电路的电抗，Z 称为电路的复阻抗。需要注意的是，Z 不是代表正弦量的复数，所以在它的符号上面不打点。将复阻抗写成指数形式，则为

$$Z=\sqrt{R^{2}+X^{2}}\angle\arctan\frac{X}{R}=|Z|\angle\varphi$$

其中模

$$|Z| = \sqrt{R^2 + X^2} = \sqrt{R^2 + (X_L - X_C)^2} \tag{1.40}$$

辐角

$$\varphi = \arctan\frac{X}{R} = \arctan\frac{X_L - X_C}{R} \tag{1.41}$$

从上式中可以看出,复阻抗的模 $|Z|$ 与 R 及 X 构成一个直角三角形,如图 1.25 所示,称为阻抗三角形,故辐角 φ 又称为阻抗角。由图可得

$$R = |Z| \cos\varphi$$

$$X = |Z| \sin\varphi$$

由式(1.12) 可得

$$Z = \frac{\dot{U}}{\dot{I}} = \frac{U\angle\varphi_u}{I\angle\varphi_i} = \frac{U}{I}\angle(\varphi_u - \varphi_i) = |Z| /\angle\varphi$$

可见复阻抗的模 $|Z|$ 等于电压的有效值与电流的有效值之比,辐角 φ 等于电压与电流的相位差角,即

$$\left.\begin{aligned} |Z| &= \frac{U}{I} \\ \varphi &= \varphi_u - \varphi_i \end{aligned}\right\} \tag{1.42}$$

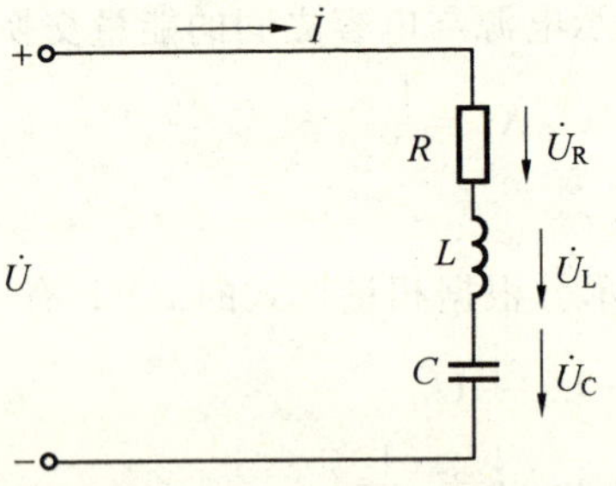

图 1.24　RLC 串联电路

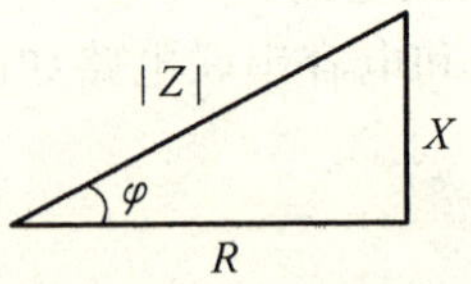

图 1.25　阻抗三角形

由此可见,复阻抗 Z 决定了电压、电流的有效值大小及相位间的关系。所以复阻抗是正弦交流电路中一个非常重要的概念,为了简明,复阻抗可简称为阻抗。

下面讨论电路中参数对电路性质的影响。根据电路参数可得出 RLC 串联电路的性质如下:

① 当 $X_L > X_C$ 时,$\varphi = \arctan\dfrac{X_L - X_C}{R} > 0$,即电压超前电流 φ 角;电路呈感性。

② 当 $X_L < X_C$ 时,$\varphi < 0$,即电压滞后电流,电路呈容性。

③ 当 $X_L = X_C$ 时,$\varphi = 0$,即电压与电流同相位,电路呈电阻性。

以上三种情况的相量图如图 1.26 所示。

由上述分析可知:$-90° < \varphi < 90°$,当电源频率不变时,改变电路参数 L 或 C 均可以改变电路的性质;若电路参数不变,则可通过改变电源频率来达到改变电路性质的目的。

从图 1.26 的相量图中还可以看出,电阻电压 $\dot{U}_R$、电抗电压 $\dot{U}_X = \dot{U}_L + \dot{U}_C$ 和端电压 $\dot{U}$ 三个相量组成了一个直角三角形,该三角形又称为电压三角形,它与阻抗三角形是相似三角形。即

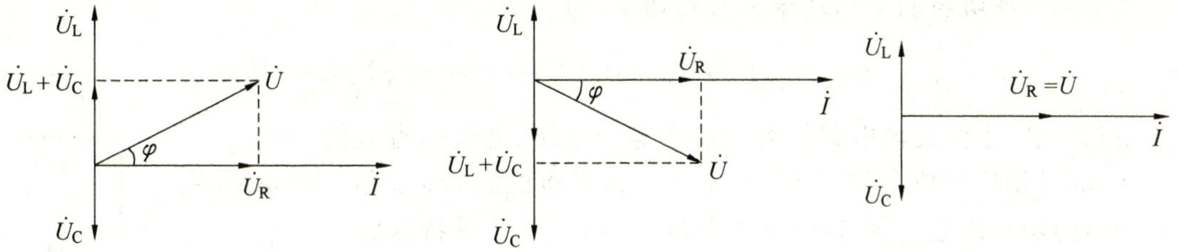

(a) $X_L>X_C$　(b) $X_L<X_C$　(c) $X_L=X_C$

图 1.26　*RLC* 串联电路相量图

$$U=\sqrt{U_R^2+(U_L-U_C)^2}=\sqrt{U_R^2+U_X^2}$$

其中
$$U_X=|U_L-U_C|$$

【例 1.4】　图 1.27(a) 中所示的电路图是正弦交流电路中的一部分，已知电压表 V_1 的读数为 6 V，V_2 的读数为 8 V，试求端口电压 U。

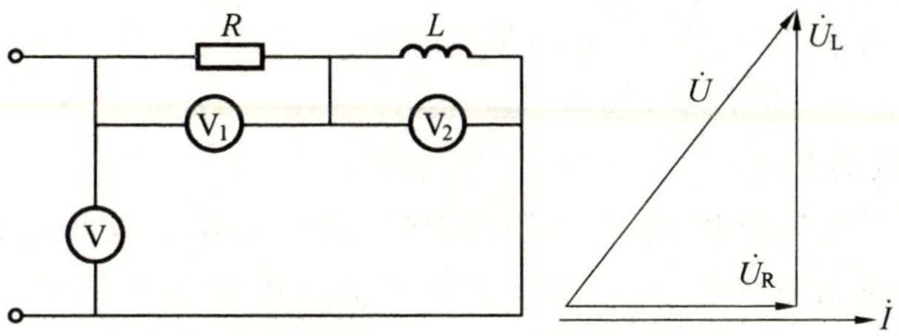

(a)电路图　(b)相量图

图 1.27　例 1.4 图

解　以电流为参考相量，画出相量图如图 1.27(b) 所示。

从相量图中可以看出，$\dot{U}_R$，$\dot{U}_L$，$\dot{U}_D$ 三者组成一直角三角形，故得

$$U=\sqrt{U_R^2+U_L^2}=\sqrt{6^2+8^2}\ \text{V}=10\ \text{V}$$

本例也可采用相量法进行计算，如下：

设电流相量为
$$\dot{I}=I\angle 0°$$

则
$$\dot{U}_R=6\angle 0°\ \text{V}=6\ \text{V}$$
$$\dot{U}_L=8\angle 90°\ \text{V}=\text{j}8\ \text{V}$$

由 KVL 得

$$\dot{U}=\dot{U}_R+\dot{U}_L=(6+\text{j}8)\text{V}=10\angle 53.1°\text{V}$$

3. 功率因数及其改善的方法

(1) 功率因数

二端网络电压、电流的参考方向如图 1.28 所示，则网络在任一瞬间所吸收的功率即瞬时功率，为

$$p(t)=u(t)i(t)=\sqrt{2}U\sin(\omega t+\varphi)\sqrt{2}I\sin\omega t$$
$$=UI\cos\varphi-UI\cos(2\omega t+\varphi) \tag{1.43}$$

其中　φ—— 电压与电流的相位差。

二端网络所吸收的平均功率即有功功率，即

$$P=\frac{1}{T}\int_0^T p\mathrm{d}t=\frac{1}{T}\int_0^T[UI\cos\varphi-UI\cos(\omega t+\varphi)]\mathrm{d}t=UI\cos\varphi \tag{1.44}$$

由此可见，正弦交流电路的有功功率等于电压、电流的有效值与电压、电流相位差角余弦 $\cos\varphi$ 的乘积。这里所说的 $\cos\varphi$ 称为二端网络的功率因数，φ 称为功率因数角。φ 有以下几种特殊值：

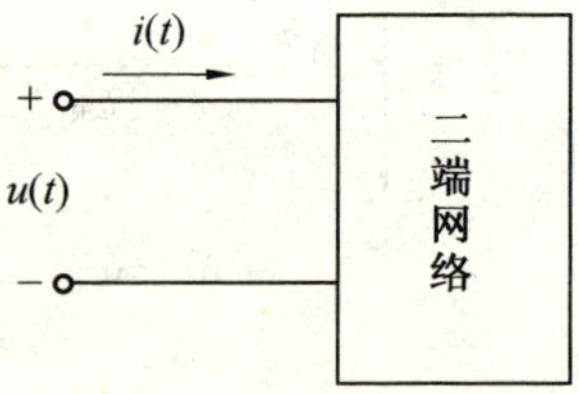

图 1.28　二端网络

① 当 $\varphi=0$ 时，功率因数 $\cos\varphi=1$，二端网络为一等效纯电阻，网络吸收的有功功率 $P_R=UI$，没有能量的交换。

② 当 $\varphi=\pm90°$ 时，功率因数 $\cos\varphi=0$，二端网络为纯电抗，则网络吸收的有功功率 $P_x=0$，这与前面所述的结果完全一致。

③ 当 $\varphi\neq0$ 时，说明二端网络中必有储能元件，因此二端网络与电源之间有能量的交换。对于感性负载，电压超前电流，$\varphi>0$，$Q>0$；对于容性负载，电压滞后电流，$\varphi<0$，$Q<0$。

电源的额定输出功率 $P_N=S_N\cos\varphi$，它除了取决于本身容量（即额定视在功率）以外，还与负载功率因数有关。

(2) 改善功率因数的意义。

建筑用电设备除了电热设备、电阻炉和白炽灯之外，基本上均为电感性负荷，运行时需要电力系统供给大量的无功功率，而且功率因数较低。由于无功功率的存在使得系统中的电流增大，从而增加了电力系统的有功损耗。为了最大效率地发挥发、供、配电设备的能力，减少功率损耗和电能损耗，节约电能，减小电压损失，改善电压质量，必须进行无功功率补偿。

供电部门一般要求新建企业的月平均功率因数必须达到 0.9 以上，当企业的自然总平均功率因数较低，仅靠提高用电设备的自然功率因数不能达到要求时，应装设必要的无功功率补偿设备，以进一步提高企业的功率因数，节约电能。

(3) 改善功率因数的方法。

提高功率因数的方法大致可分为两种：一是改善用电设备的自然功率因数；二是安装人工补偿装置。提高用电设备的自然功率因数需要合理选择电动机，使其尽量在高负荷率的状态下运行。人工补偿一般选用电力电容器进行补偿。利用并联电容器来提高功率因数的方法具体如下：

一感性负载功率因数为 $\cos\varphi_1$，电流为 $\dot{I}_1$，在其两端并联电容器 C，如图 1.29 所示，并联电容以后由相量图可知，电容电流补偿了负载中的无功电流，使总电流减小，而提高了电路的总功率因数 $\cos\varphi$。

通过相量图还可计算出由 $\cos\varphi_1$ 提高到 $\cos\varphi$ 时所需并联补偿的电容容量，计算公式为

$$C=\frac{P}{\omega U^2}(\tan\varphi_1-\tan\varphi) \tag{1.45}$$

在实际生产中并不要求把功率因数提高到 1，因为这样做需要并联的电容较大，不经济。功率因数宜提高到什么程度，需要进行具体的技术经济分析和比较来确定，通常只将功率因数提高到 0.9 ～ 0.95 之间。

补偿电容器的接线通常可分为三角形和星形两种形式；安装地点则有集中安装和就地

补偿两种，如对容量较大的异步电动机并联电容器应进行单独就地无功补偿。

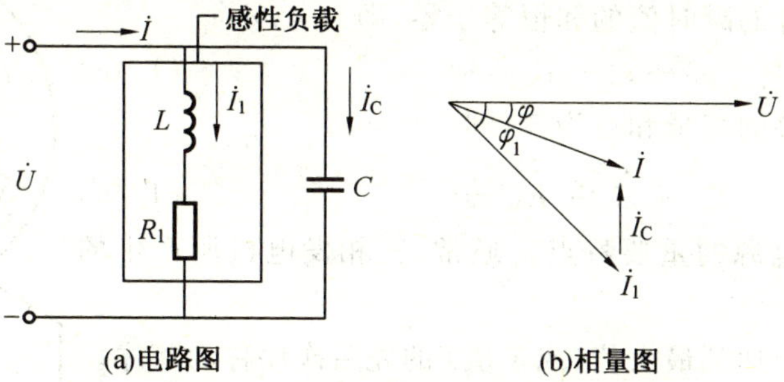

图 1.29　感性负载并联电容提高功率因数

1.5　三相交流电路

1. 三相交流电源

(1) 三相交流电流。

电路系统由三个频率相同、幅值相等但相位不同的电动势按一定的方式连接起来的交流电源供电，称为三相交流电路。当今，绝大部分电力系统均采用三相电路来传输电能，工厂中的电力设备多数也是三相设备，如三相交流电动机等。三相交流电路在工农业生产中应用广泛，是因为与单相交流电路相比，三相交流电路具有以下优点：

① 在同一尺寸下，三相发电机发出的功率较大。

② 在输出距离和功率一定时，采用三相制可以节约非铁合金。

③ 三相交流电动机等用电设备结构简单，性能良好，且价格便宜。

组成三相交流电路的每一相电路均为单相交流电路。整个三相交流电路则是由三个单相交流电路所组成的复杂电路，其分析方法是以单相交流电路作为基础的。

三相交流电流一般是由三相交流发电机产生的，其原理如图 1.30 所示。

在发电机中有三个相同的绕组，这三个绕组的首端分别用 U_1，V_1，W_1 表示，尾端分别用 U_2，V_2，W_2 表示。并将 U_1U_2，V_1V_2 和 W_1W_2 三个绕组分别称为 U 相、V 相、W 相绕组。当转子以角速度 ω 转动时，这三个绕组中便感应出幅值相等、频率相同、相位互差 120° 的三个电动势，该三相电动势即称为对称三相电源。对称三相电源的瞬时值表达式为

$$\left.\begin{aligned} e_{U} &= E_{m}\sin(\omega t) \\ e_{V} &= E_{m}\sin(\omega t - 120^{\circ}) \\ e_{W} &= E_{m}\sin(\omega t + 120^{\circ}) \end{aligned}\right\} \tag{1.46}$$

相量形式为

$$\left.\begin{aligned} \dot{E}_{U} &= E\angle 0^{\circ} \\ \dot{E}_{V} &= E\angle -120^{\circ} \\ \dot{E}_{W} &= E\angle +120^{\circ} \end{aligned}\right\} \tag{1.47}$$

对称三相电动势的波形图和相量图分别如图 1.31 和图 1.32 所示。从波形图和相量图

可得：

对称三相电动势的瞬时值的和恒等于零，即

$$e_U + e_V + e_W = 0 \tag{1.48}$$

对称三相电动势的相量和也为零，即

$$\dot{E}_U + \dot{E}_V + \dot{E}_W = 0 \tag{1.49}$$

这是对称三相电源的重要特点。通常，三相发电机所产生的均为对称三相电源。

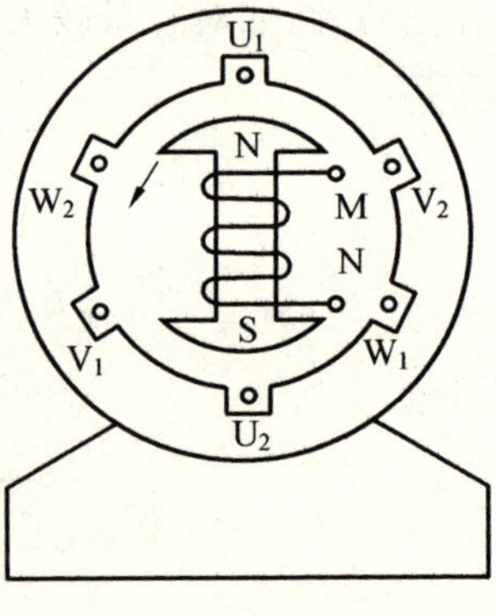

图 1.30　三相发电机的原理

三相电源中电压达到最大值(或零值)的先后次序称为相序。从图 1.31 中可以看出，其三相电动势达到最大值的次序依次为 e_U，e_V，e_W，则其相序为 U—V—W—U，称为顺序或正序，工业上常以此顺序在发电机的三相引出线涂黄、绿、红三种颜色。

三相发电机的每一相绕组所产生的电动势均为独立电源，将此独立电源的三个绕组以一定方式连接起来就构成了三相电源。三相电源的连接方式一般有星形(也称 Y 形) 连接和三角形(也称 △ 形) 连接两种。对于三相发电机来说，通常采用星形连接，但三相变压器也有接成三角形连接的。

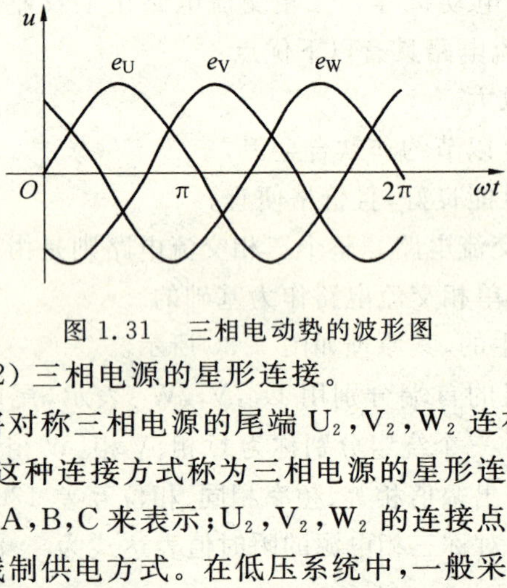

图 1.31　三相电动势的波形图

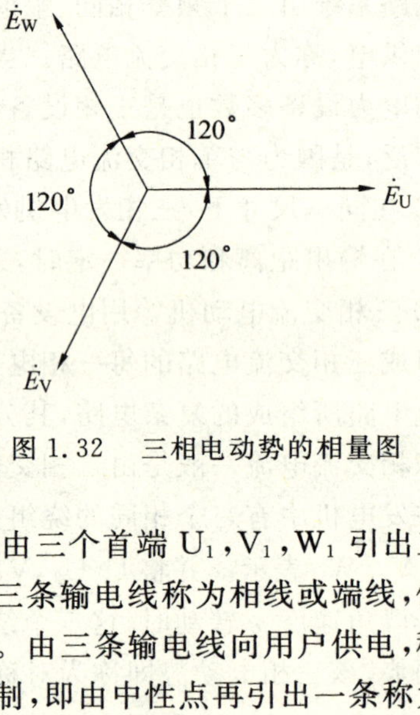

图 1.32　三相电动势的相量图

(2) 三相电源的星形连接。

将对称三相电源的尾端 U_2，V_2，W_2 连在一起，分别由三个首端 U_1，V_1，W_1 引出三条输电线，这种连接方式称为三相电源的星形连接。引出的三条输电线称为相线或端线，俗称火线，用 A，B，C 来表示；U_2，V_2，W_2 的连接点称为中性点。由三条输电线向用户供电，称为三相三线制供电方式。在低压系统中，一般采用三相四线制，即由中性点再引出一条称为中性线(零线) 的线路与三条相线一同向用户供电，如图 1.33 所示。

采用星形连接时，三相电源的每一相线均与中线构成一相，其电压称为相电压，也就是每相绕组的电压，常用 $\dot{U}_A$，$\dot{U}_B$，$\dot{U}_C$ 来表示；而端线之间的电压称为线电压，用 $\dot{U}_{AB}$，$\dot{U}_{BC}$，$\dot{U}_{CA}$ 来表示。一般规定线电压的方向均由 A 线指向 B 线，B 线指向 C 线，C 线指向 A 线。下面分析星形连接时对称三相电源线电压与相电压之间的关系。

根据图 1.33，由 KVL 可得，三相电源的线电压与相电压之间具有以下关系：

$$\left.\begin{aligned}\dot{U}_{AB}&=\dot{U}_A-\dot{U}_B\\\dot{U}_{BC}&=\dot{U}_B-\dot{U}_C\\\dot{U}_{CA}&=\dot{U}_C-\dot{U}_A\end{aligned}\right\}$$

假设　$\dot{U}_A=U\angle 0°$，　$\dot{U}_B=U\angle -120°$，　$\dot{U}_C=U\angle 120°$

则

$$\left.\begin{aligned}\dot{U}_{AB}&=\dot{U}_A-\dot{U}_B=\sqrt{3}U\angle 30°=\sqrt{3}\dot{U}_A\angle 30°\\\dot{U}_{BC}&=\dot{U}_B-\dot{U}_C=\sqrt{3}U\angle -90°=\sqrt{3}\dot{U}_B\angle 30°\\\dot{U}_{CA}&=\dot{U}_C-\dot{U}_A=\sqrt{3}U\angle 150°=\sqrt{3}\dot{U}_C\angle 30°\end{aligned}\right\}\tag{1.50}$$

由式(1.50)可知，三相线电压对称，线电压的有效值是相电压的$\sqrt{3}$倍，相位分别超前对应相电压 30°。对称三相系统线电压通常用U_l来表示，相电压用U_p来表示，则$U_l=\sqrt{3}U_p$。其相量图如图 1.34 所示。

三相四线制为用户提供相、线两种电压。目前电力网的低压供电系统（又称民用电）为三相四线制，该系统供电的线电压为 380 V，相电压为 220 V，通常写作电源电压 380 V/220 V。

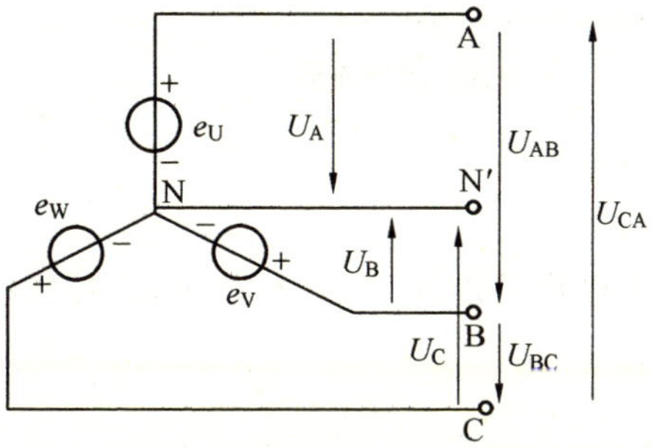

图 1.33　三相电源的星形连接

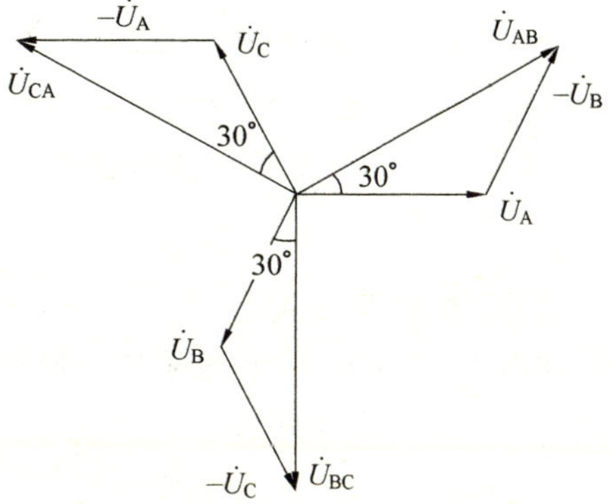

图 1.34　星形连接的相量图

(3) 三相电源的三角形连接。

将对称三相电源中的三个绕组按相序依次连接，由三个连接点分别引出三条端线，这样的连接方式称为三角形(△)连接，如图 1.35 所示。

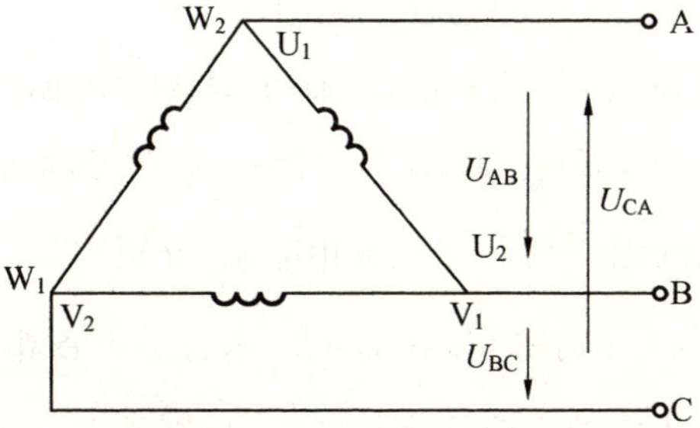

图 1.35　三角形连接的电路图

从图 1.35 中可以看出，三相电源作三角形连接时，线电压就是相应的相电压，对称三相电源接成三角形连接时，一定为三相三线制。此时，$U_l=U_p$。

三角形连接的三相绕组形成闭合回路时，三相电压之和 $\dot{U}_{AB}+\dot{U}_{BC}+\dot{U}_{CA}=0$，所以回路中不会有电流通过。但如果有一相电源极性接反，则造成三相电源电压之和不为零，将会在回路中产生很大的电流。因此，三相电源作三角形连接时，连接前必须进行认真检查。

2. 三相负载的组成与连接

三相电源与三相负载相连组成三相电路。

(1) 负载的组成。

负载即用电设备，一般包括单相负载和三相负载两类。一些小功率用电设备(如电灯、家用电器等)为使用方便均制成单相的，并采用单相交流电供电，称为单相负载；三相负载又分为对称与不对称两种，对称三相负载是指三相用电设备的内部结构是相同的三个部分，且三个复阻抗相同，如三相异步电动机等。根据要求它们可接成星形(Y)或三角形(△)连接，如图 1.36 所示，对称三相负载采用对称三相电源供电。

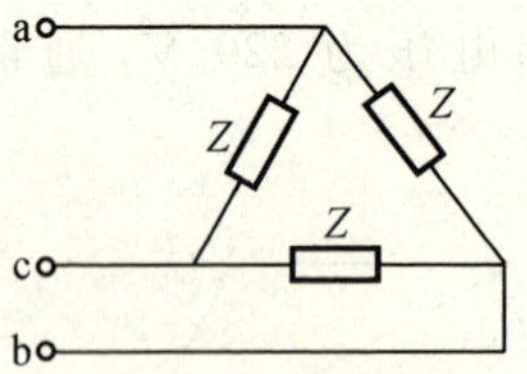

(a)负载的三角形连接

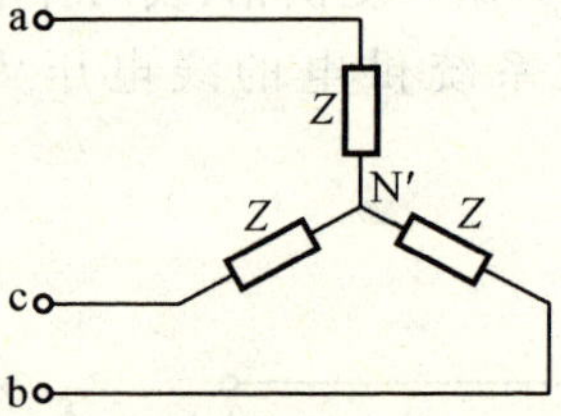

(b)负载的星形连接

图 1.36 负载的连接

(2) 负载的 Y 连接。

如图 1.37 所示，三相电源作星形连接，三相负载也作星形连接，且有中线，这种连接称为 Y—Y 连接的三相四线制。

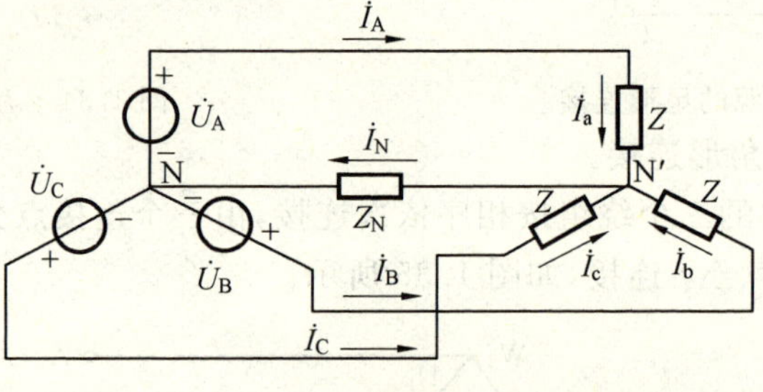

图 1.37 负载星形连接的三相四线制电路

设每相负载阻抗均为 $Z=|Z|\angle\varphi$。N 为电源中点，N′ 为负载中点，NN′ 为中线，设中线的阻抗为 Z_N。每相负载上的电压均称为负载相电压，分别用 $\dot{U}_a$，$\dot{U}_b$，$\dot{U}_c$ 来表示；负载端线之间的电压称为负载的线电压，分别用 $\dot{U}_{ab}$，$\dot{U}_{bc}$，$\dot{U}_{ca}$ 来表示。各相负载中的电流称为相电流，分别用 $\dot{I}_a$，$\dot{I}_b$，$\dot{I}_c$ 来表示；火线中的电流称为线电流，分别用 $\dot{I}_A$，$\dot{I}_B$，$\dot{I}_C$ 来表示。线电流的参考方向从电源端指向负载端，中线电流 $\dot{I}_N$ 的参考方向从负载端指向电源端。对于负载 Y 连接

的电路来说，线电流就是相电流。

三相电路实际上是一个复杂的正弦交流电路，通过采用电路理论中的节点法可得 $\dot{U}_{NN'}=0$，即负载中点与电源中点的电位相等，它与中线阻抗的大小无关，由此可得

$$\left.\begin{aligned}\dot{U}_a&=\dot{U}_A\\\dot{U}_b&=\dot{U}_B\\\dot{U}_c&=\dot{U}_C\end{aligned}\right\}\tag{1.51}$$

式(1.51)表明：在输电线阻抗不计时，负载相电压与电源相电压相等，即负载三相电压也就是对称三相电压。进一步计算可得，三相电流也是对称的。因此，对称 Y—Y 连接电路的计算可归结为一个单相的计算（如 A 相），算出 $\dot{I}_A$ 后，根据对称性即可推知其他两相电流 $\dot{I}_B$，$\dot{I}_C$。

由于三相电流具有对称性，而中线电流 $\dot{I}_N=\dot{I}_A+\dot{I}_B+\dot{I}_C=0$，故中线中无电流。

如果对称 Y—Y 连接电路中无中线（$Z_N=\infty$），则通过节点法分析可知 $\dot{U}_{NN'}=0$，即负载中点与电源中点仍然等电位，注意前提必须是对称 Y—Y 连接，此时每相电路仍然是独立的。因此，电路计算仍可采用三相四线制的计算方法，即采用计算一相、推知其他两相的方法。

综上所述，对称 Y—Y 连接的电路，不论有无中线以及中线阻抗的大小，都不会影响各相负载的电流和电压。在进行电路计算时，可将电源中点和负载中点用一根导线连接起来，先计算一相，从而推算其他两相。

由于 $\dot{U}_{NN'}=0$，所以负载的线电压与相电压之间的关系与电源的线电压与相电压之间的关系相同，即

$$\left.\begin{aligned}\dot{U}_{ab}&=\sqrt{3}\dot{U}_a\angle 30^\circ\\\dot{U}_{bc}&=\sqrt{3}\dot{U}_b\angle 30^\circ\\\dot{U}_{ca}&=\sqrt{3}\dot{U}_c\angle 30^\circ\end{aligned}\right\}\tag{1.52}$$

$$U'_l=\sqrt{3}U'_p$$

式中　U'_l，U'_p——负载的线电压和相电压，V。

当忽略输电线阻抗时，$U'_l=U_l$，$U'_p=U_p$。U_l，U_p 为电源的线电压和相电压。

综上所述可知，负载星形连接的对称三相电路其负载电压、电流有以下特点：

① 线电压、相电压、线电流、相电流均对称。

② 线电流等于相电流。

③ 线电压等于相电压的 $\sqrt{3}$ 倍。

【例 1.5】　图 1.38 所示为一对称三相电路，对称三相电源的线电压为 380 V，每相负载的阻抗 $Z=80\angle 30^\circ\ \Omega$，输电线阻抗 $Z_l=1+j2\ \Omega$，求三相负载的相电压、线电压、相电流。

解　电源相电压 $U_p=\dfrac{380}{\sqrt{3}}\text{V}=220\ \text{V}$

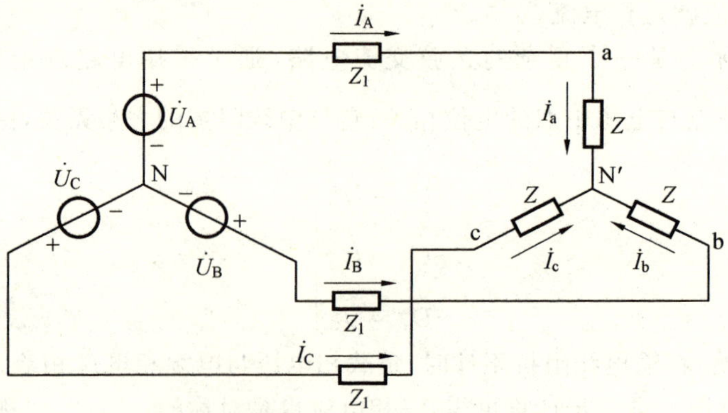

图 1.38　例 1.5 电路图

设 $$\dot{U}_A = 220\angle 0°\text{V}$$

则 $$\dot{I}_A = \frac{\dot{U}_A}{Z+Z_1} = \frac{220\angle 0°}{80\angle 30° + 1 + \text{j}2}\text{A} = \frac{220\angle 0°}{81.9\angle 30.9°}\text{A} = 2.69\angle -30.9°\text{A}$$

由对称性得 $$\dot{I}_B = 2.69\angle -150.9°\text{A}$$

$$\dot{I}_C = 2.69\angle 89.1°\text{A}$$

故相电流为 $$\dot{I}_a = \dot{I}_A,\quad \dot{I}_b = \dot{I}_B,\quad \dot{I}_c = \dot{I}_C$$

三相负载的相电压为

$$\dot{U}_a = Z\dot{I}_A = 80\angle 30° \times 2.69\angle -30.9°\ \text{V} = 215.2\angle -0.9°\text{V}$$

$$\dot{U}_b = 215.2\angle -120.9°\text{V}$$

$$\dot{U}_c = 215.2\angle 119.1°\text{V}$$

三相负载的线电压为 $$\dot{U}_{ab} = \sqrt{3}\dot{U}_{an}\angle 30° = 372.7\angle 29.1°\text{V}$$

$$\dot{U}_{bc} = 372.1\angle -90.9°\text{V}$$

$$\dot{U}_{ca} = 372.1\angle 149.1°\text{V}$$

可见，由于输电线路阻抗的存在，负载的相电压、线电压与电源的相电压、线电压不相等，但仍是对称的。

(3) 负载的 △ 连接。

如图 1.39 所示，负载作三角形连接。从图中可以看出，与负载相连的三个电源一定是线电压。因此，在分析负载作三角形连接的电路时，只需知道三个线电压就够了，而不必追究电源是星形连接还是三角形连接。

负载三角形连接时，设三相负载相同，每相负载阻抗为 $Z=|Z|\angle\varphi$，其负载线电流分别为 $\dot{I}_A,\dot{I}_B,\dot{I}_C$，相电流分别为 $\dot{I}_{ab},\dot{I}_{bc},\dot{I}_{ca}$，其方向如图 1.40 所示。

设 $\dot{U}_{AB}=U_1\angle 0°\text{V}$，当忽略输电线阻抗时，负载线电压与电源线电压相等。负载的相电流为

$$\left.\begin{aligned}\dot{I}_{ab}&=\frac{\dot{U}_{ab}}{Z}=\frac{\dot{U}_{AB}}{Z}=\frac{U_1}{|Z|}\angle-\varphi\\\dot{I}_{bc}&=\frac{\dot{U}_{bc}}{Z}=\frac{\dot{U}_{BC}}{Z}=\frac{U_1}{|Z|}\angle(-\varphi-120^\circ)\\\dot{I}_{ca}&=\frac{\dot{U}_{ca}}{Z}=\frac{\dot{U}_{CA}}{Z}=\frac{U_1}{|Z|}\angle(-\varphi+120^\circ)\end{aligned}\right\}\tag{1.53}$$

线电流为

$$\left.\begin{aligned}\dot{I}_{A}&=\dot{I}_{ab}-\dot{I}_{ca}=\sqrt{3}\dot{I}_{ab}\angle-30^\circ\\\dot{I}_{B}&=\dot{I}_{bc}-\dot{I}_{ab}=\sqrt{3}\dot{I}_{bc}\angle-30^\circ\\\dot{I}_{C}&=\dot{I}_{ca}-\dot{I}_{bc}=\sqrt{3}\dot{I}_{ca}\angle-30^\circ\end{aligned}\right\}\tag{1.54}$$

由上述分析可知：负载三角形连接的对称三相电路，负载中的三相电压和电流均是对称的。每相负载上的线电压与相电压相等，线电流则为相电流的$\sqrt{3}$倍，且滞后相应的相电流30°。电压、电流相量图如图 1.40 所示。

综上所述可知，负载 △ 连接的对称三相电路，其负载电压、电流有以下特点：

① 相电压、线电压、相电流、线电流均对称。

② 线电压等于相电压。

③ 线电流的有效值等于相电流的$\sqrt{3}$倍。

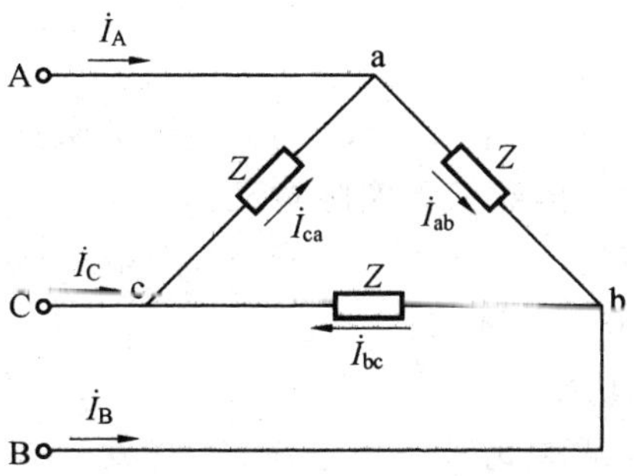

图 1.39　负载的三角形连接

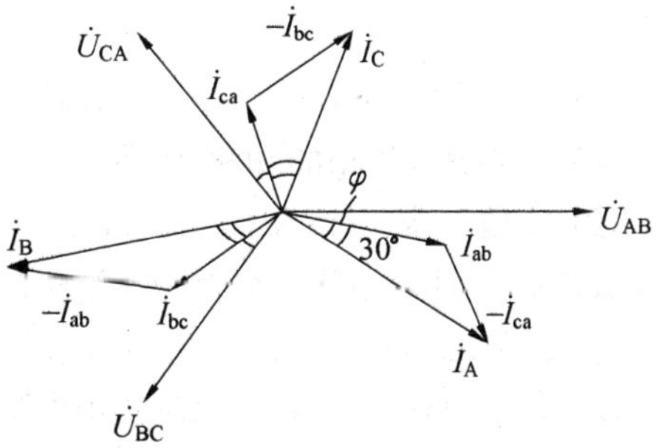

图 1.40　负载三角形连接时电压、电流相量图

【例 1.6】　已知负载三角形连接的对称三相电路，电源为星形连接，其相电压为 110 V，负载每相阻抗 $Z=(4+\mathrm{j}3)\Omega$。求负载的相电压和线电流。

解　电源线电压为　$U_1=\sqrt{3}U_p=\sqrt{3}\times110\ \mathrm{V}=190\ \mathrm{V}$

设　$\dot{U}_{AB}=190\angle0^\circ\mathrm{V}$

则相电流为　$\dot{I}_{ab}=\dfrac{\dot{U}_{AB}}{Z}=\dfrac{190\angle0^\circ}{4+\mathrm{j}3}\ \mathrm{A}=38\angle-36.9^\circ\mathrm{A}$

根据对称性得　$\dot{I}_{bc}=38\angle-156.9^\circ\mathrm{A}$

$\dot{I}_{ca}=38\angle83.1^\circ\mathrm{A}$

线电流为　$\dot{I}_A=\sqrt{3}\dot{I}_{ab}\angle-30^\circ\ \mathrm{A}=\sqrt{3}\times38\angle-36.9^\circ-30^\circ\mathrm{A}=66\angle-66.9^\circ\mathrm{A}$

$$\dot{I}_B = 66\angle -186.9^\circ\ \text{A} = 66\angle 173.1^\circ \text{A}$$

$$\dot{I}_C = 66\angle 55.1^\circ \text{A}$$

3. 三相功率

在三相电路中，三相负载的有功功率等于每相负载上的有功功率之和，即

$$P = P_A + P_B + P_C$$

如果负载是对称三相负载，则各负载吸收的功率相同，即

$$P = 3P_A = 3U_p I_p \cos\varphi \tag{1.55}$$

当对称负载为 Y 连接时 $U_l = \sqrt{3}U_p, I_l = I_p$

当对称负载为 △ 连接时 $U_l = U_p, I_l = \sqrt{3}I_p$ (1.56)

代入式(1.55)中，可得 $P = \sqrt{3}U_l I_l \cos\varphi$ (1.57)

由此可见，星形连接和三角形连接的对称三相负载的有功功率均可采用线电压、线电流以及每相的功率因数来表示。

同理，对称三相负载时三相无功功率为

$$Q = 3U_p I_p \sin\varphi = \sqrt{3}U_l I_l \sin\varphi \tag{1.58}$$

三相电路的总视在功率为

$$S = \sqrt{P^2 + Q^2} \tag{1.59}$$

三相负载的功率因数为

$$\cos\varphi' = \frac{P}{S} = \frac{P}{\sqrt{P^2 + Q^2}} \tag{1.60}$$

在对称的情况下，$\cos\varphi' = \cos\varphi$ 就是一相负载的功率因数，$\varphi' = \varphi$，即为负载的阻抗角。在不对称负载中，各相的功率因数不同，三相负载的功率因数值无实际意义。

【例 1.7】 某三相异步电动机每相绕组的等值阻抗 $|Z| = 27.74\ \Omega$，功率因数 $\cos\varphi = 0.8$，正常运行时绕组作三角形连接，电源线电压为 380 V。试求：

(1) 正常运行时，相电流、线电流和电动机的输入功率。

(2) 为了减小启动电流，在启动时改为星形连接，试求此时的相电流、线电流及电动机输入功率。

解 (1) 正常运行时，电动机作三角形连接，则

$$I_p = \frac{U_l}{|Z|} = \frac{380}{27.74}\text{A} = 13.7\ \text{A}$$

$$I_l = \sqrt{3}I_p = \sqrt{3} \times 13.7\ \text{A} = 23.7\ \text{A}$$

$$P = \sqrt{3}U_l I_l \cos\varphi = \sqrt{3} \times 380 \times 23.7 \times 0.8\ \text{kW} = 12.51\ \text{kW}$$

(2) 启动时，电动机作星形连接，则

$$I_p = \frac{U_p}{|Z|} = \frac{380/\sqrt{3}}{27.74}\text{A} = 7.9\ \text{A}$$

$$I_l = I_p = 7.9\ \text{A}$$

$$P = \sqrt{3}U_l I_l \cos\varphi = \sqrt{3} \times 380 \times 7.9 \times 0.8\ \text{kW} = 4.17\ \text{kW}$$

从例 1.7 中可以看出，同一个对称三相负载接于一电路，当负载作三角形连接时的线电

流是星形连接时的 3 倍，作三角形连接时的功率也是作星形连接时的 3 倍。

1.6　磁路与变压器

1. 磁路的基本物理量及基本定律

(1) 磁路。

磁路是磁通所经过的闭合回路，实质上也就是局限在一定路径内的磁场。常见的几种电气设备，其磁路如图 1.41 所示。磁路中的磁通可由励磁线圈中的励磁电流产生，如图 1.41(a)、1.41(b)、1.41(d) 所示，也可由永久磁铁产生，如图 1.41(c) 所示；磁路中可有气隙，如图 1.41(b)、1.41(c)、1.41(d) 所示，也可没有气隙，如图 1.41(a) 所示。一般情况下，由电流产生的磁通是分布于整个空间的。但是，在电磁铁中，由于采用了铁磁材料制成的导磁体，从而使磁通主要集中于导磁体和工作气隙之中。通过工作气隙的磁通称为主磁通，也称为工作磁通，常用 Φ_m 来表示。而铁磁材料的磁导率是空气的几千倍至几万倍，因此还有一部分磁通不通过工作气隙，而只通过线圈周围空间和部分导磁体形成回路，这些磁通称为漏磁通，用 Φ_L 来表示。当工作气隙较小，且磁路又不太饱和时，漏磁通远小于主磁通，往往可以忽略不计。

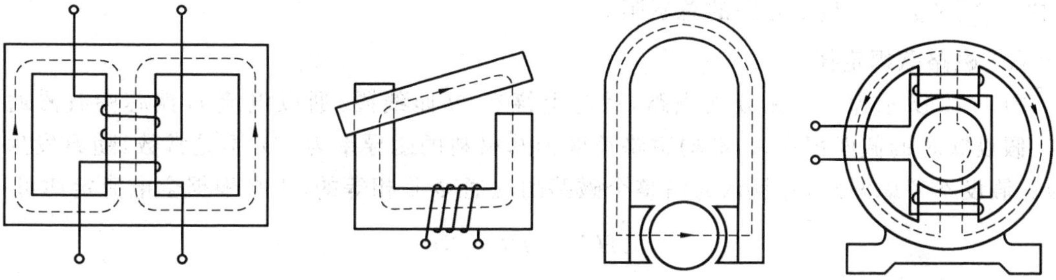

(a)变压器　(b)电磁铁　(c)磁电式电表　(d)直流电机

图 1.41　常用电气设备的磁路

(2) 全电流定律。

当导体中有电流流过时，就会产生与该载流导体相交链的磁通。全电流定律实际上就是描述电产生磁的本质，并阐明电流与其磁场的大小及方向的关系。

设空间有 n 根载流导体，导体中的电流分别为 $I_1, I_2, I_3, \cdots$，则沿任何闭合回路 l，磁场强度 H 的线积分 $\oint H\mathrm{d}l$ 均等于该回路所包围的导体电流的代数和，表达式为

$$\oint H\mathrm{d}l = \sum I \tag{1.61}$$

式中　$\sum I$—— 回路所包围的全电流。

若导体电流的方向与积分路径的方向符合右手螺旋关系，则该电流取正号，反之取负号。电流的正方向与由其所产生的磁场正方向必须符合右手螺旋关系。

在电机和变压器中，常把整个磁路分成若干段，每一段磁路内的磁场强度 H、导磁材料及导磁面积 S 均相同，如图 1.42 所示，则全电流定律可简化为

$$H_1 l_1 + H_2 l_2 + H_3 l_3 + H_\delta \delta + H_4 l_4 + H_5 l_5 = NI$$

即
$$\sum H_k l_k = NI = F \tag{1.62}$$

式中　H_k—— 第 k 段磁路的磁场强度，A/m；

l_k—— 第 k 段磁路的平均长度，m；

F—— 作用在整个磁路上的磁通势，A，$F = NI$；

N—— 线圈匝数；

$H_k l_k$—— 第 k 段磁路上的磁压降。

式(1.62) 表明，作用在整个磁路上的总磁通势等于各段磁路的磁压降之和。

第 k 段磁路上的磁压降可写成

$$H_k l_k = \frac{B_k}{\mu_k} l_k = \frac{1}{\mu_k} \frac{\Phi}{S_k} l_k = \Phi R_{mk}$$

式中　R_{mk}—— 第 k 段磁路的磁阻，$R_{mk} = \dfrac{l_k}{\mu_k S_k}$。

则对于图 1.42 所示的无分支磁回路可写成

$$F = NI = \sum H_k l_k = \sum \Phi R_{mk} = \Phi \sum R_{mk}$$

或
$$\Phi = F / \sum R_{mk}$$

式中　$\sum R_{mk}$—— 整个磁路的总磁阻。

(3) 磁路欧姆定律。

图 1.43 所示为一个无分支磁路，铁芯上绕有 N 匝线圈，通以电流 i，铁芯中有磁通通过。假设铁芯的截面积为 A，平均磁路长度为 l，材料的磁导率为 μ(μ 不是常数，随 B 发生变化)。假设不考虑漏磁，并且认为沿整个磁路的磁通 Φ 是相等的，于是根据全电流定律可得

$$\oint \bar{H} \mathrm{d}\bar{l} = Hl = Ni$$

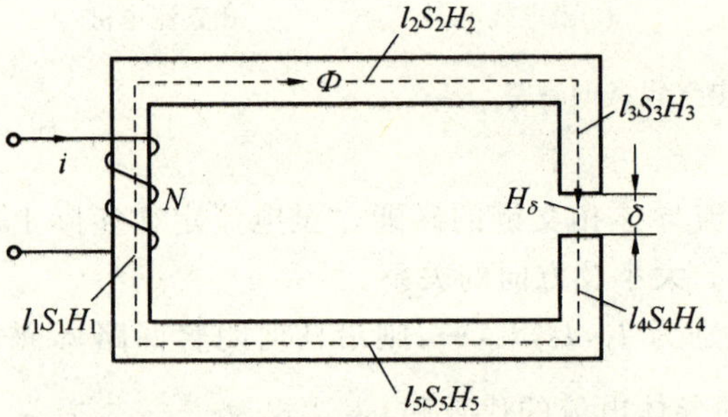

图 1.42　无分支磁路

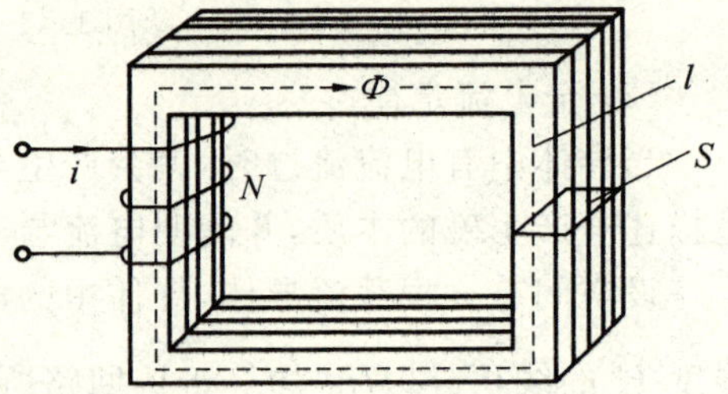

图 1.43　无分支磁路

又因磁场强度 $H = \dfrac{B}{\mu}$，磁感应强度 $B = \dfrac{\Phi}{A}$，故得 $\dfrac{\Phi l}{\mu A} = Ni$，于是

$$\Phi = \frac{Ni}{l/(\mu A)} = \frac{F}{R_m} = \Lambda_m F \tag{1.63}$$

式中　F—— 磁通势，$F = Ni$；

R_m—— 磁阻，$R_m = \dfrac{l}{\mu A}$；

Λ_m—— 磁导，$\Lambda_m=\dfrac{1}{R_m}=\dfrac{\mu A}{l}$。

式(1.63) 即为磁路的欧姆定律。

2. 变压器

(1) 变压器结构。

一般电力变压器主要由铁芯和绕组两个基本部分组成，如图 1.44 所示。通常绕组套在铁芯上，绕组与绕组之间以及绕组与铁芯之间都是绝缘的。变压器的常用符号如图 1.45 所示。

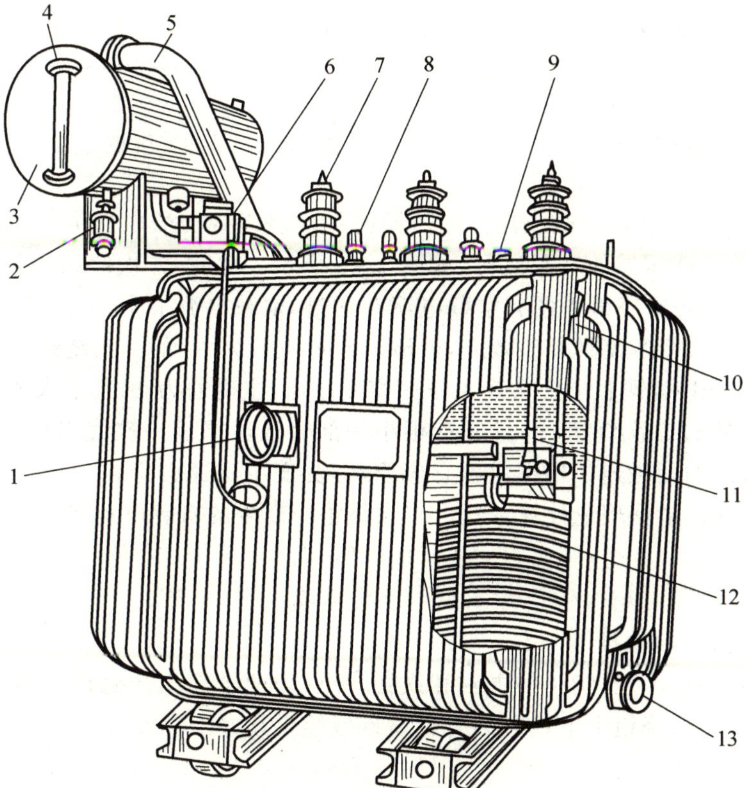

图 1.44　油浸式电力变压器

1— 信号温度计；2— 吸湿器；3— 储油柜；4— 油表；5— 安全气道；6— 气体继电器；7— 高压套管；8— 低压套管；9— 分接开关；10— 油箱；11— 铁芯；12— 绕组；13— 放油阀门

(2) 变压器的工作原理。

变压器是利用电磁感应原理把某一电压值的交流电转换为频率相同的另一电压值的交流电的电气设备。图 1.46 所示为一个简单的单相变压器，其铁芯为一闭合磁路，共有两个线圈，套在同一个铁芯柱上，用来增大其耦合作用。为了画图及分析简便，常把两个线圈画成分别套在铁芯的两边。其中，一个线圈接交流电源，称为一次绕组，匝数为 N_1；另一个线圈接负载，称为二次绕组，匝数为 N_2。

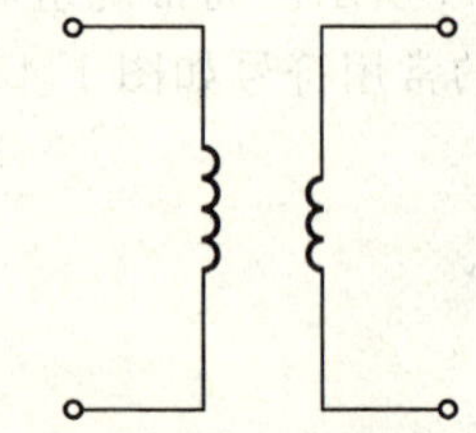

图 1.45　变压器的常用符号

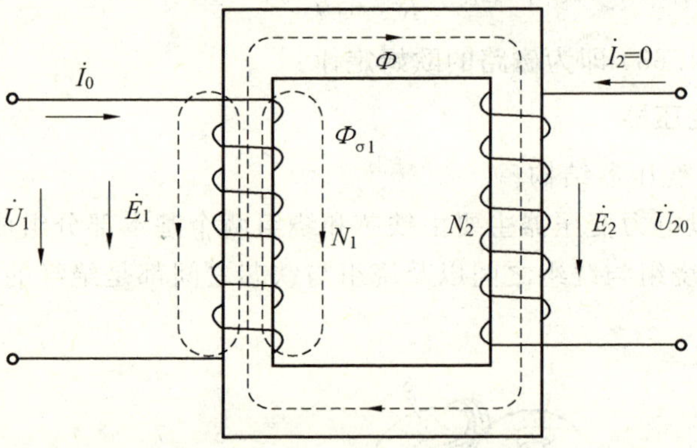

图 1.46　单相变压器

① 变压器的空载运行与电压比。变压器的一次绕组接交流电压 u_1，二次绕组开路，这种运行状态就称为变压器的空载运行，如图 1.46 所示。此时，二次绕组中的电流 $i_2=0$，电压为开路电压 u_{20}，一次绕组中便有空载电流 i_0 通过，空载电流很小，一般仅为变压器额定电流的 1%～8%。由于电流具有磁效应，电流 i_0 通过匝数为 N_1 的一次绕组时，将会产生磁动势 i_0N_1。在其作用下，铁芯中便会产生正弦交变磁通，主磁通为 Φ，其最大值为 Φ_m。它既穿过一次绕组，又穿过二次绕组，并且还有很小一部分磁通穿过一次绕组后沿周围空气而闭合，此为一次绕组的漏磁通。根据电磁感应原理，交变主磁通必定在一次、二次绕组中产生感应电动势 E_1，E_2，根据理论计算，一次、二次绕组中产生的自感电动势为

$$\left.\begin{aligned} E_1 &= 4.44fN_1\Phi_m \\ E_2 &= 4.44fN_2\Phi_m \end{aligned}\right\} \tag{1.64}$$

式中　f—— 电源频率，Hz。

若忽略不计一次、二次绕组的电阻和铁耗，并认为两个绕组的磁耦合甚为紧密，无漏磁通，则可认为一、二次绕组上电动势的有效值近似等于其电压有效值，即

$$\left.\begin{aligned} U_1 &\approx E_1 \\ U_{20} &\approx E_2 \end{aligned}\right\} \tag{1.65}$$

若一次、二次绕组的电压、电动势的瞬时值均按正弦规律变化，则将式(1.64) 代入式(1.65) 中，可得

$$\frac{U_1}{U_{20}} \approx \frac{E_1}{E_2} = \frac{N_1}{N_2} = K \tag{1.66}$$

式中　K—— 匝数比，也称电压比或变压器的变比。

从式(1.66) 中可以看出，变压器空载运行时，一次、二次绕组上电压的比值等于两者的匝数比。当一次、二次绕组匝数不同时，变压器就可实现电压的变换作用。当一次绕组匝数 N_1 大于二次绕组匝数 N_2 时，$K>1$，称为降压变压器；反之，若 $N_1<N_2$，$K<1$，则称为升压变压器。

② 变压器的负载运行。变压器的一次绕组接交流电压 u_1，二次绕组接负载 Z_L，这种运行状态就称为变压器的负载运行。如图 1.47 所示，此时二次绕组中就有电流 i_2 产生。i_2 产

生的磁动势 i_2N_2 将会产生磁通 Φ_2。磁通 Φ_2 的绝大部分与一次磁动势产生的磁通共同作用在同一闭合磁路上，仅有很少一部分沿二次绕组周围的空间闭合，形成漏磁通。将铁芯中由磁通量交变所引起的损耗忽略不计，根据能量守恒原理可得，此时铁芯中的主磁通 Φ 是由 i_1N_1 和 i_2N_2 共同产生的。由式 $U \approx E \approx 4.44fN\Phi_m$ 可知，当电源的电压和频率不变时，铁芯中的磁通最大值应保持基本不变，那么磁通势也应保持不变，即

$$i_0N_1 = i_1N_1 + i_2N_2$$

或

$$\dot{I}_1N_1 + \dot{I}_2N_2 = \dot{I}_0N_1 \tag{1.67}$$

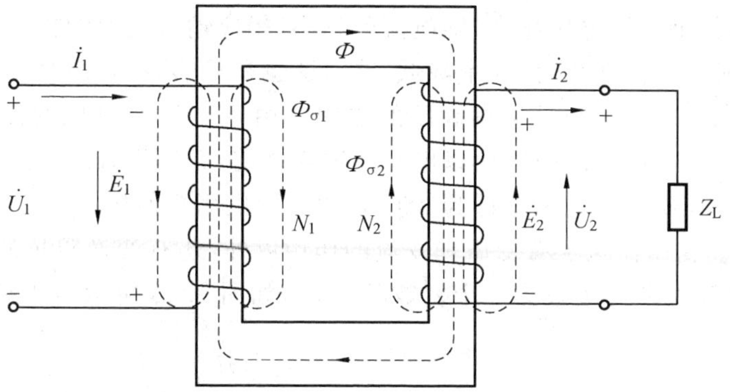

图 1.47　单相变压器负载运行

由于变压器的空载电流很小，一般仅为额定电流的百分之几，所以当变压器额定运行时，$\dot{I}_0N_1$ 可忽略不计，于是

$$\dot{I}_1N_1 \approx -\dot{I}_2N_2 \tag{1.68}$$

由此可见，当变压器负载运行时，一次、二次绕组的磁通势方向相反，即二次电流 I_2 对一次电流 I_1 所产生的磁通有去磁作用。因此，当负载阻抗减小、二次电流 I_2 增大时，铁芯中的磁通 Φ_m 将会减小，于是一次电流 I_1 就必然会增加，以保持磁通 Φ_m 基本不变，因此二次电流变化时，一次电流也会相应地变化。

由式(1.68)可得一次、二次电流有效值的关系为

$$\frac{I_1}{I_2} \approx \frac{N_2}{N_1} = \frac{1}{K} \tag{1.69}$$

从式(1.69)中可以看出，当变压器额定运行时，一次、二次的电流之比近似等于其匝数比的倒数。改变一次、二次的匝数，即可改变一次、二次绕组电流的比值，这就是变压器的电流变换作用。

将式(1.66)与式(1.69)进行比较，可见变压器的电压比与电流比互为倒数。因此，匝数多的绕组电压高，电流小；匝数少的绕组电压低，电流大。

【例 1.8】 已知一变压器 $N_1 = 1\,000$，$N_2 = 200$，$U_1 = 220$ V，$I_2 = 10$ A，负载为纯电阻，变压器的漏磁和损耗忽略不计，求变压器的二次电压 U_2，一次侧电流 I_1 和输入、输出功率。

解　变压比为　$K = \frac{N_1}{N_2} = \frac{1\,000}{200} = 5$

二次电压为 $$U_2=\frac{U_1}{K}=\frac{220}{5}\text{V}=44\ \text{V}$$

一次电流为 $$I_1=\frac{I_2}{K}=\frac{10}{5}\text{A}=2\ \text{A}$$

输入功率为 $$P_1=U_1I_1=220\times 2\ \text{W}=440\ \text{W}$$

输出功率为 $$P_2=U_2I_2=44\times 10\ \text{W}=440\ \text{W}$$

可见当变压器的功率损耗忽略不计时，其输入功率与输出功率相等，这是符合能量守恒定律的。

在远距离输电中，线路损耗 P_1 与电流的平方 I^2 和线路电阻 R_1 的乘积成正比，在输送相同功率的情况下，如果所用电压越高，则电流就越小，相应输电线上的损耗也就越小，因而可以减小输电导线所需的截面积，使成本降低，同时这也是目前我国大功率远距离输电中均采用 35 kV、110 kV、220 kV、500 kV 等高压的原因。由于交流发电机的额定电压目前只有 3.15 kV、6.3 kV、10.5 kV 等几种，所以电厂在输送之前，必须用升压变压器将电压升高，送到用户时再用降压变压器将电压降低为 380 V/220 V 供用户使用。

③ 阻抗变换。变压器除了有变压和变流的作用以外，还有变换阻抗的作用。对于电源来说，变压器连同负载 Z 可等效为一个复数阻抗 Z'，如图 1.48 所示。从变压器的一次侧可得

$$\frac{\dot{U}_1}{\dot{I}_1}=Z'$$

用变压器二次电压、电流表示一次电压、电流则得

$$Z'=\frac{\dot{U}_1}{\dot{I}_1}\approx\frac{-K\dot{U}_2}{-\dot{I}_2/K}=K^2\,\frac{\dot{U}_2}{\dot{I}_2}=K^2Z \tag{1.70}$$

由此可见，二次阻抗换算到一次侧的等效阻抗等于二次阻抗乘以变压比的平方。

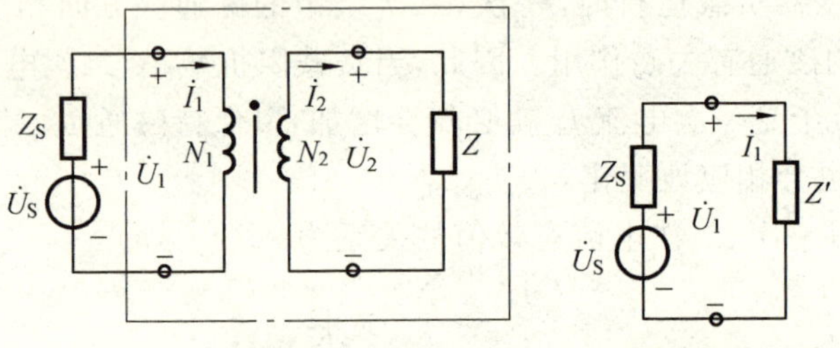

(a)线路图 (b)等效图

图 1.48 变压器的阻抗变换

应用变压器的阻抗变换折算能够实现阻抗匹配，即选择适当的变压器匝数比可以将负载阻抗折算为电路所需的数值。

④ 变压器的运行及效率。变压器从空载到满载（$I_2=I_{2N}$ 时），二次电压 U_2 的变化量与空载时二次电压 U_{20} 的比值称为变压器的电压变化率，通常以百分数 $\frac{U_{20}-U_2}{U_{20}}\times 100\%$ 来表示。对于负载来说，总是希望电压越稳定越好，也就是说电压变化率越小越好。电力变压器的电压变化率为 2% ~ 3%，这是一个重要的技术指标，将会直接影响到电力变压器的供电

质量，一般来说容量大的变压器，电压变化率较小。

为了合理、经济地使用三相电力变压器，还需考虑其效率问题。因为变压器在传输电能的过程中，一次、二次绕组和铁芯均要消耗一部分功率，即存在铜损 ΔP_{Cu} 和铁损 ΔP_{Fe}，所以输出电功率 P_2 将会比输入电功率 P_1 略小。输出电功率 P_2 与输入电功率 P_1 之比称为变压器的效率 η，通常以百分数来表示，即

$$\eta=\frac{P_2}{P_1}\times 100\%=\frac{P_2}{P_2+\Delta P_{Cu}+\Delta P_{Fe}}\times 100\% \tag{1.71}$$

从式(1.71)中可以看出，变压器的效率与负载有关，空载时，$P_2=0$，$\eta=0$，随着负载的增大，开始时 η 也随之增大，但后来由于铜损 ΔP_{Cu} 增加得很快(铜损与电流平方成正比，铁损因主磁通不变也保持不变)，η 反而有所减小，在接近额定负载时 η 将会达到最大值。其效率与负载电流的关系如图 1.49 所示。三相电力变压器在额定负载时的效率可达 96%～99%，轻载时的效率很低，因此应合理选用电力变压器的容量，避免长期轻载运行或空载运行。

(3) 三相变压器。

电力系统一般采用三相制供电，因此三相变压器得到了广泛的应用。实际中对于三相电源进行电压变换时，可采用三台单相变压器组成的三相变压器组，也可采用一台三相变压器来完成。

三相变压器的铁芯有三个芯柱，每个芯柱上均装有属于同一相的两个绕组，如图 1.50 所示。就每一相来说，其工作情况与单相变压器完全相同。

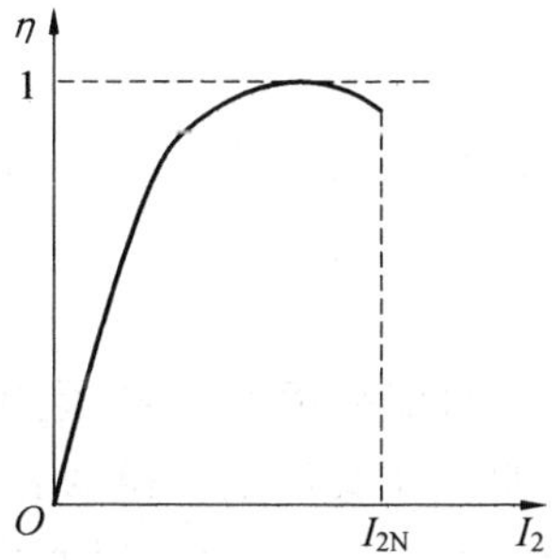

图 1.49　变压器的效率与负载的关系

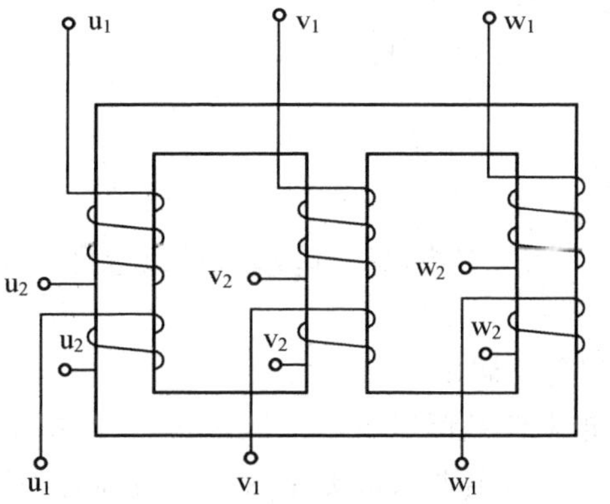

图 1.50　三相变压器原理图

三相变压器或三相变压器组的一次绕组和二次绕组均可分别采用星形或三角形连接。最常见的连接方式是 Y/Y_0 和 Y/△，新规定的标准法为 Yyn0 和 Yd。即用大写字母表示高压边，小写字母表示低压边，Y 或 y 表示星形连接，D 或 d 表示三角形连接，N 或 n 表示接中线。

由于三相绕组可以采用不同的连接，使得三相变压器一次、二次绕组的线电压会出现不同的相位差，因此根据一次、二次线电压的相位关系可将变压器绕组的连接分成不同的连接组，具体采用“时钟法”来判定。实践和理论证明，对于三相绕组，无论采用哪种连接法，一次、二次线电压的相位差总是 30° 的整数倍。因此，可以采用时钟表面上的 12 个数字来表示

这种相位差，即把高压侧线电压相量作为时钟上的长针，始终指向"12"，而以低压侧线电压相量作为短针，该"短针"所指的数字即称为三相变压器连接组的组号，此时它所指的数字与 12 之间的角度就表示高、低压侧线电压相量之间的相位差。

连接组的数目非常多，为了避免混乱和考虑并联运行的方便，国家标准规定，电力变压器的连接组有 Yyn0、Dyn11、Yzn11、Yd11、YNd11 等五种标准连接组。Yyn0 连接组的二次侧可引出中性线，成为三相四线制，用作配电变压器时也可兼供动力和照明负载；Yd11 连接组适用于二次侧电压超过 400 V 的电路中，此时将二次侧接成三角形，对运行有利；YNd11 连接组主要用于高压输电线路中，使电力系统的高压侧有可能接地。

1.7 三相异步电动机

1. 异步电动机的调速

调速是指在同一负载下能得到不同的转速，以满足生产过程的要求。例如，各种切削机床的主轴运动随着工件与刀具的材料、工件直径、加工工艺的要求及走刀量大小等的不同，要求有不同的转速，以获得最高的生产率并保证加工质量。如果采用电气调速，则可大大地简化机械变速机构。

在讨论异步电动机的调速时，首先应从研究公式入手，即

$$n=(1-s)n_0=(1-s)\frac{60f_1}{p} \tag{1.72}$$

式中 n—— 转子转速；

n_0—— 旋转磁场的转速；

s—— 转差率；

f_1—— 电源的频率；

p—— 磁极对数。

式(1.72)表明，异步电动机可以通过改变电源的频率 f_1、磁极对数 p 及转差率 s 来实现调速。

(1) 变频调速。

近年来变频调速技术发展很快，目前主要采用图 1.51 所示的变频调速装置，它主要由整流器和逆变器两大部分组成。整流器先将频率 f 为 50 Hz 的三相交流电转换为直流电，再由逆变器转换为频率 f_1 可调、电压有效值 u 也可调的三相交流电，供给三相笼型电动机。由此可得到电动机的无级调速，并具有硬的机械特性。

变频调速通常有以下两种情况：

① 当 $f_1<f_{1N}$，即低于额定转速调速时，应保持 U_1/f_1 的比值近似不变，也就是两者要成比例地同时进行调节。由 $U_1\gg 4.44f_1N_1\Phi$ 和 $T=KT\Phi I_2\cos\varphi_2$ 两式可知，此时磁通 Φ 和转矩 T 也都近似不变。这就是恒转矩调速。

② 当 $f_1>f_{1N}$，即高于额定转速调速时，应保持 $U_1=U_{1n}$。此时磁通 Φ 和转矩 T 都将减小。转速增大，转矩减小，将使功率近似不变。这就是恒功率调速。

目前在国内由于逆变器中的开关元件(可关断晶闸管、大功率晶体管和功率场效晶体管等)的制造水平不断提高，笼型电动机的变频调速技术的应用也越来越广泛。

(2) 变极调速。

由式 $n_0=\frac{60f_1}{p}$ 可知，如果磁极对数 p 减小一半，则旋转磁场的转速 n_0 便会提高一倍，转子转速 n 基本也会提高一倍。因此改变磁极对数 p 可以得到不同的转速，改变方法与定子绕组的接法有关。

图 1.52 所示为定子绕组的两种接法。把 U 相绕组分成两半，即线圈 U_{11} 和 U_{21}、线圈 U_{22} 和 U_{12}。图 1.52(a) 所示为两个线圈串联，得出 $p=2$。图 1.52(b) 所示为两个线圈反并联(头尾相连)，得出 $p=1$。在换极时，一个线圈中的电流方向不变，而另一个线圈中的电流则必须改变方向。

图 1.51　变频调速装置

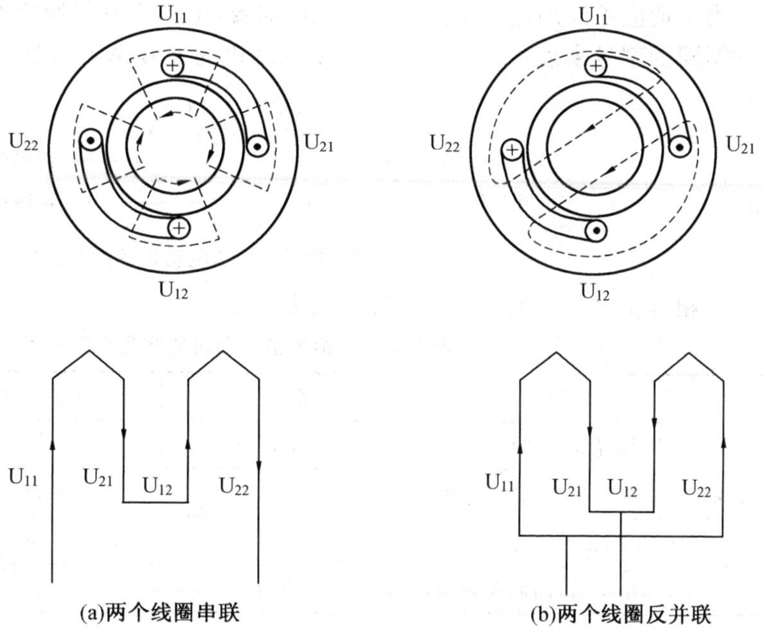

图 1.52　改变磁极对数 p 的调速方法

双速电动机在机床上应用较多，像某些冲床、磨床、铣床上均有采用。这种电动机的调速是有级的。

(3) 变转差率调速。

只要在绕线型电动机的转子电路中接入一个调速电阻(与启动电阻一样接入)，以改变电阻的大小，就可得到平滑调速。例如，增大调速电阻时，转差率 s 上升，而转速 n 下降。这种调速方法具有设备简单、投资少的优点，但能量损耗较大。

变转差率调速方法广泛应用于起重设备中。

2. 三相异步电动机的铭牌数据

每一台电动机的基座上都附有一块铭牌，上面标有该电动机的型号和主要额定数据。要正确使用电动机，必须要看懂铭牌。现以 Y132M－4 型电动机为例，来说明铭牌上各个数据的含义，见表 1.1。

表 1.1　三相异步电动机的铭牌数据

三相异步电动机		
型号 Y132M－4	功率 7.5 kW	频率 50 Hz
电压 380 V	电流 15.4 A	接法 △
转速 1 440 r/min	绝缘等级	工作方式　连接
年　月	编号	×××电机厂××××

除此之外，其主要技术数据还包括：功率因数为 0.85，效率为 87%。

(1) 型号。

为了适应不同用途和不同工作环境的需要，电动机一般制成不同的系列，每种系列采用各种不同的型号来表示。Y132M－4 型电动机的型号说明如图 1.53 所示。

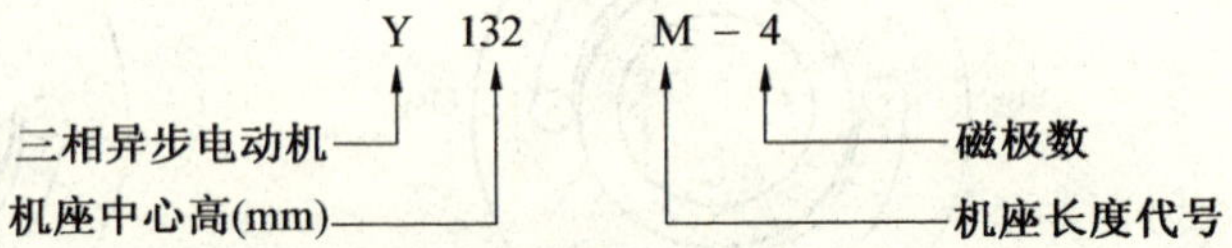

图 1.53　Y132M－4 型电动机的型号说明

三相异步电动机的产品名称代号见表 1.2。

表 1.2　三相异步电动机的产品名称代号

产品名称	新代号	汉字意义	老代号
三相异步电动机	Y	异	J,J_0
绕线转子三相异步电动机(大中型)	YR	异绕	JR,JR_0
隔爆型三相异步电动机	YB	异爆	JB,JBS
三相异步电动机(高启动转矩)	YQ	异起	JQ,JQ_0

小型 Y，Y－L 系列笼型异步电动机是取代 J_0 系列的新产品，为全封闭自扇冷式电动机。Y 系列定子绕组为铜线，Y－L 系列为铝线。电动机功率为 0.5 ～ 90 kW。同样功率的电动机，Y 系列比 J_0 系列体积小、质量轻、效率高。

(2) 接法。

这里所说的接法是指定子三相绕组的接法。一般笼型电动机的接线盒中有六根引出线，分别标有 U_1，V_1，W_1，U_2，V_2，W_2，其中：

U_1，U_2 是第一相绕组的两端(旧标号是 D_1，D_4)；

V_1，V_2 是第二相绕组的两端(旧标号是 D_2，D_5)；

W_1，W_2 是第三相绕组的两端(旧标号是 D_3，D_6)。

如果 U_1，V_1，W_1 分别为三相绕组的始端(头)，则 U_2，V_2，W_2 即为相应的末端(尾)。

这六个引出线端在接电源之前，相互之间必须正确连接。连接方法有星形(Y) 连接和三角形(△) 连接两种，如图 1.54 所示。通常三相异步电动机自 3 kW 以下者，连接成星形；自 4 kW 以上者，连接成三角形。

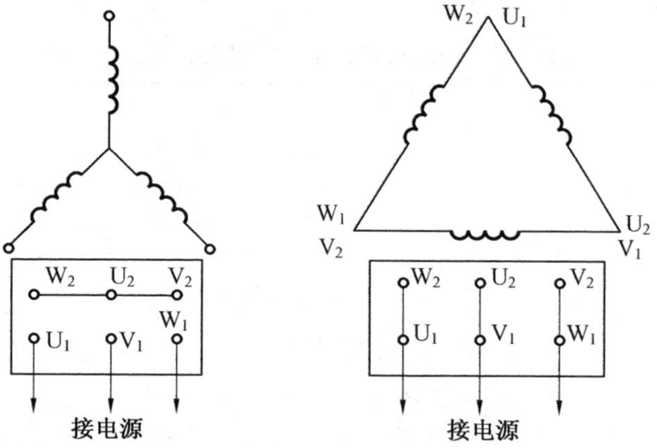

(a)定子绕组的星形连接　(b)定子绕组的三角形连接

图 1.54　定子绕组的连接方式

(3) 额定数据。

① 额定电压 U_N。铭牌上标示的电压值是指电动机在额定运行时定子绕组上应加的线电压值，单位为 V。一般规定电动机的电压不应高于或低于额定值的 5%。三相异步电动机的额定电压有 380 V、3 000 V 和 6 000 V 等多种。

② 额定电流 I_N。铭牌上标示的电流值是指电动机在额定运行时定子绕组的线电流值，单位为 A。当电动机定子绕组采用两种接法时，便有两个相对应的额定电流。

③ 额定功率 P_N。铭牌上标示的功率值是指电动机在额定运行时轴上输出的机械功率值。输出功率与输入功率不等，其差值等于电动机本身的损耗功率，包括铜损、铁损及机械损耗等。

④ 额定效率 η_N。效率是指输出功率与输入功率的比值。

如以 Y132M－4 型电动机为例：

输入功率　$P_1=\sqrt{3}U_1I_1\cos\varphi=\sqrt{3}\times380\times15.4\times0.85\ \text{W}=8.6\ \text{kW}$

输出功率　$P_2=7.5\ \text{kW}$

效率　$$\eta=\frac{P_2}{P_1}=\frac{7.5}{8.6}\times100\%=87\%$$

一般笼型电动机在额定运行时的效率为 72% ～ 93%。

⑤ 额定功率因数 $\cos\varphi$。因为电动机是电感性负载，所以定子相电流比相电压滞后一个 φ 角，$\cos\varphi$ 就是电动机的功率因数。

三相异步电动机的功率因数较低，在额定负载时为 0.7 ～ 0.9，而在轻载和空载时则更低，空载时仅为 0.2 ～ 0.3。因此，必须正确选择电动机的容量，力求缩短空载的时间。

⑥ 额定转速。由于生产机械对转速有不同的要求，需要生产不同磁极数的异步电动机，所以有不同的转速等级。最常用的是四个极的($n_0=1\ 500$ r/min)。

⑦ 额定频率 f_N。额定频率是指电动机在额定状态下运行时定子绕组所接交流电源的频率，单位为 Hz。

⑧ 绝缘等级。绝缘等级是按电动机绕组所采用的绝缘材料在使用时容许的极限温度来分级的。所谓极限温度，是指电机绝缘结构中最热点的最高容许温度。技术数据见表

1.3。

表 1.3　常用绝缘材料的绝缘等级及容许极限温度

绝缘等级	A	E	B	F	H
极限温度 /℃	105	120	130	155	180

【**例 1.9**】 Y225M－4 型三相异步电动机的技术数据为：$P_N=45$ kW，$U_N=380$ V，采用三角形连接，$n_N=1\ 480$ r/min，$\cos\varphi_N=0.88$，$\eta_N=92.3\%$，$I_{st}/I_N=7$，$T_{st}/T_N=1.9$，$T_{max}/T_N=2.2$，试求：① 额定转差率 s_N；② 额定电流 I_N；③ 启动电流 I_{st}；④ 额定转矩 T_N；⑤ 启动转矩 T_{st}；⑥ 最大转矩 T_{max}；⑦ 额定输入功率 P_{1N}。

解　① 额定转差率。因为异步电动机的额定转速接近并略小于同步转速，而略高于额定转速 1 480 r/min 的同步转速为 1 500 r/min，所以

$$s_N=\frac{n_0-n_N}{n_0}\times100\%=\frac{1\ 500-1\ 480}{1\ 500}\times100\%\approx1.3\%$$

② 额定电流为　$I_N=\dfrac{P_N\times10^3}{\sqrt{3}\times380\times0.88\times0.923}\text{A}\approx84.2\text{ A}$

③ 启动电流为　$I_{st}=I_N\times7=84.2\times7\text{ A}=589.4\text{ A}$

④ 额定转矩为　$T_N=9\ 550\dfrac{P_N}{n_N}=9\ 550\times\dfrac{45}{1\ 480}\text{N}\cdot\text{m}\approx290.4\text{ N}\cdot\text{m}$

⑤ 启动转矩为　$T_{st}=T_N\times1.9=290.4\times1.9\text{ N}\cdot\text{m}=551.76\text{ N}\cdot\text{m}$

⑥ 最大转矩为　$T_{max}=T_N\times2.2=290.4\times2.2\text{ N}\cdot\text{m}=638.88\text{ N}\cdot\text{m}$

⑦ 额定输入功率为　$P_{1N}=\dfrac{P_N}{\eta_N}=\dfrac{45}{0.923}\text{ kW}\approx48.75\text{ kW}$

3. 三相异步电动机的选择

在生产中，三相异步电动机的应用最为广泛，因此正确地选择其功率、种类、形式，以及正确地选择其保护电器和控制电器，是非常重要的。

(1) 类型的选择。

电动机类型的选择是从交流或直流、机械特性、调速与启动性能、维护及价格等方面进行考虑的。

一般生产场所采用的均为三相交流电源，如果没有特殊要求，一般均应采用交流电动机。在交流电动机中，三相笼型异步电动机结构简单，坚固耐用，工作可靠，价格低廉，维护方便；其主要缺点是调速困难，功率因数较低，启动性能较差。因此，要求机械特性较硬而无特殊调速要求的一般生产机械的拖动应尽可能采用笼型电动机。在功率不大的水泵和通风机、运输机、传送带上以及机床的辅助运动机构（如刀架快速移动、横梁升降和夹紧等）上，几乎都采用笼型电动机。一些小型机床上也采用其作为主轴电动机。

绕线型电动机的基本性能与笼型相同。其特点是启动性能较好，可在较小的范围内平滑调速。但是其价格要比笼型电动机贵，维护也较为不便。因此，只有在某些起重机、卷扬机、锻压机及重型机床的横梁移动等不能采用笼型电动机的场合，才采用绕线型电动机。

(2) 结构形式的选择。

生产机械的种类繁多，其工作环境也不尽相同。如果电动机在潮湿或含有酸性气体的

环境中工作，则绕组的绝缘很快就会受到侵蚀。如果在灰尘很多的环境中工作，则电动机很容易脏污，致使散热条件恶化。因此，生产各种结构形式的电动机是十分必要的，这样才能够保证电动机在不同的工作环境中安全可靠地运行。

按照上述要求，电动机通常采用以下几种结构形式：

① 开启式。在构造上无特殊防护装置，用于干燥无灰尘的场所，通风非常良好。

② 防护式。在机壳或端盖下设有通风罩，用来防止铁屑等杂物掉入。也有将外壳做成挡板以防止在一定角度内有雨水滴入或溅入其中。

③ 封闭式。封闭式电动机的外壳严密封闭，并且带有散热片，电动机靠自身风扇或外部风扇冷却。在潮湿或含有酸性气体的场所，可采用这种电动机。

④ 防爆式。整个电机严密封闭，适用于有爆炸性气体的场所，例如在矿井中作业。

此外，也可按照不同的安装要求，采用不同的安装结构形式，如图 1.55 所示。

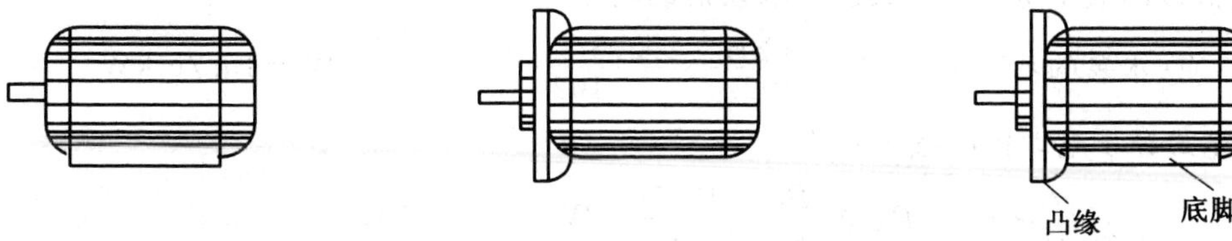

(a)机座带底脚，端盖无凸缘　(b)机座不带底脚，端盖有凸缘　(c)机座带底脚，端盖有凸缘

图 1.55　电动机的三种基本安装结构形式

(3) 参数的选择。

要为某一生产机械选配一台电动机，首先需要考虑的就是电动机的功率。合理选择电动机的功率具有重大的经济意义。

如果电动机的功率选大了，虽然能够保证正常运行，但是不经济。这样不仅增加了设备的投资，使电动机未被充分利用，而且由于电动机经常不是在满载下运行，其效率和功率因数也都不高。如果电动机的功率选得较小，则不能保证电动机和生产机械的正常运行，从而不能充分发挥生产机械的效能，而且还会使电动机由于过载而过早地损坏。所以，所选电动机的功率是由生产机械所需的功率来确定的。

① 连续运行电动机功率的选择。对于连续运行的电动机来说，应先算出生产机械的功率，所选电动机的额定功率等于或稍大于生产机械的功率即可。

例如，车床的切削功率为

$$P=\frac{P_1}{\eta_1}=\frac{F_v}{1\,000\times 60\eta_1}$$

式中　F—— 切削力，N，与切削速度、走刀量、吃刀量、工件及刀具的材料有关，可从切削用量手册中查取或经计算得出。

电动机的功率则为

$$P=\frac{P_1}{\eta_1}=\frac{F}{1\,000\times 60\eta_1} \tag{1.73}$$

式中　η_1—— 传动机构的效率。

然后根据式(1.73) 计算出的功率，在产品目录上选择一台合适的电动机，其额定功率应为 $P_N \geqslant P$。

又如，拖动水泵的电动机的功率取决于输送液体的流量、密度、扬程及效率等，其表达式为

$$P = \frac{pQH}{102h_1h_2} \tag{1.74}$$

式中 Q—— 流量，m^3/s；

H—— 扬程，即液体被压送的高度，m；

p—— 液体的密度，kg/m^3；

h_1—— 传动机构的效率；

h_2—— 泵的效率。

【例 1.10】 有一台离心式水泵，要求扬程 $H=30$ m，水流量 $Q=0.03\ m^3/s$，水密度 $\rho=1\ 000\ kg/m^3$，水泵的转速 $n=1\ 470$ r/min，水泵的效率 $\eta_1=0.56$，水泵的传送方式为直接传送，传送机械的效率 $\eta_2=1$。试选择电动机的功率。

解 ① 水泵的功率为 $P_L = \frac{Q\rho H}{102\eta_1} = \frac{0.03 \times 1\ 000 \times 30}{102 \times 0.56}\ kW = 15.76\ kW$

② 笼式异步电动机的额定功率为

$$P_N \geqslant \frac{P_L}{\eta_2} = \frac{15.76}{1}\ kW = 15.76\ kW$$

故应选择 Y160M－4 型，额定功率为 17 kW，额定转速为 1 470 r/min(直接传送）的电动机。

② 短时运行电动机功率的选择。闸门电动机、机床中的夹紧电动机、尾座和横梁移动电动机以及刀架快速移动电动机等均属于短时运行电动机。如果没有合适的专为短时运行设计的电动机，可选用连续运行的电动机来代替。由于发热惯性，在短时运行时可以容许过载。工作时间越短，则过载就可以越大。但电动机的过载是有限制的，一般根据过载系数来选择短时运行电动机的功率。电动机的额定功率可以是生产机械所需要功率的$\frac{1}{\lambda}$。例如，刀架快速移动对电动机所需求的功率为

$$P_1 = \frac{Gmv}{102 \times 60 \times \eta_1} \tag{1.75}$$

式中 G—— 被移动元件的质量，kg；

v—— 移动速度，m/min；

η_1—— 传动机构的效率，通常为 0.1 ～ 0.2。

实际上，所选电动机的功率可以是上述功率的$\frac{1}{\lambda}$，即

$$P_1 = \frac{G\mu v}{102 \times 60 \times \eta_1 \lambda} \tag{1.76}$$

③ 电压和转速的选择。电动机的额定电压应根据电动机的类型、功率以及当地的电源电压来决定，一般 Y 系列笼型电动机的额定电压只有 380 V 一个等级，只有大功率异步电动机才可能采用 3 000 V 和 6 000 V。

电动机的额定转速是根据生产机械的要求来选定的，但转速一般不低于 500 r/min。因为当功率一定时，电动机的转速越低，其尺寸就越大，价格也越贵，而且效率也较低。因此，就应该购买一台高速电动机，再另配减速器。

第 2 章　建筑供配电系统

本章主要介绍负荷的分级原则及供电要求；建筑供电电压的选择及电能质量；变配电所的类型、所址的选择、主要接线及对有关专业的要求；典型建筑的供配电系统。

2.1　负荷分级及供电要求

1. 电力负荷的分级

用电负荷应根据供电可靠性及中断供电所造成的损失或影响的程度，分为一级负荷、二级负荷、三级负荷。民用建筑中各类建筑物的主要用电负荷分级见表 2.1。

(1)用电负荷应根据供电可靠性及中断供电所造成的损失或影响的程度，分为一级负荷、二级负荷及三级负荷。各级负荷应符合下列规定：

①符合下列情况之一时，应为一级负荷：

a. 中断供电将造成人身伤亡。

b. 中断供电将造成重大影响或重大损失。

c. 中断供电将破坏有重大影响的用电单位的正常工作，或造成公共场所秩序严重混乱。例如：重要通信枢纽、重要交通枢纽、重要的经济信息中心、特级或甲级体育建筑、国宾馆、承担重大国事活动的会堂、经常用于重要国际活动的大量人员集中的公共场所等的重要用电负荷。

在一级负荷中，当中断供电将发生中毒、爆炸和火灾等情况的负荷，以及特别重要场所的不允许中断供电的负荷，应为特别重要的负荷。

②符合下列情况之一时，应为二级负荷：

a. 中断供电将造成较大影响或损失。

b. 中断供电将影响重要用电单位的正常工作或造成公共场所秩序混乱。

③不属于一级和二级的用电负荷应为三级负荷。

(2)民用建筑中各类建筑物的主要用电负荷的分级，应符合《民用建筑电气设计规范》(JGJ 16—2008)附录 A 的规定。

(3)民用建筑中消防用电的负荷等级，应符合下列规定：

①一类高层民用建筑的消防控制室、火灾自动报警及联动控制装置、火灾应急照明及疏散指示标志、防烟及排烟设施、自动灭火系统、消防水泵、消防电梯及其排水泵、电动的防火卷帘及门窗以及阀门等消防用电应为一级负荷，二类高层民用建筑内的上述消防用电应为二级负荷。

②特、甲等剧场，本条①款所列的消防用电应为一级负荷，乙、丙等剧场应为二级负荷。

③特级体育场馆的应急照明为一级负荷中的特别重要负荷。

甲级体育场馆的应急照明应为一级负荷。

表 2.1　民用建筑中各类建筑物的主要用电负荷分级

序号	建筑物名称	用电负荷名称	负荷级别
1	国家级会堂、国宾馆、国家级国际会议中心	主会场、接见厅、宴会厅照明，电声、录像、计算机系统用电	一级 *
		客梯、总值班室、会议室、主要办公室、档案室用电	一级
2	国家及省部级政府办公建筑	客梯、主要办公室、会议室、总值班室、档案室及主要通道照明用电	一级
3	国家及省部级计算中心	计算机系统用电	一级 *
4	国家及省部级防灾中心、电力调度中心、交通指挥中心	防灾、电力调度及交通指挥计算机系统用电	一级 *
5	地、市级办公建筑	主要办公室、会议室、总值班室、档案室及主要通道照明用电	二级
6	地、市级及以上气象台	气象业务用计算机系统用电	一级 *
		气象雷达、电报及传真收发设备、卫星云图接收机及语言广播设备、气象绘图及预报照明用电	一级
7	电信枢纽、卫星地面站	保证通信不中断的主要设备用电	一级 *
8	电视台、广播电台	国家及省、市、自治区电视台、广播电台的计算机系统用电，直接播出的电视演播厅、中心机房、录像室、微波设备及发射机房用电	一级 *
		语音播音室、控制室的电力和照明用电	一级
		洗印室、电视电影室、审听室、楼梯照明用电	二级
9	剧场	特、甲等剧场的调光用计算机系统用电	一级 *
		特、甲等剧场的舞台照明、贵宾室、演员化妆室、舞台机械设备、电声设备、电视转播用电	一级
		甲等剧场的观众厅照明、空调机房及锅炉房电力和照明用电	二级
10	电影院	甲等电影院的照明与放映用电	二级
11	博物馆、展览馆	大型博物馆及展览馆安防系统用电；珍贵展品展室照明用电	一级 *
		展览用电	二级

续表 2.1

序号	建筑物名称	用电负荷名称	负荷级别
12	图书馆	藏书量超过 100 万册及重要图书馆的安防系统、图书检索用计算机系统用电	一级 *
		其他用电	二级
13	体育建筑	特级体育场(馆)及游泳馆的比赛场(厅)、主席台、贵宾室、接待室、新闻发布厅、广场及主要通道照明、计时记分装置、计算机房、电话机房、广播机房、电台和电视转播及新闻摄影用电	一级 *
		甲级体育场(馆)及游泳馆的比赛场(厅)、主席台、贵宾室、接待室、新闻发布厅、广场及主要通道照明、计时记分装置、计算机房、电话机房、广播机房、电台和电视转播及新闻摄影用电	一级
		特级及甲级体育场(馆)及游泳馆中非比赛用电、乙级及以下体育建筑比赛用电	二级
14	商场、超市	大型商场及超市的经营管理用计算机系统用电	一级 *
		大型商场及超市营业厅的备用照明用电	一级
		大型商场及超市的自动扶梯、空调用电	二级
		中型商场及超市营业厅的备用照明用电	二级
15	银行、金融中心、证交中心	重要的计算机系统和安防系统用电	一级 *
		大型银行营业厅及门厅照明、安全照明用电	一级
		小型银行营业厅及门厅照明用电	二级
16	民用航空港	航空管制、导航、通信、气象、助航灯光系统设施和台站用电,边防、海关的安全检查设备用电,航班预报设备用电,三级以上油库用电	一级 *
		候机楼、外航驻机场办事处、机场宾馆及旅客过夜用房、站坪照明、站坪机务用电	一级
		其他用电	二级
17	铁路旅客站	大型站和国境站的旅客站房、站台、天桥、地道用电	一级
18	水运客运站	通信、导航设施用电	一级
		港口重要作业区、一级客运站用电	二级
19	汽车客运站	一、二级客运站用电	二级

续表 2.1

序号	建筑物名称	用电负荷名称	负荷级别
20	汽车库(修车库)、停车场	Ⅰ类汽车库、机械停车设备及采用升降梯作为车辆疏散出口的升降梯用电	一级
		Ⅱ、Ⅲ类汽车库和Ⅰ类修车库、机械停车设备及采用升降梯作为车辆疏散出口的升降梯用电	二级
21	旅游饭店	四星级及以上旅游饭店的经营及设备管理用计算机系统用电	一级 *
		四星级及以上旅游饭店的宴会厅、餐厅、厨房、康乐设施、门厅及高级客房、主要通道等场所的照明用电，厨房、排污泵、生活水泵、主要客梯用电，计算机、电话、电声和录像设备、新闻摄影用电	一级
		三星级旅游饭店的宴会厅、餐厅、厨房、康乐设施、门厅及高级客房、主要通道等场所的照明用电，厨房、排污泵、生活水泵、主要客梯用电，计算机、电话、电声和录像设备、新闻摄影用电，除上栏所述之外的四星级及以上旅游饭店的其他用电	二级
22	科研院所、高等院校	四级生物安全实验室等对供电连续性要求极高的国家重点实验室用电	一级 *
		除上栏所述之外的其他重要实验室用电	一级
		主要通道照明用电	二级
23	二级以上医院	重要手术室、重症监护等涉及患者生命安全的设备(如呼吸机等)及照明用电	一级 *
		急诊部、监护病房、手术部、分娩室、婴儿室、血液病房的净化室、血液透析室、病理切片分析室、核磁共振室、介入治疗用CT及X光机扫描室、血库、高压氧舱、加速器机房、治疗室及配血室的电力照明用电，培养箱、冰箱、恒温箱用电，走道照明用电，百级洁净度手术室空调系统用电，重症呼吸道感染区的通风系统用电	一级
		除上栏所述之外的其他手术室空调系统用电，电子显微镜、一般诊断用CT及X光机用电，客梯用电，高级病房、肢体伤残康复病房照明用电	二级

续表 2.1

序号	建筑物名称	用电负荷名称	负荷级别
24	一类高层建筑	走道照明、值班照明、警卫照明、障碍照明用电，主要业务和计算机系统用电，安防系统用电，电子信息设备机房用电，客梯用电，排污泵、生活水泵用电	一级
25	二类高层建筑	主要通道及楼梯间照明用电，客梯用电，排污泵、生活水泵用电	二级

注：1. 负荷分级表中"一级 *"为一级负荷中特别重要负荷

2. 各类建筑物的分级见现行的有关设计规范

3. 本表未包含消防负荷分级，消防负荷分级见《民用建筑电气设计规范》(JGJ 16—2008)第 3.2.3 条及相关的国家标准、规范

4. 当序号 1～23 各类建筑物与一类或二类高层建筑的用电负荷级别不相同时，负荷级别应按其中高者确定

2. 各级负荷对供电电源的要求

1)一级负荷

一级负荷应由两个电源供电，当一个电源发生故障时，另一个电源不应同时受到损坏。对于一级负荷中特别重要的负荷，除了应由两个电源供电以外，还应增设应急电源，并严禁将其他负荷接入应急供电系统中。

(1)应急电源是与电网在电气上独立的各式电源。可以作为应急电源使用的电源有以下几种：

①独立于正常电源的发电机组。

②供电网络中独立于正常电源的专用馈电线路。

③蓄电池。

(2)应急电源可根据允许中断供电的时间进行选择，具体如下：

①允许中断供电时间在 15～30 s 的供电，可选用快速自启动的应急发电机组。

②允许中断供电时间大于电源切换时间的，可选用带有自动投入装置并独立于正常电源的专用馈电线路。

③要求连续供电或允许中断供电时间为毫秒级的供电，可选用不间断电源装置(UPS)。

④允许中断供电时间为毫秒级的应急照明供电，可选用应急电源装置(EPS)。

2)二级负荷

二级负荷的供配电系统宜采用两回线路供电，供电变压器也应有两台(两台变压器不一定在同一变电所中)。当其中一回路或一台变压器发生常见故障时，二级负荷应不致中断供电，或中断后能够迅速恢复供电。只有当负荷较小或地区供电条件困难时，才允许采用一回 6 kV 及以上的专用架空线供电。这主要考虑电缆发生故障后，有时检查故障点和修复需时较长，而一般架空线路则修复方便。当线路自配电所引出采用电缆线路时，必须采用两根电

缆组成的电缆线路，其每根电缆应能承受100%的二级负荷，且互为热备用，即同时处于运行状态。

3)三级负荷

三级负荷供电可靠性要求较低，对供电电源无特殊要求，但在条件允许时，应尽量提高供电的可靠性和连续性。

2.2 电压选择及电能质量

各类建筑为了接受从电力系统传输而来的电能，需要有一个内部的供配电系统。建筑供配电系统一般由高压(10 kV)配电线路、变电站(包括配电站)、低压配电线路和用电设备组成，有时也可由其中几部分组成。一般民用建筑的供电电压均为10 kV及以下，只有少数特大型民用建筑物及用电负荷大的工业建筑其供电电压才会在35～110 kV之间。当用电设备总容量在250 kW及以上或变压器容量在160 kV·A及以上时，宜以10 kV供电，当用电设备总容量在250 kW以下或变压器容量在160 kV·A以下时，可由低压供电。

1. 电力系统的电压

1)额定电压

额定电压是指能使各类电气设备处在设计要求的额定或最佳运行状态的工作电压。我国国家标准《标准电压》(GB/T 156—2007)规定的电力系统和电气设备的额定电压标准见表2.2。

表2.2　我国标准规定的三相交流电网和电力设备的额定电压

分类	电网和用电设备额定电压/kV	发电机额定电压/kV	电力变压器额定电压/kV	
			一次绕组	二次绕组
低压	0.22	0.23	0.22	0.23
	0.38	0.40	0.38	0.40
	0.66	0.69	0.66	0.69
高压	3	3.15	3及3.15	3.15及3.3
	6	6.3	6及6.3	6.3及6.6
	10	10.5	10及10.5	10.5及11
	—	13.8,15.75,18,20,22,24,26	13.8,15.75,18,20,22,24,26	—
	35	—	35	38.5
	66	—	66	72.6
	110	—	110	121
	220	—	220	242
	330	—	330	363
	500	—	500	550
	750	—	750	825及800

(1)电网(电力线路)的额定电压。电网的额定电压等级是国家根据国民经济发展的需要及电力工业的水平，经全面的技术经济分析研究后确定的。它是确定各类电力设备额定

电压的基本依据。

(2) 用电设备的额定电压。由于用电设备运行时线路上会产生电压降,所以线路上各点的电压均略有不同,如图 2.1 中的虚线所示。但是成批生产的用电设备,其额定电压不可能按照使用时的实际电压来制造,而只能按照线路首端与末端的平均电压即电网的额定电压 U_N 来制造,以便于大批量生产。因此规定,用电设备的额定电压应与其接入电网的额定电压相同。

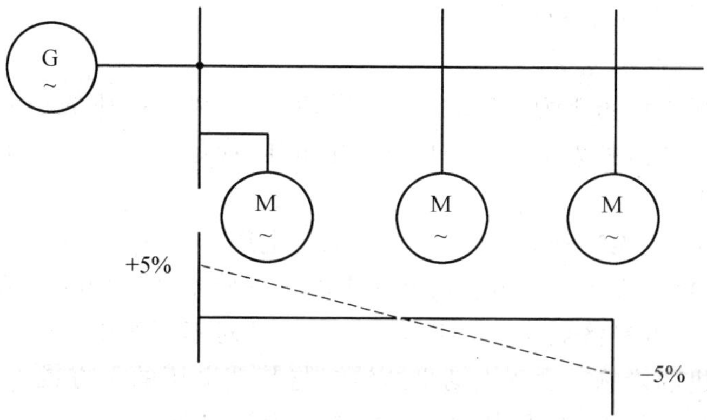

图 2.1　用电设备和发电机的额定电压

(3) 发电机的额定电压。由于同一电压的线路一般允许的电压偏差是 ±5%,即整个线路允许有 10% 的电压损耗值,所以为了使线路的平均电压维持在额定值,线路首端(即电源端)的电压应比电网的额定电压高 5%,而线路末端的电压则可比电网的额定电压低 5%,如图 2.1 所示。因此规定,发电机的额定电压应比同级电网的额定电压高 5%。

(4) 变压器的额定电压。当变压器的一次绕组与发电机直接连接时,其一次绕组的额定电压等于发电机的额定电压,即比同级电网的额定电压高 5%。当变压器不与发电机相连,而是直接连接在线路上时,则可将其视为用电设备,其一次绕组的额定电压应与电网的额定电压相同。

变压器二次绕组的额定电压也分为两种情况。首先应弄清变压器二次绕组的额定电压是如何定义的。所谓变压器二次绕组的额定电压,就是变压器一次绕组加上额定电压而二次绕组开路的电压,即空载电压。在满载时,二次绕组内约有 5% 的电压降,因此当变压器二次侧供电线路较长时,变压器二次绕组的额定电压应比同级电网额定电压高 10%,一方面补偿变压器满载时内部 5% 的电压降;另一方面需考虑变压器满载时输出的二次电压还要比电网的额定电压高 5%,以补偿线路上的电压降。当变压器二次侧供电线路不长时,如采用低压配电或直接供给用电设备,则变压器二次绕组的额定电压仅需比电网的额定电压高 5%,并且只考虑补偿变压器内部 5% 的电压降。

2) 电压偏差

(1) 基本定义与规定。当供配电系统改变运行方式和负荷缓慢变化时,供配电系统各点的电压也随之发生变化,各点的实际电压与系统的额定电压之间的差值 ΔU 称为电压偏差。电压偏差 ΔU 也常用各点的实际电压与系统的额定电压之间的差值与系统额定电压的比值,以百分数来表示,即

$$\Delta U=\frac{U-U_N}{U_N}\times 100\% \tag{2.1}$$

式中 ΔU—— 电压偏差；

U—— 用电设备的实际电压；

U_N—— 用电设备的额定电压。

根据国家标准《供配电系统设计规范》(GB 50052—2009)的规定，在正常运行的情况下，用电设备端子上的电压偏差允许值如下：

①电动机为±5%额定电压。

②照明。在一般工作场所为±5%额定电压；对于远离变电所的小面积的一般工作场所，难以满足上述要求时，可为+5%、−10%额定电压；应急照明、道路照明和警卫照明等为+5%、−10%额定电压。

③其他用电设备，当无特殊规定时为±5%额定电压。

(2)危害。如果用电设备的端电压与其额定电压有偏差，则用电设备的工作性能和使用寿命将会受到影响，总的经济效果也会下降。电压偏差对不同的用电设备主要有以下影响：

①对感应电动机的影响。由于电动机的转矩与其端电压的平方成正比，所以当电动机的端电压比其额定电压低10%时，其实际转矩将仅为额定转矩的81%，而负荷电流将增大5%～10%，温升将提高10%～15%，绝缘老化程度将比规定增加1倍以上，从而明显地缩短电机的使用寿命。而且由于转矩减小，转速下降，不仅会降低生产效率，减少产量，而且还会影响产品质量，增加废次品量。

当其端电压偏高时，负荷电流和温升一般也会增加，绝缘也会受损，这对电机也是不利的，但没有电压偏低时那么严重。

②对同步电动机的影响。当同步电动机的端电压偏高或偏低时，转矩也要按照电压平方成正比变化。因此同步电动机的端电压偏差，除了会影响其转速之外，其他如对转矩、电流和温升等的影响均与感应电动机相同。

③对照明的影响。电压偏差对白炽灯的影响最为显著。当白炽灯的端电压比其额定电压下降10%时，灯泡的使用寿命将会延长2～3倍，但其发光效率则会下降30%以上，灯光明显变暗，照度降低，严重影响人的视力健康，降低工作效率，还可能增加事故发生率。当其端电压比其额定电压上升10%时，发光效率将提高1/3。电压偏差对荧光灯等气体放电灯的影响就没有对白炽灯那么明显了，但也会产生一定的影响。当其端电压偏低时，灯管不易起燃。如果多次反复起燃，则灯管的寿命将会大受影响。而且电压降低时，照度也会下降，将会影响视力及工作。当其电压偏高时，灯管寿命便会缩短。

3)电压波动

(1)基本定义与规定。供配电系统的电压波动主要是由于系统中的冲击负荷所引起的。冲击负荷所引起的电压对于工频来说是调幅波(即交流电压波的包络线)性质的。为了表征电压波动的大小，采用电压调幅波中相邻两个极值(极大和极小)电压均方根值之差($U_{max}-U_{min}$)对额定电压U_N的百分数来表示，即

$$\delta U=\frac{U_{max}-U_{min}}{U_N}\times 100\% \tag{2.2}$$

为了将电压波动(电压的快变化)与电压偏差(电压的慢变化)进行区分，国家标准《电

能质量　电压波动和闪变》(GB/T 12326—2008) 中规定，电压波动的变化速度应不低于每秒 0.2%。

电压闪变反映了电压波动引起的灯光闪烁对人视觉产生影响的效应。引起照度闪变的电压波动现象称为电压闪变。因灯光照度急剧变化而使人眼感到不适的电压，称为闪变电压。

① 电压波动的限值。任何一个波动负荷用户在电力系统公共连接点产生的电压变动，其限值均与电压变动频度、电压等级有关。对于电压变动频度较低(如 $r \leqslant 1\,000$ 次 /h) 或规则的周期性电压波动，可通过测量电压方均根值曲线 $U(t)$ 确定其电压变动频度和电压变动值。电压波动限值见表 2.3。

表 2.3　电压波动限值

r/(次 /h)	d/%	
	LV，MV	HV
$r \leqslant 1$	4	3
$1 < r \leqslant 10$	3 *	2.5 *
$10 < r \leqslant 100$	2	1.5
$100 < r \leqslant 1\,000$	1.25	1

注：1. 很少的变动频度(每日少于 1 次)，电压变动限值 d 还可以放宽

2. 对于随机性不规则的电压波动，如电弧炉负荷引起的电压波动，表中标有“ * ”的值为其限值

3. 本表中系统标称电压 U_N 等级按以下划分：

低压(LV)　　$U_N \leqslant 1$ kV

中压(MV)　　1 kV $< U_N \leqslant$ 35 kV

高压(HV)　　35 kV $< U_N \leqslant$ 220 kV

对于 220 kV 以上超高压(EHV) 系统的电压波动限值可参照高压(HV) 系统执行

② 闪变的限值。电力系统公共连接点，在系统正常运行的较小方式下，以一周(168 h) 为测量周期，所有长时间闪变值 P_{lt} 都应满足表 2.4 闪变限值的要求。

表 2.4　闪变限值

应用场合	限值 /%	应用场合	限值 /%
$\leqslant$ 110 kV	1	$>$ 110 kV	0.8

(2) 电压波动和闪变的危害。

① 引起照明灯光闪烁，使人的视觉容易疲劳和不适，从而降低工作效率。

② 电视机画面亮度发生变化，垂直和水平幅度摇动。

③ 影响电动机的正常启动，甚至无法启动；导致电动机转速不均匀，危及本身的运行安全，同时还会影响产品质量。如使造纸、制丝不均匀，降低精加工机床制品的光洁度，严重时还会产生废品等。

④ 使电子仪器设备(例如示波器、X 光机)、计算机、自动控制设备不能正常工作。

⑤ 使硅整流器的出力波动，导致换流失败等。

⑥ 影响对电压波动较敏感的工艺或试验结果。如使光电比色仪不能正常工作，使化验

结果出差错等。

4) 三相电压不平衡度

(1) 基本定义与规定。电压不平衡度，是衡量多相系统负荷平衡状态的指标，以电压负序分量的均方根值 U_2 与电压正序分量的均方根值 U_1 的百分比来表示，即

$$\varepsilon U=\frac{U_2}{U_1}\times 100\% \tag{2.3}$$

国家标准《电能质量　三相电压不平衡》(GB/T 15543—2008)规定：

①电力系统公共连接点电压不平衡度限值为：电网正常运行时，负序电压不平衡度不超过 2%，短时不超过 4%；低压系统零序电压限值暂不规定，但各项电压必须满足《电能质量　供电电压偏差》(GB/T 12325—2008)的要求。

②接于系统公共连接点的每个用户引起该点负序电压不平衡度允许值一般为 1.3%，短时不超过 2.6%。根据连接点的负荷状况以及邻近发电机、继电保护和自动装置安全运行要求，该允许值可做适当变动，但必须满足上述第①点的规定。

(2)危害。三相电压不平衡度偏高，就说明电压的负序分量偏大。电压负序分量的存在，将对电力设备的运行产生不良影响。例如，电压负序分量可使感应电动机出现一个反向转矩，从而削弱电动机的输出转矩，降低电动机的效率，同时还会增大电动机的绕组电流，并且提高温度，加速绝缘老化，缩短使用寿命。三相电压不平衡，还会影响多相整流设备触发脉冲的对称性，从而出现更多的高次谐波，进一步影响电能质量。

(3)降低不平衡度的措施。由于造成三相电压不平衡的主要原因是单相负荷在三相系统中的容量分配和接入位置不合理、不均衡，所以在供配电系统的设计和运行中，应采取以下措施：

①均衡负荷。应将单相负荷均衡地分配在三相系统中，同时还要考虑用电设备的功率因数不同，尽量使有功功率和无功功率在三相系统中均衡分配。在低压供配电系统中，各相之间的容量之差不宜超过 15%。

②正确接入照明负荷。由地区公共低压供配电系统供电的 220 V 照明负荷，当线路电流小于或等于 30 A 时，可采用 220 V 单相供电；当线路电流大于 30 A 时，宜采用 220/380 V三相四线制供电。

2. 电能质量

电能质量就是用电点的供电质量，主要由安全、可靠、优质、经济四个方面决定。其中，供电安全是指把人身触电事故和设备损坏事故降低到最低的限度；供电可靠是指供电的不间断性；优质供电主要是指电压和频率偏差要在允许的范围之内；供电经济是指供电系统的投资要少，运行费用要低，减少金属材料的消耗等。

2.3　变配电所

1. 变配电所的类型、结构

工业与民用建筑设施的变配电所大多是 6～10 kV 变电所，它由 6～10 kV 电压进线，经过变压器的降压，将 6～10 kV 高压降为 0.38 kV/0.22 kV 低压，给低压电设备供电。

变电所的类型很多，按整体结构可分为室内型、半室外型、室外型及成套变电站等。但按变电所所处的位置划分，则可分为以下几种类型：

1)独立变配电所

独立变配电所是独立的建筑物，一般用于供给分散的用电负荷，有时由于周围的环境限制，如防火、防爆和防尘等，或为了满足建筑和管理上的需要也考虑设置独立变电所。在大中城市的居民住宅区也多采用独立变电所。

2)附设变配电所

附设变配电所根据其与建筑物的关系可分为以下几种形式：

(1)内附式。变配电所设于建筑物内与建筑物共用外墙，其优点是能保持建筑物外观整齐，其缺点是要占用一定的建筑面积。多层建筑或一般工厂车间在周围环境受限制时可采用此种方案。

(2)外附式。变配电所附设于建筑物外，与建筑物共用一面墙壁。一般工厂的车间变电所大都采用此种方式，在大型民用建筑中，它经常与冷冻机房、锅炉房等用电量较大的建筑物设置在一起。

(3)外附露天式。与外附式相似，但变压器装于室外。变压器周围不小于 0.8 m 处设有 1.7 m 固定围栏(或墙)，其特点是结构简单，但维护条件差，一般适用于负荷不大且不重要的地方。

(4)室内式。变配电所设于建筑物内部。在用电负荷较大时，为使变电所深入负荷中心常采用此种形式，但需要采取相应的防火措施。

3)地下变电所

地下变电所设置于建筑物的地下室，以节省用地。在有的大型建筑物中，为满足地下冷冻机房、水泵房等大用电设备的需要而设置此种变电所。

4)杆上式或高台式变电所

此种变电所的变压器一般置于室外杆塔上，或设在专门的变压器台墩上，一般用于负荷分散的小城市居民区和工厂生活区，以及小型工厂和矿山等，变压器的容量一般在 315 kV · A以下。

5)组合式变电所

组合式变电所是一种新型设备，也称箱式变电站。其特点是可以使变配电系统统一化，而且体积小，安装方便，经济效益比较高，一般适用于城市建筑、生活小区、中小型工厂、铁路及油田等，目前正被广泛采用，如图 2.2 所示。

图 2.2　ZBW－315－630 kV · A 箱式变电所外形图

箱式变电站由高压配电装置、电力变压器和低压配电装置三部分组成。这三部分均装设在金属箱体中，箱式变压器的外形如图 2.2 所示，要求箱体有足够的机械强度，在运输及安装中不应变形。箱壳内的高、低压室均有照明灯。箱体有防雨、防晒、防锈、防尘、防潮、防凝露措施。在箱式变电站门的内侧应有主回路线路图、控制线路图、操作程序及使用注意事项等。根据用户的不同需要，箱式变电站内的电力变压器可以采用油浸式、干式或气体式，选用有载调压或无载调压式。箱式变电站还能配置电力电容器，也可安装高压或低压电能表。

2. 变配电所的所址选择及布置

1)10 kV 及以下变配电所位置选择

变配电所位置的选择应根据下列要求经技术、经济比较确定：

(1)变配电所位置选择，应根据下列要求综合确定：

①深入或接近负荷中心；②进出线方便；③接近电源侧；④设备吊装、运输方便；⑤不应设在有剧烈振动或有爆炸危险介质的场所；⑥不宜设在多尘、水雾或有腐蚀性气体的场所，当无法远离时，不应设在污染源的下风侧；⑦不应设在厕所、浴室、厨房或其他经常积水场所的正下方，且不宜与上述场所贴邻。如果贴邻，相邻隔墙应做无渗漏、无结露等防水处理；⑧变配电所为独立建筑物时，不应设置在地势低洼和可能积水的场所。

(2)变配电所可设置在建筑物的地下层，但不宜设置在最底层。变配电所设置在建筑物地下层时，应根据环境要求加设机械通风、去湿设备或空气调节设备。当地下只有一层时，还应采取预防洪水、消防水或积水从其他渠道淹渍变配电所的措施。

(3)民用建筑宜集中设置变配电所，当供电负荷较大、供电半径较长时，也可分散设置；高层建筑可分设在避难层、设备层及屋顶层等处。

(4)住宅小区可设独立式变配电所，也可附设在建筑物内或选用户外预装式变电所。

2)变配电所的布置

变配电所的布置应在高低压供电系统设计方案确定的基础上进行，并应满足下列基本要求：

(1)布置紧凑合理，便于设备的操作、巡视、搬运、检修和试验，同时还要考虑发展的可能性。

(2)合理安排建筑物内各房间的相对位置，配电室的位置应便于进出线。低压配电室通常与变压器室相邻，以减少低压母线的长度。高压电容器室尽量与高压配电室相毗邻，控制室、值班室和辅助房间的位置要便于运行人员的管理等。在安排各房间时，应尽量利用自然采光和自然通风。

(3)变压器室和电容器室尽量避免布置在朝西方向。控制室和值班室的位置尽量朝南。

(4)配电室、控制室和值班室等的地面，一般比室外高出 0.15～0.30 m。如在车间内，则与车间地面相平。变压器室、电容器室的地坪标高应根据通风散热的需要而定。

(5)有人值班的变配电所应设有单独的控制室或值班室。

3. 变压器的容量及台数的确定

1)变压器容量的选择

建筑物的计算负荷 P_c 确定后，建筑物供电变压器的总装机容量(kV · A)为

$$S=P_c/(\beta\cos\varphi) \tag{2.4}$$

式中 P_c—— 建筑物的计算有功功率；

$\cos\varphi$—— 补偿后的平均功率因数；

β—— 变压器的负荷率。

$\cos\varphi$ 取决于当地供电部门对建筑供电的要求，一般要求高压侧平均功率因数 $\cos\varphi$ 不小于 0.9。因此变压器的容量最终确定就取决于变压器的负荷率 β，然后按所选用变压器的标称值系列来调整即可求得。

高层建筑用电负荷大，大部分变压器常年接入电网运行，变压器的长期累计损耗相当可观。因此，认真地研究变压器损耗与负荷率的关系，合理选择变压器额定容量、运行方式和变压器型号是供电设计中的一个重要课题。

对于给稳定负荷供电的单台变压器负荷率 β 一般宜选为 75%～85%。装设两台及以上变压器的变电所，当其中一台变压器断开时，其余变压器的容量应能保证一、二级负荷的用电。

变压器低压侧电压为 0.4 kV 时，住宅小区变电所单台变压器容量不宜大于 1 250 kV·A，预装式变电所变压器，单台容量不宜大于 800 kV·A，其他变电所单台变压器容量不宜大于 2 500 kV·A。

2）变压器台数的选择

（1）变压器台数应根据负荷特点和经济运行进行选择。当符合下列条件之一时，宜装设两台及以上变压器：

①有大量一级或二级负荷。

②季节性负荷变化较大。

③集中负荷较大。

装有两台及以上变压器的变电所，当其中任一台变压器断开时，其余变压器的容量应满足一级负荷及二级负荷的用电。

（2）在一般情况下，动力和照明宜共用变压器。当属下列情况之一时，可设专用变压器：

①当照明负荷较大或动力和照明采用共用变压器严重影响照明质量及灯泡寿命时，可设照明专用变压器。

②单台单相负荷较大时，宜设单相变压器。

③冲击性负荷较大，严重影响电能质量时，可设冲击负荷专用变压器。

④在电源系统不接地或经阻抗接地，电气装置外露导电体就地接地系统（IT 系统）的低压电网中，照明负荷应设专用变压器。

3）变压器型号的选择

（1）一般场所应推广采用低损耗电力变压器，如 S_9，S_{11} 等型号。

（2）在电网电压波动较大不能满足用户电压质量要求时，根据需要和可能可选用有载调压变压器。

（3）周围环境恶劣，有防尘、防腐要求时，宜选用全密闭变压器。

（4）高层建筑、地下建筑等防火要求高的场所，宜选用干式变压器。

4. 变配电所的主接线

变配电所的主接线（一次接线）是指由各种开关电器、电力变压器、互感器、母线、电力电缆、并联电容器等电气设备按一定次序连接的接受和分配电能的电路。它是电气设备选择及确定配电装置安装方式的依据，也是运行人员进行各种倒闸操作和事故处理的重要依据。

用规定的图形符号(表 2.5)来表示主要电气设备在电路中连接的相互关系，称为电气主接线图。电气主接线图通常以单线图的形式来表示，在个别情况下，当三相电路中的设备不对称时，则部分地用三线图表示。

1)对主接线的基本要求

主接线的确定，与供电系统的可靠供电和经济运行有着密切的关系。因此，选择主接线应满足下列基本要求：

(1)根据用电负荷的要求，保证供电的可靠性和电能质量。

(2)主接线应力求简单、明显，运行方式灵活，在投入或切除某些设备或线路时操作方便。

(3)保证运行操作和维护人员及设备的安全，配电装置应紧凑合理，排列尽量对称，便于运行值班人员记忆，便于巡视检查。

(4)应使主接线的一次投资和运行费用达到经济合理。

(5)根据近期和长远规划，为将来的发展留有余地。

在选择主接线时应全面考虑上述各项要求，进行经济技术对比，权衡利弊，尤其要处理好可靠性和经济性这一对主要矛盾。

表 2.5　变配所主接线的主要电气设备符号

设备名称	文字符号	图形符号	设备名称	文字符号	图形符号
变压器	T	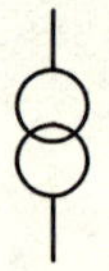	母线	W	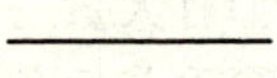
断路器	QF		电流互感器	TA	
负荷开关	Q	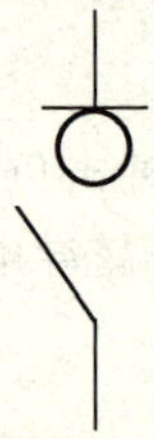	避雷器	F	
隔离开关	QS	—	电抗器	L	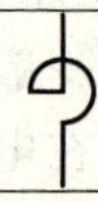
熔断器	FU		电容器	C	
跌开式熔断器	FU		电动机	M	

2)主接线的基本形式

主接线形式有单母线接线、双母线接线、桥式接线和单元接线等多种,建筑电气中一般常采用单母线接线。

(1)单母线不分段主接线。图2.3所示为单母线不分段主接线的示意图。这种接线的优点是线路简单,使用设备少,造价低;缺点是供电的可靠性和灵活性差,母线或母线隔离开关进行故障检修时会造成用户停电。因此,它只适用于容量较小和对供电可靠性要求不高的场合。

(2)单母线分段主接线。图2.4所示为单母线分段主接线的示意图。这种接线形式在每一段接一至两个电源,在母线中间用隔离开关或断路器来分段,并将引出的各支路分接到各段母线上。

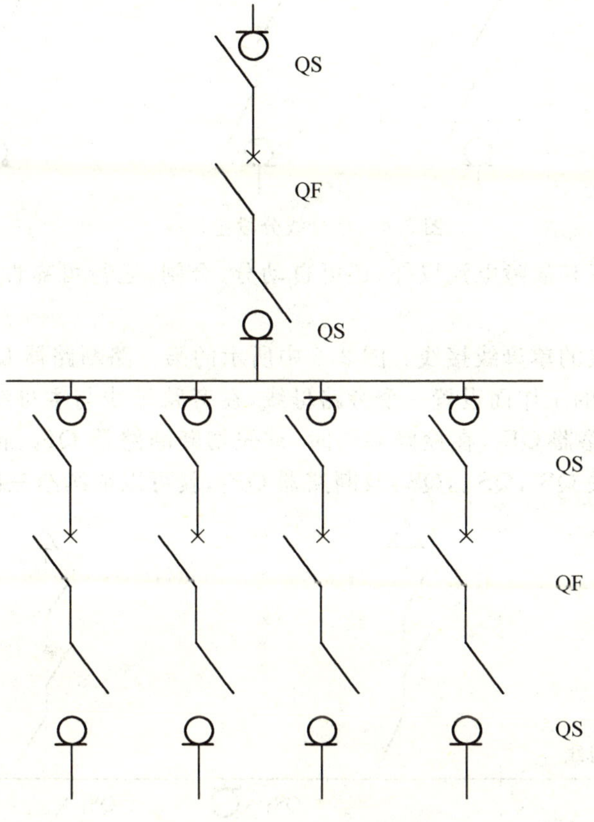

图2.3　单母线不分段主接线

①采用隔离开关分段单母线接线的特点。采用隔离开关分段单母线接线的可靠性较高。因为当某一段母线发生故障时,可进行分段检修。经过倒闸操作,可先切除故障段,其他无故障段则可继续运行。

②采用断路器分段单母线接线的特点。6～10 kV母线的分段处,一般装设隔离开关,但是在事故时需要切断电源,需要带负荷操作,有继电保护要求,且出线回路较多时,母线之间应采用断路器作为联络开关使用。

无论是隔离开关还是断路器分段,在母线发生故障或检修时都不可避免地使该段母线的用户停电。它具有隔离开关分段的单母线接线的全部特点。采用断路器具有继电保护功

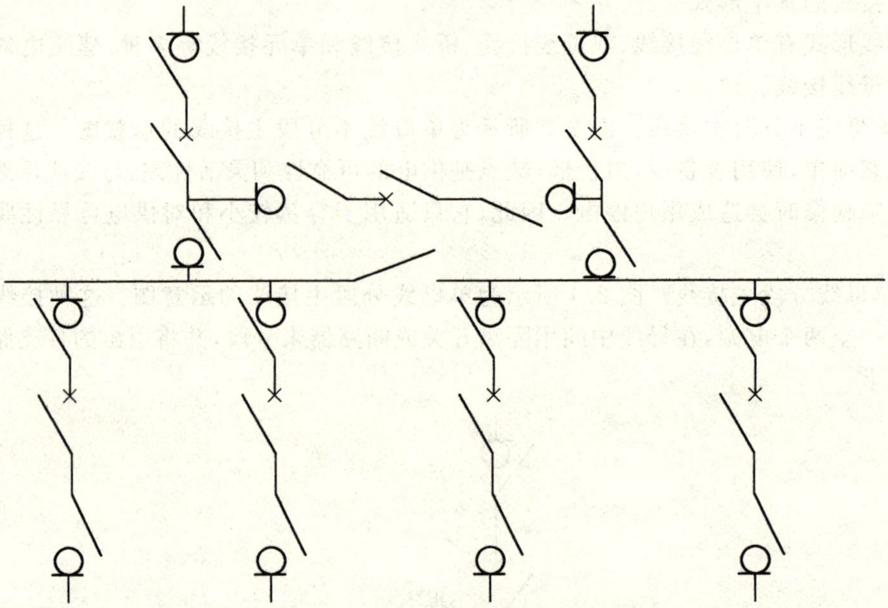

图 2.4　单母线分段主接线

能，除能切断负荷电流和故障电流以外，还可自动分、合闸，运行可靠性高，能自动切除故障段母线。

(3)带有旁路母线的单母线接线。图 2.5 中所示的第三路断路器 QF_3 需要进行检修时，为了不影响该路负荷的工作而设置一个旁路母线，在旁路母线与主母线上再安装隔离开关 QS_5，QS_{10}，QS_{15} 和断路器 QF_5，在检修 QF_3 时，首先切断断路器 QF_3，再切断隔离开关 QS_3 和 QS_8，然后合上开关 QS_5，QS_{15}，QS_{13} 及断路器 QF_5，就可以继续给三路供电了。

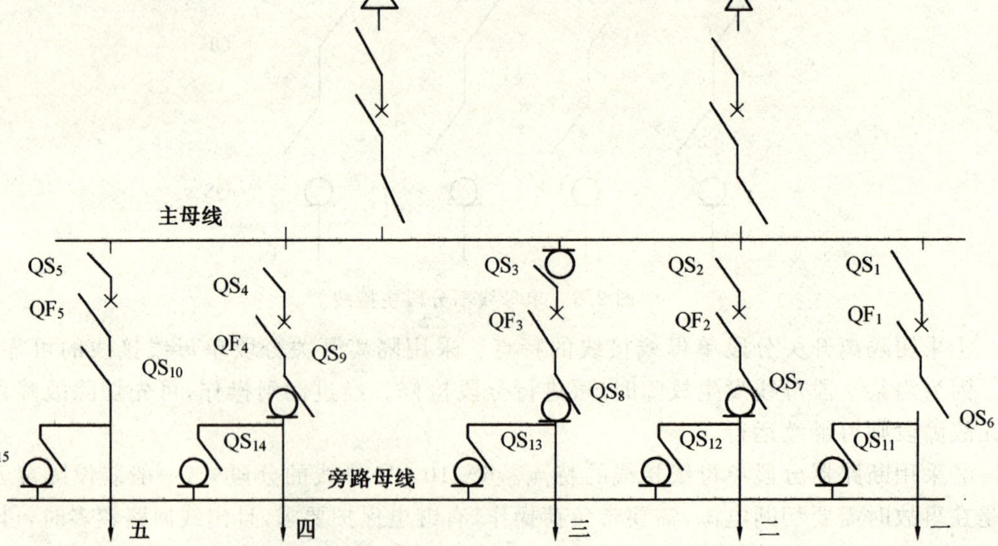

图 2.5　带有旁路母线的单母线接线

5. 变配电所对有关专业的要求

1)对土建专业的要求

(1)可燃油油浸电力变压器室的耐火等级应为一级。非燃(或难燃)介质的电力变压器室,电压为 35 kV、10 kV 配电装置室和电压为 10 kV 电容器室的耐火等级不应低于二级。电压为 0.4 kV 配电装置和电压为 0.4 kV 电容器室的耐火等级不应低于三级。

(2)变配电所的门,应为防火门,并应符合以下要求:

①变配电所位于高层主体建筑(或裙房)内,通向其他相邻房间的门应为甲级防火门,通向过道的门应为乙级防火门。

②变配电所位于建筑物的二层或更高层通向其他相邻房间的门,应为甲级防火门,通向走道的门应为乙级防火门。

③变配电所位于地下层时,通向相邻房间或走道的门应为甲级防火门。

④变配电所位于普通多层民用建筑内,通向相邻房间或走道的门应为丙级防火门。

⑤变配电所附近堆有易燃物品或通向汽车库的门应为甲级防火门。

⑥可燃性油浸变压器室通向配电装置室或变压器室之间的门应为甲级防火门。

⑦变配电所直接通向室外的门,应为丙级防火门。

(3)变配电所的通风窗,应采用非燃烧材料。

(4)配电装置室及变压器室门的宽度宜按最大不可拆卸部件宽度加 0.3 m,高度宜按不可拆卸部件最大高度加 0.3 m。

(5)设置在地下层、楼层的变配电所应向结构专业提出荷载要求,向建筑专业提出通道要求。

(6)当变配电所与居住、办公的房间,上下及贴邻仅有一层楼板或墙体相隔时,变配电所内应采取屏蔽措施。

(7)当配电装置室设在楼上或地下时,应设吊装设备的吊装孔或吊装平台。吊装平台、门或吊装孔的尺寸,应满足吊装最大设备的需要,吊钩与吊装孔的垂直距离应满足吊装最高设备的需要。

(8)电压为 35 kV、10 kV 的配电室和电容器室,宜设不能开启的自然采光窗,窗户下沿距室外地面高度不宜小于 1.8 m。临街的一面不宜开窗。

(9)变压器室、配电装置室、电容器室的门应向外开,并应装锁。装有电气设备的相邻房间之间有门时,此门应向较低电压方向开启。

(10)变配电所各房间经常开启的门窗,不应直通相邻含有酸、碱、蒸汽、粉尘和噪声严重的建筑。

(11)当变压器室、电容器室采用机械通风且周围环境污秽时,宜加空气过滤器。

(12)变压器室、配电装置室、电容器室等应有防止雨、雪和小动物从采光窗、通风窗、门、电缆沟等进入屋内的措施。

(13)长度大于 7 m 的配电装置室应设两个出口,并宜布置在配电室的两端。若两个出口之间的距离超过 60 m 时,应增加出口。

楼上、楼下均为配电室时,位于楼上的配电装置室至少应设一个出口通向室外的平台或通道。

(14)变配电所的电缆沟和电缆室,应采取防水、排水措施。当变配电所设置在地下层时，其进出地下层的电缆口必须采取有效的防水措施。

2)对暖通及给水专业的要求

(1)变压器室宜采用自然通风，夏季的排风温度不宜高于 45 ℃，进风和排风的温差不宜大于 15 ℃。

(2)电容器室应有良好的自然通风，通风量应根据电容器的温度类别按夏季排风温度不超过电容器所允许的最高环境空气温度计算。当自然通风不满足排热要求时，可采用自然进风和机械排风的方式。

电容器室内应有反映室内温度的指示装置。

(3)变压器室、电容器室当采用机械通风或变配电所位于地下层时，其专用通风管道应采用非燃烧材料制作。如周围环境污秽时，宜加空气过滤器(进风口处)。

(4)有条件时配电装置室宜采用自然通风。

(5)在采暖地区，控制室(值班室)应采暖，采暖计算温度为 18 ℃。在特别严寒地区的配电装置室装有电度表时应设采暖，采暖计算温度为 5 ℃。

控制室和配电装置室内的采暖装置，宜采用钢管焊接，且不应有法兰、螺纹接头和阀门等。

(6)位于炎热地区的变配电所，屋面应有隔热措施。控制室(值班室)宜考虑通风，有条件时可接入空调系统。

(7)位于地下层的变配电所，其控制室(值班室)应保证运行和卫生条件，当不能满足要求时，应装设通风系统或空调装置。

(8)变压器室、电容器室、配电装置室、控制室内不应有与其无关的管道、明敷线路通过。

(9)装有六氟化硫(SF_6)的配电装置的房间，其排风系统要考虑有底部排风口。

(10)有人值班的变配电所，宜设有上、下水设施。

(11)干式变压器室、配电装置室、控制室、电容器室当设置在地下层时，在高潮湿场所，宜设置吸湿机或在装置内加装去湿电加热器，在地下层内并应有排水设施。

2.4　柴油发电机组的选择

1. 柴油发电机组作为自备电源使用

大多数一级供电负荷的供电建筑，为了满足供电可靠性的要求，一般都要求有两个独立的供电电源，当有特别重要的用电负荷时，为了保证其供电的可靠性，还应设有独立于上述两个电源的自备电源作为第三电源为其供电。

大多数二级供电负荷的供电建筑，为了满足供电可靠性的要求，一般都要求由同一座区域变电站的两段母线分别引来的两个回路供电，或由一路 6 kV 及以上的专用线路供电，否则应设有自备电源作为第二电源为其供电。

在国内外高层建筑中，考虑到应急负荷、备用负荷的容量及经济投资，大多采用柴油发电机作为自备电源使用。根据负荷供电等级的不同，对柴油发电机组的启动性能特别是启动时间均有所不同。柴油发电机组由柴油机、发电机、启动装置、配电装置、燃油系统以及冷却系统等组成。当柴油发电机组作为重要负荷的备用电源，尤其是作为消防用电负荷的备用电源使用时，往往要求有自启动性能，即当市电(主电源)停电后，发出启动信号给机组的自启动装置时，机组在 30 s 内即可向负荷供电。市电恢复后，延时自动停机。

符合下列情况之一时，宜设自备应急柴油发电机组：

(1)为保证一级负荷中特别重要的负荷用电时。

(2)用电负荷为一级负荷，但从市电取得第二电源有困难或技术经济不合理时。

(3)大、中型商业性大厦，当市电中断供电将会造成较大的经济效益损失时。

2. 柴油发电机组的台数及容量的确定

柴油发电机组的台数与容量应根据应急负荷的大小和投入顺序以及单台电动机最大的启动容量等因素综合考虑确定。机组总台数不宜超过两台，机组的容量宜按下列方式确定：

(1)在方案或初步设计阶段，可按供电变压器容量的 10%～20%来估算柴油发电机的容量。

(2)在施工图阶段可根据一级负荷、消防负荷以及某些重要的二级负荷容量，按下列方法计算选择其最大者：

①按稳定负荷计算发电机的容量。在建筑中自备柴油发电机的供电范围，一般包括以下几个方面：

a. 消防电梯、消防水泵、喷淋泵、防排烟风机和应急照明等。在市电事故停电的情况下，柴油发电机组开始在冷状态下工作，要求所能供出的功率应能满足应急负荷中自启动设备所需的功率之和。当柴油发电机组运行达到额定功率时，应能满足所有应急负荷的功率之和。

b. 建筑中的一级负荷。如大型商场、大型餐厅、国际会议室、贵重展品陈列室、银行重要经营场所等有关设备的用电。其备用容量的大小，应视具体情况而定。

c. 一些重要的民用建筑中的一级负荷和部分二级负荷。如生活水泵、一般客梯、货梯等用电设备负荷。

②按最大的单台电动机或成套机组电动机启动的需要，计算发电机的容量。发电机组的容量(功率)为被启动电动机功率的最小倍数，见表 2.6。

表 2.6 发电机组的容量(功率)为被启动电动机功率的最小倍数

电动机启动方式		全压启动	Y－△启动	自耦变压器启动	
				$0.65U_e$	$0.8U_e$
母线允许电压降	20%	5.5	1.9	2.4	3.6
	15%	7	2.3	3.0	4.5
	10%	7.8	2.6	3.3	5.0

在高层民用建筑中，有一些简易功能的大楼，其所有应急负荷的功率之和不是很大，但其中一台电动机的功率则较大，这样为了应付电动机的启动，不得不加大发电机的容量，从而造成发电机在轻载状态下运行，并使投资增加，所以在满足要求的前提下，为了尽量缩小柴油发电机组的容量，从而减少初投资及运行费用，应注意以下几个方面的问题：

a. 与消防专业协商，在满足消防用水的前提下，尽量减少消防水泵的电动机容量。

b. 对功率较大的电动机采用减压启动，如采用“星形一三角形”启动器、自耦变压器减压启动器等。

c. 尽量调整启动顺序。首先启动大容量的异步电动机，然后再按顺序启动较小容量的异步电动机，最后接入无冲击性的其他负荷。柴油发电机组应付电动机启动最不利的情况就是最后启动大容量的异步电动机。

d. 启动时间要错开，避免电动机同时启动。例如，火灾发生以后，消防喷淋头开始喷水，水流继电器发生动作，喷淋泵自动启动，此后可击碎消防按钮玻璃，让消防泵也投入运行。为了避免多台大容量电动机同时启动，可在控制回路中接入时间继电器，使之具有不同的延时，以错开启动时间。

e. 发电机组除了接带消防负荷以外，平时又要接入其他重要负荷时，要考虑两者不得同时运行。即在发生火灾时，自备发电机投入之前，要能在火灾信号的作用下，闭锁非消防负荷的接入，或自动切除非消防设备的用电。这样在选择自备应急柴油发电机的容量时，可对消防设备的用电及其他设备的用电分别考虑然后进行比较，选择其中容量较大的作为所选应急柴油发电机的容量。

2.5 典型建筑的供配电系统

1. 高压供配电系统典型示例

高压系统的主接线系统如图 2.6 所示。本示例为 10 kV 的两路工作电源，断路器受电隔离开关分段的单母线系统。为高压母线分段运行，有四个配出回路 1－3～1－6。1－1 和 1－2 为电源进线。高压选用 GG－1A 型开关柜。1－1～1－6 选用 SN_{10}－10 型少油断路器保护。

在电源允许的条件下，一路电源故障时可手动投切到另一路电源，也可在切掉一部分次要负荷的情况下投到另一路电源。本系统适用于不要求备用电源自动投入的情况，并且每段母线有 1～2 个馈电回路，本系统可适用于一、二级负荷的变配电所。

2. 组合式变电所主接线典型示例

ZBW 系列 315～630 kV·A 组合变电站的主接线系统如图 2.7 所示。该系统广泛适用于城市建筑、生活小区、中小型工厂、铁路及油田等。其型号含义如图 2.8 所示。

该系统按主开关容量和结构划分为以下几种：

(1)150 kV·A 以下袖珍式成套配电站，高压室有负荷开关和高压熔断器。

(2)300 kV·A 以下组合形式，高压室有隔离开关、真空断路器或少油断路器。

(3)500 kV·A 以下组合形式及由多种高压开关柜组成的中型变电站，以真空断路器柜或少油断路器柜为主要元件。

变压器室配有低损耗油浸变压器和环氧浇注干式变压器两种。根据地区气候的不同，生产有自然冷却散热装置和自动风冷散热装置。变压器如有储油柜，其油标则应便于监视，变压器的铭牌应朝向箱门一侧。容量在 315 kV·A 以上的变压器要求装设电接点温度计，用于监视变压器上层油温和启动通风冷却装置。

低压室以低压断路器为主要元件，多路负荷馈电、电缆输出。在双路和环路供电中可以增设自动减载备用互投电源，以减少停电事故。有的低压室还设有无功补偿电容柜，以提高功率因数。

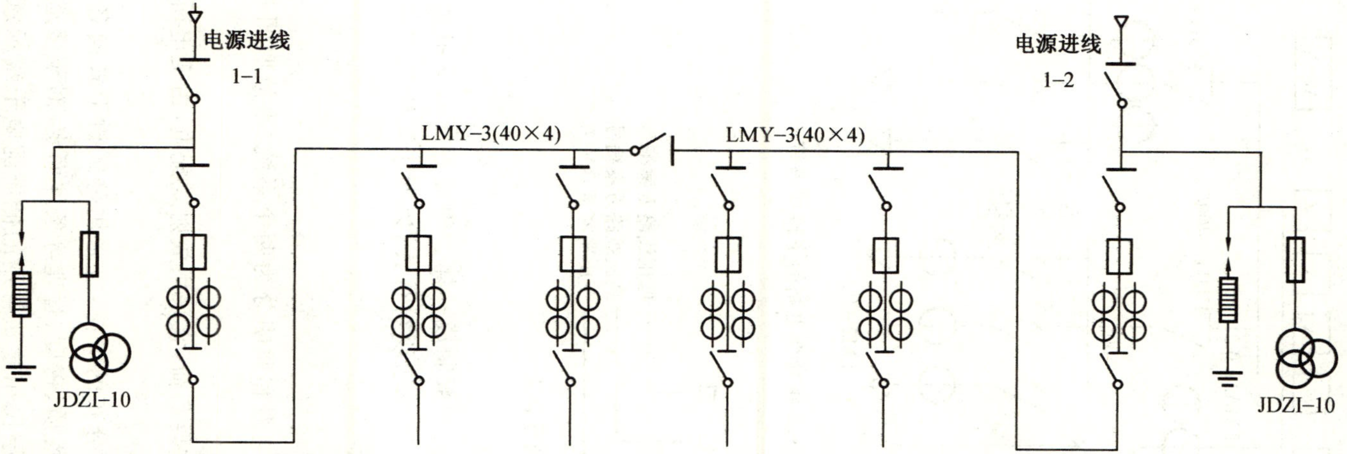

开关柜型号	GG-10-54	GG-10-03	GG-10-03	GG-10-03	GG-10-32	GG-10-32	GG-10-03	GG-10-54
用　途		电源进线	至1号车间变电所	至2号车间变电所	至2号车间变电所	至3号车间变电所	电源进线	
隔离开关		GN_8-10H/400	GN_8-10H/200	GN_8-10H/200	GN_8-10H/200	GN_8-10H/200	GN_8-10H/200	
操作机构		CS_6-IG	CS_8-IG	CS_6-IG	CS_6-IG		CS_6-IG	
油断路器		SN_{10}-10/600	SN_{10}-10/600	SN_{10}-10/600	SN_{10}-10/600	SN_{10}-10/600	SN_{10}-10/600	
电流互感器		LZJC-10 300/5	LZJC-10 100/5	LZJC-10 100/5	LZJC-10 100/5	LZJC-10 100/5	LZJC-10 300/5	
隔离开关		GN_6-10H/400	GN_6-10H/400	GN_6-10H/400	GN_6-10H/400	GN_6-10H/400	GN_6-10H/400	
操作机构		CS_6-IG	CS_6-IG	CS_6-IG	CS_6-IG	CS_6-IG	CS_6-IG	
熔断器	RNI-10/20							RNI-10/20
避雷器	FS_3-10							FS-10
			1-3	1-4	1-5	1-6		

图2.6　两路电源的高压主接线系统

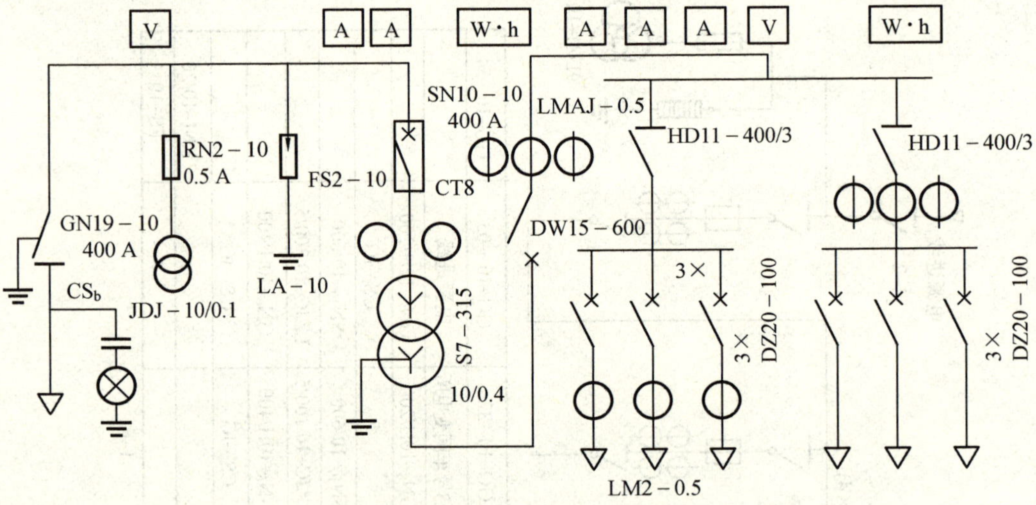

图 2.7 ZBW 系列 315～630 kV·A 组合变电站的主接线系统

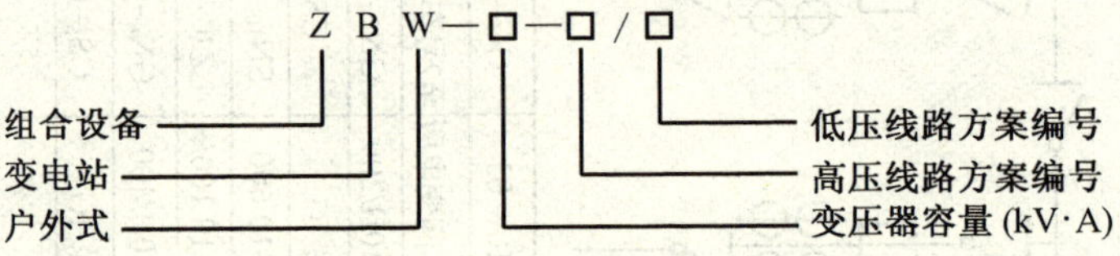

图 2.8 型号含义

小容量变电站的高压室、低压室和变压器室一般制成一体。中等容量的变电站通常将上述三室制成两体或三体。而大容量变电站则制成切块组合式，以便于运输和安装。高低压室元件的安装方式分为固定式和手车式两种。

3. 高层民用建筑的低压配电方式

高层民用建筑的低压配电系统，一般应将电力和照明分为两个系统，事故照明和防火、报警等装置的配电方式应自成系统。

对于高层建筑中容量较大的集中负荷或重要负荷，宜采用放射式配电，由变电所的低压母线直接向用电设备供电。

对于高层建筑中各层的照明、风机等均匀分布的负荷，宜采用分区树干式向各楼层供电。树干式配电分区的层数，可视用电负荷的性质、密度、管理等条件而定，对于普通高层住宅楼，可适当扩大分区层数。图 2.9 所示为高层民用建筑常用的低压配电干线示意图。图 2.10 所示为高层民用建筑常用的低压配电室接线示意图。

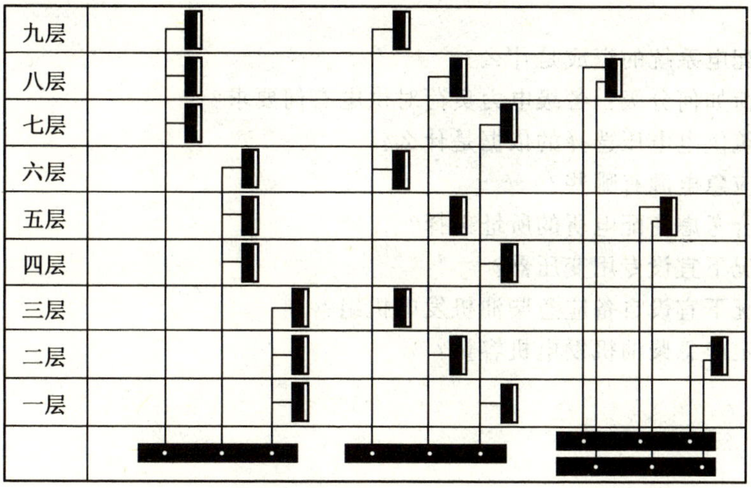

图 2.9 高层民用建筑常用的低压配电干线示意图

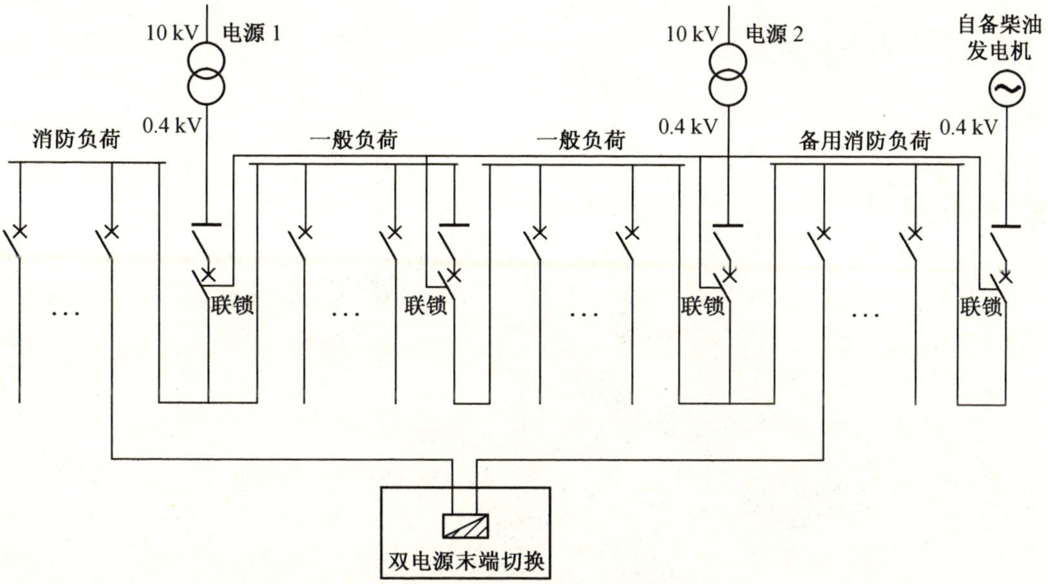

图 2.10 高层民用建筑常用的低压配电室接线示意图

复习思考题

1. 建筑供配电系统的组成是什么?
2. 电力负荷如何分级?各级电力负荷对供电有何要求?
3. 民用建筑供电电压选择的依据是什么?
4. 常用的应急电源有哪些?
5. 怎样综合考虑变配电所的所址选择?
6. 什么情况下宜设专用变压器?
7. 什么情况下宜设自备应急柴油机发电机组?
8. 如何确定应急柴油机发电机容量?

第 3 章　负荷计算

建筑供配电的负荷计算是建筑电气设计的基础，是选择电气设备的依据之一。本章主要讲授建筑电气负荷计算的意义与相关的负荷计算。

3.1　计算负荷的意义与计算目的

1. 计算负荷的意义

负荷是指用电设备在一定时间内所消耗的功率。在进行建筑供配电设计时，电气设计人员一般根据一个假想负荷，即计算负荷，并且按照允许发热条件选择供配电系统的导线截面、确定变压器的容量，以制订提高功率因数的措施，选择及整定保护设备。那么这个假想的计算负荷来自于何处呢？在设计过程中，通过电气本专业及电气以外专业设计人员提供的设备安装条件，电气设计人员可以知道设计图样中所有用电设备的安装额定容量、额定电压和工艺过程等原始设计资料，这些均为负荷计算的主要依据之一。根据这些原始资料及设备的工作特性，选择适当的计算方法，通过一系列的计算将设计中的设备安装负荷变成计算负荷。这是一个较为复杂的工作过程。

之所以不能简单地用设备额定容量作为计算负荷，来选择导体和各种用电设备，是因为所安装的设备并非都同时运行，即使运行的设备也不是每时每刻都在额定功率条件下运行的，而是在不超过额定容量的范围内，时大时小地变化着。所以直接用额定容量(也称安装容量)来选择供电设备和供电系统，势必会估算过高，从而导致有色金属的浪费和工程投资的提高。反之，如果估算得过低，则会使供电系统的线路及电气设备由于承受不了实际负荷过热的电流，从而加速其绝缘老化的速度，降低使用寿命，增大电能的损坏，甚至使系统发生事故，最终影响供配电系统的正常可靠运行。因此可以看出，求计算负荷的意义是非常重大的。但是由于负荷情况复杂，影响计算负荷的因素很多，所以虽然各类负荷的变化有一定规律可循，但准确确定计算负荷却十分困难。实际上，负荷也不可能是一成不变的，其与设备的性能、生产的组织及能源供应的状况等多种因素有关，因此负荷计算也只能力求与实际相接近。

2. 负荷曲线

负荷曲线是反映电力负荷随时间变化情况的曲线。它直观地反映了用户用电的特点和规律，同一类型的工厂(或车间)，其负荷曲线的形状大致相同。

负荷曲线绘制在直角坐标内，横坐标表示时间，纵坐标表示电力负荷。负荷曲线根据负荷性质的不同，可分为有功负荷曲线和无功负荷曲线两种。根据持续工作时间的不同，则可分为日负荷曲线和年负荷曲线两种。

日负荷曲线代表用户一昼夜(0 时～24 时)实际用电负荷的变化情况，如图 3.1 所示。

通常为了使用方便，负荷曲线多绘制成阶梯形。图 3.2 所示为某工厂的阶梯形日负荷曲线。日负荷曲线与坐标轴所包围的面积代表全日所消耗的电能数量。

年负荷曲线代表用户全年(8 760 h)用电负荷的变化规律。年负荷曲线又可分为年最大负荷曲线和年持续负荷曲线两种。年最大负荷曲线表示从年初至年终，整年内的逐日综合最大负荷的变化情况曲线，又称运行年负荷曲线，可根据全年日负荷曲线间接制成。绘制年负荷持续曲线时，需借助一年中具有代表性的夏季和冬季日负荷曲线。一般取冬季为 213 天，夏季为 152 天，全年 365 天，共 8 760 h。图 3.3 中所示的年持续负荷曲线与直角坐标所围面积代表用户全年消费的电能。

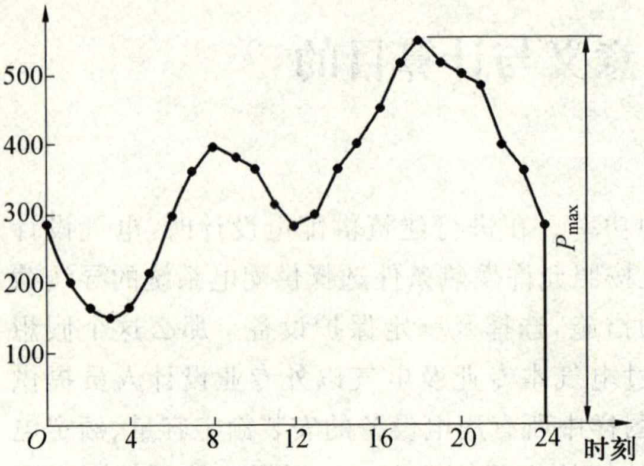

图 3.1　某工厂日负荷曲线

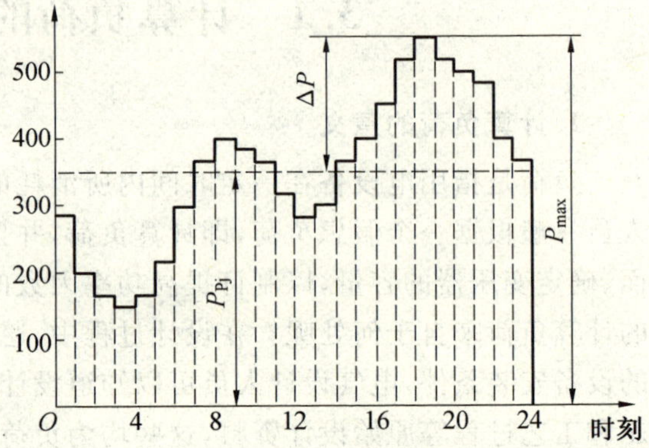

图 3.2　阶梯形日负荷曲线

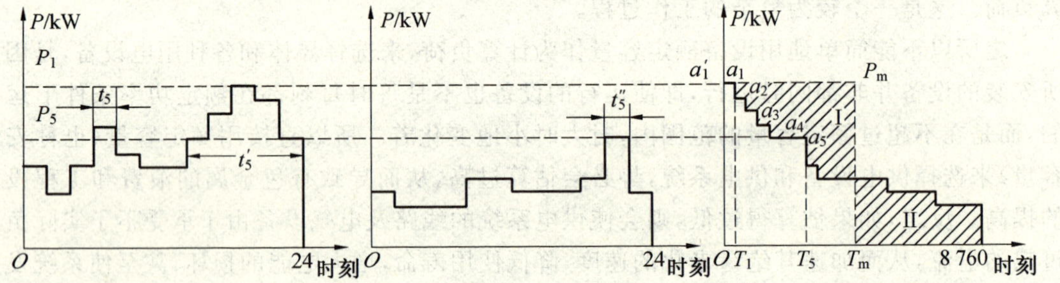

(a)冬季日负荷曲线　　(b)夏季日负荷曲线　　(c)年持续负荷曲线

图 3.3　某工厂年负荷曲线

3. 负荷曲线中的几个物理量

(1)年最大负荷。

年最大负荷是负荷曲线上的最高点，指全年中最大工作班内半小时平均功率的最大值，通常用符号 P_{max}，Q_{max} 和 S_{max} 分别表示年有功、无功和视在功率的最大负荷。这里所说的最大工作班，是指一年中最大负荷月份内最少出现 2 ～ 3 次的最大负荷工作班，而不是偶然出现的某一个工作班。

(2) 最大负荷利用小时数。

年最大负荷利用小时数 T_{max} 是一个假想时间，它是衡量工厂负荷是否均匀的一个重要指标。其物理意义是：如果用户以年最大负荷(如 P_{max})持续运行 T_{max} 小时所消耗的电能恰好等于全年实际消耗的电能，那么 T_{max} 即为年最大负荷利用小时数。如图 3.3 所示，将全年所取用的电能与一年内的最大负荷做比较，所得时间即为年最大负荷利用小时数，表达式为

$$T_{max} = \frac{W_p}{P_{max}} \tag{3.1}$$

同理

$$T_{max(无功)} = \frac{W_q}{Q_{max}} \tag{3.2}$$

式中　W_p—— 有功电量，kW·h；

　　　W_q—— 无功电量，kvar·h。

各类工厂的年最大负荷利用小时数见表 3.1。

表 3.1　各类工厂的 T_{max}

工厂类别	年最大负荷利用小时数	
	有功	无功
汽轮机制造厂	4 960	5 240
重型机械制造厂	3 770	4 840
机床制造厂	4 345	4 750
重型机床制造厂	3 700	4 840
工具制造厂	4 140	4 960
仪器仪表制造厂	3 080	3 180
电机制造厂	2 800	—
电线电缆制造厂	3 500	—
电器开关制造厂	4 280	6 420
化工厂	—	7 000
起重运输设备厂	6 200	3 880
金属加工厂	3 300	5 880

(3) 平均负荷。

平均负荷是指电力用户在一段时间内消耗功率的平均值，通常以 P_{av}，Q_{av}，S_{av} 来表示。P_{av} 为平均有功负荷，其值为用户在 $0 \sim t$ 时间内所消耗的电能 W_p 除以时间 t，表达式为

$$P_{av} = \frac{W_p}{t} \tag{3.3}$$

式中　W_p—— $0 \sim t$ 时间内消耗的有功电能，kW·h。对于年平均负荷来说，全年小时数取 8 760 h，W_p 是全年消费的总电能。

(4) 负荷系数。

负荷系数也称负荷率或负荷曲线填充系数。它是表征负荷变化规律的一个参数。

在最大工作班内，平均负荷与最大负荷之比即称为负荷系数，分别以 α，β 来表示有功、无功负荷系数，表达式如下：

$$\left.\begin{aligned}\alpha=\frac{P_{\mathrm{av}}}{P_{\max}}\\ \beta=\frac{Q_{\mathrm{av}}}{Q_{\max}}\end{aligned}\right\} \tag{3.4}$$

负荷系数越大，则负荷曲线越平坦，负荷波动也就越小。根据经验数字，一般工厂负荷系数年平均值为

$$\left.\begin{aligned}\alpha=0.70\sim0.75\\ \beta=0.76\sim0.82\end{aligned}\right\} \tag{3.5}$$

相同类型的工厂或车间具有近似的负荷系数。上述数据说明无功负荷曲线的变动比有功负荷曲线平坦。一般 α 值比 β 值低 10% ～ 15%。

(5) 需要系数。

由于电气设备额定工作条件的不同，将会造成各用电设备不会同时工作，工作设备也不会都在满负荷的情况下运行，同时电气设备和线路还会产生功率损耗。所有这些因素综合起来，便会使系统内最大负荷与全系统用电设备总容量之间存在差异，前者小于后者，两者的比值称为需要系数，即

$$K_x=\frac{P_{\max}}{\sum P} \tag{3.6}$$

需要系数 K_x 表示配电系统中所有用电设备同时运转(用电)的程度，也可用来表示用电设备同时使用的程度。通常情况下，$K_x<1$，只有在所有用电设备同时连续运转且满载时才可能 $K_x=1$。形成该系数的原因主要有以下几点：

① 用电设备的设备容量是指输出容量，其与输入容量之间存在一个平均效率 η_e。

② 用电设备不一定满负荷运行，因此引入负荷系数 K_L。

③ 用电设备本身及配电线路有功率损耗，故引入一个线路平均效率 η_{WL}。

④ 用电设备组的所有设备不一定同时运行，故引入一个同时系数 K_Σ。需要系数可表达为

$$K_x=\frac{K_\Sigma K_L}{\eta_e\eta_{WL}} \tag{3.7}$$

实际上，需要系数还与操作人员的技能及生产过程等多种因素有关，表 3.2 ～ 3.5 中列出了各种用电设备的需要系数值，供计算时参考。一般设备台数多时取较小值，台数少时取较大值。

表 3.2　建筑工地常用用电设备组的需要系数及功率因数

用电设备组名称	需要系数 K_x	功率因数 $\cos\varphi$	$\tan\varphi$
小批生产的金属冷加工机床电动机	0.16 ～ 0.2	0.5	1.73
大批生产的金属冷加工机床电动机	0.18 ～ 0.25	0.5	1.73
小批生产的金属热加工机床电动机	0.2 ～ 50.3	0.6	1.33
大批生产的金属热加工机床电动机	0.3 ～ 0.35	0.65	1.17
通风机和水泵	0.75 ～ 0.85	0.80	0.75
运输机、传送带	0.52 ～ 0.60	0.75	0.88

续表 3.2

用电设备组名称	需要系数 K_x	功率因数 $\cos\varphi$	$\tan\varphi$
混凝土及砂浆搅拌机	0.65～0.70	0.65	1.17
破碎机、筛、泥泵、砾石洗涤机	0.70	0.70	1.02
起重机、掘土机、升降机	0.25	0.70	1.02
电焊机	0.45	0.45	1.98
建筑室内照明	0.80	1.0	0
工地住宅、办公室照明	0.40～0.70	1.0	0
变电所	0.50～0.70	1.0	0
室外照明	1.0	1.0	0

表 3.3　工业企业常用用电设备组的需要系数及功率因数

用电设备组名称	需要系数 K_x	功率因数 $\cos\varphi$	$\tan\varphi$
通风机：生产用	0.75～0.85	0.80～0.85	0.62～0.75
卫生设施用	0.65～0.70	0.80	0.75
水泵、空气压缩机、电动发电机组	0.75～0.85	0.80	0.75
透平压缩机和透平鼓风机	0.85	0.85	0.62
起重机：修理、金工、装配车间用	0.05～0.15	0.50	1.73
铸铁、平炉车间用	0.15～0.30	0.50	1.73
脱锭、轧制车间用	0.25～0.35	0.50	1.73
破碎机、筛选机、碾砂机	0.75～0.80	0.80	0.75
磨碎机	0.75	0.80～0.85	0.62～0.75
搅拌机	0.65	0.75	0.88
连续运输机：冷加工车间	0.6	0.75	0.88
热加工车间	0.14～0.20	0.75	0.88
各类金属加工机床：冷加工车间	0.20～0.25	0.60	1.33
热加工车间	0.3～0.35	0.55～0.60	1.33～1.52
锻压床、锻锤床、剪切床及其他锻工机械	0.25	0.60	1.33
电焊机	0.35	0.50～0.60	1.33～1.73
电悬阻炉：自动装料	0.70～0.80	0.98	0.20
非自动装料	0.60～0.70	0.98	0.20
感应电炉(不带功率因数补偿装置)：低频炉	0.80	0.35	2.68
高频炉	0.70	0.10	9.95
电热设备	0.5	0.65	1.17
空气锤	0.80～0.90	0.50	1.73
电弧炼钢炉变压器	0.40～0.50	0.85～0.88	0.54～0.62
各种类型的电焊变压器	0.30～0.35	0.35～0.40	2.0～2.30

续表 3.3

用电设备组名称	需要系数 K_x	功率因数 $\cos\varphi$	$\tan\varphi$
整流变压器:不可控整流用	0.35 ～ 0.55	0.50 ～ 0.60	0.70 ～ 0.75
可控整流用	0.65	0.30 ～ 0.60	1.33 ～ 3.2
电葫芦	0.50	0.65	1.17
砂轮机	0.15 ～ 0.30	0.70	1.02
试验台:带试验变压器	0.15 ～ 0.40	0.25	3.87
带电动发电机组		0.70	1.02
商场照明	0.90 ～ 0.70	0.90	0.48
冷冻机房、	0.90 ～ 0.70	0.80	0.75
锅炉房	0.60 ～ 0.70		
电梯	1.00 ～ 0.80	0.70(交流梯)	1.02
扶梯		0.80(直流梯)	0.75

注:1.一般动力设备为 3 台及以下时,需要系数为 $K_x = 1$

2.消防负荷的需要系数为 $K_x = 1$

表 3.4 照明用电设备的需要系数

建筑类别	K_x	建筑类别	K_x
生产厂房(有天然采光)	0.80 ～ 0.90	宿舍区	0.60 ～ 0.80
生产厂房(无天然采光)	0.90 ～ 1.00	医院	0.50
办公楼	0.70 ～ 0.80	食堂	0.90 ～ 0.95
设计室	0.90 ～ 0.95	商店	0.90
科研楼	0.80 ～ 0.90	学校	0.60 ～ 0.70
仓库	0.50 ～ 0.70	展览馆	0.70 ～ 0.80
锅炉房	0.90	旅馆	0.90 ～ 0.70

表 3.5 住宅用电负荷需要系数

按单相配电计算时所连接的基本户数	按三相配电计算时所连接的基本户数	需要系数 K_x	
		通用值	推荐值
3	9	1.00	1.00
4	12	0.95	0.95
6	18	0.75	0.80
8	24	0.66	0.70
10	30	0.58	0.65
12	36	0.50	0.55
14	42	0.48	0.55
16	48	0.47	0.55

续表 3.5

按单相配电计算时所连接的基本户数	按三相配电计算时所连接的基本户数	需要系数 K_x	
		通用值	推荐值
18	54	0.45	0.50
21	63	0.43	0.50
24	72	0.41	0.45
25 ～ 100	75 ～ 300	0.40	0.45
125 ～ 200	375 ～ 600	0.33	0.35
260 ～ 300	780 ～ 900	0.26	0.30

若进行计算的负荷种类较多，则可将用电设备按其不同的设备性质分成若干组，对每一组选用合适的需要系数，算出每组用电设备的计算负荷，然后再由各组计算负荷求出总的计算负荷。因此，需要系数法一般用来计算多台三相用电设备的计算负荷。

4. 负荷计算的主要内容

(1) 计算负荷，作为按发热条件选择配电变压器、导体及电器的依据，并用来计算电压损失和功率损耗。在工程上为方便计，也可作为电能消耗量及无功功率补偿的计算依据。

(2) 尖峰电流，用以校验电压波动和选择保护电器。

(3) 一级负荷、二级负荷，用以确定备用电源或应急电源。

(4) 季节性负荷，从经济运行条件出发，用以考虑变压器的台数和容量。

3.2 设备功率

额定功率是电气设备铭牌中注明的功率，用 P_N 来表示，它是制造厂家根据电压等级要求选用的适当绝缘材料在额定条件下允许输出的机械功率，即电气设备在此功率下，温升均不会超过允许的温升。

设备功率是指换算到统一工作制下的额定功率，用 P_e 来表示，即当电气设备上注明的暂载率与标准暂载率不相等时，要对额定功率进行换算，统一到标准暂载率下。

1. 不同工作制用电设备的设备功率

(1) 长期工作制的用电设备。

长期工作制，又称连续运行工作制或连续工作制，是指电气设备在规定的环境温度下运行，能够达到稳定的温升，但设备的任何部分的温度和温升均不超过允许值。长期工作制的设备容量就是设备的额定容量，即

$$P_e = P_N \tag{3.8}$$

(2) 反复短时工作制的用电设备。

反复短时工作制，又称断续工作制，是指电气设备以断续方式反复周期性地进行工作，工作时间(T_g)与停歇时间(T_t)交替重复进行，电气设备的特性用负荷暂载率表示。反复短时工作制的设备容量是指将某负荷暂载率的额定功率换算到统一的负荷暂载率下的功率。

① 电焊机和电焊装置组。当采用需要系数法和二项式法计算负荷时，要求统一换算到负载持续率 $\varepsilon=100\%$ 时的功率，即

$$P_e=\frac{\sqrt{\varepsilon_N}}{\sqrt{\varepsilon_{100}}}P_N=S_N\cos\varphi\sqrt{\varepsilon_N} \tag{3.9}$$

式中 P_N—— 电焊机的额定有功功率，kW；

S_N—— 额定视在功率，kV·A；

ε_N—— 额定负荷持续率；

$\cos\varphi$—— 额定功率因数。

② 起重机(吊车电动机)。当采用需要系数法和二项式法计算负荷时，要求统一换算到负载持续率 $\varepsilon=25\%$ 时的功率，即

$$P_e=\frac{\sqrt{\varepsilon_N}}{\sqrt{\varepsilon_{25}}}P_N=2P_N\sqrt{\varepsilon_N} \tag{3.10}$$

式中 P_N—— 起重机的额定有功功率，kW；

ε_N—— 额定负荷持续率。

(3) 短时工作制。

短时工作制，是指电气设备的运行时间短而停歇时间长，且在工作时间内的发热量不足以达到稳定的温升，而在停歇时间内能够冷却到环境温度。短时工作制的设备功率等于设备的额定功率，即

$$P_e=P_N \tag{3.11}$$

2. 照明负荷

用电设备的照明负荷如下：

① 白炽灯、碘钨灯的设备容量等于灯泡上标出的额定功率，单位为 kW。

② 带镇流器的荧光灯其设备容量为额定功率的 1.2 倍，电子型启动的荧光灯其设备容量为荧光灯灯管的额定功率，单位为 kW。

③ 高压水银灯、金属卤化物灯的设备容量为额定功率的 1.1 倍，单位为 kW。

3. 动力负荷

(1) 动力设备种类。

动力设备将电能转化为机械能以用于电力传动的负荷，是冶金、采矿、化工、纺织、造纸和机械制造等工业部门及电气化铁路、起重装卸部门的最重要的动力源。随着工业的迅速发展，在节省人力方面的努力以及传动技术的发展下，动力负荷的应用领域越来越广泛。动力负荷在电力系统的负荷中占 60% 以上。

动力负荷的传动主要靠电动机。大致可分为两种传动方式：一是采用交流电动机传动，在交流电动机中，大都应用异步电动机，这种传动方式简单、方便、成本低，大容量的电动机也有采用同步电动机的；二是采用直流电动机传动，这种方式需要经过大功率硅整流器与硅晶闸管整流后供电，主要用于对传动速度调节要求比较严格的场合。控制和电子技术的发展及微处理机的大量应用，使交流异步电动机也可具有较好的调速性能。

利用交流异步电动机传动的动力负荷不仅取用有功功率，同时还取用大量的无功功率，负荷的功率因数较低，尤其是在大电动机传动小的工作负荷时，功率因数就更低了。这将会

使电力系统增加无功功率的负担并导致线路电压损失和功率损耗的增加。一般应就地安装无功功率补偿设备进行补偿。

供电电压的波动将会影响到电动机的转矩和被传动机械的转速。对于交流电动机，当供电电压低于额定电压的 70% 时，电动机将制动。当供电电压恢复时，电动机再次启动将会从电网中吸取大量的无功电流。当系统发生短时故障后电压恢复时，若大量电动机同时启动，则需要吸取大量的无功电流，这样会使系统电压难以恢复。因此，应在部分电动机上装设欠压释放装置，当系统电压恢复时，电动机分批进行启动。

(2) 动力设备的功率。

动力设备的负荷种类及其概略容量值见表 3.6。

表 3.6　动力设备的负荷种类及其概略容量值

动力设备	设备名称	功率 /kW
空调设备	冷冻机	高压 100 ～ 500
	冷水泵、温水泵	5.5 ～ 37
	冷却水循环泵	2.2 ～ 7.5
	冷却水塔风扇	1.5 ～ 15
	箱型冷却压缩机	3.2 ～ 5.5
	箱型冷气风扇	1.5 ～ 5.5
	锅炉燃烧器风扇	0.4 ～ 1.5
	加热器	2 ～ 5
	真空泵	0.75 ～ 2.2
	温水循环泵	0.4 ～ 2.2
	油用齿轮式泵	0.4 ～ 2.2
换气设备	送风机	0.4 ～ 11
	排风机	0.4 ～ 11
给排水设备	污水泵	0.4 ～ 2.2
	扬水泵	0.4 ～ 3.7
	排水泵	0.4 ～ 3.7
	热水泵	0.4 ～ 2.2
	净化槽用风机	0.2 ～ 2.2
	污水处理设备	2.2 ～ 7.5
灭火、排风	消火栓泵	2.2 ～ 11
	洒水泵	7.5 ～ 15
	排烟设备风扇	0.4 ～ 11
厨房设备	冷藏库，合成调理机 电烤箱、洗米机、切菜机、煎锅	0.2 ～ 10

续表 3.6

动力设备	设备名称	功率 /kW
搬动机械设备及其他	电梯、运输机 电扶梯、起重机 停车场机械设备、吊车	5.5 ～ 37
	气送罐设备、升降机 门开闭器	0.2 ～ 2.2

4. 消防负荷

消防负荷是用于防火和灭火用电设备的统称，平时处于待命状态，基本上属于长期备用，当建筑物发生火灾时才需要在高温环境中短时连续工作的特殊负荷。

1）消防设备的供电

民用建筑中的消防水泵、消防电梯、防排烟设施、火灾自动报警及自动灭火装置、火灾应急照明，电动防火门、窗、卷帘、阀门等消防用电的负荷等级，应符合国家标准《高层建筑设计防火规范》(JGJ 16—2008) 和《建筑设计防火规范》(GB 50016—2006) 的规定。消防负荷与非消防负荷不能共用供电回路。

消防电梯与普通电梯不能合用供电回路；消防防排烟风机与普通风机不能合用供电回路；消防水泵与生活水泵不能合用供电回路等。两者不能合用供电回路的目的在于确保消防负荷的供电可靠性。

2）消防设备

在建筑物中较为完整的火灾自动报警与消防联动控制系统一般由下列设备组成：

(1) 报警设备。主要有：

① 报警控制系统主机。

② 操作终端和显示终端。

③ 彩色图形显示终端。

④ 打印设备(自动记录报警、故障及各相关消防设备的动作状态)。

⑤ 带备用蓄电池的电源装置。

⑥ 火灾探测器，包括烟雾离子、光电感应、定温、差温、差定温复合、温感光电复合、红外线火焰、感温电线、可燃气体等。

⑦ 手动报警器，包括玻璃按钮、人工报警按钮。

⑧ 疏散警铃。

⑨ 消防广播。

⑩ 消防专用通信电话。

⑪ 输入 / 输出监控模块或用于监控所有与消防关联设施的中继器。

⑫ 区域报警装置。

⑬ 区域火灾显示装置。

⑭ 其他有关设施。

(2) 灭火设备。主要有：

① 自动灭火设备,包括洒水喷头、泡沫、粉末、二氧化碳。

② 手动灭火设备,包括消火器(泡沫粉末)、室内外消火栓。

(3) 防火排烟设备。防火排烟设备包括探测器、控制器、自动开闭装置、防火卷帘门、防火风门、排烟口、排烟机、空调设备(停)。

(4) 通信设备。包括应急通信装置、一般电话、对讲电话、无线步话机。

(5) 避难设备。包括应急照明装置、诱导灯、诱导标志牌。

(6) 与火灾有关的必要设施。包括洒水送水、消防水池、应急插座、应急电梯。

(7) 避难设施。包括应急口、避难阳台、避难楼梯、特殊避难楼梯。

(8) 其他有关设备。包括防范报警设备、航空障碍灯设备、地震探测设备、煤气检测设备、电气设备的监视、闭路电视设备、普通电梯运行监视、一般照明等。

3.3 需要系数法确定计算负荷

1. 用电设备组的计算负荷

(1) 单组用电设备的计算负荷。

① 设备组的有功计算负荷 P_c。

计算设备组单台设备功率 P_e 后,可根据所提供的需要系数 K_x,得到设备组的有功计算负荷,表达式为

$$P_c = K_x \sum P_e \tag{3.12}$$

式中 K_x—— 用电设备组的需要系数(见表 3.2 和表 3.3);

P_e—— 单台电气设备的设备功率,kW。

② 设备组的无功计算负荷 Q_c。表达式为

$$Q_c = P_c \tan\varphi \tag{3.13}$$

式中 $\tan\varphi$—— 表 3.2 和表 3.3 给出的对应于需要系数 K_x 的正切值;

P_c—— 有功计算负荷,kW。

③ 设备组的视在计算负荷 S_c。表达式为

$$S_c = \sqrt{P_c^2 + Q_c^2} \tag{3.14}$$

④ 设备组的计算电流 I_c。表达式为

$$I_c = \frac{S_c}{\sqrt{3}U_n} \tag{3.15}$$

式中 U_n—— 用电设备组的额定电压(线电压),kV。

⑤ 设备组的功率因数。表达式为

$$\cos\varphi = \frac{P_c}{S_c} \tag{3.16}$$

【例 3.1】 已知某机修车间的金属切削机床组,有 20 台电压为 380 V 的电动机,其总的设备容量为 100 kW。试求其计算负荷。

解 查表 3.2 中的"小批生产的金属冷加工机床电动机"项,可得 $K_x = 0.16 \sim 0.2$(取 0.18 计算),$\cos\varphi = 0.5$,$\tan\varphi = 1.73$。得

$$P_c = K_x \sum P_e = 0.18 \times 100\ \text{kW} = 18\ \text{kW}$$

$$Q_c = P_c \tan\varphi = 18 \times 1.73\ \text{kvar} = 31.14\ \text{kvar}$$

$$S_c = \frac{P_c}{\cos\varphi} = \frac{18}{0.5}\text{kV}\cdot\text{A} = 36\ \text{kV}\cdot\text{A}$$

$$I_c = \frac{S_c}{\sqrt{3}U_n} = \frac{36}{\sqrt{3}\times 0.38}\text{A} = 54.55\ \text{A}$$

(2) 多组用电设备的计算负荷。

应考虑各用电设备组的最大负荷不一定同时出现的情况，需计入各用电设备组的同时系数，即

$$P_c = K_{\Sigma p}\sum_{i=1}^{n} Q_{ci} \tag{3.17}$$

$$Q_c = K_{\Sigma q}\sum_{i=1}^{n} Q_{ci} \tag{3.18}$$

$$S_c = \sqrt{P_c^2 + Q_c^2} \tag{3.19}$$

式中　n—— 用电设备组的组数；

$K_{\Sigma p}, K_{\Sigma q}$—— 有功、无功同时系数；

P_{ci}, Q_{ci}—— 各用电设备组的有功、无功计算负荷(kW,kvar)。

【例 3.2】　某车间的用电设备如下：

① 电焊机 25 台，功率分别为：3 kV·A×10；8 kV·A×5；16 kV·A×4；30 kV·A×2；180 kV·A×2；200 kV·A×2；$\varepsilon = 50\%$；

② 风机 50 台，功率均为 2 kW；

③ 机床 60 台，功率分别为：7.5 kW×28；15 kW×26；30 kW×2；45 kW×2；90 kW×2；

④ 吊车：2 台，分别为 15 kW 和 22 kW，$\varepsilon = 25\%$。

若该车间用电设备组的额定电压为 380 V，试求总配电计算负荷。

解　该车间的总配电计算负荷分别计算如下：

采用需要系数法确定计算负荷，查表 3.3。

① 电焊机：$K_x = 0.35, \cos\varphi = 0.5, \tan\varphi = 1.33$

$$P_{c1} = K_x \times P_e = K_x \times S_n \cos\varphi\sqrt{\varepsilon_n} = 0.35 \times 954 \times 0.5 \times \sqrt{0.5}\ \text{kW} = 118.05\ \text{kW}$$

$$Q_{c1} = P_{c1}\tan\varphi = 118.05 \times 1.33\ \text{kvar} = 157.01\ \text{kvar}$$

② 风机：$K_x = 0.75, \cos\varphi = 0.85, \tan\varphi = 0.75$

$$P_{c2} = K_x \times P_e = 0.75 \times 50 \times 2\ \text{kW} = 75\ \text{kW}$$

$$Q_{c2} = P_{c2}\tan\varphi = 75 \times 0.75\ \text{kvar} = 56.25\ \text{kvar}$$

③ 机床：$K_x = 0.14, \cos\varphi = 0.75, \tan\varphi = 0.88$

$$P_{c3} = K_x \times P_e = 0.14 \times 930\ \text{kW} = 130.2\ \text{kW}$$

$$Q_{c3} = P_{c3}\tan\varphi = 130.2 \times 0.88\ \text{kvar} = 114.58\ \text{kvar}$$

④ 吊车：$K_x = 0.1, \cos\varphi = 0.5, \tan\varphi = 1.73$

$$P_{c4} = K_x \times P_e = K_x\frac{\sqrt{\varepsilon_n}}{\sqrt{\varepsilon_{25\%}}}P_n = 0.1 \times \frac{\sqrt{25\%}}{\sqrt{25\%}} \times 37\ \text{kW} = 3.7\ \text{kW}$$

$$Q_{c4}=P_{c4}\tan\varphi=3.7\times1.73\ \text{kvar}\approx6.4\ \text{kvar}$$

⑤ 本车间的总配电计算负荷，$K_{\Sigma p}=0.9$，$K_{\Sigma q}=0.95$

$$P_c=K_{\Sigma p}\sum P_{ci}=0.9\times(118.05+75+130.2+3.7)\ \text{kW}$$
$$=0.9\times326.95\ \text{kW}=294.26\ \text{kW}$$

$$Q_c=K_{\Sigma q}\sum Q_{ci}=0.95\times294.26\ \text{kvar}=279.55\ \text{kvar}$$

$$S_c=\sqrt{P_c^2+Q_c^2}=\sqrt{294.26^2+279.55^2}\ \text{kV}\cdot\text{A}\approx405.88\ \text{kV}\cdot\text{A}$$

$$\cos\varphi=\frac{P_c}{S_c}=\frac{294.26}{405.88}\approx0.7250$$

$$I_c=\frac{S_c}{\sqrt{3}U_n}=\frac{405.88\times10^3}{\sqrt{3}\times380}\text{A}\approx616.69\ \text{A}$$

2. 配电干线和配电所的计算负荷

(1) 配电低压干线的计算负荷。

将各用电设备组的计算负荷按有功功率和无功功率分别相加即可得到低压干线的计算负荷。计算公式如下：

$$P_c=P_{c1}+P_{c2}+\cdots+P_{cn}=\sum_{i=1}^{n}P_{ci}\tag{3.20}$$

$$Q_c=Q_{c1}+Q_{c2}+\cdots+Q_{cn}=\sum_{i=1}^{n}Q_{ci}\tag{3.21}$$

$$S_c=\sqrt{P_c^2+Q_c^2}\tag{3.22}$$

式中　P_{ci}—— 各低压干线的有功计算负荷，kW；

Q_{ci}—— 各低压干线的无功计算负荷，kvar；

S_{ci}—— 各低压干线的视在计算负荷，kV · A。

(2) 低压母线的计算负荷。

考虑到各干线的最大负荷不可能同时出现，故在确定低压母线的计算负荷时应引入一个同时工作系数。将各低压干线的有功、无功计算负荷相加，按照下式确定母线的计算负荷：

$$P_c=K_\Sigma\sum_{i=1}^{n}P_{ci}\tag{3.23}$$

$$Q_c=K_\Sigma\sum_{i=1}^{n}Q_{ci}\tag{3.24}$$

$$S_c=\sqrt{P_c^2+Q_c^2}\tag{3.25}$$

式中　P_{ci}—— 各低压干线的有功计算负荷，kW；

Q_{ci}—— 各低压干线的无功计算负荷，kvar；

K_Σ—— 同时工作系数，见表 3.7。

表 3.7　最大负荷时的同时工作系数

应用范围		同时工作系数 K_Σ
确定车间变电所低压母线的最大负荷时所采用的有功负荷同时工作系数	冷加工车间	0.70 ~ 0.80
	热加工车间	0.70 ~ 0.901
	动力站(包括冶金工业各种车间的电磁站)	0.80 ~ 1.0
确定企业配电所母线或总降压变电所低压母线的最大负荷时所采用的有功负荷同时工作系数	计算负荷小于 5 000 kW	0.90 ~ 1.0
	计算负荷为 5 000 ~ 10 000 kW	0.85
	计算负荷超过 10 000 kW	0.80

(3)10 kV 输电线路、母线及高压进线计算负荷的确定。

10 kV 输电线路、母线及高压进线的计算负荷只需在低压母线负荷的基础上考虑相应配电变压器或降压变压器、线路的功率损耗及同时工作系数后确定。计算公式如下:

$$P_c = P_{ci} + \Delta P_T + \Delta P_1 \tag{3.26}$$

$$Q_c = Q_{ci} + \Delta Q_T + \Delta Q_1 \tag{3.27}$$

式中　ΔP_1—— 配电线路的有功计算负荷,kW;

ΔQ_1—— 配电线路的无功计算负荷,kvar;

ΔP_T,ΔQ_T—— 变压器的有功、无功损耗,一般按估算值确定。计算公式如下:

$$\Delta P_T = 0.015S_c \tag{3.28}$$

$$\Delta Q_T = 0.06S_c \tag{3.29}$$

3.4　单相负荷的计算

在用户企业中,除了广泛使用三相用电设备以外,还有一些单相设备,如照明、电热、电焊等设备。单相设备应尽可能地均匀分布在三相上,以使三相负荷保持平衡。

单相负荷的计算原则有两个:一是当三相线路中单相设备的总容量不超过三相总容量的 15% 时,单相设备可按三相负荷平衡进行计算;二是当三相线路中单相设备的总容量超过三相总容量的 15% 时,应把单相设备容量换算为等效三相设备容量,再求出三相等效计算负荷。

1. 相负荷

单相设备接于相电压时,其设备容量为

$$P_e = 3P_{em\varphi} \tag{3.30}$$

式中　$P_{em\varphi}$—— 最大负荷相所接的单相设备容量,kW。

2. 线负荷

(1) 接于同一线电压时的三相设备容量。

$$P_e = \sqrt{3}\,P_{e\varphi} \tag{3.31}$$

式中　$P_{e\varphi}$—— 单相设备的容量,kW。

(2) 接于不同线电压时的三相设备容量。

将线电压的单相设备容量换算为相电压的设备容量。设接于三个线电压的设备容量分别为 P_1, P_2, P_3，且 $\cos\varphi_1 \neq \cos\varphi_2 \neq \cos\varphi_3$, $P_1 > P_2 > P_3$，则等效三相设备的容量为

$$P_e = 3P_1 + \sqrt{3}P_2 \tag{3.32}$$

$$Q_e = 3P_1\tan\varphi_1 + \sqrt{3}P_2\tan\varphi_2 \tag{3.33}$$

(3) 有的单相设备接于线电压，有的单相设备接于相电压时。

此时应将接于线电压的单相设备容量换算为接于相电压的设备容量，然后再分别求出各相的设备容量。将线电压的单相设备容量换算为相电压的设备容量，其换算公式为

$$\left.\begin{aligned} P_{eA} &= p_{AB-A}P_{AB} + p_{CA-A}P_{CA} \\ Q_{eA} &= q_{AB-A}P_{AB} + q_{CA-A}P_{CA} \end{aligned}\right\}$$

$$\left.\begin{aligned} P_{eB} &= p_{BC-B}P_{BC} + p_{AB-B}P_{AB} \\ Q_{eB} &= q_{BC-B}P_{BC} + q_{AB-B}P_{AB} \end{aligned}\right\}$$

$$\left.\begin{aligned} P_{eC} &= p_{CA-C}P_{CA} + p_{BC-C}P_{BC} \\ Q_{eC} &= q_{CA-C}P_{CA} + q_{BC-C}P_{BC} \end{aligned}\right\}$$

式中　P_{AB}, P_{BC}, P_{CA} —— 接于 AB,BC,CA 相间的有功设备容量，kW；

P_{eA}, P_{eB}, P_{eC} —— 换算为 A,B,C 相的有功设备容量，kW；

Q_{eA}, Q_{eB}, Q_{eC} —— 换算为 A,B,C 相的无功设备容量，kvar；

p_{AB-A}, q_{AB-A} 等 —— 有功和无功的换算系数，其值见表 3.8。

表 3.8　单相负荷计算的换算系数表

功率换算系数	负荷功率因数								
	0.35	0.4	0.5	0.6	0.65	0.7	0.8	0.9	1.0
p_{AB-A}, p_{BC-B}, p_{CA-C}	1.27	1.17	1.0	0.89	0.84	0.8	0.72	0.64	0.5
p_{AB-B}, p_{BC-C}, p_{CA-A}	−0.27	−0.17	0	0.11	0.16	0.2	0.28	0.36	0.5
q_{AB-A}, q_{BC-B}, q_{CA-C}	1.05	0.86	0.58	0.38	0.3	0.22	0.09	0.05	0.29
q_{AB-B}, q_{BC-C}, q_{CA-A}	1.63	1.44	1.16	0.96	0.88	0.8	0.67	0.53	0.29

求出等效三相设备容量之后，就可算出等效三相计算负荷。前两种情况可直接采用需要系数法算出等效三相计算负荷，而第三种情况的等效三相计算负荷则应取其最大有功负荷相的计算负荷的 3 倍。

【例 3.3】　七层住宅中的一个单元，一梯两户，每户容量按 6 kW 计，每相供电负荷分配如下：L1 供一、二、三层；L2 供四、五层；L3 供六、七层，照明系统图如图 3.4 所示。试求此单元的计算负荷。

解　本单元的设备总容量为

$$P_e = \text{层数} \times \text{每层户数} \times \text{每户容量} = 7 \times 2 \times 6\ \text{kW} = 84\ \text{kW}$$

每相容量为

$$P_{eL1} = \text{供电层数} \times \text{每层户数} \times \text{每户容量} = 3 \times 2 \times 6\ \text{kW} = 36\ \text{kW}$$

$$P_{eL2} = 2 \times 2 \times 6\ \text{kW} = 24\ \text{kW}$$

$$P_{eL3} = 2 \times 2 \times 6\ \text{kW} = 24\ \text{kW}$$

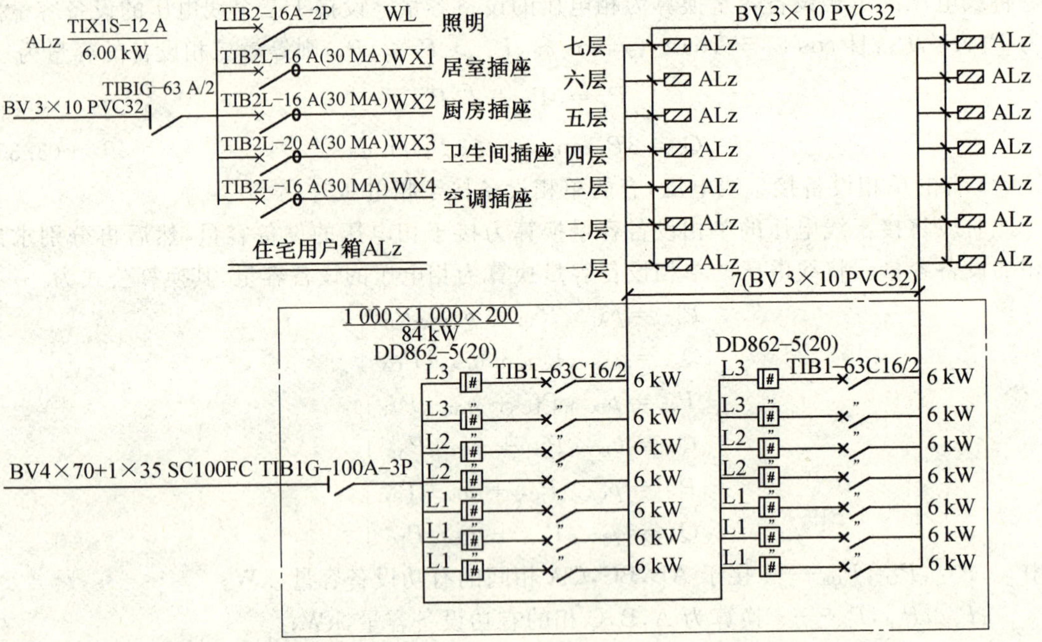

图 3.4　照明系统图

故本单元的设备等效总容量为

$$P_e = 3P_{eL1} = 3 \times 36\ \text{kW} = 108\ \text{kW}$$

查表 3.5 可知　　$K_x = 0.8$，　$\cos\varphi = 0.9$，　$\tan\varphi = 0.48$

有功功率　　$P_c = K_x P_e = 0.8 \times 108\ \text{kW} = 86.40\ \text{kW}$

无功功率　　$Q_c = P_c \tan\varphi = 86.40 \times 0.48\ \text{kvar} = 41.47\ \text{kvar}$

视在功率　$S_c = \sqrt{P_c^2 + Q_c^2} = \sqrt{86.40^2 + 41.47^2}\ \text{kV·A} \approx 95.84\ \text{kV·A}$

计算电流　　$I_c = \dfrac{S_c}{\sqrt{3}U_n} = \dfrac{95.84}{\sqrt{3} \times 0.38}\ \text{A} \approx 145.61\ \text{A}$

3.5　季节负荷的计算

通过季节负荷计算，能够确定变压器的容量和台数及经济运行方式。

季节性负荷如冬季采暖和夏季空调，虽然二者并不同时使用，但一旦进入使用期，则连续运行的时间较长，这种负荷应取较大值计入正常的负荷计算。

3.6　冲击负荷的计算

1. 临时性负荷

对于临时性负荷，如大型实验设备、事故处理设备等，此类设备投入运行的时间相对较短（一般在 0.5～2.0 h之间），因此不应计入正常的负荷计算。但应校验此类设备投入运行时，变压器、开关及供电线路等不超过其短时过负荷的允许值（包括变压器的短时过载能力)。

2. 冲击负荷

冲击负荷可用来校验电压波动和选择保护电器;在配电系统中,冲击负荷出现最多的是电动机瞬时启动的时刻。电动机的启动电流一般是其额定电流的 4 ～ 7 倍,一旦启动完成,电动机就会立即恢复到正常的额定电流。由于此负荷存在的时间较短,故一般不计入正常的负荷计算,但应校验此冲击负荷是否能使变压器、线路、开关的保护设备准确动作。

3. 冲击电流计算

计算冲击电流的目的在于选择熔断器,整定低压断路器和继电保护装置,计算电压波动及检验电动机自启动条件等。

(1) 给单台用电设备供电的支线冲击电流计算。

冲击电流是指用电设备的启动电流,给单台用电设备供电的支线冲击电流应按下式计算:

$$I_{PK}=I_{ST}=K_{ST}I_{N} \tag{3.34}$$

式中　I_{ST}—— 用电设备的启动电流,A;

I_{N}—— 用电设备的额定电流,A;

K_{ST}—— 用电设备的启动电流倍数(可查样本或铭牌,对笼型电动机一般为 5 ～ 7,对绕线型电动机一般为 2 ～ 3,对直流电动机一般为 1.7,对电焊变压器一般为 3 或稍大)。

(2) 给多台用电设备供电的干线冲击电流计算。

给多台用电设备供电的干线冲击电流应按下式计算:

$$I_{PK}=K_{\Sigma}\sum_{i=1}^{n-1}I_{Ni}+I_{stmax} \tag{3.35}$$

或

$$I_{PK}=I_{c}+(I_{st}-I_{N})_{max} \tag{3.36}$$

式中　I_{stmax}—— 用电设备组中启动电流最大的一台设备的启动电流,A;

$(I_{st}-I_{N})_{max}$—— 用电设备组中启动电流最大的一台设备的启动电流与额定电流之差,A;

$\sum_{i=1}^{n}I_{Ni}$—— 除了启动电流最大的一台设备之外,其他 $n-1$ 台设备的额定电流之和,A;

K_{Σ}—— 上述 $n-1$ 台设备的同时系数,其值按台数的多少来选取,一般为 0.7 ～ 1;

I_{c}—— 全部设备投入运行时线路的计算电流,A。

【例 3.4】　有一额定电压为 380 V 的配电干线,给三台电动机供电,已知 $I_{N1}=4$ A,$I_{N2}=3$ A,$I_{N3}=10$ A,$I_{st1}=30$ A,$I_{st2}=15$ A,$K_{s3}=3$,试求该配电线路的冲击电流。

解　$I_{st1}-I_{N1}=(30-4)\text{A}=26\text{ A}$

$$I_{st2}-I_{N2}=(15-3)\text{A}=12\text{ A}$$

$$I_{st3}-I_{N3}=K_{st}I_{N3}-I_{N3}=(3\times10-10)\text{A}=20\text{ A}$$

可见 $(I_{st}-I_{N})_{max}=26$ A,则 $I_{stmax}=30$ A,取 $K_{\Sigma}=0.9$,因此该线路的冲击峰电流为

$$I_{PK}=K_{\Sigma}(I_{N2}+I_{N3})+I_{stmax}=[0.9\times(3+10)+30]\text{A}=41.7\text{ A}$$

3.7 能量损耗计算

1. 线路损耗

(1) 有功功率损耗。

有功功率损耗是电流流过线路电阻所引起的，其计算公式为

$$\Delta P_{WL}/\text{kW}=3I_c^2R_{WL}\times10^{-3} \tag{3.37}$$

式中 I_c—— 线路的计算电流，A；

R_{WL}—— 线路每相的电阻，Ω，其计算公式为

$$R_{WL}=R_0L$$

式中 R_0—— 线路单位长度的电阻，Ω/km；

L—— 线路的计算长度，km。

(2) 无功功率损耗。

无功功率损耗是电流流过线路电抗所引起的，故其计算公式为

$$\Delta Q_{WL}/\text{kvar}=3I_c^2X_{WL}\times10^{-3} \tag{3.38}$$

式中 I_c—— 线路的计算电流，A；

X_{WL}—— 线路每相的电抗，Ω，其计算公式为

$$X_{WL}=X_0L$$

式中 X_0—— 线路单位长度的电抗，Ω/km，对于架空线路，其值一般为 0.4 Ω/km 左右；对于电缆线路，其值一般为 0.08 Ω/km 左右；

L—— 线路的计算长度，km。

2. 变压器功率损耗

变压器的功率损耗包括有功功率损耗和无功功率损耗两部分。

(1) 有功功率损耗。

变压器的有功功率损耗由铁损和铜损两部分组成。

① 铁损 ΔP_{Fe}。铁损是变压器主磁通在铁芯中产生的有功损耗。铁损又称为空载损耗，ΔP_0 被认为近似等于变压器铁损 ΔP_{Fe}。

② 铜损 ΔP_{Cu}。铜损是变压器负荷电流在一次、二次绕组的电阻中产生的有功损耗，其值与负荷电流（或功率）的平方成正比。变压器的短路损耗 ΔP_k 可认为就是额定电流下的铜损 ΔP_{Cu}。

则变压器有功功率损耗的表达式为

$$\Delta P_T=\Delta P_{Fe}+\Delta P_{Cu}=\Delta P_{Fe}+\Delta P_{Cu.N}\left(\frac{S_c}{S_N}\right)^2\approx\Delta P_0+\Delta P_k\left(\frac{S_c}{S_N}\right)^2 \tag{3.39}$$

或

$$\Delta P_T\approx\Delta P_0+\Delta P_k\beta^2 \tag{3.40}$$

式中 S_N—— 变压器的额定容量，kV · A；

S_c—— 变压器的计算负荷，kV · A；

β—— 变压器的负荷率，$\beta=\frac{S_c}{S_N}$。

(2) 无功功率损耗。

变压器的无功功率损耗也由两部分组成。

① 变压器空载时，由产生主磁通的励磁电流造成的无功功率损耗，以 ΔQ_0 来表示。其计算公式为

$$\Delta Q_0 \approx \frac{I_0\%}{100} S_N \tag{3.41}$$

式中　$I_0\%$—— 变压器空载电流占额定电流的百分值。

② 变压器负荷电流在一次、二次绕组电抗上所产生的无功功率损耗，以 ΔQ_N 来表示。其值与电流的平方成正比，计算公式如下

$$\Delta Q_N \approx \frac{U_k\%}{100} S_N \tag{3.42}$$

式中　$U_k\%$—— 变压器的短路电压百分值。

因此，变压器无功功率损耗的计算公式为

$$\Delta Q_T = \Delta Q_0 + \Delta Q = \Delta Q_0 + \Delta Q_N \left(\frac{S_c}{S_N}\right)^2 \approx S_N\left[\frac{I_0\%}{100} + \frac{U_k\%}{100}\left(\frac{S_c}{S_N}\right)^2\right] \tag{3.43}$$

或

$$\Delta Q_T \approx S_N\left(\frac{I_0\%}{100} + \frac{U_k\%}{100}\beta^2\right) \tag{3.44}$$

以上各式中，ΔP_0，ΔP_k，$I_0\%$ 和 $U_k\%$ 均可由变压器产品目录中查得。

3.8　典型建筑工程的负荷计算

【例 3.5】　某新建办公楼建筑工地用电设备清单如表 3.9 所列。

表 3.9　某施工工地用电设备清单

设备编号	用电设备名称	台数	额定容量 /kW	效率	额定电压 /V	相数	备注
1	混凝土搅拌机	4	10	0.95	380	3	
2	砂浆搅拌机	1	4.5	0.9	380	3	
3	电焊机	4	22 kV·A		380	1	$\varepsilon_N = 65\%$
4	起重机	3	30	0.92	380	3	$\varepsilon_N = 25\%$
5	砾石洗涤机	1	7.5	0.9	380	3	
6	照明设备(白炽灯)		10		220	1	

试确定工地变电所的总计算负荷。

解　(1) 确定各用电设备的设备容量 P_e。

① 混凝土搅拌机：$P_{e1} = 4 \times 10\ \text{kW} = 40\ \text{kW}$

② 砂浆搅拌机：$P_{e2} = 1 \times 4.5\ \text{kW} = 4.5\ \text{kW}$

③ 电焊机：首先进行暂载率的换算。已知电焊机的 $\varepsilon_N = 65\%$，$\varepsilon_{规} = 100\%$，$\cos\varphi = 0.45$，则一台电焊机换算后的设备容量为

$$P_e = \frac{\sqrt{\varepsilon}}{\sqrt{\varepsilon_{100}}} S_N \cos\varphi = \sqrt{0.65} \times 22 \times 0.45\ \text{kW} \approx 7.98\ \text{kW}$$

由于电焊机是单相用电设备，额定电压为 380 V，应按接在三相线路的线电压上的单相用电设备进行计算。总共有四台电动机，其中三台必须均匀分接在三相线电压上，第四台只能不对称地接到一对线电压上，所以采用一台单相用电设备接在三相线路的线电压上的计算方法。故四台电焊机的总设备容量为两部分计算值之和，即

$$P_{e3}=3P_{e3}+\sqrt{3}P_{e3}=(3\times 7.98+\sqrt{3}\times 7.98)\ \text{kW}\approx 37.8\ \text{kW}$$

④ 起重机：已知起重机的 $\varepsilon_N=25\%$，而本题要求换算为 $\varepsilon_{规}=25\%$，因此是同等值，本题不用换算。

$$P_{e4}=\sum P=3\times 30\ \text{kW}=90\ \text{kW}$$

⑤ 砾石洗涤机：只有一台，是三相设备

$$P_{e5}=\sum P=1\times 7.5\ \text{kW}=7.5\ \text{kW}$$

⑥ 照明设备(白炽灯)：一般照明设备都是均匀地分接在三相线路的相电压上，所以

$$P_{e6}=10\ \text{kW}$$

(2) 确定各组的计算负荷。

① 混凝土搅拌机：查表 3.2，$K_x=0.7$，$\cos\varphi=0.65$，$\tan\varphi=1.17$。

$$P_{c1}=\frac{K_xP_{e1}}{\eta}=0.7\times\frac{40}{0.95}\text{kW}\approx 29.5\text{kW}$$

$$Q_{c1}=P_{c1}\tan\varphi=29.5\times 1.17\ \text{kvar}\approx 34.52\ \text{kvar}$$

② 砂浆搅拌机：因为只有一台电动机，故 $K_x=1$，但要考虑设备本身的效率 $\eta=0.9$，$\cos\varphi=0.65$，$\tan\varphi=1.17$。

$$P_{c2}=\frac{P_{e2}}{\eta}=\frac{4.5}{0.9}\text{kW}=5\ \text{kW}$$

$$Q_{c2}=P_{c2}\tan\varphi=5\times 1.17\ \text{kvar}=5.85\ \text{kvar}$$

③ 电焊机：$K_x=0.45$，$\cos\varphi=0.45$，$\tan\varphi=1.98$

$$P_{c3}=K_xP_{e3}=0.45\times 37.8\ \text{kW}=17\ \text{kW}$$

$$Q_{c3}=P_{c3}\tan\varphi=17\times 1.98\ \text{kvar}=33.66\ \text{kvar}$$

④ 起重机：$K_x=0.25$，$\cos\varphi=0.7$，$\tan\varphi=1.02$

$$P_{c4}=\frac{K_xP_{e4}}{\eta}=0.25\times\frac{90}{0.92}\text{kW}\approx 24.5\ \text{kW}$$

$$Q_{c4}=P_{c4}\tan\varphi=24.5\times 1.02\ \text{kvar}=24.99\ \text{kvar}$$

⑤ 砾石洗涤机：因为只有一台电动机，故 $K_x=1$，但要考虑设备本身的效率 $\eta=0.9$，$\cos\varphi=0.7$，$\tan\varphi=1.02$。

$$P_{c5}=\frac{P_{e5}}{\eta}=\frac{7.5}{0.9}\text{kW}\approx 8.33\ \text{kW}$$

$$Q_{c5}=P_{c5}\tan\varphi=8.33\times 1.02\ \text{kvar}\approx 8.5\ \text{kvar}$$

⑥ 照明设备(白炽灯) 认为所有照明设备不会同时使用，$K_x=0.75$，$\cos\varphi=1$，$\tan\varphi=0$

$$P_{c6}=K_xP_{e6}=0.75\times 10\ \text{kW}=7.5\ \text{kW}$$

$$Q_{c6}=P_{c6}\tan\varphi=7.5\times 0\ \text{kvar}=0\ \text{kvar}$$

(3) 确定变电所低压母线上的总计算负荷。取同时负荷系数 $K_\Sigma=0.9$。

$$P_c = K_\Sigma \sum_{i=1}^{n} P_{ci} = 0.9 \times (29.5 + 5 + 17 + 24.5 + 8.33 + 7.5)\ \text{kW} = 82.6\ \text{kW}$$

$$Q_c = K_\Sigma \sum_{i=1}^{n} Q_{ci} = 0.9 \times (34.52 + 5.85 + 33.66 + 24.99 + 8.5 + 0)\text{kvar} = 96.77\ \text{kvar}$$

$$S_c = \sqrt{P_c^2 + Q_c^2} = \sqrt{82.6^2 + 81.45^2}\ \text{kV} \cdot \text{A} = 127.23\ \text{kV} \cdot \text{A}$$

$$I_c = \frac{S_c}{\sqrt{3}U_N} = \frac{127.23 \times 10^3}{\sqrt{3} \times 380}\text{A} \approx 193.3\ \text{A}$$

【例 3.6】 某高层商业建筑，每层建筑面积 6 000 m^2，共 6 层。其中一般照明（光源为荧光灯）容量 640 kW；应急照明（兼做一般照明光源为白炽灯）容量 56 kW；垂直消防电梯（交流兼做普通客梯）8 台，每台 15 kW；扶梯（交流）30 台，每台 7.5 kW；冷冻机三台，每台 248 kW；防排烟风机 10 台，每台 15 kW；通风机 12 台，每台 11 kW；消防泵两台（一用一备），每台 37 kW；喷淋泵两台（一用一备），每台 22 kW；生活水泵两台（一用一备），每台 22 kW。若欲将整个建筑低压 0.38 kV 系统的功率因数提高到 0.92 以上，试求该建筑总的计算负荷。

解　根据用电负荷的使用性质和功能进行分组。

(1) 消防负荷。

① 消防电梯：查表 3.3：$K_{x1} = 1, \cos\varphi_1 = 0.70, \tan\varphi_1 = 1.02$

$$P_{e1} = nP_{N1} = 8 \times 15\ \text{kW} = 120\ \text{kW}$$

$$P_{c1} = P_{e1}K_{x1} = 120 \times 1\ \text{kW} = 120\ \text{kW}$$

$$Q_{c1} = P_{c1}\tan\varphi_1 = 120 \times 1.02\ \text{kvar} = 122.4\ \text{kvar}$$

② 防排烟风机：查表 3.3：$K_{x2} = 1, \cos\varphi_2 = 0.80, \tan\varphi_2 = 0.75$

$$P_{e2} = nP_{N2} = 10 \times 15\ \text{kW} = 150\ \text{kW}$$

$$P_{c2} = P_{N2}K_{x2} = 150 \times 1\ \text{kW} = 150\ \text{kW}$$

$$Q_{c2} = P_{c2}\tan\varphi_2 = 150 \times 0.75\ \text{kvar} = 122.5\ \text{kvar}$$

③ 消防泵：查表 3.3：$K_{x3} = 1, \cos\varphi_3 = 0.80, \tan\varphi_3 = 0.75$

因消防泵两台一用一备，计算负荷时不计入备用容量，故仅考虑一台

$$P_{e3} = nP_{N3} = 1 \times 37\ \text{kW} = 37\ \text{kW}$$

$$P_{c3} = P_{e3}K_{x3} = 37 \times 1\ \text{kW} = 37\ \text{kW}$$

$$Q_{c3} = P_{c3}\tan\varphi_3 = 37 \times 0.75\ \text{kvar} = 27.75\ \text{kvar}$$

④ 喷淋泵：查表 3.3：$K_{x4} = 1, \cos\varphi_4 = 0.80, \tan\varphi_4 = 0.75$

因喷淋泵两台一用一备，计算负荷时不计入备用容量，故仅考虑一台

$$P_{e4} = nP_{N4} = 1 \times 22\ \text{kW} = 22\ \text{kW}$$

$$P_{c4} = P_{e4}K_{x4} = 22 \times 1\ \text{kW} = 22\ \text{kW}$$

$$Q_{c4} = P_{c4}\tan\varphi_4 = 22 \times 0.75\ \text{kvar} = 16.5\ \text{kvar}$$

⑤ 应急照明：$K_{x5} = 1, \cos\varphi_5 = 1.00, \tan\varphi_5 = 0.00$

$$P_{e5} = P_{N5} = 56\ \text{kW}$$

$$P_{c5} = P_{e5}K_{x5} = 56 \times 1\ \text{kW} = 56\ \text{kW}$$

$$Q_{c5} = P_{c5}\tan\varphi_5 = 56 \times 0.00\ \text{kvar} = 0.00\ \text{kvar}$$

$$P_{c消防} = P_{c1} + P_{c2} + P_{c3} + P_{c4} + P_{c5} = (120 + 150 + 37 + 22 + 56)\ \text{kW} = 385.0\ \text{kW}$$

$$Q_{c消防}=Q_{c1}+Q_{c2}+Q_{c3}+Q_{c4}+Q_{c5}=(122.4+112.5+27.75+16.5+0.00)\ \text{kvar}=279.15\ \text{kvar}$$

$$S_c=\sqrt{P_c^2+Q_c^2}=\sqrt{385.0^2+279.15^2}\ \text{kV}\cdot\text{A}\approx 475.55\ \text{kV}\cdot\text{A}$$

(2) 非消防负荷。

① 一般照明：查表3.3：$K_{x1}=0.9$，$\cos\varphi_1=0.70$，$\tan\varphi_1=0.48$

$$P_{e1}=P_{N1}=640\ \text{kW}$$

$$P_{c1}=P_{e1}K_{x1}=640\times 0.9\ \text{kW}=576\ \text{kW}$$

$$Q_{c1}=P_{c1}\tan\varphi_1=576\times 0.48\ \text{kvar}=276.48\ \text{kvar}$$

② 扶梯：查表3.3：$K_{x2}=0.8$，$\cos\varphi_2=0.70$，$\tan\varphi_2=1.02$

$$P_{e2}=nP_{N2}=30\times 7.5\ \text{kW}=225\ \text{kW}$$

$$P_{c2}=P_{e2}K_{x2}=225\times 0.8\ \text{kW}=180\ \text{kW}$$

$$Q_{c2}=P_{c2}\tan\varphi_2=180\times 1.02\ \text{kvar}=183.6\ \text{kvar}$$

③ 冷冻机：查表3.3：$K_{x3}=0.7$，$\cos\varphi_3=0.80$，$\tan\varphi_3=0.75$

$$P_{e3}=nP_{N3}=3\times 248\ \text{kW}=744\ \text{kW}$$

$$P_{c3}=P_{e3}K_{x3}=744\times 0.7\ \text{kW}=520.8\ \text{kW}$$

$$Q_{c3}=P_{c3}\tan\varphi_3=520.8\times 0.75\ \text{kvar}=390.6\ \text{kvar}$$

④ 通风机：查表3.3：$K_{x4}=0.6$，$\cos\varphi_4=0.80$，$\tan\varphi_4=0.75$

$$P_{e4}=nP_{N4}=12\times 11\ \text{kW}=132\ \text{kW}$$

$$P_{c4}=P_{e4}K_{x4}=132\times 0.6\ \text{kW}=79.2\ \text{kW}$$

$$Q_{c4}=P_{c4}\tan\varphi_4=79.2\times 0.75\ \text{kvar}=59.4\ \text{kvar}$$

⑤ 生活水泵：查表3.3：$K_{x5}=1$，$\cos\varphi_5=0.80$，$\tan\varphi_5=0.75$

因生活水泵两台一用一备，计算负荷时不计入备用容量，故仅考虑一台

$$P_{e5}=nP_{N5}=1\times 22\ \text{kW}=22\ \text{kW}$$

$$P_{c5}=P_{e5}K_{x5}=22\times 1\ \text{kW}=22\ \text{kW}$$

$$Q_{c5}=P_{c5}\tan\varphi_5=22\times 0.75\ \text{kvar}=16.5\ \text{kvar}$$

非消防总负荷：

$$P_{c非消防}=P_{c1}+P_{c2}+P_{c3}+P_{c4}+P_{c5}=(576+180+520.8+79.2+22)\ \text{kW}=1\,378\ \text{kW}$$

$$Q_{c非消防}=Q_{c1}+Q_{c2}+Q_{c3}+Q_{c4}+Q_{c5}=(276.48+183.6+390.6+59.4+16.5)\ \text{kvar}=926.58\ \text{kvar}$$

平时工作总负荷应由所有非消防负荷和平时工作的消防负荷组成，具体来说即非消防负荷、垂直消防电梯负荷和应急照明负荷：

$$P_{c平时}=(1\,378+120+56)\ \text{kW}=1\,554\ \text{kW}$$

$$Q_{c平时}=(926.58+122.4+0)\ \text{kvar}=1\,048.98\ \text{kvar}$$

$$S_c=\sqrt{P_c^2+Q_c^2}=\sqrt{1\,554^2+1\,048.98^2}\ \text{kV}\cdot\text{A}\approx 1\,874.91\ \text{kV}\cdot\text{A}$$

因多数消防负荷平时不工作（兼做普通客梯的消防电梯除外），而火灾后启动工作，同时火灾后切断大容量的非消防电源，此时应选取消防负荷和平时工作负荷（包括非消防负荷和平时工作的消防负荷）中容量大者计为该建筑物的总负荷。平时不工作的消防负荷不计入总负荷。所以该建筑物的总负荷：

$$P_{c总} = 1\ 554\ \text{kW}$$

$$Q_{c补前} = 1\ 048.98\ \text{kvar}$$

$$S_c = 1\ 874.91\ \text{kV} \cdot \text{A}$$

$$I_c = \frac{S_c}{\sqrt{3}U_n} = \frac{1\ 874.91}{\sqrt{3} \times 0.38}\text{A} \approx 2\ 848.71\ \text{A}$$

补偿前的功率因数：$\cos\varphi_1 = \dfrac{P_c}{S_c} = \dfrac{1\ 554}{1\ 874.91} \approx 0.83$

$$\tan Q_1 = 0.672$$

补偿后的功率因数要求 $\cos\varphi_2 = 0.92$，

$$\tan Q_2 = 0.426$$

所以用户总的预计无功补偿容量应为

$$Q_c = P_c \times (\tan\varphi_1 - \tan\varphi_2) = 1\ 554 \times (0.672 - 0.426)\ \text{kvar} = 382.28\ \text{kvar}$$

查表 3.3，选型号为 BCMJ0.4—30—3 的三相电容器，每个电容器额定容量 30 kvar。

$$n = \frac{382.28}{30} = 12.74 \approx 13(\text{个})$$

用户总的无功补偿容量应为

$$Q_{补} = 13 \times 30\ \text{kvar} = 390\ \text{kvar}$$

用户最终的无功容量为

$$Q_{c补后} = Q_{c补前} - Q_{补} = (1\ 048.98 - 390)\ \text{kvar} = 658.98\ \text{kvar}$$

$$S_c = \sqrt{P_c^2 + Q_c^2} = \sqrt{1\ 554^2 + 658.98^2}\ \text{kV} \cdot \text{A} \approx 1\ 687.95\ \text{kV} \cdot \text{A}$$

$$I_c = \frac{S_c}{\sqrt{3}U_n} = \frac{1\ 687.95}{\sqrt{3} \times 0.38}\text{A} \approx 2\ 564.65\ \text{A}$$

$$\cos\varphi_{实际} = \frac{P_c}{S_c} = \frac{1\ 554}{1\ 687.95} \approx 0.921$$

复习思考题

1. 计算负荷的含义是什么？正确确定计算负荷有什么意义？

2. 什么是需要系数？

3. 各工作制用电设备的设备容量如何确定？

4. 负荷计算的方法有哪些？

5. 如何计算电力变压器的有功和无功功率损耗？其中哪些损耗与负荷无关？哪些损耗与负荷有关？

6. 某厂机械加工车间变电所供电电压为 10 kV，低压侧负荷拥有金属切削机床容量共 920 kW，通风机容量共 56 kW，起重机容量共 76 kW($\varepsilon_N\% = 65\%$)，照明负荷容量 42 kW(白炽灯)，线路额定电压为 380 V。

(1) 试计算该车间变电所低压侧(10 kV) 的计算负荷 P_c，Q_c，S_c，I_c 及 $\cos\varphi$。

(2) 若车间变电所低压侧进行自动补偿，功率因数补偿到 0.95，应装 BW0.4－28－3 型电容器多少台？

(3) 补偿后车间高压侧的计算负荷 P_c,Q_c,S_c,I_c 及 cos φ,计算视在功率减少多少?

7.某车间,380 V电力线路上有35台小批量生产的电动机,容量为65 kW,电焊机3台,共10.5 kW,$\varepsilon=65\%$,求该车间的计算负荷。

8.某大楼采用三相四线制 380/220 V 供电,楼内的单相用电设备有:加热器 5 台各 2 kW,干燥器4台各3 kW,照明用电2 kW。试将各类单相用电设备合理地分配在三相四线制线路上,并确定大楼的计算负荷。

9.某七层住宅楼有两个单元,每一个单元均为一梯两户,每户的容量按 6 kW 考虑,供电负荷分配如下:第一单元,L1 供 1、2、3 层;L2 供 4、5 层;L3 供 6、7 层。第二单元,L2 供 1、2、3 层;L3 供 4、5 层;L1 供 6、7 层。求此住宅的计算负荷。

第 4 章　导线的选择及高低压开关设备

导线及电气设备的选择是建筑供配电系统的重要内容之一。本章介绍导线的型号、截面的选择方法；常用的电气设备分类及选择原则。

4.1　导线的选择

1. 导线选择的一般原则和要求

在建筑供配电线路中，使用的导线主要有电线和电缆两种，正确地选用这些电线和电缆，对于保证建筑供电系统安全、可靠、经济、合理地运行，有着十分重要的意义。因此，在选择电线和电缆时，应遵循下列原则和要求：

(1)按使用环境及敷设方式选择。

在选择电线或电缆时，应根据具体的环境特征及线路的敷设方式来确定所用电线和电缆的型号。此处推荐根据环境特征及线路敷设方式所要求采用的电线和电缆型号，具体见表 4.1。

表 4.1　按环境和敷设方法选择电线和电缆

<table>
<tr><th>环境特征</th><th>线路敷设方法</th><th>常用电线、电缆型号</th><th>导线名称</th></tr>
<tr><td rowspan="4">正常干燥环境</td><td>绝缘线瓷珠、瓷夹板或铝皮卡子明敷</td><td>BBLX，BLV，BLVV，BVV</td><td rowspan="10">BBLV：铝芯玻璃丝编织橡皮线
BLV：铝芯聚氯乙烯绝缘线
BLVV：铝芯塑料护套线
BVV：铜芯塑料护套线
LJ：裸铝绞线
LMY：硬铝裸导线
ZLL：油浸绝缘纸电缆
VLV：塑料绝缘铝芯电缆
YJV：塑料绝缘铜芯电缆
YJLV：塑料绝缘（氯乙烯）铝芯电缆
XLV：橡皮绝缘电缆(铝芯)
ZLQ：油浸纸绝缘电缆
BV：铜芯塑料绝缘线
XLHF：橡皮绝缘电缆
其他型号的电线和电缆可查阅有关手册，此处略</td></tr>
<tr><td>绝缘线、裸线瓷瓶明配</td><td>BBLX，BLV，LJ，LMY</td></tr>
<tr><td>绝缘线穿管明敷或暗敷</td><td>BBLX，BLV，BVV</td></tr>
<tr><td>电缆明敷或放在沟中</td><td>ZLL，ZLL_{11}，VLV，YJV，YJLV，XLV，ZLQ</td></tr>
<tr><td rowspan="3">潮湿和特别潮湿的环境</td><td>绝缘线瓷瓶明配(敷高>3.5 m)</td><td>BBLX，BLV，BVV</td></tr>
<tr><td>绝缘线穿管明敷或暗敷</td><td>BBLX，BLV，BVV</td></tr>
<tr><td>电缆明敷</td><td>ZLL_{11}，VLV，YJV，XLV</td></tr>
<tr><td rowspan="3">多尘环境(不包括火灾及爆炸危险尘埃)</td><td>绝缘线瓷珠、瓷瓶明敷</td><td>BBLX，BLV，BVV，BLVV</td></tr>
<tr><td>绝缘线穿钢管明敷或暗敷</td><td>BBLX，BLV，BVV</td></tr>
<tr><td>电缆明敷或放在沟中</td><td>ZLL，ZLL_{11}，VLV，YJV，XLV，ZLQ</td></tr>
</table>

续表 4.1

环境特征	线路敷设方法	常用电线、电缆型号	导线名称
有腐蚀性的环境	塑料线瓷珠、瓷瓶明线	BLV,BLVV,BVV	
	绝缘线穿塑料管明敷或暗敷	BBLX,BLV,BV,BVV	
	电缆明敷	VLV, YJV, ZLL_{11}, XLV	
有火灾危险的环境	绝缘线瓷瓶明线	BBLX,BLV,BVV	
	绝缘线穿钢管明敷或暗敷	BBLX,BLV,BVV	
	电缆明敷或放在沟中	ZLL,ZLQ,VLV,YJV XLV,XLHF	
有爆炸危险的环境	绝缘线穿钢管明敷或暗敷	BBX,BV,BVV	
	电缆明敷	ZL_{120},ZQ_{20},VV_{20}	

(2)按发热条件选择。

每一种导线的截面按其允许的发热条件，都对应着一个允许的载流量。因此，在选择导线截面时，必须使其允许载流量大于或等于线路的计算电流值。

(3)按电压损耗选择。

为了保证用电设备能够正常运行，必须使设备接线端子处的电压在允许值范围之内。但由于线路上存在电压损耗，因此在选择电线或电缆时，要按电压损耗来选择电线或电缆的截面。按电压损耗要求进行选择之后，还要通过发热条件进行校验。

(4)按机械强度选择。

由于导线本身的重量，以及风、雨、冰、雪等原因，使导线承受一定的应力，如果导线过细很容易就会折断，从而引起停电等事故。因此，还要根据机械强度进行选择，以满足不同用途时导线的最小截面要求，具体见表 4.2。

表 4.2　按机械强度确定的绝缘导线线芯最小截面

用途			线芯的最小截面/mm²		
			铜芯软线	铜线	铝线
照明用灯头引下线	屋内	民用建筑	0.4	0.5	1.5
		工业建筑	0.5	0.8	2.5
	屋外		1.0	1.0	2.5
移动式用电设备	生活用		0.2	—	—
	生产用		1.0	—	—

续表 4.2

用途			线芯的最小截面/mm²		
			铜芯软线	铜线	铝线
架设在绝缘支持件上的绝缘导线，其支持点间距为	<1 m	屋内	—	1.0	1.5
		屋外	—	1.5	2.5
	≤2 m	屋内	—	1.0	2.5
		屋外	—	1.5	2.5
	≤6 m		—	2.5	4.0
	≤12 m		—	2.5	6.0
	12～25 m		—	4.0	10
	穿管敷设的绝缘导线		1.0	1.0	2.5

架空线路	电压	钢芯铝线	铝及铝合金线	绝缘铜线	绝缘铝线
	35 kV	25	35	10	16
	6～10 kV	25	35		
	1 kV 以下	16	16		

在具体选择导线截面时，必须综合考虑电压损耗、发热条件和机械强度等要求，并充分考虑发展，留有足够余地，以保证低压供配电的安全可靠。

2. 导线型号及选择

(1)电线型号。

室内低压线路一般采用绝缘导线。按绝缘材料的不同，绝缘导线一般可分为橡皮绝缘导线和塑料绝缘导线；按导体材料的不同，可分为铝芯和铜芯两种，铝芯导线比铜芯的电阻率大、机械强度低，但质轻、价廉；按其制造工艺的不同，又可分为单股和多股两种。截面小于 10 mm² 的导线通常为单股，较粗的导线则大多采用多股线。其型号含义如图 4.1 所示。

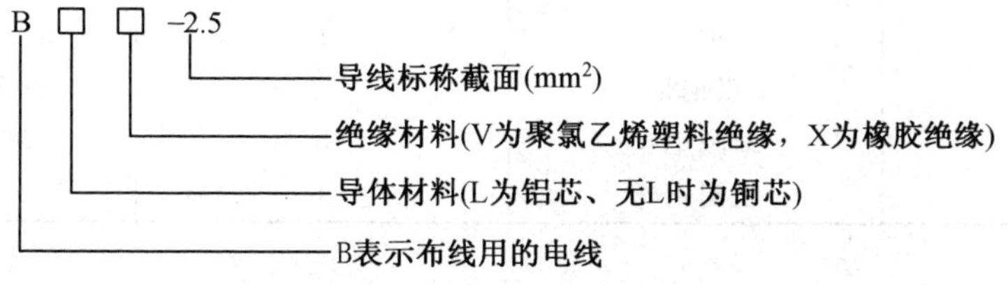

图 4.1　多股线型号含义

(2)常用绝缘电线。

常用的塑料绝缘电线有 BLV(BV)，BLVV(BVV)，RVB，RVS 等几种型号。除此之外，目前正广泛使用一种被称为腈聚氯乙烯复合物绝缘软线，它是塑料线的一个新品种，型号分为 RFS(双绞复合物软线)和 RFB(平型复合软线)两种。这种电线具有良好的绝缘性能,并具有耐热、耐寒、耐油、耐腐蚀、耐燃、不易热老化等优点,在低温下仍然柔软,使用寿命长,远比其他型号的绝缘软线性能优良。

常用的橡皮绝缘电线有 BX(BLX)和 BBX(BBLX)两种型号。这两种电线是目前仍在应用的旧品种,其生产工艺复杂,成本较高,正逐渐被塑料绝缘线所代替。橡皮绝缘线的新产品有 BXF 和 BLXF 系列产品。这种电线绝缘性能良好且具有耐光照、耐大气老化、耐油、不易发霉的优点,在室外使用的寿命要高出棉纱编织橡皮绝缘电线 3 倍左右,适宜在室外推广敷设。

(3)电缆线。

电缆线的种类很多,按其用途可分为电力电缆和控制电缆两大类;按其绝缘材料可分为油浸纸绝缘电缆、橡皮绝缘电缆和塑料绝缘电缆三大类。电缆线一般均由线芯、绝缘层和保护层三个主要部分组成。线芯分为单芯、双芯、三芯及多芯几种。其型号含义见表 4.3 和表 4.4。

表 4.3 电缆型号的含义

类别	导体	绝缘	内护套	特征
电力电缆(省略不表示)	T:铜线(可省)	Z:油浸纸	Q:铅套	D:不滴流
K:控制电缆	L:铝线	X:天然橡胶	L:铝套	F:分相
P:信号电缆		(X)D:丁基橡胶	H:橡套	CY:充油
YT:电梯电缆		(X)E:乙丙橡胶	(H)P:非燃性	P:屏蔽
U:矿用电缆		V:聚氯乙烯	HF:氯丁胶	C:滤尘用或重型
Y:移动式软缆		Y:聚乙烯	V:聚氯乙烯护套	G:高压
H:市内电话电缆		YJ:交联聚乙烯	Y:聚乙烯护套	
UZ:电钻电缆		E:乙丙胶	VF:复合物	
DC:电气化车辆用电缆			HD:耐寒橡胶	

表 4.4 电缆外护层代号

第一个数字		第二个数字	
代号	铠装层类型	代号	外被层类型
0	无	0	无
1	钢带	1	纤维线包
2	双钢带	2	聚氯乙烯护套
3	细圆钢丝	3	聚乙烯护套
4	粗圆钢丝	4	—

(4)常用电线和电缆类型的选择。

在导体材料选择上尽可能采用铝芯导线。但是也应根据不同的场合和特殊情况,或在不希望用铝线的场合而采用铜线。在选择导线时,应重点考虑其型号和截面。

电线、电缆的额定电压指的是交、直流电压,该电压是依据国家产品规定而制造的,与用电设备的额定电压不同。

配电导线按其使用电压的不同，可分为 1 kV 以下交、直流配电线路用的低压导线和 1 kV以上交、直流配电线路用的高压导线。建筑物的低压配电线路一般采用 380 V/220 V、中性点直接接地的三相四线制或三相五线制配电系统，因此线路的导线应采用 500 V 以下的电线或电缆。

3. 导线截面的选择

电线、电缆截面的选择应满足发热条件、电压损失、机械强度等要求，以保证用电设备能够安全、可靠、经济、合理地运行。

(1)选择方法。

选择导线截面时，一般可按下列步骤进行：

① 对于距离 $L \leqslant 200$ m 且负荷电流较大的供电线路，一般先按发热条件的计算方法来选择导线截面，然后再按电压损失条件和机械强度条件进行校验。

② 对于距离 $L > 200$ m 且电压水平要求较高的供电线路，则应先按电压损失的计算方法来选择截面，然后再按发热条件和机械强度条件进行校验。

(2) 按发热条件选择。

电流通过导线时，由于导线的电阻及电流的热效应会使导线发热，温度升高。而过高的温度将会加速绝缘老化，甚至使导线受到损坏而引起火灾。当裸导线的温度过高时，将会使导线接头处加速氧化，从而使接头电阻增大而过热，造成断路事故。因此，常采取限制载流量的措施以避免导线过热。对于一定截面的不同材料和绝缘情况的导线，规定有允许电流值，即允许载流量。在允许值的范围内运行，导线温度就不会超过允许值。按发热条件选择导线截面，就是要求导线的允许载流量不得小于线路的计算电流，即

$$I_N \geqslant I_c \tag{4.1}$$

式中　I_c—— 线路计算电流，A；

I_N—— 导线、电缆的允许载流量，A。

(3) 按允许电压损耗选择。

导线截面上的任何输电线路都存在着线路阻抗，当电流通过线路时，必然会在线路阻抗上产生压降。为了保证用电设备能够正常运行，用电设备的端电压必须在要求范围之内，所以对线路的电压损耗也必须限定在规定的允许值内。为了保证电压损耗在允许值范围内，可采用增大导线截面的办法来解决。

电压损耗是指线路的始端电压与终端电压的有效值之差，即

$$\Delta U = U_1 - U_2 \tag{4.2}$$

式中　U_1—— 线路的始端电压，V；

U_2—— 线路的终端电压，V。

ΔU 是电压损耗的绝对值表示法，在实际应用中所涉及的电压常有多种电压等级，这时用绝对值表示电压损失就不便于各种等级之间进行比较，因此常采用相对值来表示电压损耗的程度，工程上通常用 ΔU 与线路额定电压的百分比来表示电压损耗的程度，即

$$\Delta U\% = \frac{\Delta U}{U_N}100\% \tag{4.3}$$

式中　U_N—— 线路(电网) 额定电压，V。

在进行设计时，通常先给定电压损耗的允许值，然后再通过选择导线的截面来满足要

求。《全国供用电规则》中规定：35 kV 及以上供电和电压质量有特殊要求的用户，电压波动的幅度不应超过额定电压的 ±5%；10 kV 及以下高压供电和低压电力的用户，电压波动幅度不应超过额定电压的 ±7%；对低压照明用户，电压波动幅度不应超过额定电压的 +5%、−10%。

电压损耗是由阻抗引起的，对于低压线路来说，三相线路间的距离一般很近，导线截面也较小，因此电阻的作用远大于电抗的作用，故电抗可忽略不计。于是可认为电压损耗 ΔU 仅与有功功率 P 的大小和线路的长度 l 成正比，与导线截面 S 成反比。则电压损耗的计算公式为

$$\Delta U\% = \frac{Pl}{CS} \tag{4.4}$$

在已知电压损耗 $\Delta U\%$ 时，就可算出相应的导线截面，即

$$S = \frac{Pl}{C\Delta U\%} \tag{4.5}$$

式中 S—— 导线的截面，mm^2；

P—— 有功负荷，kW；

l—— 线路的长度，m；

$\Delta U\%$—— 允许电压损耗，%；

C—— 电压损耗计算常数，一般根据线路电压供电系统及导线材料来确定，其值见表 4.5。

表 4.5 计算电压损耗的计算常数 C 值

线路额定电压 /V	系统体制及电流种类	常数 C 值	
		铜 线	铝 线
380/220	三相四线	77	46.3
380/220	三相三线	34	20.5
220	单相或直流	12.8	7.75
110		3.2	1.9
36		0.34	0.21
24		0.135	0.092
12		0.038	0.023

由上述推导可知，式(4.5) 仅适用于功率因数为 1 的情况，也就是说它仅适用于电阻性电路。若用于感性电路则需要进行修正，公式如下：

$$S = \frac{BPl}{C\Delta U\%} \tag{4.6}$$

式中 B—— 校正系数，其值见表 4.6。

表4.6　感性负载线路电压损耗的校正系数 B 值

敷设方式	铜或铝导线明设				电缆明设或埋地，导线穿管				裸铜线架设				裸铝线架设			
负载功率因数 / 截面 /mm²	0.9	0.85	0.8	0.75	0.7	0.9	0.85	0.8	0.75	0.7	0.9	0.8	0.7	0.9	0.8	0.7
6												1.10	1.12			
10											1.10	1.14	1.20			
16	1.10	1.12	1.14	1.16	1.19						1.13	1.21	1.28	1.10	1.14	1.19
25	1.13	1.17	1.20	1.25	1.28						1.21	1.32	1.44	1.13	1.20	1.28
35	1.19	1.25	1.30	1.35	1.40						1.27	1.43	1.58	1.18	1.28	1.38
50	1.27	1.35	1.42	1.50	1.58	1.10	1.11	1.30	1.15	1.17	1.37	1.57	1.78	1.25	1.38	1.53
70	1.35	1.45	1.54	1.64	1.74	1.11	1.15	1.17	1.20	1.24	1.48	1.76	2.00	1.34	1.52	1.70
95	1.50	1.65	1.80	1.95	2.00	1.15	1.20	1.24	1.28	1.32				1.44	1.70	1.90
120	1.60	1.80	2.00	2.10	2.30	1.19	1.25	1.30	1.35	1.40				1.53	1.82	2.10
150	1.75	2.00	2.20	2.40	2.60	1.24	1.30	1.37	1.44	1.50						

(4) 零线截面的选择方法。

三相四线制供电线路中的零线截面，可根据流过的最大电流值按发热条件进行选择。根据运行经验，也可按小于相线截面的1/2进行选择，但必须保证零线截面不得小于按机械强度要求的最小允许值。

对于可能发生逐相切断电源的三相线路，其零线截面应与相线截面相同。对于单相线的零线截面来说，应与相线相同。对于两相带零线的线路来说，则可近似认为流过零线的电流等于相线电流，故零线截面应与相线相同。

在选择导线截面时，除了需要考虑主要因素以外，为了满足上述几个方面的要求，必须以计算所得的几个截面中的最大者为准，最后从电线、电缆产品目录中选用稍大于所求得的线芯截面即可。

【例4.1】　有一条从变电所引出的长100 m的干线，其供电方式采用树干式(三相四线制配线)，干线上接有电压为380 V的三相异步电动机22台，其中10 kW的电机有20台，4.5 kW的电机有2台，敷设地点的环境温度为30 ℃，干线采用绝缘线明敷，设各台电机的需要系数 $K_x=0.35$，平均功率因数 $\cos\varphi=0.7$。试选择该干线(铝芯塑料绝缘电线)截面。

解　该干线的负荷性质属低压电力用电，且负荷量较大，线路不长，因此可按发热条件来选择干线截面。

用电设备总容量为　$P_\Sigma=(10\times 20+4.5\times 2)\ \text{kW}=209\ \text{kW}$

视在计算总负荷为　$S_{\Sigma C}=\dfrac{K_x P_\Sigma}{\cos\varphi}=\dfrac{0.35\times 209}{0.7}\text{kV}\cdot\text{A}=104.5\ \text{kV}\cdot\text{A}$

总计算负荷电流为　$I_{\Sigma C}=\dfrac{S_{\Sigma C}\times 10^3}{\sqrt{3}U_N}=\dfrac{104.5\times 10^3}{\sqrt{3}\times 380}\text{A}\approx 159\ \text{A}$

所选导线截面的允许载流量 I_N 应满足

$$I_N\geqslant I_{\Sigma C}=159\ \text{A}$$

查导线载流量表，选截面为70 mm² 的铝芯塑料线，其允许载流量为192 A > 159 A，满足要求。

按电压损耗校验，总有功功率计算负荷为

$$P_{\Sigma C}=K_x P_{\Sigma}=0.35\times 209\ \text{kW}=73.15\ \text{kW}$$

负荷矩为　$M=Pl=P_{\Sigma C}l=73.15\times 100\ \text{kW}\cdot\text{m}=7315\ \text{kW}\cdot\text{m}$

查表 4.5 和表 4.6，采用铝线时，$C=46.3$，$B=1.74$，故

$$\Delta U\%=\frac{BM}{CS}\times 100\%=\frac{1.74\times 7\ 315}{46.3\times 70}\times 100\%\approx 3.93\%$$

结果表明，以上选择的导线满足电压损失的要求，根据表 4.2 的规定也能满足机械强度的要求。

【例 4.2】 某工程照明干线的负荷共计 10 kW，导线长 300 m，用 380/220 V 三相四线制供电，设干线上的电压损失不超过 5%，敷设地点的环境温度为 30 ℃，明敷，负荷需要系数 $K_n=1$，功率因数 $\cos\varphi=1$，试选择干线 BLX 的截面积。

解　由于是照明线，且线路较长，所以按允许电压损失条件来选择导线截面积。

查表 4.5，采用铝线明敷，取 $C=46.3$，所以

$$S=\frac{M}{C\Delta U\%}=\frac{\sum PL}{C\Delta U\%}=\frac{10\times 300}{46.3\times 5\%}\ \text{mm}^2\approx 12.96\ \text{mm}^2$$

查附表 2，应选用型号为 BLX 的导线截面积为 16 mm^2，其载流量为 80 A。

用发热条件来校验所选导线截面积

$$I_{\Sigma C}=\frac{\sum S_C}{\sqrt{3}U_N}=\frac{\sum P_C/\cos\varphi}{\sqrt{3}U_N}=\frac{10/1}{\sqrt{3}\times 0.38}\text{A}\approx 15.2\ \text{A}<80\ \text{A}$$

同时，根据表 4.2 可知，导线也能满足机械强度的要求。

4.2　高压开关设备

高压开关设备一般包括高压断路器、隔离开关、负荷开关、熔断器及高压开关柜等。根据建筑供配电需要，下面主要介绍 35 kV 以下的设备。

1. 高压断路器

(1) 用途。

在设备正常运行时，高压断路器主要用于接通或切断负荷电流；在设备发生故障或严重过负荷时，高压断路器可用于自动、迅速地切断故障电流（借助继电保护装置），以防止事故发生。

(2) 类型。

高压断路器主要由导电回路、灭弧室、外壳、绝缘支体、操作和传动机构等部分组成。根据所采用的灭弧介质和灭弧方式，大致可分为以下几种类型：

① 油断路器。油断路器采用绝缘油作为灭弧介质。按油量和油的作用，断路器又分为多油断路器和少油断路器两种。前者历史长，体积大，维护麻烦，不大受用户欢迎；而后者其油量少，体积小，价格便宜，维护方便，所以目前应用广泛。

② 空气断路器。采用压缩空气作为灭弧介质的断路器称为压缩空气断路器，简称空气

断路器。断路器中的压缩空气主要有三个作用：一是强烈地吹弧，使电弧冷却熄灭；二是作为动、静触头之间的绝缘介质；三是作为分、合闸操作时的动力。空气断路器的优点是断流容量大、分闸速度快，但其结构复杂、价格昂贵、维护要求高，故一般仅用于国家电网 110 kV 及以上大型电站或变电所。

③ 六氟化硫断路器。六氟化硫断路器是近年来发展的新型产品。它采用具有良好灭弧和绝缘性能的气体 SF_6 作为灭弧介质。SF_6 气体能在电弧的作用下分解为低氟化合物，大量吸收电弧能量，使电弧迅速冷却而熄火。六氟化硫断路器的优点是动作快、断流容量大、使用寿命长、无火灾和爆炸危险、可频繁通断、体积小，虽然价格偏高、维护要求严格，但仍受人们的欢迎，发展较快。在全封闭的组合电器中，多采用这种类型的断路器。

④ 真空断路器。真空断路器利用稀薄空气的高绝缘强度来熄灭电弧。因为在稀薄的空气中，中性原子很少，较难产生电弧且不能稳定燃烧。真空断路器能适合频繁操作的负载，其优点是开距小、动作快、燃弧时间短、开断能力强、结构简单、质量轻、体积小、寿命长、无噪声、维修容易、无爆炸危险等。真空断路器近年来发展迅速，尤其是在 10 kV 及以下的领域，更为显著，完全可以取代多油断路器。但其也有不足之处，主要体现在分断电感性负载的性能不如分断电容性负载，为限制过高的操作过电压，对经常分断高压电动机或电弧炉变压器等感性负载的真空断路器必须配置专用的 R－C 吸收装置或金属氧化物避雷器。

(3) 高压断路器铭牌所列的技术数据。

① 额定电压 $U_{r\cdot QF}$。额定电压是保证设备长期正常工作时断路器所耐受的电压值。铭牌上所标的电压是指线电压的额定值。

② 额定电流 $I_{r\cdot QF}$。额定电流是断路器可以长期通过的最大电流。在长期通过额定电流时，断路器各部分的温升不会超过国家标准。我国目前采用的额定电流有 200 A、400 A、600 A、1 000 A、1 500 A、2 000 A、3 000 A、4 000 A、5 000 A、6 000 A、8 000 A、10 000 A 等多个等级。

③ 额定开断电流 $I_{r\cdot off}$。额定开断电流是指断路器在额定电压下能够正常开断的最大电流，用以表示断路器切断电路的能力。额定开断电流 $I_{r\cdot off}$ 必须大于或等于其安装处的短路电流，即

$$I_{r\cdot off} \geqslant I_K^{(3)} \tag{4.7}$$

④ 额定断流容量 $S_{r\cdot QF}$。额定断流容量是额定电压与额定开断电流的乘积。由于断路器的开断能力不仅与切断电流有关，还与切断电流时的线路的电压有关，所以又可采用综合值额定断流容量来表示断路器的开断能力。在三相电路中，有如下关系式：

$$S_{r\cdot QF} = \sqrt{3} U_{r\cdot QF} I_{r\cdot off} \tag{4.8}$$

额定断流容量 $S_{r\cdot QF}$ 必须大于或等于其安装处的短路容量，即

$$S_{r\cdot QF} \geqslant S_K^{(3)} \tag{4.9}$$

额定断流容量的大小，决定了断路器灭弧装置的结构和尺寸。因此，对于一般的断路器，当使用电压低于额定电压时，因其额定开断电流不变，所以断流容量也会相应降低。

$$S_{QF} = S_{r\cdot QF} \frac{u}{u_{r\cdot QF}} \tag{4.10}$$

式中　S_{QF}—— 电压为 u 时的断流容量。

⑤ 热稳定电流 I_{ts}。热稳定电流一般用于表示断路器能够承受短路电流热效应的能力，

通常以电流有效值来表示。其物理意义是：当热稳定电流 I_{ts} 通过断路器时，在规定时间 t_s 内，断路器各部分的温度均不超过国家规定的短时允许发热温度，从而能够保证断路器不被损坏。

⑥ 动稳定电流 i_{rs}。动稳定电流一般用于表示断路器能够承受短路电流电动力作用的能力，通常以短路电流峰值来表示。其物理意义是：当断路器处于闭合状态时，所能承受通过的最大电流峰值，而不会因电力的作用发生任何机械损坏。这个最大电流峰值即称为动稳定电流 i_{rs}，或称为极限通过电流。

(4)高压断路器的选择。

①首先考虑工作条件，确定断路器的额定值，如电压、电流、频率、机械负荷等。

②结合环境条件，如环境温度、相对湿度、海拔、最大风速等，选用断路器的型号和规格。

③根据短路电流进行断流容量的动、稳定性校验。

在可用的几种断路器之间进行经济指标分析，在能够满足工作要求的前提下，尽量选用维修方便、价格便宜、运行费用少的设备。

2. 高压隔离开关

(1)用途。

高压隔离开关的主要用途是：隔离高压电源，并形成明显可见的间隔，以保证其他电气设备能够安全检修。但因隔离开关没有灭弧设置，因而不能接通和切断负荷电流，只能接通或断开较小电流。

(2)类型。

隔离开关按安置位置，可分为户内型和户外型(60 kV 及以上电压无户内型)两种；按级数可分为单级和三级两种；按构造可分为双柱式、三柱式和 V 形三种；按绝缘情况可分为普通型及加强绝缘型两类；按接地情况可分为带接地刀闸和不带接地刀闸两种。隔离开关一般为开启式，特定条件下也可定制成封闭式隔离开关。

(3)隔离开关的选择。

选用隔离开关时，应先根据安装地点选择户内型(GN)或户外型(GW)，然后再根据工作电压或工作电流选择额定值，校验其动、热稳定值。一般采用三极连动的三相隔离开关，只有在高压系统中性点接地的回路中，才采用 GW9－10 型单级隔离开关。选用 35 kV 及以上断路器的两侧隔离开关和线路隔离开关，宜选用带接地刀闸的类型。往往出于安装或运行上的需要，而把较高额定电压或较大额定电流的隔离开关设计用在低电压或小电流的电路中，如变压器低压出口采用 GN2－10/1000～2000 型等。选择时还要根据工作环境和配电装置的布置特点，计算开关接线端的机械负荷。

3. 高压负荷开关

(1)用途。

在高压配电装置中，负荷开关是专门用于接通和断开负荷电流的电气设备；在装有脱扣器时，在过负荷的情况下也能自动跳闸。但其仅具有简单的灭弧装置，因此不能切断短路电流。在大多数情况下，负荷开关与高压熔断器(一般为 RN 型)串联，借助熔断器切除短路电流。

(2)类型。

高压负荷开关有户内型及户外型两种，配用手动操作机构工作。它具有明显的断路间隙，也可起到普通高压隔离开关的作用。

①FN 型户内高压负荷开关。目前，此类产品主要有 FN2，FN3，FN4 三种型号。FN4 型为真空式负荷开关，是近年来研制而成的性能较好的新型产品。FN2 型和 FN3 型负荷开关利用分闸动作带动气缸中的活塞去压缩空气，使空气从喷嘴中喷向电弧，因此具有较好的灭弧功能。开关依靠框架上的凸轮和弹簧组成快速分、合闸机构，使其不受操作人员动作快慢的影响。

②FW 型户外产气式负荷开关。此种开关主要用于 10 kV 配电线路中，可安装在电杆上，用绝缘棒或绳索进行操作。分断时具有明显的断路间隙，可起到隔离的作用。因此开关无熔断器，故不能起到短路保护作用。此开关的消弧管采用固体材料制成。分闸瞬间，电弧在消弧管内燃烧并被迅速拉长。电弧的高温使管内产生大量气体并沿喷口高速喷出，从而能够使电弧很快降温熄灭。

(3)高压负荷开关的选择。

选用高压负荷开关时，为了保证安全，除了需要注意环境条件和额定值以外，还要进行动、热稳定和断流容量校验。带熔断器的负荷开关要选好熔体管的额定电流值。户内型开关要选好配套操作机构，其中 CS4－T 型机构具有远距离脱扣功能。

4. 高压熔断器

(1)用途。

高压熔断器是常用的一种保护电器。其结构简单，广泛用于配电装置中，常用作保护线路、变压器及电压互感器等设备。高压熔断器由熔体、支持金属体的触头和保护外壳三个部分组成，串接在电路中。若电路发生超负荷或短路故障，当故障电流超过熔体的额定电流时，熔体会被迅速加热熔断，从而切断电流防止故障扩大。

(2)类型。

高压熔断器按使用场所可分为户内型和户外型两种。户内型一般制成规定式，而户外型则全部制成跌落式(熔丝熔断后，熔体管自动断开)。

①RN 系列户内高压熔断器。RN 型熔断器的熔断管内除熔丝外充满石英砂，过载或短路电流将熔丝熔断以后，靠其将游离气体降温而去游离，迫使电流过零时熄灭。

②RW 系列户外高压跌落式熔断器。RW 型熔断器主要是由绝缘瓷件和熔管组成的跌落机构、锁紧机构、上下固定触头、端部接线螺钉及安装用紧固板组成，其结构如图 4.2 所示。

正常工作时，跌落机构上部的活动触头被管中的熔丝拉紧，在锁紧机构的压力下与上固定触头接触通电。当熔丝熔断以后，在熔管内产生电弧和高温，内衬的消弧管中产生大量气体向外喷射，使空气降温，进而电流过零时迅速去游离，使电弧熄灭。由于熔丝已断，上部活动触头将向下移动并脱离锁紧机构，受重力影响整个跌落机构以熔管转轴支架作为支持点向下翻跌，形成鲜明的分断间隙，因此它兼有隔离开关的作用。

(3)选择。

高压熔断器的选择应符合下列要求：

①熔断器的额定电压应符合线路或设备的额定电压。

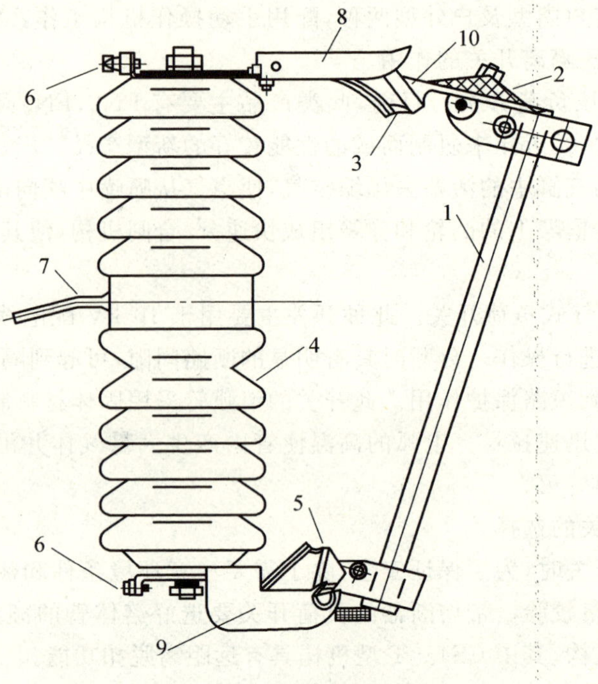

图 4.2　RW－10G 型跌落式熔断器的结构

1—熔管；2—熔丝元件；3—上部固定触头；4—绝缘瓷件；5—下部固定触头；6—端部压线螺钉；7—紧固板；8—锁紧机构；9—熔管转轴支架；10—活动触头

② 熔断器的额定电流 $I_{r\cdot FU}$ 是指熔管的额定电流。熔体的额定电流 $I_{r\cdot FE}$ 应大于回路的正常工作电流 I_W，而小于或等于熔管额定电流 $I_{r\cdot FU}$。

③ 熔断器的最大开断电流(上限断流容量) 应大于所要切断的最大短路电流。其最小开断电流(下限断流容量) 应小于短路电流的最小值。如不满足此条件，可串联限流电阻。

此外，选择额定电流还应考虑符合选择性灵敏度配合的要求，即后级或上级的 $I_{r\cdot FE}$ 要与前级或下级的 $I_{r\cdot FE}$ 相差 2 ～ 3 个额定电流级差。这样，一般情况下都能满足选择性要求。

5. 高压开关柜

(1)用途。

6～35 kV 高压开关柜一般适用于交流 50 Hz、3～35 kV 电压的电力系统中，作为电能接受、分配的通、断和监视保护之用。它是由制造厂按照一定的接线方式，将同一回路的开关电器、母线、测量仪表、保护电器和辅助设备等都装配在封闭的金属柜中，成套供应用户。这种设备具有结构紧凑、使用方便等特点，因此广泛用于控制和保护变压器、高压线路和高压电动机等设备中。

(2)类型。

高压开关柜主要包括固定式和手车式两种。按结构的不同，可分为开启式、封闭式和半封闭式三种；按使用环境的不同，可分为户内和户外两种；按操作方式的不同，可分为电磁操动机构、弹簧操动机构和手动操动机构等。

(3)选择。

选用高压开关柜,要根据使用环境来决定是采用户内还是户外型,并根据开关柜的数量和对可靠性的要求来确定使用固定式还是手车式。相对而言,固定式开关柜的价格比较便宜,但是灵活性不如手车式。对可靠性要求不高、开关柜台数又较少的变电所,应尽量选用固定式开关柜以降低投资。此外,还要结合主接线设计来确定开关柜的一次接线方案,并结合控制、计量、保护、信号等方面的要求来选调或自行设计二次接线。选定开关柜之后,柜中的主要部件要进行分断电流、动稳定、热稳定运行工作状况的校检,在高层建筑内设置的开关柜,绝不允许采用带少油断路器的开关柜,而应选用带真空断路器、六氟化硫断路器的开关柜。

4.3　低压电气设备

低压电气设备不仅应用于发电、输电、配电等场所,而且在民用建筑中也应用广泛。它对电能的生产、输送、分配与使用起着转换、控制、保护与调节等作用,是建筑电气技术中不可或缺的器件。低压电气设备通常是指工作在交流电压为 1 000 V 或直流电压为 1 500 V 以下的电路中的电气设备。

1. 常用低压电气设备

常用低压电气设备根据其在电气线路中的功能,可分为低压开关设备和低压保护设备两种;根据其在电气线路中的用途,通常可分为控制电器、主令电器、保护电器、配电电器、执行电器等多种;根据其动作方式和动作原理,可分为自动切换电器和非自动切换电器等。主令电器是指在控制系统中用于发送控制命令的电器,如控制按钮、主令开关、行程开关等。自动切换电器是指不需要人工操作,按照电信号或非电信号,即依靠电器本身的参数变化或外来信号,自动完成指令任务的电气设备,如低压断路器、交直流接触器、继电器等。非自动切换电器是指主要依靠外力操作(如手动控制)来完成切换动作的电器,如刀开关、转换开关、控制按钮等。

在民用建筑电气线路中,常用的低压电气设备主要有刀开关、熔断器、低压断路器、漏电保护开关、接触器、继电器等。

(1)刀开关。

刀开关又称闸刀开关,是一种简单的手动操作电器。其广泛应用于各种配电设备和供电线路中,通常用于非频繁接通和切断、容量不大的低压供电线路,并兼作电源隔离开关。刀开关按其工作原理和结构形式的不同,可分为刀形转换开关、胶盖闸刀开关、铁壳开关、熔断式刀开关、组合开关五种。各种类型的刀开关还可按其额定电流、刀的极数(单极、双极或三极)、有无灭弧罩以及操作方式来进行区分。除在电力系统等特殊场合中,大电流刀开关采用电动操作以外,一般均采用手动操作方式。

①刀形转换开关。刀形转换开关是一种最简单的刀开关,如图 4.3 所示。刀开关的图形符号如图 4.4 所示。

②胶盖闸刀开关。胶盖闸刀开关的闸刀装在瓷质底板上,每相附有熔丝和接线端子,并用胶木罩壳盖住闸刀和熔丝,主要起保护和隔离的作用,防止切断电源时电弧烧伤操作者。胶盖闸刀开关的常用型号为 HK2 系列,主要分为单相双极和三相三极开关两种,可用于照

明和动力线路上。

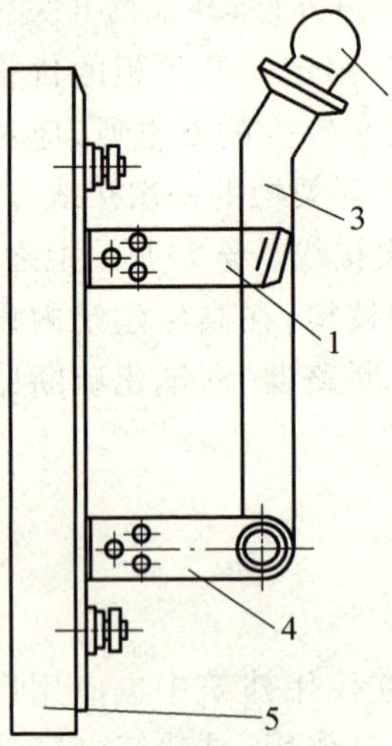

图 4.3　刀开关的结构
1—静插座；2—手柄；3—触刀；4—铰链支座；5—绝缘底板

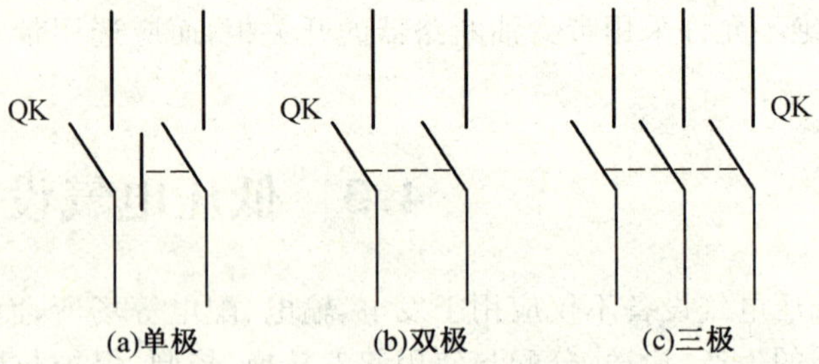

图 4.4　刀开关的图形符号

③新型隔离开关。除了上述所介绍的各种形式的手动刀开关之外，近年来国内已有多个厂家从国外引进技术，生产了较为先进的小型新型隔离开关。如 PK 系列隔离开关和 PG 系列熔断器式隔离开关等。PK 系列为可拼装式隔离开关，分为单极和多极两种。其外壳采用陶瓷等材料制成，因而具有耐高温、抗老化、绝缘性能良好等优点。该产品体积小、质量轻、可采用导轨进行拼装，电寿命和机械寿命都比较长，可替代上述小型刀开关，广泛应用于工矿企业、民用建筑等场所的低压配电电路和控制电路中。

(2)熔断器。

熔断器的主要用途是保护电气设备和配电线路免受过载电流和短路的损害。熔断器的保护作用是靠熔体来完成的。而熔体是由低熔点的铅锡合金或其他材料制成的，截面为一定的熔体只能承受一定值的电流（规定值）。当通过的电流超过此规定值时，熔体便会熔断，从而起到保护作用。而熔体熔断所需的时间与电流的大小有关，这种关系通常以安秒特性曲线来表示。所谓安秒特性，就是指熔体熔化的电流与熔化时间之间的关系曲线。

当通过的电流小于熔体额定电流的 1.25 倍时，熔体通常是不会熔断的，可以长期运行。若通过的电流大于熔体额定电流的 1.25 倍，则熔体就会被熔断，倍数越大，就越容易熔断，即熔断时间就越短，见表 4.7。

表 4.7　通过熔断器熔体的电流与熔断时间

通过熔体的电流	$1.25I_r$	$1.6I_r$	$2I_r$	$2.5I_r$	$3I_r$	$4I_r$
熔断时间	∞	60 min	40 s	8 s	4.5 s	2.5 s

当负载发生短路时，会有很大的短路电流通过熔断器，熔体很快熔断，并迅速断开，从而有效地保护未发生故障的线路和设备。熔断器通常主要作为短路保护用，而对于过载一般

不能准确保护。常用的低压熔断器有瓷插式、螺旋式和管式等。

低压熔断器的型号含义如图 4.5 所示。

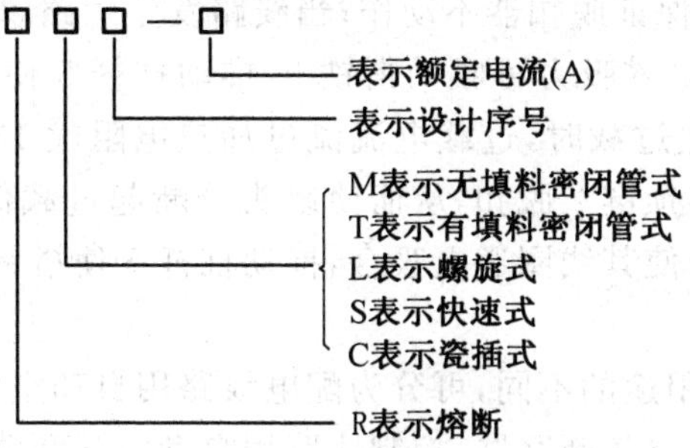

图 4.5　低压熔断器的型号含义

(3)自动空气断路器。

自动空气断路器是一种能自动切断电路故障的保护电器。其主要作用是保护低压交直流电路的线路及电气设备,使它们免遭过电流、短路和欠电压等不正常情况的损害。自动空气断路器主要由触头系统、灭弧系统、脱扣器和操作机构等组成,其具有良好的灭弧性能,能带负荷通断电路,可用于电路的不频繁操作。此种设备的操作机构比较复杂,主触头的通断可采用手动或电动,故障时能自动脱扣。实际上,自动空气断路器相当于刀开关、熔断器、热继电器和欠电压继电器的组合。其工作原理如图 4.6 所示。

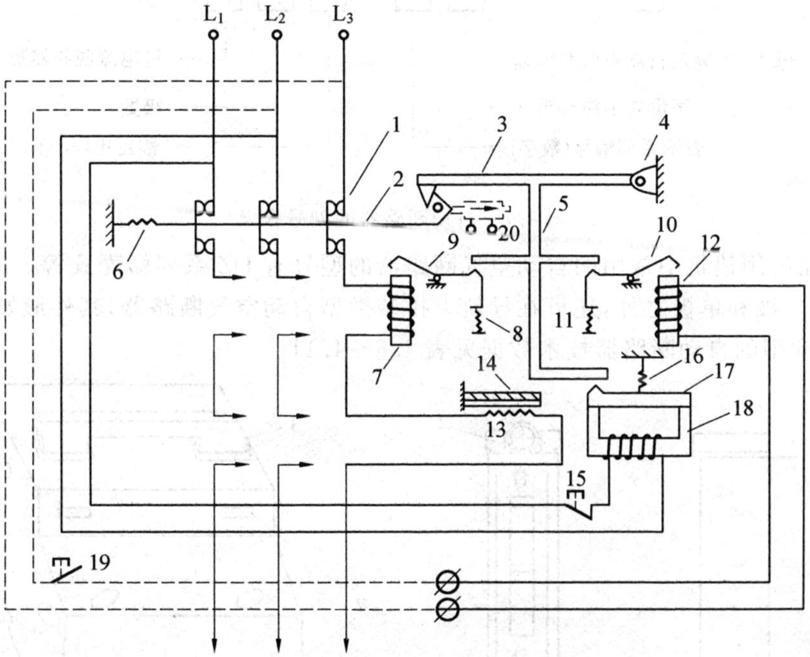

图 4.6　自动空气断路器的工作原理

1—触头;2—锁键;3—搭钩(表示自由脱扣器机构);4—铰链;5—杠杆;6、8、11、16—弹簧;13—加热电阻丝;14—双金属片;7、12、18—铁芯线圈;9、10、17—衔铁;15、19—按钮;20—合闸电磁铁

图 4.6 中，当电网电压降低至额定电压的 35％时，衔铁 17 被释放，在弹簧 16 的作用下，衔铁推动杠杆 5 使搭钩 3 与锁键 2 脱扣，而实现断路器的触头 1 打开，即分闸。当电压大于额定电压的 75％时应保证脱扣器不动作；当线路发生短路，即达到预整定电流时，延时脱扣器的铁芯线圈产生的电磁吸力可吸动衔铁 9，推动杠杆 5 使搭钩 3 和锁键 2 脱扣而实现断路器分断；当线路发生过载时，过载电流流过加热电阻丝 13 而使双金属片 14 受热弯曲，推动杠杆 5 使搭钩 3 与锁键 2 脱扣，从而使触头分断起过载保护的作用；经操作人员操作控制按钮 19 或继电信号使其线圈通电吸合，推动杠杆 5 使搭钩 3 与锁键 2 脱钩而实现远距离分闸。

自动空气断路器按其用途的不同，可分为配电线路用自动空气断路器、电动机保护用自动空气断路器、照明用自动空气断路器、控制线路用自动空气断路器；按其结构的不同，可分为塑料外壳式、框架式、快速式、限流式等类型。但基本形式有万能式和装置式两种系列。

塑料外壳式自动空气断路器属于装置式，是民用建筑中常用的一种，其优点是保护性能好、安全可靠。框架式自动空气断路器，其结构是敞开装在框架上的，因其保护方案和操作方式较多，所以有“万能式”之称。快速式自动空气断路器，主要用于对半导体整流器等的过载、短路进行快速保护。限流式自动空气断路器是用于交流电网的快速动作的限流自动保护电器，以限制短路电流。

自动断路器的型号含义如图 4.7 所示。

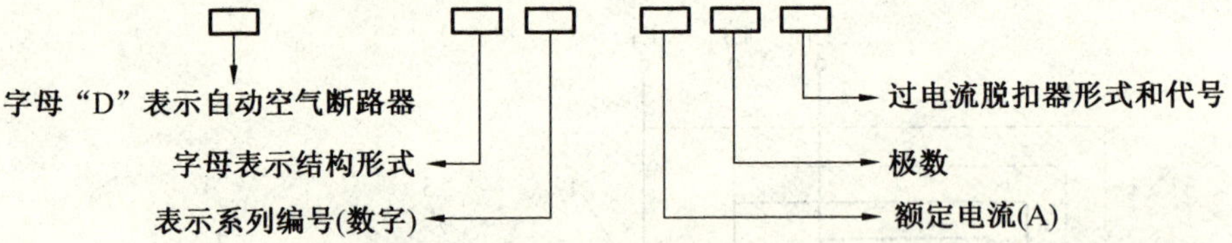

图 4.7　自动断路器的型号含义

目前，在民用建筑中常用的自动空气断路器的型号有 DZ 系列塑壳式等。DZ 系列除有四极、三极、二极和单极之外，还可在导轨上拼装微型自动空气断路器，其外形如图 4.8 和图 4.9 所示。常用的自动断路器技术数据见表 4.8～4.11。

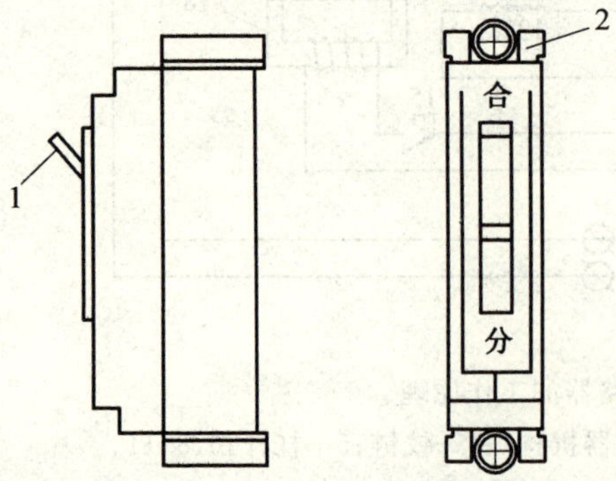

图 4.8　单极自动空气断路器的外形

1—分合手柄；2—接线端

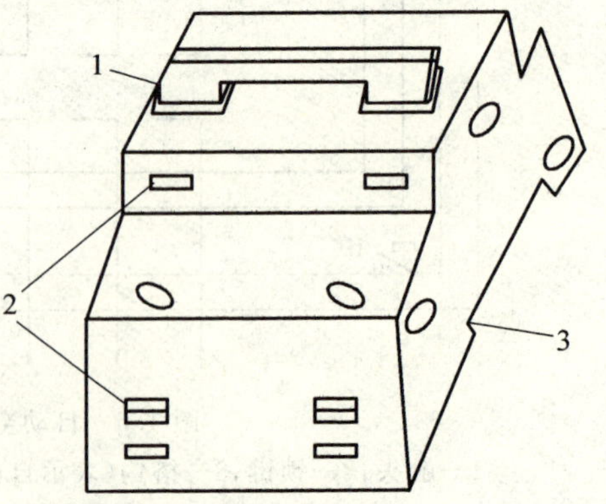

图 4.9　PX－200C 系列的外形

1—手柄；2—接线端；3—安装导轨

表 4.8　TCL 系列自动开关主要技术数据及系列号

类别	系列	额定电流/A	脱扣器额定电流/A	通断能力		极数
				额定电压/V	通断电流/kA	
塑料外壳式	TIM1N	125	10、12.5、16、20、25、32、40、50、63、80、100、125	AC400	25、35、50	3 4
				AC690	6、8、10	
		160	32、40、50、63、80、100、125、160	AC400	25、35、50	
				AC690	6、8、10	
		250	125、160、200、225、250	AC400	35、50、65	
				AC690	15、18、20	
		400	250、315、400	AC400	35、50、70	
				AC690	18、22、25	
		80 (630)	400、500、630、800	AC400	35、50、70	
				AC690	20、22、25	
框架式	TIW1	2 000	400、630、1 000、1 250、1 600、2 000	AC400	80	3 4
				AC690	50	
		3 200	2 000、2 500、2 900、3 200	AC400	100	
				AC690	65	
		4 000	4 000	AC400	100	
				AC690	65	
		6 300	4 000、5 000、6 300	AC400	120	
				AC690	80	
微型	TIB1	63	1、3、5、6、10、16、20、25、32、40、50、63	AC230	6	1、2
				AC400	6	3、4
		100	50、63、80、100	AC230	10	1、2
				AC400	10	3、4

表 4.9 TCL 系列漏电自动开关主要技术数据及系列号

类别	系列	额定电流/A	脱扣器额定电流/A	额定剩余动作电流/A	极数
塑料外壳式	TIL1	125	10、12.5、16、20、25、32、40、50、63、80、100、125	0.03、0.1、0.3、0.5、0.8、1	3～4
		160	32、40、50、63、80、100、125、160	0.03、0.1、0.3、0.5、0.8、1、1.3	
		250	125、160、200、225、250		
		400	250、315、400		
微型	TIB1L	63	1、3、5、6、10、16、20、25、32、40、50、63	0.03	1～4
		100	50、63、80、100		

表 4.10 TCL 系列自动转换开关主要技术数据及系列号

类别	系列	额定电流/A	脱扣器额定电流/A	通断电流/kA	控制方式	极数
塑料外壳式	TIL1	125	10、12.5、16、20、25、32、40、50、63、80、100、125	25	R—自投自复 S—自投不自复 F—电网—发电机	3 4
		160	32、40、50、63、80、100、125、160	25		
		250	125、160、200、225、250	35		
		400	250、315、400	35		

表 4.11 TCL 系列隔离开关主要技术数据及系列号

类别	系列	额定电流/A	额定电压/V	极数
小微型	TIG1	32、63、80、100	AC230	1～2
			AC400	3～4

(4)漏电保护开关及分类。

①按其动作原理,可分电压型、电流型和脉冲型三种。

②按其脱扣形式,可分为电磁式和电子式两种。前者不受电压波动、环境温度变化以及缺相等影响,而且性能良好,可靠性高;后者灵敏度高,制造技术简单,可制成大容量产品,但需要辅助电源,抗磁干扰性能不强。

③按其保护功能及结构特征,可分为漏电继电器、漏电开关和漏电断路器三种。其中,漏电继电器由零序电流互感器和继电器组成,仅具备判断和检测功能,由继电器触头发出信号,控制断路器分闸或控制信号元件发出声、光信号;漏电开关由零序电流互感器、漏电脱扣器和主开关组成,装在绝缘外壳里,其具有漏电保护和手动通断电路的功能;漏电断路器是在断路器上加装漏电保护器件而构成,具有过载保护和漏电保护的功能。

(5)接触器。

接触器是一种用于频繁地接通或断开交直流主电路的自动电器。接触器按其主触头和控制线圈所通过的电流可分为交流和直流两种,这里主要介绍交流接触器。

交流接触器主要由电磁机构、触头系统、灭弧装置、支架和底座等几部分组成。其中,电磁机构是接触器的关键部件,主要由吸引线圈、动铁芯、静铁芯三部分组成。它利用吸引线圈通电后使电磁铁芯产生吸引力而动作,并带动触头系统进行工作。触头系统通常由三对主触头和四对辅助触头构成。主触头允许通过大电流,用于接通或断开主电路,使用时应串联在电路中。辅助触头允许通过较小的电流(一般为 5 A 以下),通常接在控制电路中,起到完成控制电路各种应有的作用,如自锁、互锁等。当吸引线圈未通电时,接触器的触头可分为常开触头和常闭触头两种;线圈通电以后,常开触头闭合,常闭触头分离。

常用的国产交流接触器有 CJ20 等系列。它采用了拼装结构和导轨安装,具有体积小、结构紧凑、动作可靠等优点,并且具有较高的通断能力和机电寿命。在选用接触器时,应注意其主触头的额定电流、线圈电压及触头数量等是否符合要求。通常主触头的额定电流有 5 A、10 A、20 A、40 A、60 A、100 A、150 A、200 A、250 A 等。控制线圈的电压通常有 36 V、110 V、220 V、380 V 等。

(6)继电器。

继电器是根据电量或非电量(如电流、电压、时间、温度、压力等)的变化来断开或接通电路的自动电器。继电器的触头容量较小,一般在 5 A 以下。由于触头通常接在控制电路中,所以能起到控制和保护的作用。继电器的种类很多,主要有热继电器、时间继电器、电流继电器、电压继电器和中间继电器等。

①热继电器。热继电器是用来对电动机等设备进行过载保护的一种保护电器。电动机等电气设备在运行过程中,由于种种原因,如长期过负荷等,均可能会使其电流超出额定值而形成过载运行。长期过载运行将会引起电动机等电气设备发热,从而使温升超过允许值,甚至会引起电气设备的损坏。又因为在长期过载运行的情况下,熔断器往往不会熔断,所以必须对电动机等电气设备进行过载保护。

热继电器的主要技术指标是整定电流,即长期通过热继电器的发热元件,而不致使热继电器动作的最大电流。当通过的电流大于整定值的 1.2 倍时,热继电器将在 20 min 内动作。其整定值的大小在一定范围内可通过调节旋钮来改变。当热继电器作为电动机等负载的过载保护时,应使其整定电流与电动机等负载的额定电流相一致,通常为电动机等负载额定值的 0.95～1.05 倍。

需要注意的是，热继电器的作用与熔断器不同，热继电器只能作为过载保护用，而不能作为短路保护用；而熔断器则主要作为短路保护用。在一个比较完整的保护电路中，这两种保护都应具备。

②时间继电器。时间继电器是实现时间控制的一种电器。时间继电器的种类很多，按动作原理可分为电磁式、电动式、空气阻尼式、电子式等。在电气控制系统中多采用空气阻尼式。

③电流、电压、中间继电器。电流继电器是一种根据电流的大小起控制和保护作用的自动电器，可分为过电流继电器和欠电流继电器两类。当过电流继电器通过的是在正常工作状态下的电流时，则不动作，当通过的电流超过某一整定值时才动作。过电流继电器经常用于绕线转子异步电动机（如起重机）防止不正确启动的控制电路中。交流过电流继电器发生动作的电流一般为额定电流的 1.1～1.4 倍；直流过电流继电器发生动作的电流一般为额定电流的 0.7～3.0 倍。

欠电流继电器是当工作电流降低至某一整定值时，继电器释放。因此，欠电流继电器在电路正常工作时，衔铁吸合。

电压继电器是反映被测电路电压变化的继电器，其结构与电流继电器基本相同。电压继电器的吸引线圈与被测电路并联，线圈匝数多、导线细、电阻大。电压继电器可分为过电压、欠电压、零电压继电器等多种类型。一般来说，过电压继电器是在被测电压为额定电压的 1.1～1.5 倍及以上时，过电压继电器发生动作，对电路进行过电压保护；欠电压继电器是在被测电压为额定电压的 40%～70%时，欠电压继电器发生动作，对电路进行欠电压保护；零电压继电器是被测电压降低至接近零时衔铁才释放的继电器，一般是在被测电压为额定电压的 5%～25%时，零电压继电器发生动作，对电路进行零压保护。

电磁式中间继电器实质上是一个电压继电器，其类似于小型接触器，不同之处在于它具有较多的触头数（8～12 对），且触头容量较大（额定电流为 5～10 A），动作灵敏等，可用其来增加控制回路数和放大控制信号。

（7）电能表。

电能表专门用于测量交流电能，它将功率和时间的乘积累计起来以反映电能的数量。计量电能的常用单位是千瓦时（kW·h），俗称为“度”，1 度（电）＝1 kW·h。

电能表分为单相电能表和三相电能表两种。三相电能表按其用途，又可分为三相有功电能表和三相无功电能表，三相有功电能表根据线数不同又有三相三线有功电能表和三相四线有功电能表之分。

①单相电能表的接线。用单相电能表测单相电路中的电能，具体方法是在单相电能表的下部有一排接线端子，将电能表的电压线圈和电流线圈分别接在这些端子上，并通过这些端子把电能表接入到电路中，如图 4.10 所示，1 和 2 为电流线圈接线端，应与负载串联；1 和 3 为电压线圈接线端，应与负载并联连接；3 与 4 为同一端子，接负载的下端。

用单相电能表测量三相四线制电路中的电能时，如果是对称的三相四线制电路，可采用一块单相电能表来测量任一相负载所消耗的电能，然后乘以 3 即可。如果三相负载不对称，则要采用三块单相电能表分别测量各相负载所消耗的电能，然后相加。

②三相四线电能表及其接线。三相四线电能表的工作原理与单相电能表相同，但在结

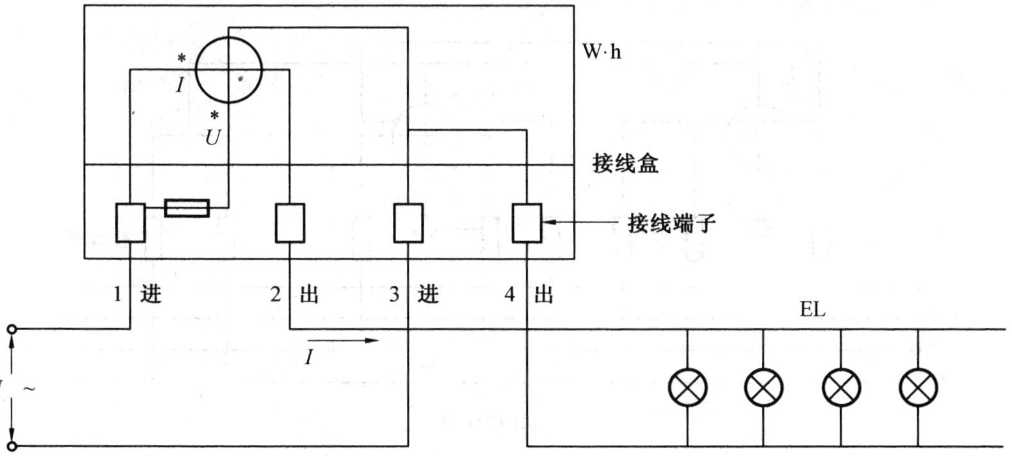

图 4.10　单相电能表的接线

构上有所不同。三相四线电能表分为三相二元件和三相三元件两种电能表。

用三相三元件电能表测量三相四线制电路的电能，不管三相电压是否对称，三相负载是否平衡，其测量结果均与用三块单相电能表分别测量三相负载是相同的。三相三元件电能表的接线如图 4.11 所示。

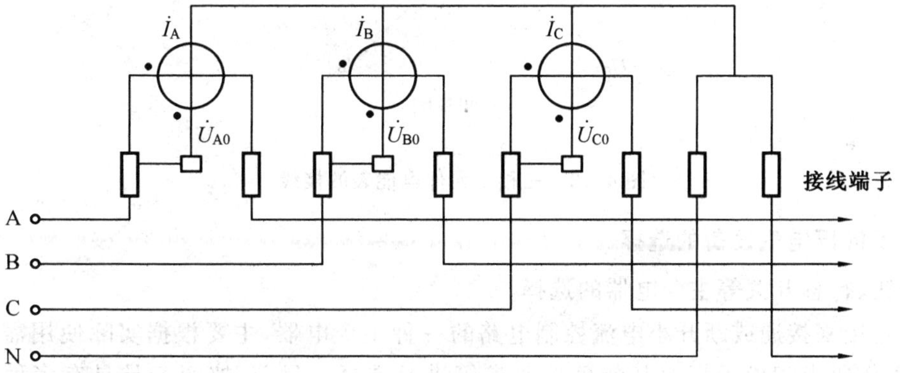

图 4.11　三相三元件电能表的接线

用三相二元件电能表测量三相四线制电路的电能，与三相三元件电能表相比，省去了一个元件，但使用范围仍与三相三元件电能表相同，只是其接线方式不同。三相二元件电能表的接线如图 4.12 所示。

从图 4.12 中可以看出，三相二元件的接线特点是：不接 B 相电压，只接 N 相。B 相的电流线圈分别绕在 A，C 相电流电磁铁的铁芯上，B 相电流进入表计的正方向分别与 A，C 相电流的正方向相反。因此可以证明，只要三相电压对称，不管三相负载是否平衡，用三相二元件的电能表测量电能，所得结果均是正确的。

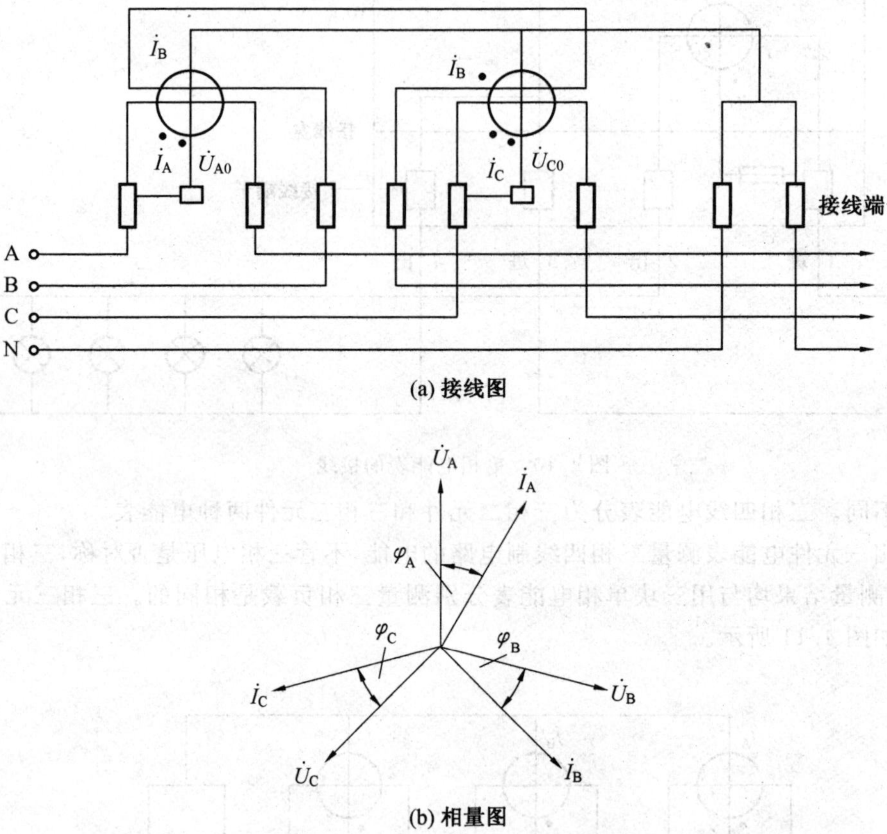

图 4.12　三相二元件电能表的接线

2. 常用低压电气设备的选择

1)按钮、行程开关等主令电器的选择

按钮是用来接通或断开小电流控制电路的一种主令电器，主要根据实际使用需要的触点对数、动作要求和指示灯及其颜色的要求等进行选择。目前，按钮产品具有多种结构形式、多种触头组合以及多种颜色，以供不同的使用条件选用，如紧急操作时常采用蘑菇形，停止按钮时常选用红色等。一般在额定电压交流为 500 V、直流为 440 V，额定电流为 5 A 的情况下，常采用 LA2、LA10、LA20 等系列的按钮。

行程开关主要用于位置控制或有位置保护要求的场合，其型号主要根据机械位置对开关形式的要求和控制电路对触头数量的要求，以及电流、电压等级来确定。常用的行程开关有 LX2、LX19、JLXK1 等型号。

2)低压刀开关和组合开关的选择

低压刀开关的额定容量主要根据负荷电流的大小进行选择。一般情况下，由于闸刀开关应能接通和断开自身标定的额定电流，所以在只有普通负荷的电路中，才可根据负荷电流来选择相应的刀开关。当用刀开关控制电动机时，由于电动机的启动电流大，选择刀开关的额定电流应大于电动机的额定电流，一般为电动机额定电流的 3 倍。如果电动机不需要经常启动，而且是在一般电路的情况下，那么刀开关的额定电流应选为电动机或负载电路额定电流的 2 倍左右。在选择刀开关时，还应根据工作地点的环境，选择合适的操作机构。

对于组合式的刀开关，应配有满足正常工作和保护需要的熔断器。组合开关主要作为隔离开关使用，通常用于电路的引入。组合开关应根据电源种类、电压等级、触头数量以及断流容量等进行选择。常用的组合开关型号有 HZ10 系列等。

3)熔断器的选择

(1) 照明负荷。照明负荷采用熔断器保护时，要先求出该负荷的计算电流 I_C，一般选择熔断器熔体的额定电流 I_r 大于或等于负载回路的计算电流即可，即

$$I_r \geqslant I_C \tag{4.11}$$

当采用高压汞灯和高压钠灯作为电气照明时，应考虑启动的影响，熔断器熔体的额定电流应取

$$I_r \geqslant (1.1 \sim 1.7) I_C \tag{4.12}$$

式中　I_r—— 熔体的额定电流，A；

I_C—— 负载回路的计算电流，A。

(2) 电热负荷。对于大容量的电热负荷需要单独装设短路保护装置时，其所用熔断器熔体的额定电流应符合下式要求：

$$I_r \geqslant I_C \tag{4.13}$$

(3) 电动机类用电负荷。对于大容量的电动机类用电负荷需要单独装设短路保护装置时，可选用熔断器或自动断路器。

当采用熔断器进行保护时，由于电动机的启动电流较大(异步电动机的启动电流一般为其额定电流的 3 ～ 7 倍)，所以不能按电动机的额定电流来选择熔断器，否则在电动机启动时就会熔断。但若按启动电流来选择，则所选熔断器又会太大，往往起不到保护作用，以致接有熔断器回路中的设备过热时，熔体不能够熔断。因此，对于电动机类负荷应按以下两种情况来选择熔断器：

① 对于单台电动机回路而言，熔断器的额定电流(I_r) 应按允许通过的启动电流进行选择。

$$\left.\begin{aligned}&\text{对 aM 型熔断器：} I_r \geqslant (1.05 \sim 1.1) I_{rM}\\&\text{对 gG 型熔断器：} I_r \geqslant (1.50 \sim 2.3) I_{rM}\end{aligned}\right\} \tag{4.14}$$

式中　I_{rM}—— 被保护电动机的额定电流，A。

aM 型熔断器为部分范围分断能力，用作电动机保护的熔体；gG 型熔断器为全范围分断能力，用作配电线路保护的熔体(目前广泛使用)。

② 对于多台电动机回路(设有 n 台) 而言，熔断器的额定电流应取

$$I_r \geqslant (1.0 \sim 1.3)[I_{rM(\max)} + I_{C(n-1)}] \tag{4.15}$$

式中　$I_{C(n-1)}$—— 除了启动电流最大的一台电动机之外，回路中($n-1$) 台电动机的计算电流之和，A；

$I_{rM(\max)}$—— 回路中启动电流最大的一台电动机的额定电流，A。

对于多台电动机回路而言，采用式(4.15)来选择熔断器是认为多台电动机在同一时间均在运行。但实际中，多台电动机的运行时间是有所错开的，由此可知上述的选择考虑的是最严重的状况。

(4)选择熔断器的注意事项。

①应根据电路中上、下级保护整定值的配合要求进行选择，以免发生越级熔断。

②应根据被保护设备的重要性和保护动作的迅速性进行选择。重要设备的保护可选用快速型熔断器，以提高保护性能。一般设备的保护则可选用 RM 型熔断器。

③应根据使用环境和安装方式来选择具体的熔断器型号。

④在导线和熔断器选好之后，还必须检查所选熔断器是否能够保护导线，以防在熔断器不熔断的情况下使导线长期过负荷而发热。在电工手册中可以查到某一导线截面积所允许的最大熔断电流值，以此来检查导线的截面积。如果导线的截面积太小，还必须加大导线截面积，使所选熔体的额定电流 I_r 小于导线允许载流量的 1.5 倍。

熔断体允许的启动电流见表 4.12。

表 4.12　熔断体允许的启动电流

熔断体额定电流/A	允许通过的启动电流/A		熔断体额定电流/A	允许通过的启动电流/A	
	aM 型熔断器	gG 型熔断器		aM 型熔断器	gG 型熔断器
2	12.6	5	63	396.9	240
4	25.2	10	80	504.0	340
6	37.8	14	100	630.0	400
8	50.4	22	125	787.7	570
10	63.0	32	160	1 008	750
12	75.5	35	200	1 260	1 010
16	100.8	47	250	1 575	1 180
20	126.0	60	315	1 985	1 750
25	157.5	82	400	2 520	2 050
32	201.5	110	500	3 150	2 950
40	252.0	140	630	3 969	3 550
50	315.0	200			

注：本表按电动机轻载和一般负载启动编制。对于重载启动、频繁启动和制动的电动机，按表中数据查得的熔断体电流宜加大一级

熔断器的技术指标可查阅有关手册，表 4.13 列出了常用的 RM10 系列熔断器的规格。

表 4.13　RM10 系列熔断器的规格

型号	额定电压/V	额定电流/A	熔体的额定电流等级/A
RM10—15	交流	15	6,10,15
RM10—60	220,380 或 500	60	15,20,25,35,45,60
RM10—100	直流	100	60,80,100,125,160,200
RM10—200	220,440	200	100,125,160,200
RM10—350		350	200,225,260,300,350
RM10—600		600	350,430,500,600

【例 4.3】　有一条从变电所引出的长为 100 m 的供电干线，供电方式为树干式，干线上接有电压为 380 V 的三相异步电动机共 24 台，其中 10 kW 的电动机有 20 台，4.5 kW 的电

动机有 4 台，干线敷设地点的环境温度为 25 ℃，干线采用绝缘明敷，设各台电动机的负荷需要系数 $K_x = 0.35$，平均功率因数 $\cos\varphi = 0.7$。试选择保护干线的熔断器的额定电流(其中一台 10 kW 的电动机，$I_{rm(max)} = 19.4$ A，$K_{(max)} = 7.0$ 为最大)。

解　由于该干线为多台电动机回路，故按式(4.15)进行选择。

$$P_{(24-1)} = (10 \times 19 + 4.5 \times 4)\text{kW} = 208\ \text{kW}$$

$$S_{C(24-1)} = 0.35 \times 208/0.7\ \text{kV·A} = 104.0\ \text{kV·A}$$

$$I_{C(24-1)} = \frac{104.0}{\sqrt{3} \times 0.38}\text{A} \approx 158.0\ \text{A}$$

其中最大的一台电动机其额定电流为

$$I_{rM(max)} = 19.4\ \text{A}$$

由于启动电流较大，K 取 1.2，故得熔断器熔体的额定电流为

$$I_r = 1.2 \times [I_{rM(max)} + I_{C(n-1)}] = 1.2 \times (19.4 + 158.0)\text{A} = 212.88\ \text{A}$$

所以应选择 RM10－350 型熔断器，熔体的额定电流为 225 A。

4) 自动空气断路器的选择

(1) 自动空气断路器选择的一般要求。在选择自动空气断路器时应满足下列要求：

① 自动空气断路器的额定电压应大于等于线路的额定电压。

② 自动空气断路器的额定电流应大于等于线路的计算负荷电流。

③ 自动空气断路器脱扣器的整定电流应大于等于线路的计算负荷电流。

④ 自动空气断路器的极限通断能力应大于等于线路中最大短路电流。

⑤ 自动空气断路器欠电压脱扣器的额定电压应等于线路的额定电压。

(2) 照明负荷。当照明支路负荷采用自动空气断路器作为控制和保护时，其延时和瞬时过电流脱扣器的整定电流分别为

$$\left.\begin{aligned} I_{zd1} &\geqslant K_{k1} I_C \\ I_{zd3} &\geqslant K_{k3} I_C \end{aligned}\right\} \tag{4.16}$$

式中　I_{zd1}—— 自动空气断路器长延时过电流脱扣器的动作整定电流，A；

I_{zd3}—— 自动空气断路器瞬时过电流脱扣器的动作整定电流，A；

K_{k1}—— 用于长延时过电流脱扣器的计算系数，见表 4.14；

K_{k3}—— 用于瞬时过电流脱扣器的计算系数，见表 4.14；

I_C—— 照明支路的计算电流。

表 4.14　计算系数 K_{k1}，K_{k3} 值

计算系数	白炽灯、荧光灯、卤钨灯	高压汞灯	高压钠灯
K_{k1}	1	1.1	1
K_{k3}	6	6	6

(3) 电热负荷。对于大容量的电热负荷，当采用断路器作为控制和保护时，其过电流脱扣器的整定电流应符合下式要求：

$$I_{zd1} \geqslant I_C \tag{4.17}$$

式中　I_{zd1}—— 断路器长延时过电流脱扣器的整定电流，A；

I_C—— 电热负载回路的计算电流，A。

(4) 电动机类负荷。

① 单台电动机回路，自动空气断路器的长延时、瞬时过电流脱扣器电流应分别满足下式要求：

$$I_{zd1} \geqslant I_{rM} \tag{4.18}$$

$$I_{zd3} \geqslant (2.0 \sim 2.5) I_{q \cdot M} \tag{4.19}$$

式中 I_{rM}—— 电动机的额定电流，A；

$I_{q \cdot M}$—— 电动机的启动电流，A。

② 多台电动机回路，自动空气断路器的长延时、瞬时过电流脱扣器电流应分别满足下式要求：

$$\left.\begin{aligned} I_{zd1} &\geqslant I_C \\ I_{zd3} &\geqslant 1.2[I'_{q \cdot M(max)} + I_{C(n-1)}] \end{aligned}\right\} \tag{4.20}$$

式中 $I'_{q \cdot M(max)}$—— 启动电流最大的一台电动机的全启动电流(取启动电流的 2 倍)，A；

I_C—— 多台电动机回路的计算电流，A；

$I_{C(n-1)}$—— 除了启动电流最大的一台电动机之外的回路计算电流，A。

(5) 配电线路。配电线路中有时不仅有照明负荷，同时还有一般电力负荷，所以在选用自动空气断路器作为保护或控制时，应注意以下几点要求：

① 长延时过电流脱扣器的动作电流整定值应符合下式要求：

$$I_{zd1} \leqslant I_z \tag{4.21}$$

式中 I_z—— 线路导体允许载流量。

② 短延时过电流脱扣器的动作电流整定值应符合下式要求：

$$I_{zd2} \geqslant 1.2[I_C + 1.35 K_{Ist} I_{r(max)}] \tag{4.22}$$

式中 K_{Ist}—— 电动机的启动电流倍数；

$I_{r(max)}$—— 启动电流最大的一台电动机的额定电流值。

③ 短延时过电流脱扣器动作时间的整定应根据保护装置的选择来确定，一般分为 0.1(或 0.2)s、0.4 s 和 0.6 s 三种。

④ 无短延时的瞬时过电流脱扣器的动作电流整定值应符合下式要求：

$$I_{zd3} \geqslant 1.1[I_C + K_1 K_{Ist} I_{r(max)}] \tag{4.23}$$

式中 K_1—— 电动机启动电流的冲击系数，一般取 1.7 ～ 2.0；

K_{Ist}—— 电动机的启动电流倍数。其瞬时过电流脱扣器的动作电流整定值应大于等于下一级断路器进线端计算短路电流值的 1.1 倍。

此外还应注意，对于电动机配电用的自动空气断路器与保护用的自动空气断路器在选用时应有所不同，这是因为两种自动空气断路器的保护动作时间是不相同的。关于自动空气断路器的详细选择要求和技术指标，可查阅有关手册和表 4.8～4.11。

5)用电设备及配电线路的短路和过载保护及上下级保护电器之间的配合

为了保证对各类用电设备进行安全可靠的供电，并且保证用电设备的正常工作，需要对用电设备及其相应的配电线路进行短路和过载保护。

①在民用建筑中，照明电路的保护主要应设置短路保护。一般采用带脱扣器的自动保护开关(自动空气断路器)进行保护，这类开关可以同时对照明线路进行短路和过载保护。

②在民用建筑中，对于动力负荷，一般需要单独从电力配电箱中单独供电。除了本身单独设有保护装置以外，还需在分路供电线路上装设单独的保护装置作为后备保护。对于电动机类用电设备，除了需装设短路保护装置以外，还要装设过载保护装置，这类保护装置可通过熔断器和带过载保护的磁力启动器（由交流接触器和热继电器组成）来实现，也可由带短路和过载保护的自动空气断路器进行保护。

③对于低压配电线路，一般主要应设置短路和过载两项保护，但从发展趋势来看，还需进一步考虑过电压和欠电压保护。过电压情况如高压架空线断落或零线断落引起中性点偏移或某相电压偏高，以及雷击低电压线路等；欠电压往往是由于负荷太大从而引起供电电压下降所造成的。为了避免这种情况的发生，可在低压配电线路上采取适当分级装设过电压和欠电压保护开关等措施。

在低压配电线路上，在选择熔断器和自动空气断路器等保护电器时，除了按照上述要求选择以外，还必须注意上、下级保护电器之间的正确配合，这是因为配电系统某处发生故障时，为了防止事故扩大到非故障段区，要求上、下级保护电器之间应具有正确的配合，具体要求为：当上、下级均采用熔断器进行保护时，一般要求上一级熔断器熔体的额定电流比下一级熔断器熔体的额定电流大 2～3 倍；当上、下级保护均采用自动断路器时，应使上一级自动断路器脱扣器的额定电流比下一级自动断路器脱扣器的额定电流大 1.2 倍以上。

【例 4.4】 如图 4.13 所示的配电系统，其电气设备及线路的参数见表 4.15，请选择各级自动空气断路器 QF_1，QF_2，QF_3，QF_4 的参数及规格型号（图中 I_{k1}，I_{k2}，I_{k3}，I_{k4} 分别为各级的短路电流）。

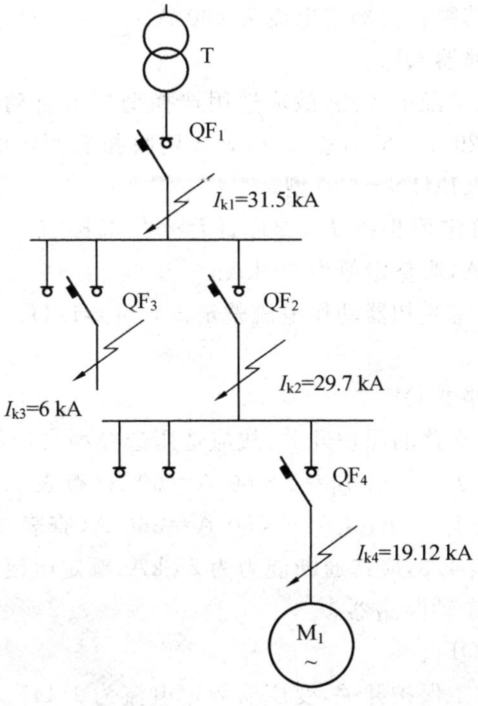

图 4.13　配电系统

表 4.15　配电系统中各设备参数

符号	名称	性能参数名
T	变压器	1 000 kV · A 6/0.4 kV I_{rT}=1 445 A
M_1	电动机 1(为轻载启动)	100 kW I_{rM}=182.4 A 启动电流倍数为 6.5
QF_1	变压器侧自动断路器	I_{C1}=1 445 A
QF_2	配电支路自动断路器	I_{C2}=600 A
QF_3	一般照明支路自动断路器	I_{C3}=60 A
QF_4	电动机保护自动断路器	I_{C4}=182.4 A

解　(1)先选择自动空气断路器 QF_4。

由于 QF_4 的作用是保护电动机，故应选电动机用保护开关。该电动机的额定电流为 182.4 A，选用 200 A 自动断路器符合要求。由于该配电系统为单台电动机回路，根据 $I_{zd1} \geqslant I_{rM}=182.4$ A，长延时动作整定电流取 $I_{zd1}=200$ A；根据 $I_{zd3} \geqslant (2.0 \sim 2.5) I_{q \cdot M}=2.0 \times 6.5 \times 182.4$ kA$=2.371$ kA，瞬时动作整定电流取 2.371 kA；又根据短路电流 $I_{k4}=19.12$ kA，应选用通断能力为 20 kA 的自动断路器。查表 4.8 可知，只有 TIM1N－250 型断路器能满足要求，选用其脱扣器额定电流为 200 A。

(2)选择自动空气断路器 QF_2。

由于 QF_2 的作用是保护配电支路，故应选用选择型配电自动断路器。根据线路额定电流 600 A，短路电流 $I_{k2}=29.7$ kA，查表 4.8，应选用脱扣器额定电流为 630 A，通断能力为 35(50)kA 的自动断路器 TIM1N－630 型。

短延时动作电流的整定值根据 $I_{zd2} \geqslant 1.1[I_C+1.35 K_{Ist} I_{r(max)}]=1.1 \times (600+1.35 \times 6.5 \times 182.4)kA\approx 2.42$ kA，取整定值为 30 kA。

根据前述的瞬时过电流脱扣器动作电流整定值，$I_{zd3} \geqslant 1.1 I_{k2}=1.1 \times 29.7$ kA≈ 33 kA，因此整定在 33 kA。

(3)选择自动空气断路器 QF_3。

由于 QF_3 为一般照明支路的保护开关，故应选用选择型自动保护断路器，其长延时过电流脱扣器的整定电流值取 $I_{zd1} \geqslant K_{k1} I_C=1 \times 60$ A$=60$ A(查表 4.14，取 $K_{k1}=1$)；瞬时过电流脱扣器的整定电流值取 $I_{zd3} \geqslant K_{k3} I_C=6 \times 60$ A$=360$ A(查表 4.14，取 $K_{k3}=6$)。又根据短路电流，$I_{k3}=6$ kA，查表 4.8，应选通断能力为 25 kA，额定电流为 125 A 的 TIM1N 型，脱扣器额定电流为 63 A 的自动断路器。

(4)选择自动断路器 QF_1。

由于 QF_1 为变压器的主保护开关，变压器额定电流为 1 445 A，故应选用 2 000 A 的选择型自动断路器，查表 4.8，可选 TIW1 型，脱扣器额定电流为 1 600 A，通断能力为 80 kA 的自动断路器。

6)漏电保护开关的选择

(1)下列设备的配电线路宜设置漏电电流动作保护：

①手握式及移动式用电设备。

②建筑施工工地的用电设备。

③环境特别恶劣或潮湿场所(如锅炉房、食堂、地下室及浴室)的电气设备。

(2)漏电电流保护装置的动作电流宜按下列数值进行选择：

①手握式用电设备为 15 mA。

②环境恶劣或潮湿场所的用电设备(如高空作业、水下作业等处)为 6～10 mA。

③医疗电气设备为 6 mA。

④建筑施工工地的用电设备为 15～30 mA。

⑤家用电器回路及照明线路一般为小于等于 30 mA。

⑥成套开关柜、分配电盘等为大于 100 mA。用于总体保护一般为 200～500 mA。

⑦防止电气火灾为 300 mA。

7)接触器的选择

(1)接触器的类型选择。接触器的类型主要是根据其所控制的负载性质进行选择的，一般分为直流接触器和交流接触器两种。

(2)额定电压的选择。接触器的额定电压应大于或等于负载回路电压。

(3)触头额定电流的选择。接触器的触头额定电流应大于或等于被控回路的额定电流。一般在实际使用中，为了使用可靠，所选用的接触器主触头额定电流应比实际计算值 I_C 大一个等级。特别是用在频繁启动、制动和正反转的场合时，更要注意这一点。

(4)吸引线圈的额定电压选择。由于接触器的吸引线圈其额定电压有多个等级，所以在选择吸引线圈的额定电压时必须与所接控制回路的电压相等。

(5)接触器的触头数量、种类选择。接触器的触头数量和种类选择应满足主电路和控制线路的要求。

8)继电器的选择

(1)热继电器。热继电器分为两相式、三相式及带断相保护的三相式等几种形式。对于星形接法的电动机及电源在对称性较好的情况下，可采用两相结构的热继电器。对于三角形接法的电动机或电源在对称性不够好的情况下，应选用三相结构或带断相保护的三相结构的热继电器。

热继电器发热元件的额定电流，一般情况下应按电动机的额定电流进行选择。根据实际负荷要求选取热继电器的热元件整定值为电动机或被保护线路的额定电流的 95%～105%。

(2)电磁式继电器。电磁式继电器主要分为中间继电器、电流继电器及电压继电器三种。选用电磁式继电器主要考虑了被控制或被保护对象的特性、触头种类和数量以及控制电路的电压、电流、负载性质等因素。线圈电压、电流应满足控制线路的要求。

(3)时间继电器。时间继电器在选用时应考虑延时方式(通电延时或断电延时)、延时范围、延时精度要求和外形尺寸及安装方式等。常用的时间继电器有气囊式、电动式、电磁式和电子式四种类型。在延时精度要求不高、电压波动较大的场合，可选用价格较低的电磁式或气囊式时间继电器。当延时范围较大，精度要求较高时，可选用电动式或电子式时间继电器。

9)低压用户终端箱及其选择

用户终端箱是指终端用户安装的动力箱、双电源切换箱、照明箱和电表箱。用户终端箱是接受和分配电能的装置,一般用于对用电设备的配电。用户终端箱按照结构的不同,可分为箱式和柜式两种;根据安装形式的不同,可分为明装(挂在墙上)、暗装(嵌入墙内)和落地式(一般称配电柜)三种;根据制造方式的不同,可分为标准式的工厂定型产品和用电单位或专业配套厂家自行加工的非标准式用户终端箱两种;此外,用户终端箱还可分为户外式和户内式,在民用建筑中大都采用户内式用户终端箱。根据国标图籍《用户终端箱》(05D702—4)的规定,现对用户终端箱进行如下分类:

(1)标准动力箱。标准动力箱是按照实际使用需要,根据国家有关标准和规范,进行统一设计的全国通用的定型产品。常用的动力箱有 PB10~70 等多种型号。

①PB10 系列动力箱。主要为一般配电,根据尺寸分为配电箱、配电柜。

②PB20 系列动力箱。主要为 15 kW 以下的电动机直接启动动力箱。

③PB30 系列动力箱。主要为 15~75 kW 的电动机减压启动柜。

④PB40 系列动力箱。为客房配电箱,专用于宾馆客房。

⑤PB50 系列动力箱。为标准高层住宅动力柜、照明柜。

⑥PB60、70 系列动力箱。主要为二次装修预留电源用。

上述箱柜内除了装有自动断路器之外,还装有接触器、磁力启动器、热继电器等,箱门上还可安装操作按钮和指示灯,其一次线路方案灵活多样,适合于各种类型的低压用电设备的配电。

(2)双电源切换箱。标准双电源切换箱仅对目前使用的较为普遍的 ATS(双电源切换开关)给出了标准尺寸,由于其具有可靠性高、元件少、易实现机械联锁等优点,故逐渐成为市场主流产品。双电源切换箱的型号为 PBT 系列。

(3)照明箱。照明箱一般分为挂墙式和嵌墙式两种形式。标准照明箱也是按照国家标准统一设计的通用定型产品,通常采用 LB10~40 等型号。

①LB10 系列照明箱。主要为金属左、右开门结构,断路器横向排列,LB101~104 为单排形式;LB105~107 为双排形式。

②LB20 系列照明箱。为金属罩盒与上翻门结构,断路器横向排列,LB201~205 为单排形式;LB205~207 为双排形式。

③LB30 系列照明箱。为塑料罩盒与上翻门结构,断路器横向排列,LB301~304 为单排形式;LB305~308 为双排形式。

④LB40 系列照明箱。为出线回炉较多(18 个单极以上),出线断路器双排为竖向排列。

(4)电能表箱。箱内主要装有电能表、自动断路器或熔断器、电流互感器等部件。标准电能表箱也是按照国家标准统一设计的通用定型产品,通常采用 MB10~20 等型号。

①MB10 系列电能表箱有 1~12 块表。MB101~106 为表箱;MB107~112 为表柜,表前为隔离开关,表后为总断路器。

②MB20 系列电能表箱为单块带户内配电回路,一般适用于如别墅等单户型。

(5)非标准用户终端箱。非标准用户终端箱是指那些箱体尺寸和结构等均未按照国家规定的使用标准统一设计的非定型产品。在这些用户终端箱中,有些是参照国家标准进行设计的；有些是根据用户的某些要求进行非标准设计生产的。非标准用户终端箱大致可分为塑料明装和暗装、铁质明装和暗装及铁质落地安装等几种形式。非标准用户终端箱的特点是设计人员可根据不同的需要进行设计，并由专业配套厂家采用钢板、塑料板等材料制作而成。有些专业配套厂家根据常用的非标准用户终端箱来编制厂内标准型号，并形成企业的自有标准产品提供给用户。

(6)X_R^XZ24 系列插座箱。这类插座箱适用于交流 50 Hz，电压 500 V 以下的单相及三相电路中。其具有多个电源插座，广泛应用于学校、科研单位等各类实验室，以及一般民用建筑等场所。

插座箱也分为明挂式和嵌入式两种。箱体四周及底部均有敲落孔以供进出线用，箱体备有工作零线端子板及保护零(地)线端子板，其外形如图 4.14(a)所示。箱内主要装有自动断路器和插座，还可根据需要加装 LA 型控制按钮及 XD 型信号灯等元件。一次线路系统如图 4.14(b)所示，图中 PE 为保护接地线。

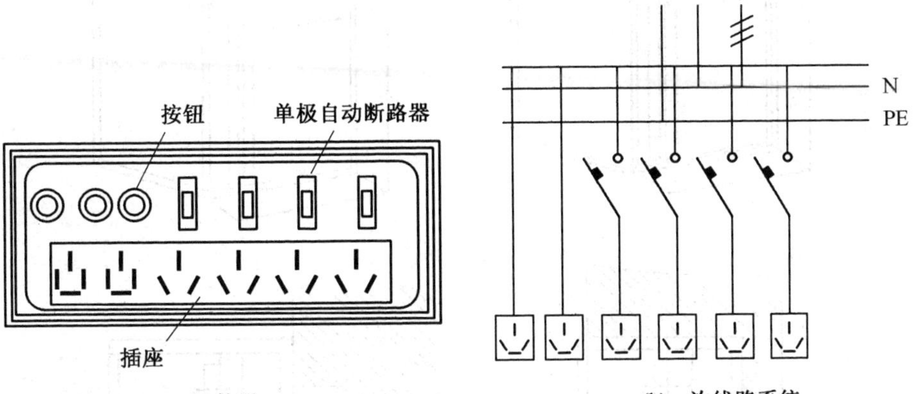

图 4.14　插座箱外形及一次线路系统

(7)用户终端箱的选择。用户终端箱的选择应符合以下几个方面的要求：

①尽量选用国家、地方及专业配套企业的标准产品，以利于设计和施工。此外，当建筑设计有需要时，也可向有关生产厂家定做非标准的产品以利于设计和施工。

②根据负荷性质和用途，确定是照明配电箱还是电力配电箱、电表箱或插座箱等。

③根据负荷电流的大小、电压等级，以及控制对象的保护要求，确定用户终端箱内主回路和各支路的开关电器、保护电器的容量和电压等级。

④应根据使用环境和使用场合的要求，选择用户终端箱的结构形式，包括选用明装式还是暗装式，以及外观颜色、防潮、防火等要求的确定。

(8)用户终端箱的布置。

①用户终端箱的设置数量。用电量小的建筑物内可只设置一个用户终端箱；用电量大或供电面积大的建筑物，应设置总用户终端箱和用户终端箱。用户终端箱的设置数量和位置的影响因素主要有：

a. 线路的电压损失，因为线路越长电压损失越大，因此要求配电箱的供电半径一般小于 30 m。

b. 用户终端箱的支线数量。

②用户终端箱的位置。用户终端箱的位置选择十分重要，如果选择不当，则对于设备费用、电能损耗、供电质量以及使用、维修等方面，都会带来不良的后果。因此，在进行电气照明设计中，当选择用户终端箱位置时，应考虑以下原则：

a. 尽量靠近负荷中心，即用电设备多、用电量大的地方。

b. 在多层建筑中，各层用户终端箱应尽量布置在同一方向、同一位置上，以便于施工安装和维护管理；应设置在操作方便、易于检修的地方，一般多设置在门厅、楼梯间或走廊的墙内，最好设在专用房间内；应设置在干燥、通风、采光良好，且不妨碍建筑物美观的地方。

(9)用户终端箱的安装。

①用户终端箱有明装和暗装两种安装方式。明装用户终端箱有挂墙式和落地式之分，暗装用户终端箱一般埋设在建筑物的墙内，如图 4.15 所示。

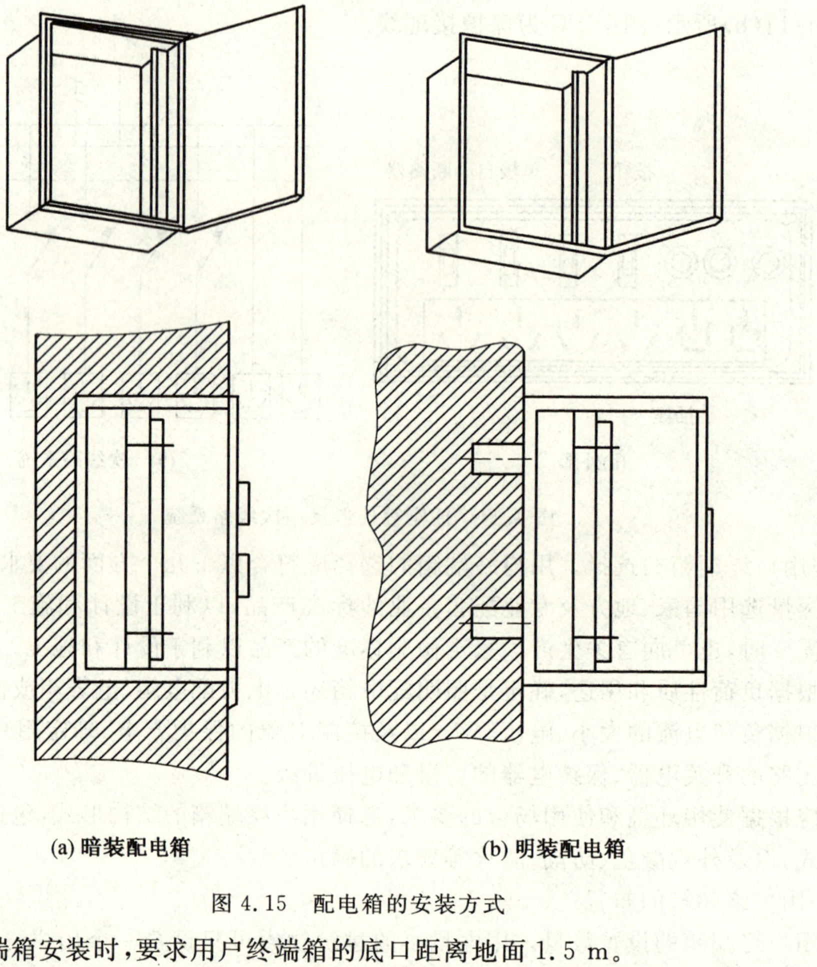

(a) 暗装配电箱　　(b) 明装配电箱

图 4.15　配电箱的安装方式

②用户终端箱安装时，要求用户终端箱的底口距离地面 1.5 m。

③安装用户终端箱所需的木、砖及铁件等均应预先随土建筑墙埋设。挂式用户终端箱宜采用胀管螺栓固定。

④用户终端箱暗装时，其后壁需用 10 mm 的铅丝固定牢靠，再用 1∶2 水泥砂浆抹好，以防墙体开裂。

⑤配电盘的金属构件、铁盘面及开关的金属外壳均应有良好的接地(接零)。接零系统

中的零线，应在引入线处及末端配电盘处做好重复接地。

⑥导线穿过铁盘面时，需装设橡皮护圈，配电盘上应安装 DZ 型自动空气开关。如采用板后接线型，其接线穿经盘板时，应套绝缘套管。

⑦用户终端箱外壁与墙接触的部分，均应涂刷防腐漆，箱内壁及盘面均应刷两遍驼色油漆。箱门油漆颜色除了施工图中有特殊要求以外，一般均应与工程门窗颜色相同。

复习思考题

1. 导线选择的一般原则和要求是什么？

2. 电线的型号应如何确定？

3. 常用的绝缘导线有哪些？

4. 导线截面的选择方法有哪些？

5. 高压开关设备的种类有哪些？

6. 高压隔离开关的作用有哪些？为什么不能带负荷操作？

7. 高压负荷开关的功能有哪些？

8. 低压熔断器的作用有哪些？

9. 常用的高压开关柜主要有哪些？

10. 低压开关设备的种类有哪些？

11. 低压开关设备的选择原则是什么？

12. 自动空气断路器的保护功能有哪些？

13. 一条从变电所引出的长 100 m 的供电干线，接有电压为 380 V 的三相电机 22 台，其中 10 kW 电机 20 台，45 kW 电机 2 台。干线敷设地点的环境温度为 30 ℃，拟采用绝缘线明敷，设备同期系数为 0.35，平均功率因数为 0.7，试选择导线截面并校验。

14. 某工地采用三相四线制 380/220 V 供电，有一临时支路上需带 30 kW 的电动机 2 台，8 kW 的电动机 15 台，电动机的平均效率为 83%，平均功率因数为 0.8，需要系数为 0.62，总配电盘至该临时用电的配电盘的距离为 250 m，若允许电压损失为 7%，试问应选用多大截面的铜芯塑料绝缘导线供电？

15. 某照明干线总负荷为 10 kW，线路长 250 m，采用 380/220 V 供电，设电压损失不超过 5%，敷设点的环境温度为 30 ℃，明敷，负荷需要系数 $K_n=1$，$\cos\varphi=1$。试选择干线 BLX 截面。

第5章　建筑室内配电线路布线系统

建筑电气室内配电线路敷设是建筑工程的实施阶段。本章主要介绍室内配电线路布线系统的一般规定；室内低压导线布线；室内电缆、封闭式母线布线等内容。

5.1　室内配电线路布线系统的一般规定

（1）布线系统的敷设方法应根据建筑物构造、环境特征、使用要求、用电设备分布等条件及所选用导体的类型等因素综合确定。

（2）布线系统的选择和敷设，应避免因环境温度、外部热源、浸水、灰尘聚集及腐蚀性或污染物质等外部影响对布线系统带来的损害，并应防止在敷设和使用过程中因受撞击、振动、电线或电缆自重和建筑物的变形等各种机械应力作用而带来的损害。

（3）金属导管、可挠金属电线保护套管、刚性塑料导管（槽）及金属线槽等布线，应采用绝缘电线和电缆。在同一根导管或线槽内有两个或两个以上回路时，所有绝缘电线和电缆均应具有与最高标称电压回路绝缘相同的绝缘等级。

（4）布线用塑料导管、线槽及附件应采用非火焰蔓延类制品。

（5）敷设在钢筋混凝土现浇楼板内的电线导管的最大外径不宜大于板厚的1/3。

（6）布线系统中的所有金属导管、金属构架的接地要求，应符合《民用建筑电气设计规范》（JGJ 16—2008）第12章的有关规定。

（7）布线用各种电缆、电缆桥架、金属线槽及封闭式母线在穿越防火分区楼板、隔墙时，其空隙应采用相当于建筑构件耐火极限的不燃烧材料填塞密实。

5.2　室内低压导线布线

1. 室内电气线路与其他管道的最小距离

室内电气线路与其他管道之间的最小距离见表5.1。

表 5.1　室内电气线路与其他管道之间的最小距离　　m

敷设方式	管道及设备名称	管线	电缆	绝缘导线	裸导(母)线	滑触线	母槽线	配电设备
平行	煤气管	0.1	0.5	1.0	1.8	1.5	1.5	1.5
	乙炔管	1.0	1.0	1.0	2.0	3.0	3.0	3.0
	氧气管	0.5	0.5	0.5	1.8	1.5	1.5	1.5
	蒸汽管	1.0/0.5	1.0/0.5	1.0/0.5	1.8	1.5	1.0/0.5	0.5
	热水管	0.3/0.2	0.5	0.3/0.2	1.8	1.5	0.3/0.2	0.1
	通风管	0.1	0.5	0.1	1.8	1.5	0.1	0.1
	上下水管	0.1	0.5	1.0	1.8	1.5	0.1	0.1
	压缩空气管	0.1	0.5	1.0	1.8	1.5	0.1	0.1
	工艺设备	0.1			1.8	1.5		
交叉	煤气管	0.1	0.3	0.3	0.5	0.5	0.5	1.5
	乙炔管	0.1	0.5	0.5	0.5	0.5	0.5	3.0
	氧气管	0.1	0.3	0.3	0.5	0.5	0.5	1.5
	蒸汽管	0.3	0.3	0.3	0.5	0.5	0.3	0.5
	热水管	0.1	0.1	0.1	0.5	0.5	0.1	0.1
	通风管	0.1	0.1	0.1	0.5	0.5	0.1	0.1
	上下水管	0.1	0.1	0.1	0.5	0.5	0.1	0.1
	压缩空气管	0.1	0.1	0.5	0.5	0.5	0.1	0.1
	工艺设备	0.1			1.5	1.5		

注：1. 表中分子数字为线路在管道上面时及分母数字为线路在管道下面时的最小距离

2. 线路与蒸汽管不能保持表中距离时，可在蒸汽管与线路之间加隔热层，平行距离可减至 0.2 m。交叉处只需考虑施工维修方便即可

3. 线路与热水管不能保持表中的距离时，可在热水管外包隔热层

4. 裸母线与其他管道交叉，不能保持表中距离时，应在交叉处的裸母线外加装保护网或罩

2. 绝缘导线穿管布线及穿混凝土板孔布线

1）配管的一般规定

（1）当线路暗敷时，电线保护管宜沿最近的路线敷设，并应减少弯曲。埋入建筑物、构筑物内的电线保护管，与建筑物、构筑物表面的距离不应小于 15 mm。

（2）敷设在钢筋混凝土现制楼板内的电线管，其外径不宜超过板厚的 1/3。

（3）敷设在多尘或潮湿场所的电线保护管，管口及其各连接处均应密封。

（4）电线保护管不宜穿过设备或建筑物、构筑物的基础；如果必须穿过，则应采取保护措施。

（5）电线保护管的弯曲处，不应有折皱、凹陷和裂缝，且弯扁程度不应大于管外径的 10%。

(6)电线保护管的弯曲半径应符合以下规定：

①当线路明配时，弯曲半径不应小于管外径的 6 倍；当两个接线盒之间只有一个弯曲时，其弯曲半径不应小于管外径的 4 倍。

②当线路暗配时，弯曲半径不应小于管外径的 6 倍；当埋设于地下或混凝土内时，其弯曲半径不应小于管外径的 10 倍。

(7)当电线保护管遇到下列情况之一时，中间应增设接线盒或拉线盒，且接线盒或拉线盒的位置应便于穿线：

①管长度每超过 30 m，无弯曲。

②管长度每超过 20 m，有一个弯曲。

③管长度每超过 15 m，有两个弯曲。

④管长度每超过 8 m，有三个弯曲。

(8)垂直敷设的电线保护管遇到下列情况之一时，应增设固定导线用的拉线盒：

①管内导线截面为 50 mm 及以下，长度每超过 30 m。

②管内导线截面为 70～90 mm，长度每超过 20 m。

③管内导线截面为 120～240 mm，长度每超过 18 m。

(9)电线保护用硬塑料管、半硬塑料管及塑料线槽必须是阻燃型的。

2)钢管布线

潮湿场所和直埋于地下的电线保护管，均应采用厚壁钢管或防液型可挠金属电线保护管；干燥场所的电线保护管，则可采用薄壁钢管或可挠金属电线保护管。在建筑物的顶棚内，应采用金属管、金属线槽布线。

(1)钢管的连接要求。

①采用螺纹连接时，管端螺纹长度不应小于管接头长度的 1/2；连接后，其螺纹宜外露 2～3扣。螺纹表面应光滑、无缺损。

②采用套管连接时，套管长度宜为管外径的 1.5～3 倍，管与管的对口处应位于套管的中心，套管采用焊接连接时，焊缝应牢固严密；采用紧定螺钉连接时，螺钉应拧紧；在振动的场所，紧定螺钉应有防松动措施。

③镀锌钢管和薄壁钢管应采用螺纹连接或套管紧定螺纹连接，不得采用熔焊连接。

④钢管连接处的管内表面应平整、光滑。

(2)钢管与盒(箱)或设备的连接要求。

①暗配的黑色钢管与盒（箱）的连接可采用焊接连接，管口宜高出盒（箱）内壁 3～5 mm，且焊后应涂刷防腐漆；明配钢管或暗配的镀锌钢管与盒(箱)的连接应采用锁紧螺母或护圈帽固定，锁紧螺母固定的管端螺纹宜露出锁紧螺母 2～3 扣。

②当钢管与设备连接时，应将钢管敷设到设备的接线盒内。对室内干燥场所，钢管端部宜增设电线保护软管或可挠金属电线保护管后引入到设备的接线盒内，且钢管管口应包扎紧密；对室外或室内的潮湿场所，钢管端部应增设防水弯头，导线应加套保护软管，经弯成滴水弧状后再引入到设备的接线盒内。

③与设备连接的钢管，其管口距离地面宜大于 200 mm。

(3)安装电器的部位应设置接线盒。

(4)钢管的接地连接要求。

①当黑色钢管采用螺纹连接时，连接处的两端应采用焊接跨接接地线或接地线卡跨接。

②镀锌钢管或可挠金属电线保护管的跨接接地线宜采用专用接地线卡跨接，而不应采用熔焊连接。

(5)明配钢管应排列整齐，固定点间的距离应均匀，钢管管卡间的最大距离应符合表5.2的规定，管卡与终端以及弯头中点、电气器具或盒(箱)边缘的距离宜为 150～500 mm。

(6)穿金属管的交流线路，应将同一回路的所有相线和中性线(如果有中性线时)穿于同一根管内。

(7)三根及以上绝缘导线穿于同一根管时，其总截面面积(包括外护层)不应超过管内截面积的 40%。

两根绝缘导线穿于同一根管时，管内径不应小于两根导线外径之和的 1.35 倍(立管可取 1.25 倍)。

(8)不同回路的线路不应穿于同一根金属管内，但下列情况可以除外：

①电压为 50 V 及以下的回路。

②同一设备或同一联动系统设备的电力回路和无防干扰要求的控制回路。

③同一照明花灯的几个回路。

④同类照明的几个回路，但管内绝缘导线的根数不应多于 8 根。

(9)金属管明敷时，其固定点间的最大距离应符合表 5.2 的规定。

表 5.2　金属管明敷时其固定点间的最大距离

金属管种类	公称直径/mm			
	15～20	25～32	40～65	65 以上
	最大间距/m			
壁厚＞2 mm 的钢管	1.5	2.0	2.5	3.5
壁厚≤25 mm 的钢管	1.0	1.5	2.0	—

(10)电线管路与热水管、蒸汽管同侧敷设时，应敷设在热水管、蒸汽管的下面(有困难时，也可敷设在其上面)，相互间的净距不应小于下列数值：

①当管路敷设在热水管的下面时为 0.20 m，上面时为 0.30 m。

②当管路敷设在蒸汽管的下面时为 0.50 m，上面时为 1 m。

当不符合上述的要求时，应采取隔热措施。对有保温措施的蒸汽管，上下间的净距均可减至 0.20 m。

电线管路与其他管道(不包括可燃气体及易燃、可燃液体管道)的平行净距不应小于 0.10 m。当与水管同侧敷设时，宜敷设在水管的表面。

当管路交叉时，其相互间的距离不宜小于相应的上述情况的平行净距。

(11)暗敷于地下的管路不宜穿过设备基础，当必须穿过建筑物基础时，应加保护管保护；在穿过建筑物伸缩、沉降缝时，应采取保护措施。

3)硬质塑料管布线

(1)硬质塑料管布线一般适用于室内场所和有酸碱腐蚀性介质的场所，但在易受机械损伤的场所要注意不宜采用明敷设。

(2)硬质塑料管暗敷或埋地敷设时，引出地(楼)面不低于 0.50 m 的一段管路，应采取防止机械损伤的措施。

(3)塑料管不应敷设在高温和易受机械损伤的场所。

(4)保护电线用的塑料管及其配件必须由阻燃处理的材料制成，塑料管外壁应有间距不超过 1 m 的连续阻燃标记和制造厂标。

(5)塑料管管口应平整、光滑；管与管、管与盒(箱)等器件应采用插入法进行连接；连接处的结合面应涂刷专用胶合剂，接口应牢固密封，并应符合下列要求：

①管与管之间采用套管连接时，套管长度宜为管外径的 1.5～3 倍；管与管的对口处应位于套管的中心。

②管与器件连接时，插入深度宜为管外径的 1.1～1.8 倍。

(6)硬塑料管沿建筑物、构筑物表面敷设时，应按照设计规定装设温度补偿装置。

(7)明配硬塑料管在穿过楼板时，易受机械损伤的部位应采用钢管保护，其保护高度距离楼板表面不应小于 500 mm。

(8)塑料管直埋于现浇混凝土内，在进行混凝土浇捣时，应采取防止塑料管发生机械损伤的措施。

(9)直埋于地下或楼板内的硬塑料管，在露出地面易受机械损伤的一段，应采取保护措施。

(10)塑料管及其配件的敷设、安装和煨弯制作，均应在原材料规定的允许环境温度下进行，其温度不宜低于－15 ℃。

(11)塑料管在砖砌墙体上剔槽敷设时，应采用强度等级不小于 M10 的水泥砂浆抹面保护，保护层厚度不应小于 15 mm。

(12)明配硬塑料管应排列整齐，固定点间的距离应均匀，管卡间的最大距离应符合表 5.3 的规定。管卡与终端、转弯中点及电气器具或盒(箱)边缘的距离为 150～500 mm。

表 5.3　硬塑料管管卡间的最大距离　m

敷设方式	管内径/mm		
	20 及以下	25～40	50 及以上
吊架、支架或沿墙敷设	1.0	1.5	2.0

4)半硬塑料管及混凝土板孔布线

(1)半硬塑料管及混凝土板孔布线适用于正常环境下的一般室内场所，潮湿场所则不应采用。

(2)半硬塑料管布线应采用难燃平滑塑料管及塑料波纹管。

(3)半硬塑料管布线宜减少弯曲，当线路的直线段长度超过 15 m 或直角弯超过三个时，均应装设拉线盒。

(4)混凝土板孔布线应采用塑料护套电线或塑料绝缘电线穿过半硬塑料管敷设。

(5)塑料护套电线及塑料绝缘电线在混凝土板孔内不得有接头，接头应在接线盒内进行。

(6)不同回路的线路穿半硬塑料管或混凝土板孔时应按上述第 2)条“钢管布线”第(8)

项的规定进行。

(7)在现浇钢筋混凝土中敷设半硬塑料管时,应采取预防机械损伤的措施。

5)穿线管径的选择

绝缘导线穿线管径的选择见表 5.4 和表 5.5。

表 5.4 BV,BLV 型绝缘导线允许穿管根数及相应的最小管径表

截面/mm^2	两根线					三根线					四根线					五根线					六根线				
	PC	FPC	MT	SC	PR	PC	FPC	MT	SC	PR	PC	FPC	MT	SC	PR	PC	FPC	MT	SC	PR	PC	FPC	MT	SC	PR
	最小管径/mm 及线槽号																								
1	16	16	16	15	1	16	16	16	15	1	16	12	16	15	1	16	16	16	15	1	16	16	16	15	1
1.5	16	16	16	15	1	16	16	16	15	1	16	12	16	15	1	20	20	20	15	1	20	20	20	15	1
2.5	16	16	16	15	1	16	16	16	15	1	16	20	20	15	1	20	20	20	15	1	20	20	25	20	1
4	16	16	16	15	1	16	16	16	15	1	20	20	20	15	1	20	25	25	20	1	25	25	25	20	1
6	16	16	16	15	1	20	20	20	15	1	20	25	25	20	1	25	25	25	20	1	25	—	25	20	1
10	20	25	25	20	1	25	—	25	25	1	32	—	32	25	1	32	—	32	32	1	40	—	40	32	2
16	25	—	25	20	1	32	—	32	25	1	40	—	40	32	1	40	—	40	32	2	40	—	50	40	2
25	32	—	32	25	1	40	—	40	32	2	40	—	50	40	2	50	—	50	40	3	50	—	50	50	3
35	40	—	40	32	1	40	—	50	40	2	50	—	50	50	3	70	—	50	50	3	70	—	—	50	3
50	40	—	50	32	2	50	—	50	50	3	70	—	—	50	3	80	—	—	70	3	80	—	—	70	4
70	50	—	50	50	3	70	—	—	70	3	80	—	—	70	3	80	—	—	80	4	—	—	—	80	5
95	70	—	—	50	3	80	—	—	70	4	—	—	—	80	5	—	—	—	100	—	—	—	—	100	—
120	70	—	—	70	3	80	—	—	70	4	—	—	—	80	5	—	—	—	100	—	—	—	—	100	—
150	—	—	—	70	—	—	—	—	80	—	—	—	—	100		—	—	—	100	—	—	—	—	100	—

表 5.5 BXF,BLXF 型绝缘导线及相应的最小管径表

截面/mm^2	两根线					三根线					四根线					五根线					六根线				
	PC	FPC	MT	SC	PR	PC	FPC	MT	SC	PR	PC	FPC	MT	SC	PR	PC	FPC	MT	SC	PR	PC	FPC	MT	SC	PR
	最小管径/mm 及线槽号																								
1	16	16	16	15	1	16	16	16	15	1	16	16	16	15	1	20	20	20	15	1	20	20	20	15	1
1.5	16	16	16	15	1	16	16	16	15	1	16	16	20	15	1	20	20	20	15	1	20	20	25	20	1
2.5	16	16	16	15	1	16	16	16	15	1	20	20	20	15	1	25	25	20	20	1	25	25	25	20	1
4	16	16	16	15	1	20	20	20	15	1	20	25	25	20	1	25	25	25	20	1	25	—	25	20	1
6	20	20	20	15	1	20	25	25	20	1	25	25	25	20	1	25	—	25	25	1	32	—	32	25	1
10	25	25	25	20	1	32	—	32	25	1	32	—	32	25	1	40	—	40	32	2	40	—	50	32	3
16	32	—	32	25	1	32	—	32	32	1	40	—	40	32	1	50	—	50	40	2	50	—	50	40	2

续表 5.5

截面/mm^2	两根线					三根线					四根线					五根线					六根线				
	PC	FPC	MT	SC	PR	PC	FPC	MT	SC	PR	PC	FPC	MT	SC	PR	PC	FPC	MT	SC	PR	PC	FPC	MT	SC	PR
	最小管径/mm 及线槽号																								
25	32	—	32	32	1	40	—	40	32	2	50	—	50	40	3	50	—	50	50	3	70	—	50	50	3
35	40	—	40	32	2	50	—	50	40	3	50	—	50	50	3	70	—	—	50	3	70	—	—	70	3
50	50	—	50	40	2	50	—	50	50	3	70	—	—	50	3	70	—	—	70	4	80	—	—	70	5
70	70	—	50	50	3	70	—	—	70	4	—	—	—	70	4	—	—	—	80	5	—	—	—	100	—
95	70	—	—	70	3	80	—	—	70	4	—	—	—	80	5	—	—	—	100	—	—	—	—	100	—

注：1. 表中代号：PC 为硬质塑料管；FPC 为半硬质塑料管；MT 为电线管；SC 为焊接钢管；PR 为塑料线槽

2. MT，PC 及 FPC 按外径称呼；SC 按内径称呼

3. 敷设在自然地面上的素混凝土内的管路，均应采用水煤气钢管

4. 当采用铜芯导线穿管时，25 mm^2 及以上的导线应按表中管径加大一级（线芯结构为“2 型”的铜芯导线除外）

5. 管内容线面积：1～6 mm^2 时，按不大于内孔总面积的 33%计算；10～50 mm^2 时，按 27%计算，70～150 mm^2 时，按 22%计算

6. 槽内容线面积：1～6 mm^2 时，按不大于槽内有效截面的 40%计算；10～50 mm^2 时，按 35%计算；70～120 mm^2 时，按 30%计算

3. 线槽布线及槽板布线

1）线槽布线的基本规定

（1）线槽应平整、无扭曲变形，内壁应光滑、无毛刺。线槽的出线口应位置正确、光滑。

（2）塑料线槽必须经过阻燃处理，外壁应有间距不大于 1 m 的连续阻燃标记和制造厂标。

（3）金属线槽应经过防腐处理。

（4）线槽的敷设应符合下列要求：

①线槽应敷设在干燥和不易受机械损伤的场所。

②线槽的连接应连续无间断；每节线槽的固定点不应少于两个；在转角、分支处和端部均应有固定点，并应紧贴墙面固定。

③线槽接口应平直、严密，槽盖应齐全、平整、无翘角。

④固定或连接线槽的螺钉或其他紧固件，紧固后其端部应与线槽内表面光滑相接。

⑤线槽敷设应平直整齐；水平或垂直允许偏差为其长度的 2‰，且全长允许偏差为 20 mm；并列安装时，槽盖应便于开启。

（5）线槽内导线的敷设应符合下列规定：

①导线的规格和数量应符合设计规定；当设计无规定时，包括绝缘层在内的导线总截面积不应大于线槽截面积的 60%。

②在可拆卸盖板的线槽内，包括绝缘层在内的导线接头处所有导线截面积之和，不应大于线槽截面积的 75%；在不易拆卸盖板的线槽内，导线的接头不应置于线槽的接线盒内。

③同一回路的所有导线均应敷设在同一线槽内。

(6)金属线槽应可靠接地或接零,但不应作为设备的接地导体。

2)金属线槽布线

(1)金属线槽布线一般适用于正常环境下的室内场所明敷,但对金属线槽有严重腐蚀的场所则不应采用。具有槽盖的封闭式金属线槽,可在建筑顶棚内敷设。

(2)同一路径无防干扰要求的线路,可敷设于同一金属线槽内。线槽内电线或电缆的总截面(包括外护层)不应超过线槽内截面的 20%,载流导线不宜超过 30 根。

控制、信号或类似线路(控制、信号等线路可视为非载流导线),其电线或电缆的总截面不应超过线槽内截面的 50%,对电线或电缆的根数则没有限制。三根以上载流电线或电缆在线槽内敷设,当乘以载流量校正系数时,对电线或电缆的根数也没有限制,但其在线槽内的总截面仍不应超过线槽内截面的 20%。

(3)金属线槽垂直或倾斜敷设时,应采取措施防止电线或电缆在线槽内移动。

(4)电线或电缆一般在金属线槽内不宜有接头。但在易于检查的场所,则可允许在线槽内有分支接头,电线、电缆和分支接头的总截面(包括外护层)不应超过该点线槽内截面的 75%。

(5)金属线槽布线,在线路连接、转角、分支及终端处均应采用相应的附件。

(6)金属线槽敷设时,吊点及支持点间的距离,应根据工程的具体条件而定,一般应在下列部位设置吊架或支架:

①直线段不大于 3 m 或线槽接头处。

②线槽首端、终端及进出接线盒 0.50 m 处。

③线槽转角处。

(7)金属线槽布线,不得在穿过楼板或墙壁等处进行连接。

(8)由金属线槽引出的线路,可采用金属管、硬质塑料管、半硬质塑料管、金属软管或电缆等布线方式。电线或电缆在引出部分不得受到损伤。

3)塑料线槽布线

(1)塑料线槽布线适用于正常环境下的室内场所,在高温和易受机械损伤的场所则不宜采用。

(2)电线、电缆在线槽内不得有接头,分支接头应置于接线盒内。

(3)强、弱电线路不应同敷于一根线槽内。线槽内电线或电缆的总截面与上述第 2)条金属线槽布线第(3)项规定相同。

(4)塑料线槽敷设时,槽底固定点间的距离应根据线槽的规格而定,一般不应大于表5.6所列数值。

(5)塑料线槽布线,在线路连接角、分支及终端处均应采用相应附件。

4)地面内暗装金属线槽布线

(1)地面内暗装金属线槽布线,适用于正常环境下的大空间且隔断变化多、用电设备移动性大或敷有多种功能线路的场所,金属线槽暗敷于现浇混凝土地面、楼板或楼板垫层内。

(2)同一路径无防干扰要求的线路可在同一线槽内敷设。线槽内电线或电缆的总截面(包括外护层)不应超过线槽内截面的 40%。

(3)强、弱电线路应分槽敷设,两种线路交叉处应设有屏蔽分线板的分线盒。

表 5.6 塑料线槽明敷时固定点最大间距

固定点形式	线槽宽度		
	20～40	60	80～120
	固定点最大间距 L/m		
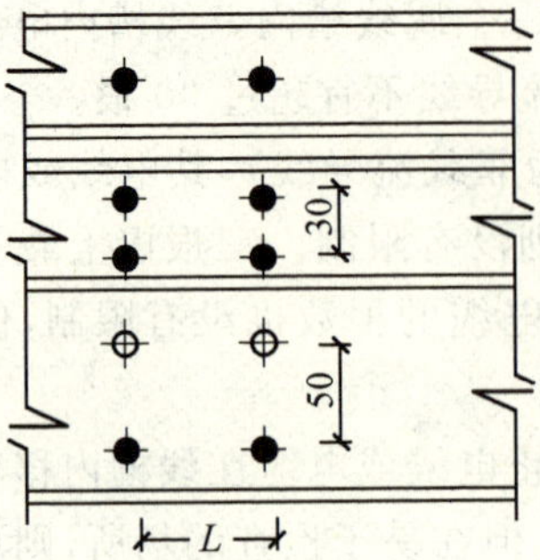	0.8	—	—
	—	1.0	—
	—	—	0.8

(4)由配电箱、电话分线箱及接线端子箱等设备引至线槽的线路,宜采用金属管布线方式引入分线盒,或通过终端连接器直接引入线槽。

(5)线槽出线口和分线盒不得凸出地面且应做好防水密封处理。

(6)地面内暗装金属线槽中,电线或电缆不得有接头,接头应置于分线盒或线槽出线盒内。

(7)线槽在交叉、转弯或分支处应设有分线盒,线槽的直线长度大于 6 m 时,宜加装分线盒。

(8)地面内暗装金属线槽布线,在设计时应与土建专业密切配合,以便能够根据不同的结构形式和建筑布局,合理地确定线路路径和设备选型。

4. 钢索布线

1)一般规定

(1)室外及在潮湿、有腐蚀性介质、易积聚纤维灰尘的场所,应采用带塑料护套的钢索。

(2)布线时宜采用镀锌钢索,而不应采用含油芯的钢索。

(3)钢索所用钢绞线的截面,应根据跨距、荷重和机械强度来选择,最小截面面积不宜小于 10 mm^2(室内场所吊挂重量较小时,也可采用 3 股直径为 4 mm 的镀锌铁线)。钢索固定件应镀锌或涂防腐漆。钢索的安全系数不应小于 2.5。钢索两端需拉紧,并应支承钢索在全部荷载下的拉力,当钢索上敷设导线及安装灯具以后,其弛度不应大于 100 mm。若跨距较大,则应在钢索中间增加支持点,中间的支持点间距不应大于 12 m。

(4)钢索上吊装护套线时,应用铝卡子将护套线直敷在钢索上,其支持点间距不应大于 500 mm,卡子与接线盒的距离不应大于 100 mm;用橡胶及塑料护套线时,接线盒应采用塑料制品。

(5)钢索布线用绝缘导线明敷时,应采用瓷(塑料)夹、鼓形绝缘子或针式绝缘子将绝缘导线固定在钢索上。用护套绝缘导线、电缆、金属管或硬质塑料管布线时,可将其直接固定在钢索上。采用瓷(塑料)夹的钢索布线仅适用于室内场所。

(6)钢索上吊装瓷瓶布线时，支持点的间距不应大于 1.5 m，线间的距离在室内应不小于 50 mm，室外不小于 100 mm；扁钢吊架终端应加镀锌铁丝拉线，其直径不应小于 3 mm。

2)钢索布线的零件间和线间距离

钢索布线的零件间和线间距离应符合表 5.7 的规定。

表 5.7　钢索布线的零件间和线间距离

mm

布线类别	支持件之间的最大距离	支持件与灯头盒之间的最大间距	线间的最小间距
钢管	1 500	200	—
硬塑料管	1 000	150	—
塑料护套线	200	100	—
瓷柱布线	1 500	100	35

5. 塑料护套线敷设

塑料护套线不应直接敷设在抹灰层、吊顶、护墙板及灰幔角落内。室外受阳光直射的场所，不应明配塑料护套线。塑料护套线的弯曲半径不应小于其外径的 3 倍；弯曲外护套和线芯绝缘层应完整无损伤。塑料护套线与接地导体或不发热管道等的紧贴交叉处，应加套绝缘保护管；敷设在易受机械损伤场所的塑料护套线，则应增设钢管保护。塑料护套线进入接线盒(箱)或与设备、器具连接时，护套层应引入接线盒(箱)或设备、器具内。沿建筑物、构筑物表面明配的塑料护套线应符合下列要求：

(1)应平直、不松弛，且无扭绞和曲折。

(2)采用线卡固定，固定点间的距离应均匀，大小宜为 150～200 mm。

(3)在终端、转弯和进入盒(箱)、设备或器具处，均应装设线卡以固定导线，线卡与终端、转弯中点、盒(箱)、设备或器具边缘的距离宜为 50～100 mm。

(4)接头应置于盒(箱)或器具内，在多尘和潮湿场所还应采用密闭式盒(箱)；盒(箱)的配件应齐全，并固定可靠。

塑料护套线或加套塑料护层的绝缘导线在空心楼板板孔内敷设时，应符合下列要求：

(1)导线穿入前，应将板孔内的积水、杂物等清理干净。

(2)导线穿入时，不应损伤导线的护套层，并便于更换导线。

(3)导线接头应置于盒(箱)内。

6. 竖井内布线

1)竖井内布线的一般规定

(1)竖井内布线一般适用于多层和高层建筑内强电及弱电垂直干线的敷设，可采用金属管、金属线槽、电缆、电缆桥架及封闭式母线等布线方式。竖井的位置和数量应根据建筑物规模、用电负荷性质、供电半径、建筑物的沉降缝设置和防火分区等因素来确定。选择竖井位置时，应考虑以下几项因素：

①尽量靠近用电负荷中心，以减少干线电缆沟道的长度。

②避免邻近烟道、热力管道及其他散热量大或潮湿的设施。

③在条件允许时，宜避免与电梯井及楼梯间相邻。

(2)竖井大小除了应满足布线间隔及端子箱、配电箱布置所必需的尺寸之外,还应在箱体前留有不小于0.80 m的操作、维护距离。竖井的井壁应采用耐火极限不低于1 h的非燃烧体。竖井在每层楼均应设置维护检修门并应开向公共走廊,其耐火等级不应低于丙级。楼层间应做防火密封隔离,可采用以下隔离措施:

①封闭式母线、电缆桥架及金属线槽在穿过楼板处应采用防火隔板及防火堵料隔离。

②电缆和绝缘电线穿钢管布线时,应在楼层间预埋钢管,布线后两端管口空隙应做密封隔离。

(3)竖井内垂直布线时,应考虑以下几项因素:

①顶部最大变位和层间变位对干线产生的影响。

②电线、电缆及金属保护管、罩等的自重所带来的荷重影响及其固定方式。

③垂直干线与分支干线所采用的连接方法。

(4)竖井内高压、低压和应急电源的电气线路,相互之间应保持0.30 m及以上的距离或采取隔离措施,而且高压线路还应设有明显标志。强电与弱电线路,在条件允许的情况下宜分别设置在不同的竖井内。如受条件限制必须合用时,强电与弱电线路则应分别布置在竖井两侧或采取隔离措施以防止强电对弱电产生干扰。竖井内垂直布线采用大容量单芯电缆、大容量母线作为干线时,应满足以下条件:

①载流量要留有一定的裕度。

②分支容易、安全可靠、安装及维修方便,并且造价经济。

(5)竖井内的同一配电干线,宜采用等截面导体,当截面需要变化时不宜超过二级,并应符合保护规定。竖井内应敷有接地干线和接地端子,并且不应有与其无关的管道等通过。管路垂直敷设时,为了保证管内导线不因自重而折断,当导线截面在50 mm^2及以下、长度大于30 m时或导线截面在50 mm^2以上、长度大于20 m时,应装设导线固定盒,并在盒内用线夹将导线固定。

2)电气管路的竖向布置

高层建筑中电气管路的种类很多,各楼层之间电气管路的竖向通过是电气设计中的一项重要内容。

(1)电气管路的种类。按用途的不同,电气管路可分为强电管路、弱电管路和防雷接地、屏蔽保护引下线管路三种类型。其中,强电管路包括电力和照明线路、消防报警系统的电力和监控线路等;弱电管路包括电话通信、有线广播、有线电视、共用天线电视系统、火灾报警、对讲呼叫系统、计算机终端系统等。

垂直配线的常用材料有插接式母线、铝母线、铝管母线、铝绞线、铝芯或铜芯电缆、塑料绝缘及塑料护套镀铝钢芯铝绞线、绝缘导线穿管等。

强电或弱电的主干线管路,一般均采用集中通过的方式,然后再由各层水平分至每个负荷点或受电点。

(2)电气管路的竖向通过方式。电气管路在专用的竖井中敷设通过是近年来国内外最常用的一种形式。此种竖井每层均设有防火门,并以其他三面墙及低板和顶板作为防火墙。为了减少电动力效应,垂直干线除了在始端和终端进行固定之外,在中间也应隔一定距离进行固定。电缆竖井内的垂直干线一般有三种形式:一是采用塑料和橡皮绝缘线穿管敷设;二是采用非油浸的电缆明敷设;三是采用带保护罩的裸母线和标准的保护式母线或插接式母线等。

墙体内电气管路的竖向敷设主要是利用穿线的套管，埋设在砖和混凝土等墙体中，与上、下两层电气装置连通，作为垂直连接电气网络的通道。套管分为金属管及塑料管两种。金属管又包括镀锌钢管、电线管等。

5.3　室内电缆、封闭式母线布线

1. 电缆敷设的一般要求

1）电缆敷设的基本规定

（1）选择电缆路径时，应满足以下要求：

①应使电缆不易受到各种损伤（机械损伤、振动、化学作用、地下电流、水锈、热影响、蜂蚁和鼠害等）。

②便于敷设、维护。

③避开场地规划中的施工用地或建设用地。

④满足安全的条件下，使电缆路径最短。

⑤尽量避开和减少穿越道路、沟渠和地下管道。

（2）电缆根数较少时应优先考虑采用直埋敷设，因为这种敷设方式施工简单、投资省、电缆散热好。

（3）三相四线制系统中应采用四芯电力电缆，而不应采用三芯电缆另加一根单芯电缆或以导线、电缆金属护套等作为中性线。

（4）并联使用的电力电缆，其长度、型号、规格宜相同。

（5）在确定电缆构筑物时，需结合建设规划，预留备用支架或孔眼。

（6）电缆敷设时，不应损坏电缆沟、隧道、电缆井和人井的防水层。

（7）电力电缆在终端头与接头附近宜留有备用长度。

（8）电缆各支持点间的最大距离，应符合表 5.8 的规定。

（9）电缆的最小允许弯曲半径应符合表 5.9 的规定。

（10）电缆在电缆沟或隧道内敷设时的最小净距，应符合表 5.10 的规定。

表 5.8　电缆各支持点间的最大距离　mm

电缆种类		敷设方式	
		水平	垂直
电力电缆	全塑型	400	1 000
	除全塑型外的中低压电缆	800	1 500
	35 kV 及以上高压电缆	1 500	2 000
控制电缆		800	1 000

注：全塑型电力电缆水平敷设沿支架能把电缆固定时，支持点间的距离允许为 800 mm

表 5.9 电缆最小允许弯曲半径

电缆种类	最小允许弯曲半径
无铅包、钢铠护套的橡皮绝缘电力电缆	$10D$
有钢铠护套的橡皮绝缘电力电缆	$20D$
聚氯乙烯绝缘电力电缆	$10D$
交联聚乙烯绝缘电力电缆	$15D$
控制电缆	$10D$

注：D 为电缆外径

表 5.10 电缆在电缆沟、隧道内敷设时的最小净距 mm

敷设方式		电缆隧道净高≥1 900	电缆沟沟深		
			≤600	600～1 000	≥1 000
通道宽度	两边有支架时，架间的水平净距	1 000	300	500	700
	一边有支架时，架与壁间的水平净距	900	300	450	600
支架层间的垂直净距	电力电缆 35 kV	250	200	200	—
	≤10 kV	200	150	150	—
	控制电缆	120	100	100	—
电力电缆间的水平净距（单芯电缆品字形布置时除外）		35（但不小于电缆外径）			

（11）电缆在室内明敷，在电缆沟、电缆隧道和竖井内明敷时，不应设有黄麻或其他易燃的外护层，否则应将其剥去，并涂刷防腐漆。电缆（尤其是有塑料或橡胶外护层的电缆）在室外明敷时，应避免日光长时间直晒。必要时，还应加装遮阳罩或采用耐日照电缆。

（12）明敷的电缆不宜平行敷设于热力管道的上部。电缆与管道之间无隔板防护时，相互间的距离应符合表 5.11 的规定。

表 5.11 电缆与电缆或其他设施相互间的容许最小距离 m

电缆直埋敷设时的配置情况		平行	交叉
控制电缆之间		—	0.50(0.25)
电力电缆之间或与控制电缆之间	10 kV 及以下电力电缆	0.10	0.50(0.25)
	10 kV 以上电力电缆	0.25(0.10)	0.50(0.25)
不同部门使用的电缆		0.50(0.10)	0.50(0.25)
电缆与地下管沟	热力管沟	2.00	0.50(0.25)
	油管或易燃气管道	1.00	0.50(0.25)
	其他管道	0.50	0.50(0.25)

续表 5.11

m

电缆直埋敷设时的配置情况	平行	交叉
电缆与建筑物基础	0.60(0.30)	—
电缆与公路边	1.00(0.50)	—
电缆与排水沟	1.00(0.50)	—
电缆与树木的主干	0.70	—
电缆与 1 kV 以下架空线电杆	1.00(0.50)	—
电缆与 1 kV 以上架空线杆塔基础	4.00(2.00)	—

注：1.表中所列净距，应自各种设施（包括防护外层）的外缘算起

2.路灯电缆与道路灌木丛平行距离不限

3.表中括号内数字是指局部地段电缆穿管，加隔板保护或加隔热层保护后允许的最小净距

(13)电缆不应在有易燃、易爆及可燃的气体管道或液体管道的隧道或沟道内敷设。当条件限制不得不在这类隧道内敷设电缆时，必须采取防爆、防火措施。

(14)支承电缆的构架，采用钢质材料时，应采取热镀锌等防腐措施；在有较严重腐蚀的环境中，则应采取相应的防腐措施。

(15)交流回路中的单芯电缆不应采用磁性材料护套铠装的电缆。单芯电缆敷设时，应满足下列要求：

①使并联电缆相互间的电流分布均匀。

②接触电缆外皮时应无危险。

③穿金属管时，同一回路的单芯电缆应穿在同一管中。

④防止引起附近金属部件发热。

(16)电力、电缆接头的布置应符合下列要求：

①并列敷设的电缆，其接头的位置宜相互错开。

②电缆明敷时的接头，应用托板托住并固定。

③直埋电缆接头盒的外面应设有防止机械损伤的保护盒（环氧树脂接头盒除外）。位于冻土层内的保护盒，盒内应注有沥青。

(17)电缆进入电缆沟、隧道、竖井、建筑物、盘（柜）以及穿入管子时，出入口应封闭，管口应密封。

(18)电缆在固定时，应符合下列要求：

①水平敷设的电缆，在电缆的首、末两端及转弯处、电缆接头的两端处均应固定；当对电缆间距有要求时，每隔 5～10 m 处应予以固定；垂直敷设或超过 45°倾斜敷设的电缆在每个支架上应予以固定；桥架上每隔 2 m 处应予以固定；单芯电缆的固定应符合设计要求。

②交流系统的单芯电缆或分相后的分相铅套电缆的固定夹具不应构成闭合磁路。

③裸铅（铝）套电缆的固定处，应加设软衬垫予以保护。

④护层有绝缘要求的电缆，在固定处应加设绝缘衬垫。

2)电缆选择的一般原则

(1)电缆型号的选择。电缆型号应根据环境条件、敷设方式、用电设备的要求和产品技术数据等因素进行选择，一般按下列原则考虑：

①一般场所和环境，宜采用铝芯电缆；特殊场所和有剧烈振动的场所，应采用铜芯电缆；规模较大的重要公共建筑也应采用铜芯电缆。

②埋地敷设的电缆，宜采用有外护套层的铠装电缆。在不可能产生机械损伤的场所，也可采用塑料护套电缆；在有化学腐蚀或杂散电流腐蚀的土壤中，不宜采用埋地敷设电缆。如必须埋地，则应采用防腐型电缆或采取防止杂散电流腐蚀电缆的措施。

③60 ℃以上的高温场所，应按照经受高温及其持续时间和绝缘类型的要求，选用耐热聚氯乙烯、普通交联聚乙烯、辐照式交联聚乙烯或乙丙橡皮绝缘等适合的耐热型电缆；100 ℃以上的高温环境，宜采用矿物绝缘电缆。

④架空电缆宜采用具有外被层的电缆或全塑电缆。

⑤敷设在管内或排管内的电缆，宜采用塑料护套电缆。

⑥在电缆沟或电缆隧道内敷设的电缆，宜采用裸铠装电缆、裸铅(铝)包电缆或阻燃塑料护套电缆。

⑦当电缆敷设在高差较大的场所时，宜采用塑料绝缘电缆、不滴流电缆或干绝缘电缆。

(2)电缆截面的选择。电缆截面一般根据电缆长期允许载流量和允许电压损失来确定，并应考虑环境温度的变化、多根电缆的并列以及土壤热阻率的影响，分别根据敷设的条件进行校正。如选出的截面为非标准截面，则应按照上限选择。

2. 室内电缆线路

(1)室内电缆布线，分为电缆在室内沿墙及建筑构件明敷设、电缆穿金属管埋地暗敷设两种。

(2)电缆在室内宜采用明敷，电缆不应设有黄麻或其他易延燃材料外护层。

(3)相同电压的电缆并列明敷时，电缆间的净距不应小于 35 mm，且不应小于电缆的外径；当在桥架、托盘和线槽内敷设时，不受此限制。

(4)1 kV 及以下的电力电缆及控制电缆与 1 kV 以上的电力电缆宜分开敷设。当并列明敷时，其净距不应小于 150 mm。

(5)无铠装的电缆在室内明敷，当水平敷设时，它与地面的距离不应小于 2.5 m；当垂直敷设时，它与地面的距离不应小于 1.8 m。当不能满足上述要求时，应采取防止电缆受机械损伤的措施；当明敷在配电室、电机室、设备层等专用房间内时，不受此限制。

(6)架空明敷的电缆与热力管道之间的净距不应小于 1 m，否则应采取隔热措施。电缆与非热力管道之间的净距不应小于 0.5 m，否则应在与管道接近的电缆段以上及由该段两端向外延伸不小于 0.5 m 以内的电缆段上，采取防止电缆受机械损伤的措施。

(7)钢索上电缆布线吊装时，电力电缆固定点间的距离不应大于 0.75 m；控制电缆固定点间的距离不应大于 0.6 m。

(8)电缆在桥架内敷设时，其总截面面积与桥架横断面面积之比，电力电缆不应大于 40%，控制电缆不应大于 50%。

(9)电缆在屋内埋地穿管敷设或通过墙、楼板穿管时，穿管的内径不应小于电缆外径的 1.5 倍。

(10)桥架距离地面的高度，不宜低于 2.5 m。

(11)电缆明敷时，其电缆固定部位应符合表 5.12 的规定。

表 5.12　明敷电缆的固定部位

敷设方式	构架形式	
	电缆支架	电缆桥架
垂直敷设	电缆的首、尾两端 电缆与每个支架的接触处	电缆的上端 每隔 1.5～2 m 处
水平敷设	电缆的首、尾两端 电缆与每个支架的接触处	电缆的首、尾两端 电缆的转弯处 电缆其他部位每隔 5～10 m 处

(12)电缆桥架内每根电缆每隔 50 m 处，电缆的首、尾两端及主要转弯处应设有标记，注明电缆的编号、型号、规格以及起点和终点。

3. 电缆桥架布线

1)一般规定

(1)电缆桥架布线适用于电缆数量较多或较集中的场所。

(2)在有腐或特别潮湿的场所采用电缆桥架布线时，应根据腐蚀介质的不同采取相应的保护措施，并宜选用塑料护套电缆。

(3)电缆桥架(梯架、托盘)水平敷设时的距地高度一般不宜低于 2.50 m，垂直敷设时距地 1.80 m 以下部分应加金属盖板保护，但敷设在电气专用房间(如配电室、电气竖井、技术层等)内时除外。

(4)电缆桥架水平敷设时，宜按荷载曲线选取最佳跨距进行支撑，跨距一般为 1.50～3 m。垂直敷设时，其固定点间距不宜大于 2 m。

(5)电缆桥架多层敷设时，其层间距离一般为：控制电缆间不应小于 0.20 m；电力电缆间不应小于 0.30 m；弱电电缆与电力电缆间不应小于 0.50 m，如有屏蔽盖板可减少到 0.30 m；桥架上部距顶棚或其他障碍物不应小于 0.30 m。

(6)几组电缆桥架在同一高度平行敷设时，各相邻电缆桥架间应考虑维护、检修距离。

(7)在电缆桥架上可以无间距敷设电缆，电缆在桥架内横断面的填充率：电力电缆不应大于 40%；控制电缆不应大于 50%。

(8)下列不同电压、不同用途的电缆，不宜敷设在同一层桥架上：

①1 kV 以上和 1 kV 以下的电缆。

②同一路径向一级负荷供电的双路电源电缆。

③应急照明和其他照明的电缆。

④强电和弱电电缆。如受条件限制需安装在同一层桥架上时，应用隔板隔开。

(9)电缆桥架不宜敷设在腐蚀性气体管道和热力管道的上方及腐蚀性液体管道的下方，否则应采取防腐、隔热措施。

(10)电缆桥架与各种管道平行或交叉时，其最小净距应符合表 5.13 的规定。

表 5.13　电缆桥架与各种管道的最小净距

管道类型		平行净距/m	交叉净距/m
一般工艺管道		0.4	0.3
具有腐蚀性液体(或气体)的管道		0.5	0.5
热力管道	有保温层	0.5	0.3
	无保温层	1.0	0.5

(11)电缆桥架转弯处的弯曲半径,不应小于桥架内电缆最小允许弯曲半径的最大值。各种电缆最小允许弯曲半径,不应小于表 5.9 的规定。

(12)电缆桥架内的电缆应在下列部位进行固定:

①垂直敷设时,电缆的上端及每隔 1.0～1.5 m 处。

②水平敷设时,电缆的首、尾两端,转弯两侧及每隔 5～10 m 处。

③大于 45°倾斜敷设时,电缆的上端及每隔 2 m 处。

(13)电缆桥架不得在穿过楼板或墙壁处进行连接。

(14)钢质电缆桥架直线段长度超过 30 m、铝合金或玻璃钢质电缆桥架长度超过 15 m 时,宜设置伸缩节。电缆桥架跨越建筑物变形缝处,应设置补偿装置。

(15)电缆桥架内的电缆应在首端、末端、分支处及每隔 50 m 处,设有编号、型号及起、止点等标记。

(16)金属电缆桥架及其支架和引入或引出电缆的金属导管应可靠接地,全长应不少于两处与接地干线(PE)相连。

2)电缆支架的制作与安装

(1)电缆支架的加工应符合下列要求:

①钢材应平直,无明显扭曲。下料误差应在 5 mm 的范围内,切口应无卷边、毛刺。

②支架应焊接牢固,无明显变形。各横撑间的垂直净距与设计偏差不应大于 5 mm。

③金属电缆支架必须进行防腐处理,位于湿热、盐溶以及有化学腐蚀地区时,应根据设计进行特殊防腐处理。

(2)电缆支架的层间允许最小距离,当设计无要求时,可采用表 5.14 的规定,但层间的净距不应小于电缆外径的 2 倍加 10 mm,35 kV 及以上高压电缆不应小于电缆外径的 2 倍加 50 mm。

(3)在有坡度的电缆沟内或建筑物上安装的电缆支架,应有与电缆沟或建筑物相同的坡度。

(4)电缆支架应安装牢固,横平竖直;托架、支架、吊架的固定方式应按设计要求进行。各支架的同层横挡应位于同一水平面上,其高度偏差不应大于 5 mm。托架、支架、吊架沿桥架走向左右偏差不应大于 10 mm。

(5)电缆支架最上层及最下层至沟顶、楼板或沟底、地面的距离,当设计无规定时,宜符合表 5.15 的规定。

表 5.14　电缆支架的层间允许最小距离　mm

<table>
<tr><th colspan="2">电缆类型和敷设特征</th><th>普通支(吊)架</th><th>桥架</th></tr>
<tr><td colspan="2">控制电缆</td><td>120</td><td>200</td></tr>
<tr><td rowspan="4">电力电缆</td><td>10 kV 以下,但 6～10 kV 交联聚乙烯电缆除外</td><td>150～200</td><td>250</td></tr>
<tr><td>6～10 kV 交联聚乙烯</td><td>200～250</td><td>300</td></tr>
<tr><td>35 kV 单芯</td><td>250</td><td>300</td></tr>
<tr><td>35 kV 三芯</td><td>300</td><td>350</td></tr>
<tr><td colspan="2">电缆敷设于槽盒中</td><td>h+80</td><td>h+100</td></tr>
</table>

注:h 表示槽盒外壳高度

表 5.15　电缆支架最上层及最下层至沟顶、楼板或沟底、地面的距离　mm

敷设方式	电缆隧道及夹层	电缆沟	吊架	桥架
最上层至沟顶或楼板	300～350	150～200	150～200	350～450
最下层至沟底或地面	100～150	50～100	—	100～150

(6)组装后的钢结构竖井,其垂直偏差不应大于其长度的 2‰;支架横撑的水平误差不应大于其宽度的 2‰;竖井对角线的偏差不应大于其对角线长度的 5‰。

(7)电缆桥架的配制应符合下列要求:

①电缆桥架(梯架、托盘)的规格、支吊跨距、防腐类型等应符合设计要求。

②电缆桥架(梯架、托盘)、电缆桥架(梯架、托盘)的支(吊)架、连接件和附件的质量应符合现行的有关技术标准。

(8)铝合金梯架在钢质吊架上固定时,应有防电化腐蚀的措施。

(9)电缆支架全长均应有良好的接地。

(10)电缆桥架(梯架、托盘)在每个支架上的固定应牢固;电缆桥架(梯架、托盘)连接板的螺栓应紧固,螺母应位于电缆桥架(梯架、托盘)的外侧。

(11)当直线段钢质电缆桥架超过 30 m,铝合金或玻璃钢质电缆桥架超过 15 m 时,应有伸缩缝,其连接宜采用伸缩连接板;电缆桥架跨越建筑物伸缩缝处应设置伸缩缝。

(12)电缆桥架转弯处的转弯半径,不应小于该桥架上的电缆最小允许弯曲半径的最大者。

4. 电缆防火措施设计

电缆敷设的防火、防爆措施,应符合《电力工程电缆设计规范》(GB 50217—2007)及《电气装置安装工程电缆线路施工及验收规范》(GB 50168—2006)的有关规定。

(1)进行电缆敷设设计时,防止因电缆本体短路或由外界火源造成电缆引燃,沿电缆延燃而使火灾事故扩大,应对电缆、电缆构筑物采取有效的防火封堵分隔措施。

(2)对不同机组、控制中心、重要车间、电缆通道的进出口,应进行有效分隔,把火灾事故限制在最小范围内。

(3)电缆防火措施,应根据工程的重要性、火灾发生的概率和范围及经济上的合理性来区别不同情况采取相应的电缆防火措施。

(4)对电缆本体易着火的接头部位,电缆通过高温、易爆、易燃、危险品仓库、油箱、油管道、热管道以及其他等易引发电缆火灾的区域,应重点采取各种电缆防火措施,以保证电缆能够安全运行。

(5)电缆敷设设计中,电缆防火与阻止延燃应符合《电力工程电缆设计规范》(GB 50217—2007)的有关规定。

5. 封闭式母线布线

1)封闭式母线布线的基本要求

根据《民用建筑电气设计规范》(JGJ/T 16—2008)的要求,封闭式母线布线应遵循以下规定:

(1)封闭式母线布线适用于干燥和无腐蚀性气体的室内场所。

(2)封闭式母线水平敷设时,底边至地面的距离不应小于 2.20 m。垂直敷设时,距地面 1.80 m 以下部分应采取防止机械损伤措施,但敷设在电气专用房间内(如配电室、电机室、电气竖井、技术层等)时除外。

(3)封闭式母线不宜敷设在腐蚀气体管道和热力管道的上方及腐蚀性液体管道的下方。当不能满足上述要求时,应采取防腐、隔热措施。

(4)封闭式母线布线与各种管道平行或交叉时,其最小净距应符合表 5.16 的规定。

表 5.16　封闭式母线与各种管道的最小净距

管道类别		平行净距/m	交叉净距/m
一般工艺管道		0.4	0.3
具有腐蚀气体管道		0.5	0.5
热力管道	有保温层	0.5	0.3
	无保温层	1.0	0.5

(5)封闭式母线水平敷设的支持点间距不宜大于 2 m。垂直敷设时,应在通过楼板处采用专用附件支承,并以支架沿墙支持,支持点间距不大于 2 m。垂直敷设的封闭式母线,当进线盒及末端悬空时,应采用支架固定。

(6)封闭式母线终端无引出、引入线时,端头应封闭。

(7)当封闭式母线直线敷设长度超过 80 m 时,每 50～60 m 宜设置膨胀节。在封闭式母线水平跨越建筑物的变形缝处,也宜采取适当措施。

(8)封闭式母线的插接分支点应设在安全及安装维护方便的地方。

(9)封闭式母线的连接不应在穿过楼板或墙壁处进行。

(10)多根封闭式母线并列水平或垂直敷设时,各相邻封闭母线间应考虑维护、检修距离。

(11)封闭式母线外壳及支架应可靠接地,全长应不少于两处与接地干线(PE)相连。

(12)封闭式母线随线路长度的增加和承载负荷的减少,当符合《民用建筑电气设计规范》(JGJ 16—2008)第 7.6.5 条 4 款 1)项的要求时,可进行变径。变径应采用变容量接头。

2)封闭式母线的布线方式

(1)插接式母线槽在高层建筑中的布线方式如图 5.1 所示。

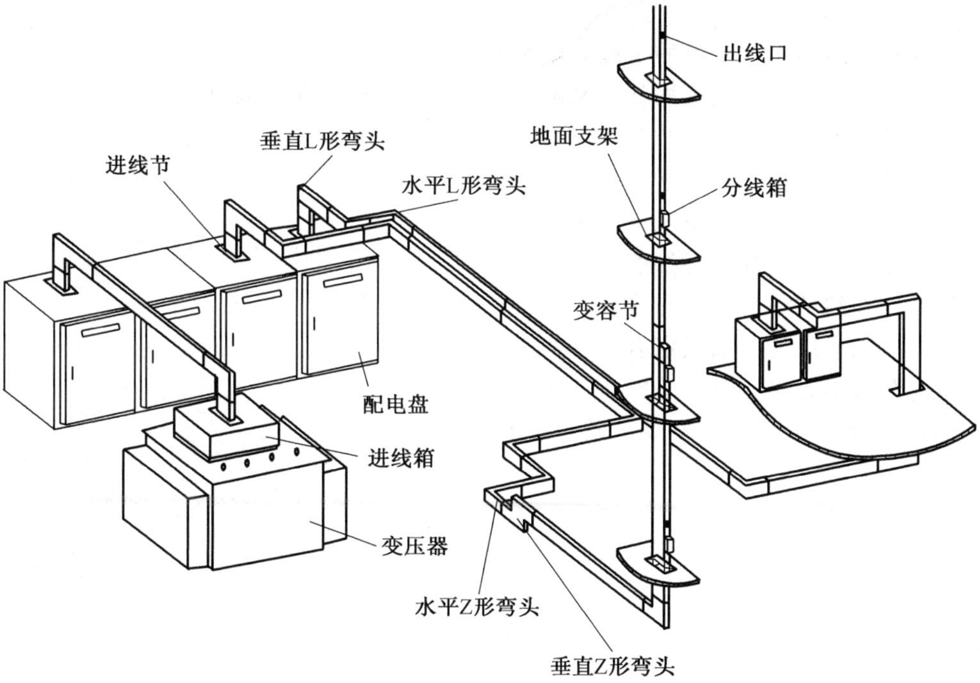

图 5.1　插接式母线槽在高层建筑中的布线方式

(2)插接式母线槽的工业厂房布线方式如图 5.2 所示。

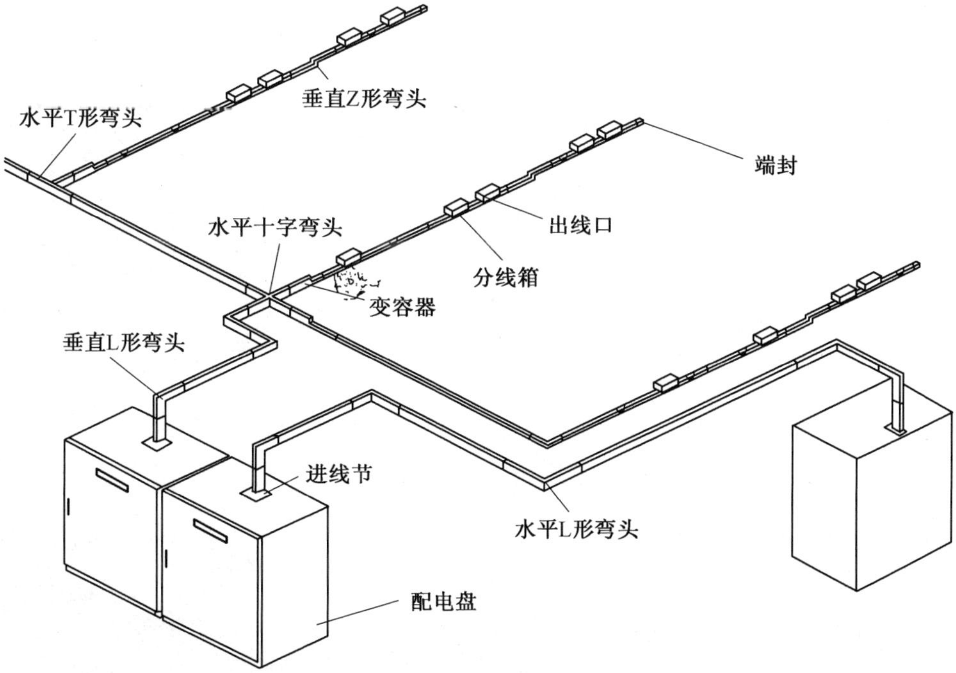

图 5.2　插接式母线槽的工业厂房布线方式

复习思考题

1.室内配电线路布线系统的一般规定有哪些?

2.室内布线的敷设方式根据什么来确定?敷设方式的种类有哪些?

3.配管的一般规定有哪些?

4.钢管布线应在什么情况下采用?

5.塑料管布线应在什么情况下采用?

6.线槽布线的基本规定有哪些?

7.竖井内布线的一般规定有哪些?

8.电缆桥架布线的一般规定有哪些?

9.电缆防火措施设计有哪些?

10.封闭式母线布线的基本要求及敷设方式有哪些?

第 6 章 建筑电气照明

照明系统是现代建筑中重要的组成部分之一。照明系统能对建筑进行装饰，发挥和表现建筑环境的美感，在满足提供良好的人工视觉环境的基础上还需满足节能的要求。本章介绍照明光源与灯具、照度计算、建筑物内照明设计等内容。

6.1 建筑照明基础知识

1. 光的度量

(1)光通量。

光通量是以人眼睛的感觉来衡量的光辐射功率的大小。波长为 λ 的光，其辐射功率为 $\Phi(\lambda)$(单位为 W)，则其光通量为

$$\Phi_V(\lambda) = K\Phi(\lambda)V(\lambda) \tag{6.1}$$

式中 $K = 6\ 831$ m/W。

光通量的单位为流明，以 lm 表示。波长为 555 nm 的光，其辐射功率为 1 W 时，光通量为 683 lm(或 1 光瓦)。当光线中包含多种频率成分时，总的光通量就是光线中不同波长成分的光通量之和，即

$$\Phi_V = K\int_{880}^{780} \Phi_e(\lambda)V(\lambda)\mathrm{d}\lambda \tag{6.2}$$

式中 $\Phi_e(\lambda)$—— 光辐射体的功率波谱。

光通量在法定的计量单位中是一个导出单位，即 11 m 的光通量等于发光强度为 1 cd(坎德拉) 的均匀点光源在立体角为 1 sr(球面度) 的空间范围内发出的光的通量。

(2) 发光强度(光强)。

发光强度的概念是为了表示光源在空间中各个方向上发出的光通量的不均匀性而提出的。因此，发光强度就是光源发出光通量的空间角密度。如图 6.1 所示，空间中有一个点光源 P 向四周发出光线，从 P 向某个方向取立体角 $\mathrm{d}\Omega$，在此角内的光通量为 $\mathrm{d}\Phi_V$，则两者之比就是此方向上的发光强度 I_V，即

$$I_V = \frac{\mathrm{d}\Phi_V}{\mathrm{d}\Omega} \tag{6.3}$$

立体角是从空间中一点放射出去而形成的锥体所包含的空间，单位为 sr(球面度)。以锥顶为球心，R 为半径作一球面，锥体射出去截切球面。如切出的面积为 $\mathrm{d}S$，则锥体所张开的立体角为

$$\mathrm{d}\Omega = \frac{\mathrm{d}S}{R^2} \tag{6.4}$$

显然，整个球面对球心所张的立体角为 4π。此种情况可扩展到对任意形状的闭合面

(闭合面是指闭合的没有边界的面,球面是特殊的闭合面)。整个闭合面对内部任何一点所张的立体角均为 4π,而对外部点所张的立体角则为零。

发光强度的单位是 cd(坎德拉),在国际单位制(SI) 中是一个基本单位。该单位可定义为:辐射频率为 5.4×10^{14} Hz(波长是 555 nm) 的单色光源,在某方向上的辐射强度为 1/683 W/sr 时,此方向上的发光强度为 1 cd。

(3)(光) 亮度。

具有一定面积的广光源,其上各处的发光强度可能是不同的,向各个方向辐射的特性也是有区别的,为此而引入了光强面密度的概念。如图 6.2 所示,在发光体上取面积 dS,在与此面法线成 θ 角的方向上观视,则该方向上的亮度 L_V 可定义为:在此方向上的光强 I_V 与面积 dS 在该方向上的投影 dS' 之比,即

$$L_V=\frac{I_V}{dS'}=\frac{I_V}{dS\cos\theta} \tag{6.5}$$

式中　dS'—— 人眼在该方向上看到的 dS 的大小。亮度的国际单位是坎德拉/平方米,以 cd/m² 表示。

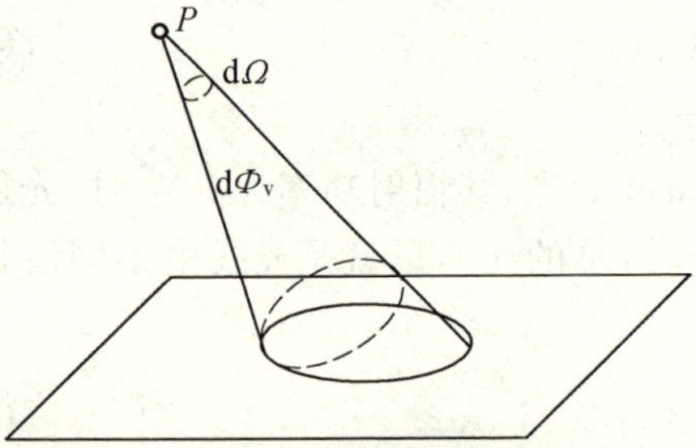

图 6.1　点光源的发光强度示意图

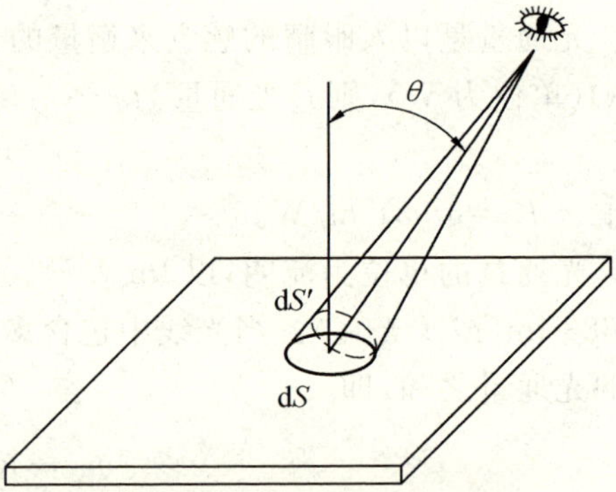

图 6.2　广光源的元面积亮度

(4)(光) 照度。

(光) 照度用于衡量光照射在某个面上的强弱,通常以被照面上光通量的面密度来表示,即

$$E_V=\frac{d\Phi_V}{dS} \tag{6.6}$$

式中　E_V—— 照度;

dS—— 被照面上的圆面积;

$d\Phi_V$—— 元面积上得到的光通量。

如果面积 S 上的总光通量为 Φ_V,则平均照度为

$$E_{av}=\frac{\Phi_V}{S} \tag{6.7}$$

(光) 照度的单位是勒克斯,以 lx 表示。在 1 m² 的面积上得到 11 m 的光通量,则其照度就是 1 lx,即 1 lx = 1 lm/m²。

2. 光源的色温与显色性

(1) 色温。

一般的照明光源(如太阳、白炽灯、荧光灯等)发出的光包含多种波长成分,其光谱功率分布各不相同。因此,看上去的颜色也就感觉不一样。即使看上去都呈"白光"的光源,实际上它们的光谱功率分布相差却是很大的。而且这些"白光"在人眼里的感觉也是不一样的。例如:光谱能量偏重于较长波长段的白光称为"热白光",它会给人以温暖的感觉。白炽灯就属于热白光的一种,其光是白中带些橙红色。光谱能量偏重于较短波长段的白光则称为"冷白光";日光型的荧光灯就可归入此类。这些"白光"照射同一物体时,呈现的颜色会有差别。我们可能有这样的经验:在商店里选了一件款式、颜色都很好的衣服,但是在外面穿上之后才发现,颜色却不如原来的好看。这是因为,商场里采用的是人工光源,而外面却是自然的太阳光。为了便于比较和区别各个光源的特性以及进行计算,而引入"色温"的概念。

所有物体自身在绝对零度之上的任何温度都会发出电磁波辐射。一定时间内辐射量的多少,以及辐射能量按波长分布的状况均与温度有关。绝对黑体在任何温度下对任何波长的入射辐射都完全吸收(即吸收比为 1)。这样,由于排除了周围环境的影响,使得其发出的辐射仅由温度决定。从图 6.3 中可以看出,随着温度的增加,绝对黑体辐射能量(功率)也随之增大;并且,其功率波谱的峰值向着短波方向移动。即当温度升高时,人用眼睛看上去不仅亮度增加,颜色也会随之发生变化。低温的炉火发出的辐射能量较多地分布在波长较长段,故呈现红光;而电焊的电弧光温度很高,发出的辐射能量较多地分布在波长较短的蓝光中。因此,可以用绝对黑体的温度来表征不同光谱分布与颜色的实际光源。总之,色温就是当某一种光源的色品(用 CIE1931 标准色度系统所表示的颜色性质)与某一温度下绝对黑体的色品相同时的绝对黑体的温度,以 T_C 来表示,单位为 K(开)。这样就可以说:红光色温低,蓝光色温高。另外,色温并不是光源本身的实际温度,热光源的实际温度要比其色温低一些。

常见光源的色温见表 6.1。

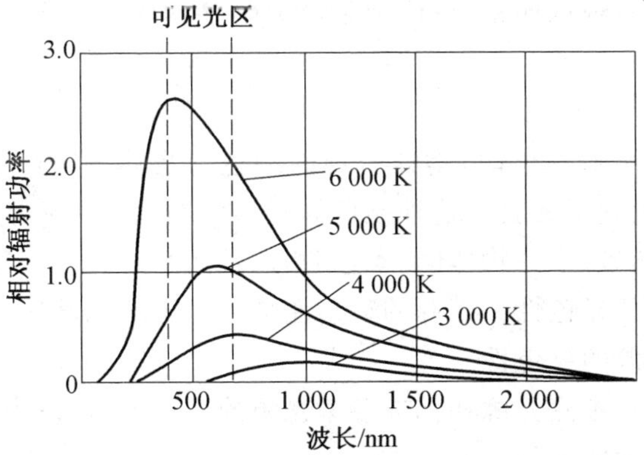

图 6.3　绝对黑体的辐射功率波谱

表 6.1 常见光源的色温

光源	色温/K	光源	色温/K
油灯	1 900～2 000	白炽灯(10 W)	2 400
蜡烛	1 900～2 000	白炽灯(40 W)	2 700
月亮	4 100	白炽灯(100 W)	2 750
日出后及日落前太阳光	2 200～3 000	白炽灯(500 W)	2 900
中午太阳光	4 800～5 800	日光色荧光灯	6 500
下午太阳光	4 000	冷白色荧光灯	4 300
阴天自然光	6 400～6 900	暖白色荧光灯	2 900
晴朗的蓝天	8 500～22 000	普通高压钠灯	2 000

CIE(国际照明委员会)规定了几种标准的白色光源，具体如下：

A 光源：2 800 K 充气钨丝灯所发出的光，色温为 2 854 K。光谱能量集中于红外区，泛橙红色。

B 光源：相当于上午至中午的太阳直接光。相关色温大约为 4 800 K。由于有些光源的光谱分布只与某一温度下黑体的辐射近似，所以就把某一种光源的色品与某一温度下的绝对黑体的色品最接近时，绝对黑体的温度定义为此光源的相关色温。B 光源可以经特制的滤色镜由 A 光源获得。

C 光源：相当于白天的自然光，相关色温约为 6 770 K(6 800 K)。该光中含有较多的蓝色成分，同样也可通过特制的滤光镜由 A 光源获得。

D_{65} 光源：相关色温约为 6 500 K。其功率波谱与 B 光源及 C 光源相比更接近于白天的自然光照。物体在其照射下更接近于日光照射下的真实色彩。D_{65} 光源是根据许多实测的白天自然光照的光谱分布统计而来，可认为是白天的平均光照。图 6.4 所示为标准光源和绝对黑体的功率波谱。

(2)显色性。

日常采用人工光源照射物体时，物体呈现的颜色与物体的“本色”是有区别的，也就是说，人的主观视觉上感觉到了失真。这种颜色的“失真”是由于人们有意识或无意识地将其与参考光源(如白天自然光)下的物体的“本色”相比较而产生的。一般将照明光源对被照物体颜色的影响称为光源的显色性。光源的显色性是由光源的光谱功率分布决定的。CIE 使用“显色指数”来衡量光源的显色性。

显色指数的概念是在被测光源和标准参考光源的照明下，在适当考虑色适应状态下，物体的心理物理色符合程度的度量。

显色指数分为特殊显色指数(R_i)和一般显色指数(R_a)两种。特殊显色指数是指在被测光源和标准参考光源的照明下，在适当考虑色适应状态下，CIE 色样的心理物理色的符合程度的度量。

色样在被测光源与标准参考光源的照明下所产生的颜色差别为 ΔE_i，则被测光源对于此色样的 R_i 为

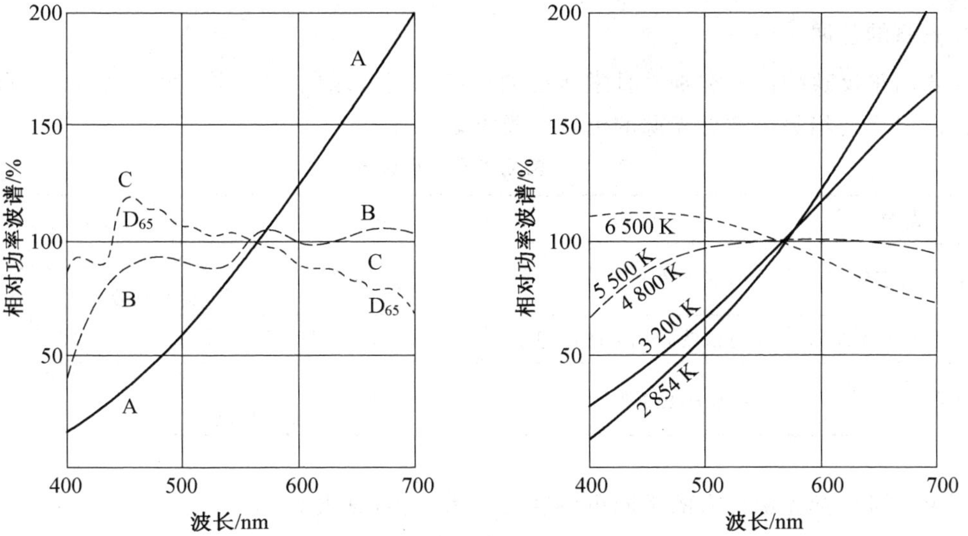

(a) 标准光源的功率波谱　　(b) 各种色温下的绝对黑体相对功率波谱

图 6.4　标准光源和绝对黑体可见光范围内的相对功率波谱

$$R_i = 100 - 4.6\Delta E_i \tag{6.8}$$

一般显色指数是指具有代表性的、特定的八个一组的色样(CIE1974)的特殊显色指数的平均值,即

$$R_a = \sum_{n=1}^{8} R_i / 8 \tag{6.9}$$

日常使用的照明光源以 R_a来衡量其显色性。标准参考光源的显色指数定为 100,其他的则在 100 以下。照明光源的显色指数越高,其显色性就越好;用它照明,颜色的失真度也就越小。利用显色指数可以把照明光源的显色性分为几个档次,见表 6.2。

表 6.2　光源的一般显色指数分类

显色等级		一般显色指数范围	适用场所举例	
			工业企业	民用
Ⅰ	A	$R_a \geqslant 90$	颜色匹配、颜色检验等	客房、卧房、绘图室等辨色要求很高的场所
	B	$90 > R_a \geqslant 80$	印刷、食品分检、油漆等	
Ⅱ		$80 > R_a \geqslant 60$	机电装配、表面处理、控制室等	办公室、休息室等辨色要求较高的场所
Ⅲ		$60 > R_a \geqslant 40$	机械加工、热处理、铸造等	行李房等辨色要求一般的场所
Ⅳ		$40 > R_a \geqslant 20$	仓库、大件金属库等	库房等辨色要求不高的场所

在选择照明光源时,光源的显色性要求十分重要。例如,在需要真实显色的服装店、工艺美术陈列场所、绘画室等地方,就需要采用显色性好、显色指数高的光源,如高功率的白炽灯等。而在需要强调某种色彩、渲染某种情调的环境和场所,则可采用显色性不高但与环境色调相配的光源以达到目的,例如采用低色温的光源照射,就会使环境中的红色显得更加鲜

艳。

3. 光源的色调

色调用于反映颜色的类别。日常所说的红色、黄色、绿色、蓝色等，就是色调。光源的色调与其色温密切相关。常见光源的色调分类见表 6.3。

表 6.3 常见光源的色调分类

光源	色调	光源	色调
白炽灯、卤钨灯	偏红橙色光	高压钠灯	金黄色光，红色成分较多，蓝色成分不足
日光型荧光灯	与自然光相近的白色光	金属卤化物灯	接近于日光的白色光
荧光高压汞灯	浅蓝绿色，缺乏红色	氙灯	非常接近于日光的白色光

用色温可以把光源按人的不同色调感觉分为三类，见表 6.4。

表 6.4 光源的色调感觉分类

色类别	色特征	相关色温/K	适用场所举例	
			企业	民用
Ⅰ	暖	<3 300	车间局部照明、工厂辅助生活设施等	客房、卧室等
Ⅱ	中间	3 300～5 300	除要求使用冷色、暖色以外的各类车间	办公室、图书馆等
Ⅲ	冷	>5 300	高照度水平、热加工车间等	高照度水平或白天需补充自然光的房间

在不同的照度下，光源的色调给人的感受也不同，见表 6.5。

表 6.5 不同照度、不同色温下光源色调的感受

照度/lx	光源的色调感觉		
	暖色(<3 300 K)	中间色(3 300～5 300 K)	冷色(>5 300 K)
≤500	愉快的	中间的	阴冷的
500～1 000			
1 000～2 000	刺激的	愉快的	中间的
2 000～3 000			
≥3 000	不自然的	中间的	愉快的

这样看来在一般情况下，低照度时宜采用较低色温的光源，可取得舒适的暖色调。而高色温光源用在强照度的场合则使人比较舒适。

4. 眩光

由于视野(当头和眼睛都不动时，人能看到的空间范围)中的亮度范围或亮度分布不均匀，或存在极端的对比，从而引起不舒适的感觉或降低观察细节部分及目标的能力的视觉现象，称为眩光。眩光是人的视觉特性，由人眼的生理特点所决定，并且受制于环境因素。

人眼能感觉到从百分之几一直到几百万 cd/m^2 如此宽的亮度范围，这是由人眼的瞳孔和视神经细胞共同调节来完成的。但是，人眼并不能同时“看”到这么大的亮度范围。如图6.5所示，当人眼适应了环境的平均亮度以后，能分辨出的亮度范围是比较有限的。图中虚线表示人眼适应了某点亮度（如A,B,C,D点）后的视觉范围。在平均亮度适当的情况下，可以区分的最小亮度与最大亮度之比在1∶1 000左右；然而在低平均亮度的条件下，则可能只达到1∶10。图中虚线两侧趋于平缓，意味着人眼在上下限附近辨别亮度变化的能力下降了。超过视觉范围的亮度，人眼就不能辨别了，即眼睛看上去会一样的亮或一样的黑。

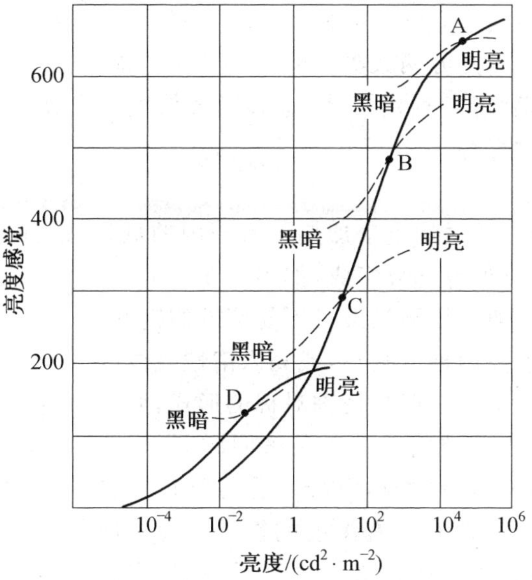

图6.5 人眼的亮度感觉

在能分辨的亮度范围上限附近及范围以上的光，人眼会感觉很明亮。在不适应的情况下（如对比强烈等），则会感到刺眼。这是因为光源亮度过高可能会产生眩光，但这也只是相对而言的。

由于视野中出现高亮度，而使低亮度部分处于能分辨的亮度范围末端或之外，这时人眼就会降低辨别低亮度部分细节的能力；或者完全看不清，失去细节，只看到一片黑暗区。

空间上或时间上亮度分布不均匀的背景，会造成视觉的掩盖现象。即在背景有亮度突变处，人的可见度阈值（人在某个背景亮度下能察觉的最小亮度变化）将会增大。而且在亮度突变处的对比度越大，度阈值就越大。因此在人的视野里如果出现对比较大的光线，就会影响人的可见度。

眩光分为不舒适眩光和失能眩光两种，二者的形成机理并不相同。

不舒适眩光，就是产生不舒适感觉，但不一定会降低视觉对象的可见度的眩光。

失能眩光，是降低了对象的可见度，但不一定会产生不舒适感觉的眩光。

眩光按光线进入眼睛的途径，可分为直接眩光和反射眩光两种。直接眩光是由视野中，特别是在靠近视线方向存在的发光体所产生的眩光；而反射眩光则是由视野中的物体反射所引起的眩光，尤其是靠近视线方向可见的反射所产生的眩光。在反射眩光中，由于眼睛直接观视的对象的镜面反射(按照几何光学定律进行的反射)而造成的，称为光幕反射。它使视觉对象的对比下降，以致部分地或全部地难以看清细部。在看书时就经常会遇到这种情况，在光源的照射下有时整个纸面显得很亮，这就是纸张镜面反射了照明光线而形成的“光幕”，看上去不舒服，影响阅读。

6.2 照明光源与灯具

1. 常见电光源

电光源就是将电能转换成光学辐射能的器件。照明工程中常用的电光源按发光原理可分为热辐射光源和气体放电光源两大类。前者是使用电能加热元件，使之炽热而发光的光源，如白炽灯、卤钨灯等；后者是利用气体、金属蒸气放电而发光的光源，如荧光灯、高压汞灯、高压钠灯、金属卤化物灯等。

1)常见电光源种类

(1)白炽灯。白炽灯是通过用电来加热玻璃壳内的灯丝，使其发光的光源。其由灯头、玻璃外壳、灯芯柱、引线、灯丝等部分组成，如图 6.6 所示。

现在白炽灯的灯丝一般采用耐高温且不易蒸发的钨丝，并卷曲成螺旋形状。玻璃壳内抽成真空，或充入惰性气体以阻止灯丝蒸发。玻璃壳的形状一般采用轴对称的形式，如梨子形、球形、圆柱形、尖形等。玻璃壳一般是透明的；为了防止眩光，可对玻璃壳内表面进行“磨砂”处理，也可“内涂”白色材料，或使用白色玻璃壳，使其具有漫射的性质。为了加强某一方向上的光强，可在玻璃壳内镀上金属反射层，形成反射面，增加定向投射。另外，还可采用彩色玻璃构成灯的外壳，用作装饰照明。

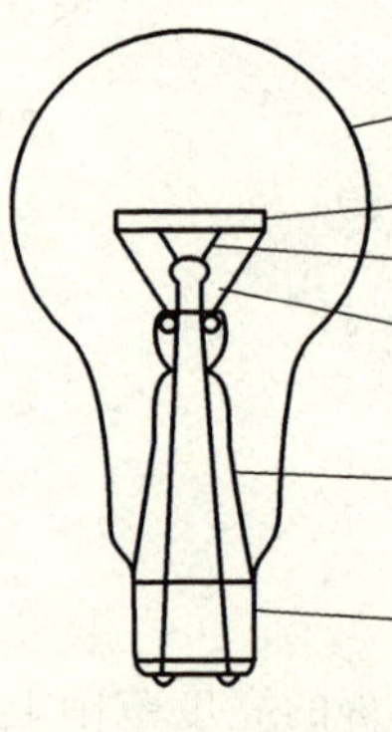

图 6.6 白炽灯的结构

白炽灯的灯头具有多种规格，常见的是插口灯头和螺口灯头。

实用白炽灯自爱迪生 1879 年发明以来，历经改进，现在仍为广泛使用的电光源之一。由于是热辐射光源，故光谱功率连续分布；显色性好，显色指数可达 95 以上；色温一般在 2 400～2 900 K之间，属于低色温光源；白炽灯的功率因数接近于 1，可以瞬时点亮，没有频闪；因为其构造简单，所以易于制造，价格便宜。但是，白炽灯的发光效率较低，由于辐射集中于红外线区，大概只有 2%～3%的电能转化为可见光。其平均寿命通常只有 1 000 h 左右。并且，白炽灯不耐震。

现在，利用新的技术和材料，正在努力对白炽灯的性能进行改善。例如，采用新的硬质玻璃或石英玻璃作为外壳；缩小灯的体积，增加灯内气压等。这样做可以进一步抑制灯丝的蒸发，延长灯泡的寿命；并且进一步提高灯丝温度，增加可见光在总辐射能量中的比例，从而提高白炽灯的发光效率，改善白炽灯的色温。

白炽灯的另一个特点是：其光通量、发光效率和使用寿命均会受到电源电压的巨大影响，如图 6.7 所示。从图中可以看出，光通量和电压正向变化，可以很方便地利用白炽灯的这种特点构成调光灯。

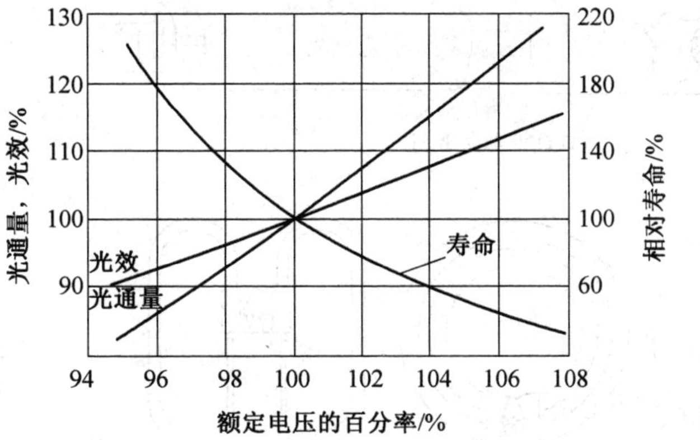

图 6.7　白炽灯电气参数与电压的关系

(2)卤钨灯。灯泡内充入的气体中含有卤族元素(氟、氯、溴、碘)或卤化物的热辐射光源称为卤钨灯,如图 6.8 所示。卤钨灯能够实现钨的再生循环,从而大大地减小了钨丝的蒸发量。循环的简单过程是:当点亮卤钨灯时,由于高温,钨丝将蒸发出钨原子并向周围扩散。卤素(目前,普遍采用碘、溴两种元素)与之反应而形成卤化钨,由于卤化钨的化学性质不稳定,扩散到灯丝附近时,因为高温,卤化钨又分解为钨原子和卤素,钨原子会重新沉积于钨丝上,而卤素则再次扩散到外围进行下一次循环。

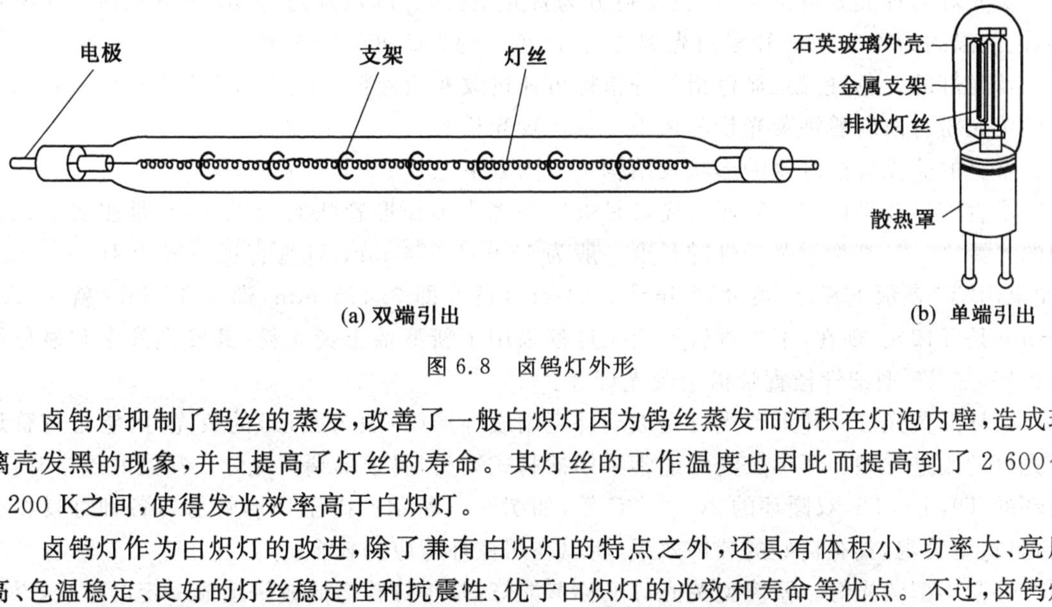

图 6.8　卤钨灯外形

卤钨灯抑制了钨丝的蒸发,改善了一般白炽灯因为钨丝蒸发而沉积在灯泡内壁,造成玻璃壳发黑的现象,并且提高了灯丝的寿命。其灯丝的工作温度也因此而提高到了 2 600～3 200 K之间,使得发光效率高于白炽灯。

卤钨灯作为白炽灯的改进,除了兼有白炽灯的特点之外,还具有体积小、功率大、亮度高、色温稳定、良好的灯丝稳定性和抗震性、优于白炽灯的光效和寿命等优点。不过,卤钨灯的灯管温度很高,在两百多度,因此需要采用耐高温的石英玻璃。

卤钨灯广泛应用于电影、电视的拍摄现场,演播室,舞台,展示厅,商业橱窗,汽车,飞机等的照明。

(3)荧光灯。荧光灯是利用放电而产生的紫外线来激发灯管内的荧光粉,而使其发光的放电灯。它属于低气压汞蒸气放电灯的一种。荧光灯的外形结构如图 6.9 所示。

与白炽灯相比,荧光灯的使用寿命长(荧光灯的寿命是指每 3 h 开关一次,每天开关 8

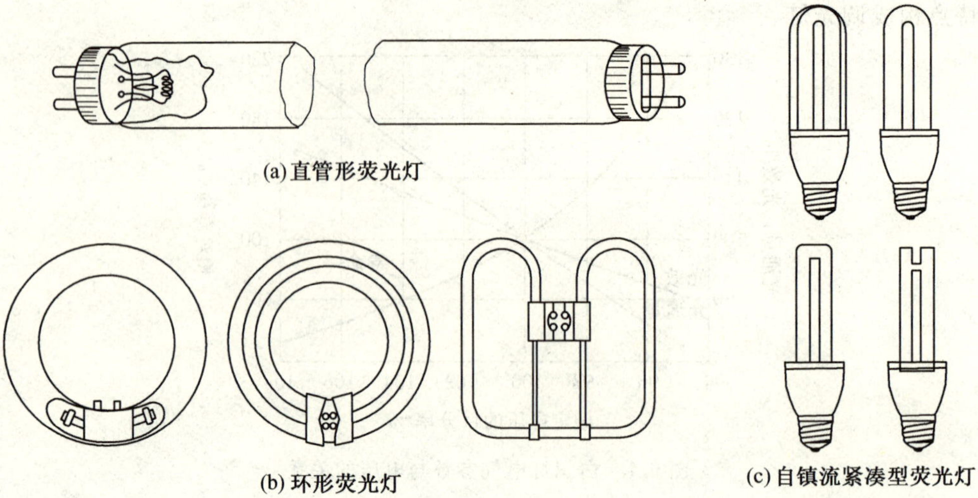

(a)直管形荧光灯

(b)环形荧光灯

(c)自镇流紧凑型荧光灯

图 6.9 荧光灯的外形结构

次，许多灯同时点燃，当其中 50%报废的时间)，可达 10 000 h 以上。发光效率也高；其发出的可见光能够达到输入能量的 26%左右。而且荧光灯的表面亮度较低，大约在 10^4 cd/m^2，照明柔和，眩光影响小；色温接近于白天的自然光，显色性好。因此，荧光灯常用于办公场所、教学场所、商场、住宅照明等需要长时间使用的、需要营造舒适的自然光照条件的环境。

荧光灯的种类规格很多，按色温可分为日光型荧光灯(色温约为 6 500 K)、冷白光型荧光灯(色温约为 4 300 K)和暖白光型荧光灯(色温约为 2 900 K)三种。

荧光灯的光色、色温、显色指数等指标可通过改变荧光粉的成分和比例而达到。目前使用的荧光粉有卤磷酸钙荧光粉和稀土三基色荧光粉等。

常见的荧光灯按灯管的形状及结构可分为以下三种：

①直管形荧光灯。直管形荧光灯是玻璃外壳为细长形管状的荧光灯，它是照明工程常用的光源之一。直管形荧光灯的长度一般为 150～2 374 mm，灯管直径一般为 16～38 mm(如果用“T”表示 1/8 in(英寸，1 in＝2.54 cm)长度即 3.175 mm，那么 16 mm 就是 T5，38 mm是 T12)。现在，不少直管形荧光灯都采用了新型稀土荧光粉，其发光效率和显色性都很好，如 T5 型细管径直管稀土荧光灯等。

②环形荧光灯。环形荧光灯是玻璃外壳制成环形(一般为圆形)的荧光灯，它是直管形荧光灯的改进类型。环形荧光灯通常采用插脚式灯头，属于单端荧光灯。常见的规格有：单圆环的 T9，T6，T5，双圆环的 2C、立 2C 等，如图 6.9 所示。由于环形管易与各种灯具相配合，且造型美观，具有良好的装饰效果，所以在居住环境应用较多。

③紧凑型荧光灯。紧凑型荧光灯又称节能灯，是将灯管弯曲或拼接成一定的形状，以缩短灯管长度的荧光灯，如图 6.9 所示。常见的规格有 U 形(U，2U，3U，4U，5U)、Π形(Π，2Π，3Π，4Π)、H 形(H，2H)和螺旋形等。紧凑型荧光灯的管径细，普遍采用新型稀土荧光粉和贴片式、集成电路式的电子镇流器，结构尺寸十分小巧；其发光效率、色温、寿命等均比白炽灯要好很多。一般来说，9 W 的节能灯就相当于 45 W 白炽灯的光输出量，国家标准规定其平均寿命应在 5 000 h 以上，故现在广泛地替代白炽灯作为室内、室外照明。尤其是自镇流紧凑型荧光灯，由于使用了与白炽灯相同的螺口灯头和插口灯头，使其能够很方便地用

在各种灯具上。

荧光灯是1939年问世的，当时型号为直管38 mm，即T12型。自此以后，一直被作为重要的照明光源。多年来不断地采用新技术、新材料对其性能进行改进和提高，如传统的荧光灯启动时需要预热阴极，这样就使启动时间较长；而新式的冷阴极瞬间启动式荧光灯，则不需预热阴极，直接利用谐振高压瞬间启动即可，启动时间仅需0.1 s。以前的荧光灯使用普通的电感镇流器，现在则采用节能型电感镇流器，功耗仅为5 W左右，寿命可达15～20年。这种镇流器除了在铁芯上做文章之外，还在电路上采用电感、电容（半）谐振形式，工作时的功率因数可从0.5提高至0.85以上，通过双灯互补法则可以消除频闪。节能型电感镇流器在大、中功率荧光灯领域有着广阔的市场。电子镇流器的使用量很大，尤其是在小功率（不大于25 W）场合。电子镇流器一般将50 Hz工频交流电转换为20～100 kHz的高频交流使灯管工作，没有频闪，启动速度快，功率因数在0.9以上，而且功耗不超过4 W。由于采用了电子元件，所以质量轻、体积小巧，但是其连续使用寿命一般不超过5年。目前各种新型的荧光灯均采用稀土三基色荧光粉，发光效率得到了进一步的提高。现在，还出现了高频无极感应荧光灯，该灯没有灯丝和电极，直接利用在灯管内建立的高频电磁场使管内气体电离，产生紫外线激发荧光粉而发光，寿命可达数万小时。荧光灯在国内以节能、环保为中心的绿色照明工程中充当了重要的角色。

当然，荧光灯还有一些不足之处，如低温启动性能差、不宜频繁启动、调光困难等问题，还有待于进一步改进提高。

（4）荧光高压汞灯。又称为高压水银荧光灯，属于高强度气体放电灯（HID）的一种，主要由放电管和内涂钒磷酸钇荧光粉的玻璃外壳组成，如图6.10所示，其发光管的表面负荷可达3 W/cm^{2}以上。荧光高压汞灯的放电管采用耐高温、高压的石英玻璃，内部充有汞和氩气。玻璃外壳内也充入了氖气。

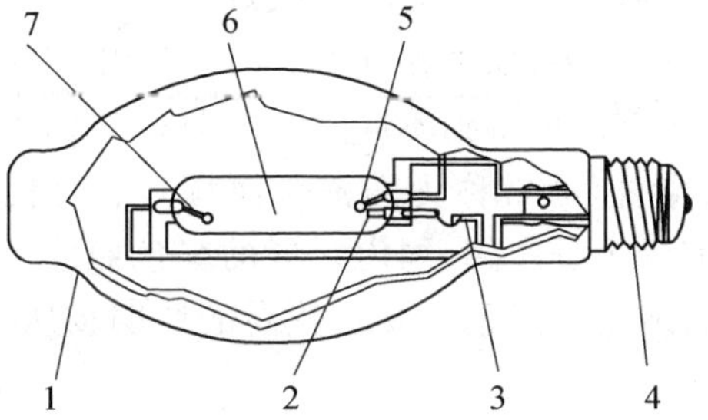

图6.10　荧光高压汞灯的结构

1—内涂荧光粉外壳；2—启动电极；3—启动电阻；
4—灯头；5—第一主电极；6—放电管；7—第二主电极

图6.10中，启动电极通过启动电阻 R 和第二主电极相连，并且与第一主电极靠得很近，只有几毫米的距离。荧光高压汞灯的工作原理是：当荧光高压汞灯通电以后，启动电极与第一主电极之间加上了电压；由于两者靠得很近，之间的电场很强，而发生辉光放电。辉光放电所产生的电离子扩散至主电极间，造成主电极之间击穿，进而过渡至主电极弧光放电。在此期间，管内温度是逐渐升高的，汞不断汽化直到全部蒸发完毕为止，最后进入稳定的高压汞蒸气放电状态（放电管内的工作气压为0.1～0.5 MPa）。汞汽化后电离激发产生

出紫外线和可见光，紫外线照射外玻璃壳的荧光层而发出可见的荧光。

荧光高压汞灯的优点是成本较低，发光效率高，省电，一般寿命较长，抗震性能好。其缺点是有明显的频闪，而且此灯色温虽接近日光，但显色性差；点燃时灯光看上去是白色，但照射下的景物却泛青绿色，不能很好地还原色彩。荧光高压汞灯从启动到正常稳定工作的时间较长，一般需要 4～8 min。而且当电压突然降低 5%以上时灯会熄灭，灯熄灭后需要经过 5～10 min 的冷却才能再次点燃。

荧光高压汞灯的功率一般在 25～1 000 W 之间，常用于道路、广场、车站、码头、企业厂房内外照明等。

一般的荧光高压汞灯需与镇流器配套使用，镇流器的作用有两点：一是在启动时产生瞬间高压以点燃灯管；二是工作时用于稳定电流。

自镇流式荧光高压汞灯，可内置镇流灯丝而不需要另外配用镇流器。镇流灯丝与放电管串联并环绕在放电管外围。通电后灯丝点燃发热，可以帮助主电极之间形成弧光放电，同时还能降压、限流、改善光色。自镇流荧光高压汞灯无附件，使用方便，功率因数接近于 1。但是，由于灯丝的原因，寿命短，平均寿命为 1 000～3 500 h。

反射型(自镇流)荧光高压汞灯的玻璃壳内壁镀有碗状反射层，可把 90%的光定向反射，适用于大面积区域的投射照明。

(5)金属卤化物灯。金属卤化物灯简称金卤灯，此灯是在高压汞灯的基础上发展起来的，结构与其类似。不同之处在于放电管中除了充有汞和稀有气体之外，还加入了金属(钠、铊、铟、镝、钪、锡等)的卤化物。灯通电后放电管内的物质在高温下进行分解，产生金属蒸气和汞蒸气，灯的光辐射由它们放电电离共同激发产生。金属原子激发出的光谱线弥补了汞光谱线的不足，并且增加了红光的成分。金属卤化物灯在可见光范围内辐射比较均匀，显色性要比荧光高压汞灯好，显色指数在 65 以上，高的能达到 90°灯的发光效率，也比荧光高压汞灯高，节能效果显著。但寿命要低于荧光高压汞灯。

金属卤化物灯的种类规格很多，如钠铊铟灯、镝灯、铊灯、铟灯等。在放电管中加入不同的金属卤化物，按照不同的比例即可得到不同光色的灯。灯内部的放电管除了透明的石英玻璃管以外，现在又有了陶瓷管(通常称为陶瓷金卤灯)，它可使灯的色温具有很好的一致性。金属卤化物灯的使用前景十分广阔，国内开展的绿色照明工程正逐步计划用金属卤化物灯替代荧光高压汞灯。其适用于显色性要求较高的照明场所，可作为聚光灯用于电视拍摄现场、演播室等。

彩色金属卤化物灯是在传统的“白光”型金属卤化物灯的基础上发展起来的，它属于单色灯，有红色、绿色、蓝色、紫色等多种颜色，广泛应用于夜晚城市建筑物的泛光和投射照明，效果绚丽夺目。

(6)钠灯。钠灯有高压钠灯和低压钠灯之分。

①高压钠灯。高压钠灯也属于高强度的气体放电灯，其放电管采用半透明的氧化铝管，管内除了充有钠之外，还加入了少量的汞以及氙或氩氖混合惰性气体。此灯达到放电稳定时，钠蒸气的压强可达到 104 Pa。高压钠灯的结构如图 6.11 所示，其玻璃外壳是抽成真空的。

高压钠灯的光辐射由于钠原子激发的原因在 589 nm 附近有一个很高的峰值，恰巧处于人眼最敏感的区域，发光效率很高，可达到 140 lm/W，是荧光高压汞灯的两倍，节能效果非常显著。而且高压钠灯的寿命能够达到 26 000 h。普通高压钠灯色温低，发出金黄色的光，透雾性好；灯的紫外线辐射量低，仅占总辐射的 1%左右，不易招惹飞虫，适合用于室外，尤其是道路照明。这种灯的显色指数小于 40，在对显色性有要求的场合一般不能使用。中显色性高压钠灯对此做了改进，显色指数达到 60，使其能够适用于商业区、住宅区、公共聚集场所等的照明。高显色性高压钠灯的显色指数则可达到 80 以上，能够用于高档照明。

②低压钠灯。低压钠灯的发光效率是日常使用光源中最高的，可达 150 lm/W。在放电稳定时，其放电管内钠蒸气的压强为 0.1～1.5 Pa。低压钠灯的结构如图 6.12 所示。

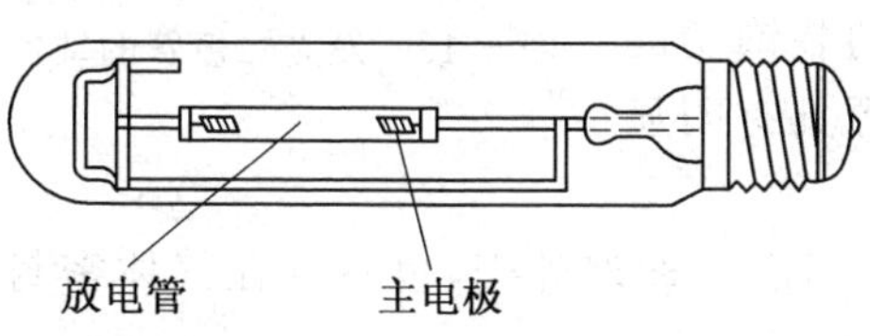

图 6.11　高压钠灯的结构

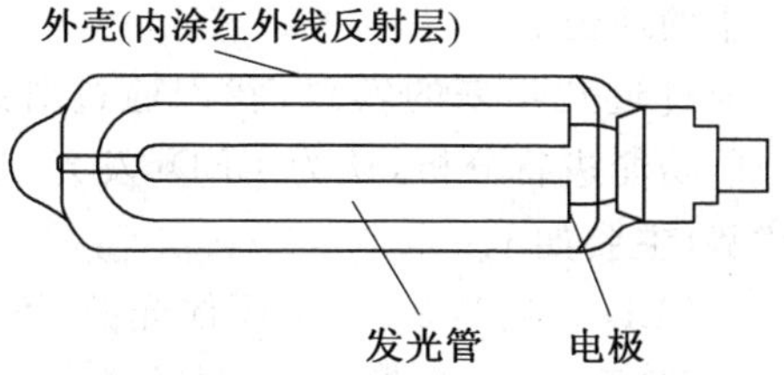

图 6.12　低压钠灯的结构

低压钠灯的放电管中除了充有钠之外，还加入了氩氖混合惰性气体。玻璃外壳内抽成真空，并在外壳内壁涂有透明的红外反射层，以提高发光效率。低压钠灯通电后主要发出单一的 589 nm 波长的黄光，显色性很差，适用于道路照明。

(7)氙灯。氙灯属于 HID 灯，在耐高温、高压的石英玻璃内充入高压氙气（一些灯还会加入少量的汞及金属卤化物），两侧各装一个电极，通电后弧光放电而产生强烈的白光。其辐射光的波长范围十分广泛，可见光范围内光谱连续，在使用惰性气体的放电灯中最接近日光，色温在 6 000 K 左右，显色指数不小于 95。氙灯具有超高的亮度，超宽的功率范围。一般用于照明的氙灯有长弧氙灯和短弧氙灯两种。长弧氙灯使用细长管状的石英玻璃壳，电弧长度就是管子的长度。其适用于广场、车站、码头、体育场馆、机场、施工工地等大面积场所的照明；因辐射与太阳光接近，所以可作为材料的老化实验、人工气候中植物栽培、颜色检验等的光源使用。短弧氙灯的玻璃壳为球形，两个电极靠得很近，只有 5～6 mm，属于点光源。其广泛用于探照灯，舞台追光灯，电影放映，电影、电视、幻灯投影，飞机、船舶、机车、汽车照明，照相制版、摄影、光学仪器照明等。

氙灯能瞬间点燃，没有灯丝，所以耐震，适应温度的能力强，在寿命时间内工作稳定，光色特性不变；但其寿命很短，一般仅为 500～1 000 h，需要触发器在高频高压下启动，价格较高。

(8)LED 灯。LED 是英文 light emitting diode 的缩写，即发光二极管，其基本结构是将一块电致发光的半导体材料，置于一个有引线的架子上，然后四周用环氧树脂密封，起到保护内部芯线的作用，所以 LED 的抗震性能好。发光二极管的结构如图 6.13 所示。

发光二极管的核心部分是由 P 型半导体和 N 型半导体组成的晶片，在 P 型半导体和 N 型半导体之间有一个过渡层，称为 PN 结。在某些半导体材料的 PN 结中，注入的少数载流子与多数载流子复合时会把多余的能量以光的形式释放出来，从而将电能直接转换为光能。PN 结加反向电压，少数载流子难以注入，故不发光。这种利用注入式电致发光原理制作而成的二极管称为发光二极管，通称 LED。当它处于正向工作状态下（即两端加上正向电压），电流从 LED 阳极流向阴极时，半导体晶体就会发出从紫外到红外不同颜色的光线，光的强弱与电流有关。

LED发光的颜色由组成半导体的材料来决定，磷化铝、磷化镓、磷化铟的合金可以做成红色、橙色、黄色；氮化镓和氮化铟的合金可以做成绿色、蓝色和白色。

LED灯为低电压供电，具有附件简单、结构紧凑、可控性能好、色彩丰富纯正、高亮点，防潮、防震性能好、节能环保等优点，目前在显示技术领域，标志灯和带色的装饰照明占有举足轻重的地位。

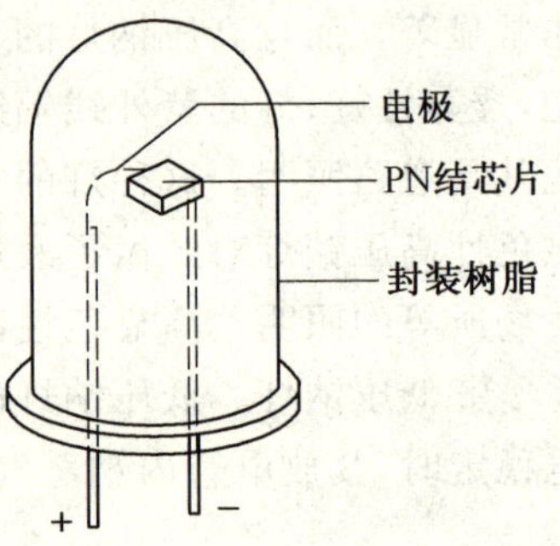

图 6.13 发光二极管的结构

通过近几年来的实践，我们通过对照明光源的装饰功能和节能功能进行分析，认为LED(发光二极管)光源具有明显的优势，主要如下：

①LED结构简单，属于固体光源，不需要充气，不需要玻璃外壳，也不存在气体密封等问题，而且耐冲击，耐振动，不易破碎。

②LED是冷光源，可控性好，响应时间快，可反复频繁亮灭，不会疲倦。

③LED光源的色彩纯正、丰富，胜过彩色金卤灯，还可演变任意色彩，其装饰性无与伦比。

④LED光源轻质结构(环氧树脂封装)，体积小巧，能适应多种几何尺寸和不同的空间大小，对灯具强度和刚度的要求比其他电光源的要求低，因此适用范围广，可用于常规的景观灯，如庭院灯、步道灯、草坪灯、壁灯、建筑物轮廓灯、小型射灯、道路分道灯、地埋灯、水下灯等。

⑤LED光源精巧，柔性化好，可形成多种点、线、球、面等形状，而且通过微机智能化控制技术，控制闪变(闪烁)，形成“点、线”效果；控制渐变(柔变)，形成“面”效果；控制动变(跳跃)，形成图案的纵向、横向动感变化效果。另外，以上三种变化还可形成球体的旋转效果，也能做到单灯控制和群灯控制。

⑥LED的能耗低，单管功率只有0.03～0.06 W，且驱动电压低(1.5～3.5 V)，电流小(15～18 mA)，在形成同等照明效果的情况下，它的耗电量仅为白炽灯的1/8、荧光灯的1/2，节能效果十分明显。

⑦LED光源的使用寿命长，其寿命是白炽灯的100倍、荧光灯的20～30倍，免去了频繁维修之苦。

常见电光源的主要性能参数比较见表6.6。

表 6.6 常用电光源的主要性能参数比较

电光源名称	白炽灯	卤钨灯	荧光灯	荧光高压汞灯	高压钠灯	金属卤化物灯
额定功率范围/W	10～1 500	20～5 000	5～200	50～1 000	35～1 000	35～3 500
光效/(lm·W^{-1})	6.5～25	14～30	30～87	32～55	60～140	52～130
平均寿命/h	1 000～1 500	1 500～2 000	2 500～8 000	10 000～20 000	16 000～24 000	2 000～10 000
色温/K	2 400～2 900	2 700～3 200	2 500～6 500	5 500	1 900～2 800	3 000～6 500
一般显色指数(R_a)	95～99	95～99	70～95	30～60	20～85	65～90
启动稳定时间/min	瞬间	瞬间	0～4 s	4～8	4～8	4～10
再启动时间/min	瞬间	瞬间	0～4 s	5～10	10～20	10～15

续表 6.6

电光源名称	白炽灯	卤钨灯	荧光灯	荧光高压汞灯	高压钠灯	金属卤化物灯
频闪效应	不明显	不明显	普通管明显，高频管不明显	明显	明显	明显
电压变化对光通的影响	大	大	较大	较大	大	较大
环境温度对光通的影响	小	小	大	较小	较小	较小
耐震性能	较差	较差	较好	好	较好	好
附件	无	无	有	有	有	有

2)电光源选择

选择电光源时应遵循先技术后经济的原则，具体如下：

(1)技术性需求。即光源使用的环境对光源本身技术参数的要求，包括功率、亮度、显色性、色温、频闪特性、启动再启动性能、抗震性、平均寿命等。选择合适的功率以满足照度要求；在显色性要求高的场所，如展览厅、展示厅等，必须选用显色指数不小于 80 的光源；休息场所宜采用色温较低的光源，以取得温馨舒适的氛围；办公、工作、学习等场所宜采用色温较高的日光型光源，以提高工作、学习的效率；在有高速机械运动的地方不宜使用一般的气体放电灯，以避免频闪效应；开关次数较为频繁的可采用白炽灯；需要调光的一般采用白炽灯和卤钨灯，也可采用高频调光镇流器使荧光灯实现调光；在有较大震动的环境中可使用 HID 灯；在电压波动大的地方不宜使用易熄灭的灯；低温环境中不宜使用荧光灯，以免启动困难。

如果采用单一光源不能满足显色性和光色要求，则可采用两种光源形式的混光光源。混光光源的混光光通量比见表 6.7。所谓混光光通量比，是指前一种光源光通量与两种光源光通量的和之比。

表 6.7　混光光源的混光光通量比

混光光源	光通量/%	一般显色指数(R_a)	色彩辨别效果
DDG+NGX	40～60	≥80	除个别颜色为“中等”外，其他颜色为“良好”
DDG+NG	60～80		
KNG+NG	50～80	60～70	除部分颜色为“中等”外，其他颜色为“良好”
DDG+NG	30～60	60～80	
KNG+NGX	40～60	70～80	
GGY+NGX	30～40	60～70	
ZJD+NGX	40～60	70～80	
GGY+NG	40～60	40～0	除个别颜色为“可以”外，其他颜色为“中等”
KNG+NG	30～50	40～60	
GGY+NGX	40～60	40～60	
ZJD+NG	30～40	40～50	

注：DDG—镝灯；NGX—中显色性高压钠灯；NG—高压钠灯；KNG—钪钠灯；GGY—荧光高压汞灯；ZJD—高光效金属卤素灯

(2)经济性要求。照明设备从投入使用到寿命完结需要一笔资金,在满足技术要求的前提下需要计算这样使用是否经济,以便比较和更改设计。总投资包括光源的初投资和运行费用。初投资有光源的设备费、材料费、人工费等。运行费用有电费、维护修理费、折旧费等。

2. 照明灯具

照明灯具是能透光、分配和改变光源光分布的器具。它包括除光源外所有用于固定和保护光源所需的全部零部件,以及与电源连接所必需的线路附件。在照明设备中,照明灯具是除光源之外的第二要素。为了使光源发出的光辐射合乎要求地分配到被照面上,以达到满足视觉要求和美化、装饰环境的目的,必须正确地选择照明灯具。

1)灯具的特性及分类

(1)灯具的特性。照明灯具的(配光)特性可从灯具的配光曲线、保护角、灯具光效率三个指标进行衡量。

①配光曲线。配光曲线是指以平面曲线图的形式反映灯具在空间各个方向上发光强度的分布状况。

一般灯具可采用极坐标配光曲线。具有旋转轴对称的灯具在通过光源中心及旋转轴的平面上测出不同角度的发光强度值,以某一个位置为起点,不同角度上发光强度矢量的顶端所勾勒出来的轨迹就是灯具的极坐标配光曲线,如图 6.14 所示。

由于灯具的旋转轴对称,所以任意一个通过旋转轴的平面,上面的曲线形状都是一样的。如果是非旋转轴对称的,如管型荧光灯灯具等,则需要多个平面的配光曲线才能表明其空间分布特性。对于像投光灯、聚光灯、探照灯之类的灯具,其光辐射的范围集中用直角坐标配光曲线更能将其分布特性表达清楚,如图 6.15 所示。

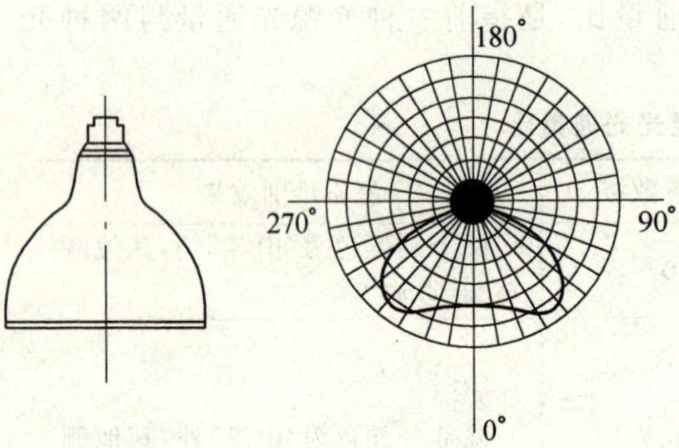

图 6.14　旋转轴对称灯具的配光曲线

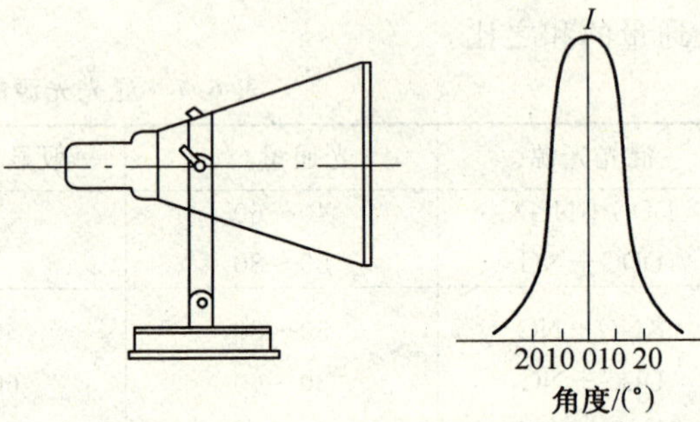

图 6.15　直角坐标配光曲线

②保护角。保护角又称遮光角,一般用于衡量灯具为了防止眩光而遮挡住光源直射光范围的大小。通常以光源发光体从灯具出口边缘辐射出去的光线和出口边缘水平面之间的夹角 α 来表示,如图 6.16(a)所示。如果灯具是非旋转轴对称的,那么就必须选择几个具有代表性的横截面,用各横截面的保护角来综合反映遮光范围。如常用的管型荧光灯灯具等,如图 6.16(b)所示。

③光效率。灯具的光效率 η 是指在相同的使用条件下,灯具输出的总光通量 Φ' 与灯具中光源发出的总光通量 Φ 之比,即

$$\eta=\Phi'/\Phi\times 100\% \tag{6.10}$$

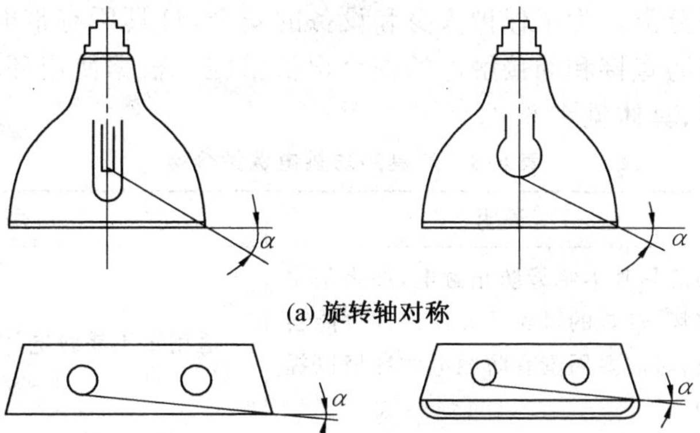

(a) 旋转轴对称

(b) 非旋转轴对称

图 6.16　灯具的保护角

光效率的数值总小于 1。灯具的光效率越高，光源光通量的利用程度越大，就越节能。实际生产和生活中，应优先采用效率高的灯具。

(2)灯具分类。目前各厂生产的灯具规格种类繁多，为了方便选用必须对灯具从不同的角度进行分类。

①按安装方式分类。根据安装方式的不同，灯具可分为：

a. 悬吊式。是指用吊绳、吊链、吊管等吊在顶棚或墙支架上的灯具。

b. 嵌入式。是指完全或部分地嵌入安装表面的灯具。

c. 吸顶式。是指直接安装在顶棚表面上的灯具。

d. 壁式。是指直接固定在墙上或柱子上的灯具。

e. 台式。是指放在桌子上或其他台面上的可移动式灯具。

f. 落地式。是指装在高支柱上并立于地面上的可移动式灯具。

灯具的安装方式如图 6.17 所示。

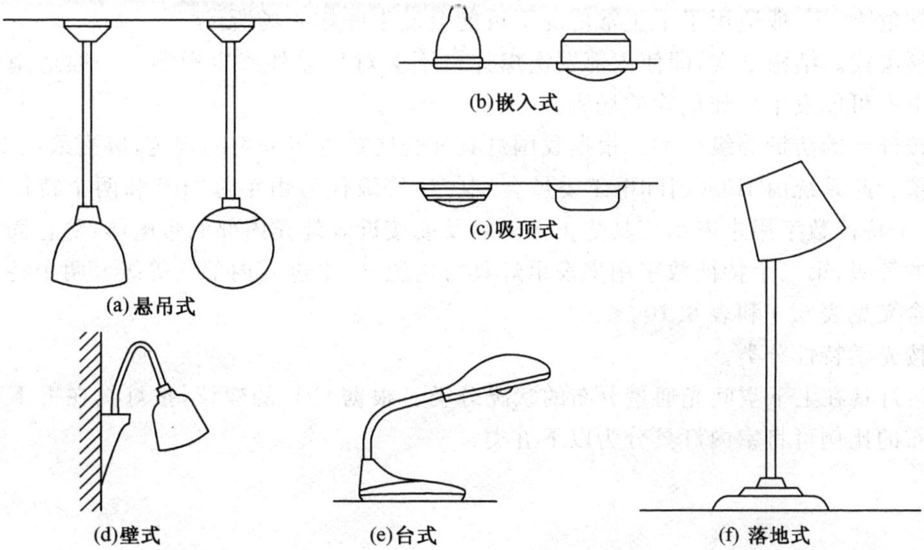

图 6.17　灯具的安装方式

②按防触电保护分类。为了保护人身和设备的安全,灯具所有带电部分(如灯头座、引线、接头等)必须具有防直接和间接触电的安全保护措施。根据使用环境的不同,灯具的防护级别分为四个等级,具体见表 6.8。

表 6.8　灯具的防触电保护分类

灯具等级	等级说明	应用说明
0 类	依赖灯具基本绝缘防止触电,如果基本绝缘损坏,灯具的可触及导体部件可能会带电,这时需要周围有防触电的环境以提供保护	适用于不易触电、安全程度高的场合
Ⅰ类	除了基本绝缘之外,可触及导体部件通过导线接地,一旦基本绝缘损坏灯具漏电,电源开关跳闸保护人身安全	安全程度提高,适用于金属外壳灯具
Ⅱ类	除了基本绝缘之外,还有附加的绝缘措施(称为双重绝缘或外层绝缘),可以防止间接触电	绝缘性好,安全程度高,适用于人经常接触的灯具如台灯、手提灯等
Ⅲ类	采用安全电压(50 V 以下交直流)供电,并保证灯内不会有高于此值的电压	安全程度最高,适用于恶劣环境

③按防护结构分类。根据防护结构的不同,灯具可分为:

a. 开启式。灯具敞开,光源与周围环境直接接触,属于普通灯具。

b. 闭合式。灯具有闭合的透光罩,但罩内外空气是流通的,不能阻止灰尘、湿气进入。

c. 密闭式。灯罩密封将内外空气隔绝,罩内外空气不能流通,能够有效地防湿、防尘。

d. 防爆式。使用防爆型外罩,采取严格的密封措施,确保在任何情况下都不会因灯具而造成爆炸危险。一般适用于不正常情况下可能会发生爆炸的场所。

e. 隔爆式。结构坚实,即使内部发生爆炸也不会对灯罩外产生影响。一般适用于在正常情况下有可能发生爆炸危险的场所。

④按外壳的防护等级分类。根据我国灯具外壳防护等级分类的规定,应当采用 IP 防护等级系统。此系统由 IEC(国际电工委员会)制定,等级代号由字母“IP”和两个特征数字组成,第一个特征数字用来表示灯具防止人体触及或接近灯外壳内部的带电体,防止固体物进入内部的等级;第二个特征数字用来表示灯具防止湿气、水进入内部的等级。两个特征数字的等级含义见表 6.9 和表 6.10。

⑤按光学特性分类。

a. 按灯具在上下空间光通量分布的状况分类。根据 CIE 的建议,按灯具在上下空间光通量分布的比例可将室内灯具分为以下五类:

表 6.9　防护等级第一特征数字所表示的等级含义

第一个特征数字	防护说明	含　义
0	没有防护	对外界没有特别的防护
1	防止大于 50 mm 的固体物进入	防止人体某一大面积部分（如手）因意外而接触到灯具内部。防止较大尺寸（直径大于 50 mm）的固体物进入
2	防止大于 12 mm 的固体物进入	防止人的手指接触到灯具内部，防止中等尺寸（直径大于 12 mm）的固体物进入
3	防止大于 2.5 mm 的固体物进入	防止直径或厚度大于 2.5 mm 的工具、电线，或类似的细小固体物进入到灯具内部
4	防止大于 1.0 mm 的固体物进入	防止直径或厚度大于 1.0 mm 的线材、条片，或类似的细小固体物进入到灯具内部
5	防尘	完全防止固体物进入，虽不能完全防止灰尘进入，但侵入的灰尘量并不会影响灯具的正常工作
6	尘密	完全防止固体物进入，且可完全防止尘埃进入

表 6.10　防护等级第二特征数字所表示的等级含义

第二个特征数字	防护说明	含义
0	无防护	无特殊防护
1	防滴水进入	垂直滴水对灯具不会造成有害影响
2	倾斜 15°防滴水	当灯具由正常位置倾斜至不大于 15°时，滴水对灯具不会造成有害影响
3	防淋水进入	与灯具垂线夹角小于 60°范围内的淋水不会对灯具造成损害
4	防飞溅水进入	防止从各个方向飞溅而来的水进入灯具造成损害
5	防喷射水进入	防止来自各个方向的喷射水进入灯具造成损害
6	防大浪进入	经过大浪的侵袭或水强烈喷射后进入灯壳内的水量不至于达到损害程度
7	浸水时防水进入	灯具浸在一定水压的水中，规定时间内进入灯壳内的水量不至于达到损失程度（此等级的灯具未必适合水下工作）
8	潜水时防水进入	灯具按规定条件长期潜于水下，能确保不因浸水而造成损坏

(a)直接型灯具。是指能将 90%～100%的光通量直接投射到灯具下部空间的灯具。该类型灯具光通量的利用效率最高，灯罩一般采用反光性能良好的不透明材料制成。其灯具射出光线的分布状况因灯罩的形状及使用材料的不同而有较大差异。

(b)半直接型灯具。是指能将大部分（60%～90%）光通量投射到灯具下部空间，仅余小部分射向上部的灯具。光通量的利用率较高，灯罩采用半透明材料制成，或灯具上方有透光间隙。该类型灯具能够改善室内的亮度对比，在保证被照面充分的光通量下，比直接型的柔和。

(c)漫射型灯具。漫射型灯具向上和向下发射的光通量几乎相等，均为 40%～60%。该类型灯具向周围均匀散发光线，照明柔和，但光通量利用率较低。如球形乳白玻璃罩灯，就是典型的漫射型灯具。

(d)半间接型灯具。是指向下部空间反射的光通量在 10%～40%的灯具。该类型灯具大部分光线照在顶棚和墙面上部，并将其变成二次发光体。包括灯具在内的房间上部亮度比较统一，整个室内光线更加均匀柔和，无光阴影或阴影较淡。有一种具有向上开口的半透明灯罩，就是典型的半间接型灯具。

(e)间接型灯具。是指向下部空间反射的光通量在 10%以内的灯具。90%以上的光线射到顶棚和墙面上部，并利用其形成房间照明。整个室内光线均匀柔和，无明显阴影。各种具有向上开口不透明灯罩的灯具、吊顶灯等均属于此种类型。

灯具的光通量分类见表 6.11。

表 6.11　灯具按上下光通量分布分类

灯具类型	光通量分配/%		光强分布	灯具举例
直接型	上	0～10	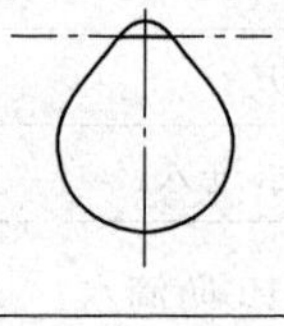	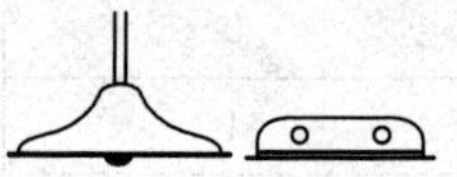
	下	100～90		
半直接型	上	10～40	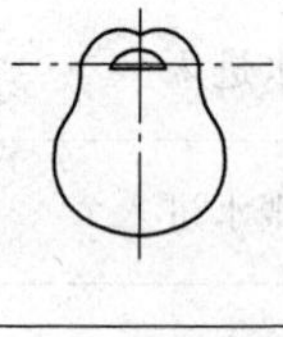	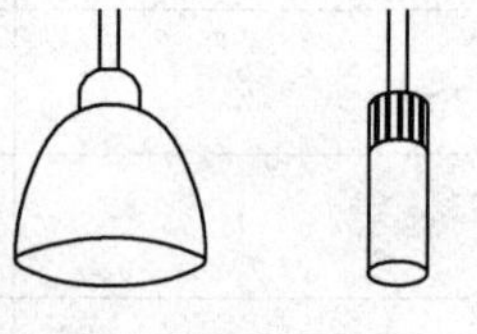
	下	90～60		
漫射型	上	40～60	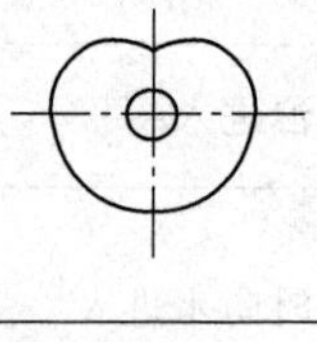	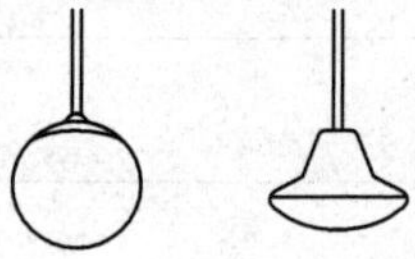
	下	60～40		
半间接型	上	60～90	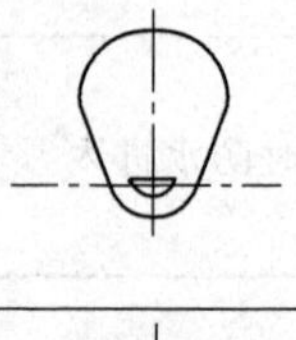	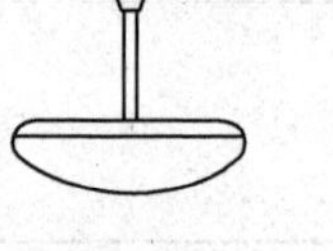
	下	40～10		
间接型	上	90～100	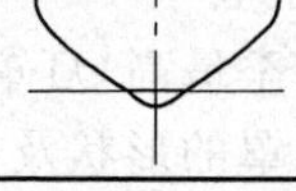	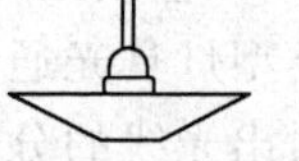
	下	10～0		

b. 按灯具射出光束的宽窄及扩散程度分类。

(a)直接型灯具按配光曲线的形状分类。直接型灯具的反射罩形式多样，形成的照明光束其宽窄也有所差异，反映在配光曲线上就是各自的形状不相同。可分为特深照型、深照型、中照型、广照型和特广照型五种类型。

(b)道路照明按控制眩光的程度分类。常规道路照明所采用的灯具根据控制眩光程度的不同，可分为截光型、半截光型和非截光型三种类型，其光强分布各不相同。所谓截光就是为避免或减少眩目而遮挡人眼直接看到高亮度发光体的措施。灯具的截光角是遮光角的余角。

截光型灯具的最大光强方向在 0°～65°，80°和 90°方向上的光强最大允许值分别为 30 cd/1 000 lm和 10 cd/1 000 lm；半截光型灯具的最大光强方向在 0°～75°，80°和 90°方向上的光强最大允许值分别为 100 cd/1 000 lm 和 50 cd/1 000 lm；非截光型灯具 90°方向上的光强最大允许值为 1 000 cd。

截光型灯具能够将绝大部分光线投射到路面上，因此可以获得较高的路面亮度，同时几乎感觉不到眩光；非截光型灯具不限制水平方向上的光线，会产生较为严重的眩光；半截光型灯具介于两者之间。一般道路主要使用截光型和半截光型灯具。

(c)泛光灯按光束发散角分类。投光灯利用反射器和折射器可以将射出的光线限制在一定的空间范围(立体角)内，泛光灯就是光束发散角大于 10°的投光灯。泛光灯通常可以向任意方向转动。泛光灯的分类见表 6.12。

表 6.12　泛光灯按光束发散角分类

序号	光束发散角/(°)	泛光灯分类
1	10～18	特窄光束
2	18～29	窄光束
3	29～46	中等光束
4	46～70	中等宽光束
5	70～100	宽光束
6	100～130	特宽光束

2)灯具的选择

选择灯具时，应遵循四点基本原则：一是功能原则，合乎要求的配光曲线、保护角、灯具效率，款式符合环境的使用条件；二是安全原则，符合防触电安全保护规定的要求；三是经济原则，初投资和运行费用最小化；四是协调原则，灯饰与环境整体风格协调一致。

(1)按使用环境选择灯具。

①无特殊防尘、防潮等要求的一般环境中宜使用高效率的普通式灯具。

②有特殊要求的场合宜使用有专门防护结构及外壳的防护式灯具。

a. 在潮湿场所，应采用防潮、防水的密闭型灯具或带有防水灯头的开启式灯具。

b. 灰尘多的场所，根据灰尘的数量和性质可以采用防尘型灯具或尘密型灯具。

c. 可能发生爆炸、火灾危险的场所，根据此类场所现行国家标准和规范的有关规定，宜分等级选择相应的灯具。

d. 在高温场所，宜采用带散热孔的开启式灯具，而不宜使用带有密封罩的灯具；如必须使用，则可采用耐高温光源。

e. 在振动或晃动较大的场所，灯具应带有保护网并采取减震措施，防止灯泡脱落掉下。

f. 在可能会受到机械性损伤的场所，灯具应带有保护网。

g. 在有腐蚀性气体和蒸汽的场所，宜采用耐腐蚀材料（玻璃、工程塑料、表面喷塑钢壳、搪瓷等）制成的密闭式灯具；如采用开启式灯具，则各部件必须有防腐蚀、防水措施。

(2)按配光特性选择灯具。

①窄配光类（深照型）的灯具，使光线在较小立体角内分布，保护角大，不易产生眩光，发出的光通量能最大限度地直接落在被照面上，利用率高。一般适用于照度要求较高的场所，如体育馆、企业的高大厂房、高速公路等。但灯具必须采用高密度排列的方式，才能保证照度的均匀度。

②中配光类（中照型）的灯具，使光线在中等立体角内分布，配光曲线较宽，直接照射面积较大，合理的布局和灯具高度可以避免产生眩光。适用于中等照度的一般室内照明。

③宽配光类（广照型）的灯具，使光线在较大立体角内分布，适用于照度要求低的场所，如楼道、厕所等。

3)灯具的布置

(1)灯具布置的基本要求。室内灯具布置应满足以下几个方面的要求：

①符合规定的照度值，工作面上照度均匀。

②有效地控制眩光和阴影。

③符合使用场所要求的照明方式。

④方便灯具的维护修理。

⑤保证光源用电安全。

⑥符合节能的要求，提高光效，将光源安装容量降至最低。

⑦布置整齐、美观大方，与室内环境协调一致。

室外灯具的布置，要根据具体的使用要求而定。如道路照明、广场照明等。

(2)灯具的平面布置。室内灯具平面布置的方式可分为均匀布置和选择性布置两种。

①均匀布置。采用同类型灯具按固定的几何图形均匀排列，可使整个区域有均匀的照度。常见的有直线型、正方形、矩形、菱形等几种形式，如图 6.18 所示。室内灯具作为一般照明使用的，通常采用均匀布置方式。

②选择性布置。根据环境对灯光的不同要求，选择布灯的方式和位置。一般只有在需要局部照明或定向照明时，根据情况才考虑用选择性布置。

灯具布置是否合理，可以通过照度的均匀度反映出来。照度的均匀度主要取决于灯具的间距 L 与计算高度 h_r（灯具至工作面的高度）的比值（即距高比）。在 h_r 一定的条件下，L/h_r 值小，照度的均匀度就好，但由于布置的灯具较多，经济性差；L/h_r 值过大，则不能保证照度的均匀度。每种灯具均有一个最佳的距高比（表 6.13），只要实际采用 L/h_r 的数值在此范围之内，就能够满足照度均匀度的要求，并且具有较小的电能消耗。

为了保持整个场所的照度均匀度，靠边的灯具不能离墙太远，一般在 0.25～0.5L 之间，当靠墙有视觉工作要求时，灯具与墙的距离不应大于 0.75 m。

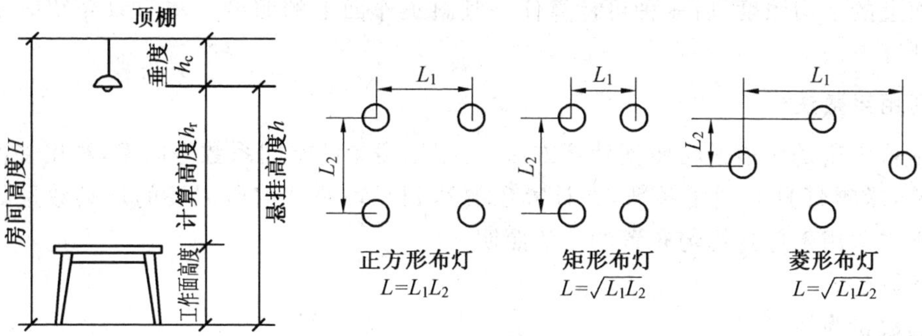

(a)点光源的均匀布灯

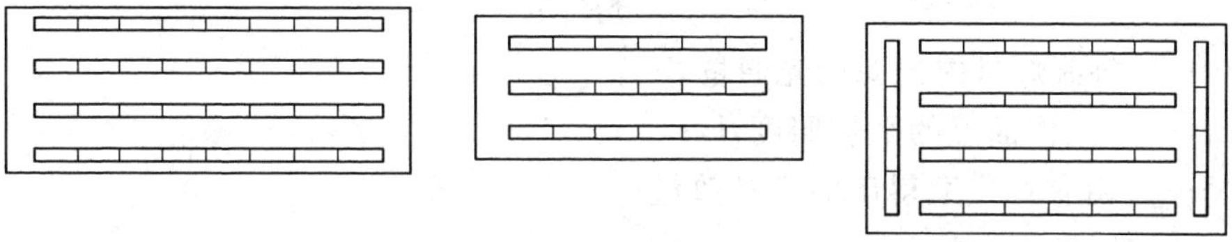

(b)光源的均匀布置

图 6.18 光源的均匀布置

表 6.13 灯具的最佳距高比

灯具种类	距高比(L/h)		宜采用单行布置的房间高度
	多行布置	单行布置	
乳白玻璃圆球灯、散照型放水防尘灯、天棚灯	2.3～3.2	1.9～2.5	1.3h
无漫透射罩的配照型灯	1.8～2.5	1.8～2.0	1.2h
搪瓷深照型灯	1.6～1.8	1.5～1.8	1.0h
镜面深照型灯	1.2～1.4	1.2～1.4	0.75h
有反射罩的荧光灯	1.4～1.5	—	—
有反射罩的荧光灯,带栅格	1.2～1.4	—	—

(3)灯具的高度。灯具悬挂的高度主要根据使用场所的层高,考虑到防眩光的要求、防触电安全的要求以及灯具防碰撞的要求等来确定。室内照明灯具的高度一般不得低于 2.4 m,当低于此值时,要采用封闭式灯罩或带有保护网的光源。

6.3 照度计算

照度计算是照明设计的主要内容之一,是正确进行照明设计的重要环节,是对照明质量做定量评价的技术指标。照度计算的目的在于根据照明需要及其他已知条件,来决定照明灯具的数量以及其中电光源的容量,并据此确定照明灯具的布置方案;或者在照明灯具形式、布置及光源的容量均已确定的情况下,通过照度计算来定量评价实际使用场合的照明质量。

照度计算的方法一般包括利用系数法、单位容量法、逐点计算法等。前两种主要用于计算工作面上的平均照度，后一种可计算任一倾斜工作面上的照度。本节只介绍应用较多的前两种计算方法。

1. 利用系数法

利用系数法是一种平均照度计算方法，是根据房屋的空间系数等因素，利用多次相互反射的理论，求得灯具的利用系数，并计算出要达到平均照度值所需要的灯具数量的计算方法。该方法适用于灯具均匀布置的一般照明。

1)计算公式

灯具数量为

$$N=\frac{E_{av}A}{\Phi K_{U}K} \tag{6.11}$$

式中 Φ—— 每盏灯具内光源的光通量，lm；

E_{av}—— 工作面上的平均照度，lx；

N—— 由布灯方案得出的灯具数量；

A—— 工作面面积，m^2；

K—— 维护系数，见表 6.14；

K_U—— 利用系数，指投射到工作面上的光通量与光源光通量之比。

光通利用系数 K_U 是用来表示照明光源的光通利用程度的一个参数，其数值大小等于投射到工作面上的光通量（包括直射和反射到工作面上的所有光通）与全部光源发出的总光通量之比。

表 6.14 维护系数

环境污染特征	工作房间或场所	维护系数	灯具擦洗次数 /(次 /a)
清洁	住宅卧室、办公室、餐厅、阅览室、绘图室等	0.80	2
一般	商店营业厅、候车候船室、影剧院观众厅等	0.75	2
污染严重	厨房	0.60	3

2) 计算步骤

(1) 选择灯具，计算合适的计算高度，进行灯具布置。

(2) 根据灯具的计算高度 h 及房间尺寸来确定室形指数 RI，即

$$RI=lb/h_{r}(l+b) \tag{6.12}$$

式中 RI—— 室形指数；

h_r—— 灯具的计算高度，m；

l—— 房间长度，m；

b—— 房间宽度，m。

$$RCR=\frac{5h_{r}(l+b)}{lb} \tag{6.13}$$

式中 RCR—— 室空间比；

h_r—— 室空间高，即灯具的计算高度，m；

l—— 房间长度，m；

b—— 房间宽度，m。

(3) 查墙壁、天棚与地板的反射系数，见表 6.15，以确定各反射系数 p_q，p_d，p_t。

表 6.15　墙壁、天棚及地面反射系数表(p_q，p_d，p_t)

反射面特性	反射系数 /%
白色天棚、带有窗子(有白色窗帘遮蔽) 的白色墙壁	70
天窗帘遮蔽的窗子，混凝土及光亮的天棚、潮湿建筑物的白色天棚	50
有窗子的混凝土墙壁、用光亮纸糊的墙壁、木天棚、一般混凝土地面	30
带有大量暗色灰尘建筑物内的混凝土、木天棚、墙壁、砖墙及其他有色的地面	10

(4) 根据所选用灯具的型号及反射系数，从灯具利用系数表中查得光通利用系数 K_U。

(5) 根据规定的平均照度，按式(6.11) 来计算灯具套数。

【例 6.1】 某办公室有吊顶，长 19.2 m，宽 12.8 m，净高 2.6 m，工作面高 0.75 m，如图 6.19 所示。顶棚、墙面和桌面发射比分别为 0.7、0.5、0.1。采用直接照明时，照度为 500 lx。光源和灯具选用飞利浦的 TLD36W/840/3350 型和 TES100—236—1C—E_2 型双管荧光灯照明吸顶安装。使用环境比较洁净，求吊顶上的装灯数量。

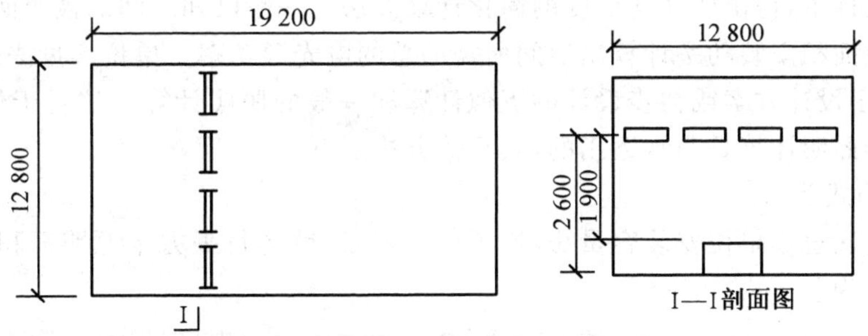

图 6.19　办公室照明设计

解　① 填写原始数据。光源光通量 $\Phi = 3\ 350$ lm/ 只，灯具类型 TBS100E_2，室长 $l = 19.2$ m，室宽 $b = 12.8$ m，灯具计算高度 $h_r = (2.6 - 0.75)\text{m} = 1.85$ m。顶棚反射比 $\rho_c = 0.7$，墙面反射比 $\rho_t = 0.5$，桌面反射比 $\rho_f = 0.1$，工作面平均照度(标准)$E_{av} = 300$ lx。

② 计算室空间比。按式(6.13) 计算：

$$RCR = \frac{5h_r(a+b)}{ab} = \frac{5 \times 1.85 \times (19.2 + 12.8)}{192 \times 12.8} = 1.20$$

③ 取灯具维护系数。按表 6.15 的办公室采用荧光灯，维护系数 $K = 0.80$。

④ 确定利用系数。查飞利浦样本(表 6.16) 系列灯具。在 $\rho_c = 0.7$，$\rho_t = 0.5$，$\rho_f = 0.1$ 时，其室空间比 $RCR = 1.20$，$RI = 4.17$ 时的利用系数 $K_U = 0.71$。

⑤ 灯具安装数量。按式(6.11) 计算灯具实装值。

$$N = \frac{E_{av}A}{\Phi K_U K} = \left(\frac{300 \times 19.2 \times 12.8}{2 \times 3\ 350 \times 0.71 \times 0.80}\right) \text{套} = 19.4\ \text{套}$$

根据房间的几何尺寸及考虑灯具布置的美观性，布置 4 排 5 列共计 20 个灯具。实际布置数大于计算数，故满足照度要求。

表 6.16　利用系数表(飞利浦灯具)

室形指数	反射系数								
	70				50			30	
	50	50	30	10	50	30	10	10	10
	30	10	10	10	30	10	10	10	10
0.60	0.39	0.38	0.33	—	—	—	—	—	—
0.80	0.48	0.45	0.40	—	—	—	—	—	—
1.00	0.54	0.51	—	—	—	—	—	—	—
1.20	0.59	0.56	—	—	—	—	—	—	—
4.00	0.80	0.71	—	—	—	—	—	—	—
5.00	0.82	0.72	—	—	—	—	—	—	—

2. 单位容量法

单位容量法是通过利用系数法演变而来的，是在各种光通利用系数和光的损失等因素相对固定的条件下，得出的平均照度的简化计算方法。一般已知房间的被照面积后，就可根据推荐的单位面积安装功率计算出房间所需的总的电光源功率。单位容量法是一种常用的方法，其适用于设计方案或初步设计的近似计算和一般的照明计算。这对于估算照明负荷或进行简单的照明计算是非常适用的，其具体方法如下：

1）计算公式

单位容量法也称单位安装容量法，所谓单位容量，就是每平方米照明面积的安装功率，其公式可表达为

$$\sum P = \omega S \tag{6.14}$$

$$N = \sum P / P \tag{6.15}$$

式中　$\sum P$—— 总安装容量(功率)，不包括镇流器的功率损耗，W；

P—— 每套灯具的安装容量(功率)，不包括镇流器的功率损耗，W；

N—— 在规定照度下所需灯具数，套；

S—— 房间面积，一般指建筑面积，m^2；

ω—— 在某最低照度值时的单位面积安装容量(功率)，W/m^2。

2）计算步骤

(1) 根据建筑物的不同房间和场所对照明设计的要求，首先选择照明光源和灯具。

(2) 根据所要达到的照度要求，查相应灯具的单位面积安装容量表。

(3) 将查到的值按式(6.14)和式(6.15)计算灯具数量，据此布置照明灯具数量，确定布灯方案。

6.4　建筑物内照明设计

1. 照明设计的目的

照明设计的基本原则是实用、经济、安全、美观。根据这一基本原则，电气照明设计应根据视觉要求、作业性质和环境条件，使工作区或空间获得良好的视觉功效、合理的照度和显色性、适宜的亮度分布以及舒适的视觉环境。在确定照明方案时，应考虑不同类型建筑对照明的特殊要求，处理好人工照明与天然照明之间的关系，合理使用建设资金以及采用节能光源高效灯具等技术。

综上所述，照明设计的目的在于应人的视觉功能要求，提供舒适明快的环境和安全保障。设计要解决照度计算、导线截面的计算、各种灯具及材料的选型等问题，并绘制平面布置图、大样图和系统图。

2. 照明设计的内容

电气照明设计一般由照明供电设计和灯具设计两部分组成。

建筑电气照明供电设计的内容包括确定电源和供电方式，选择照明配电网络形式，选择电气设备、导线和敷设方式。照明灯具设计的内容包括选择照明方式、选择电光源、确定照度标准、选择照明器并进行布置、进行照度计算，确定电光源的安装功率。最终以照明施工图的形式来表达。

(1)在制订设计计划之前，要认真调查照明场所的面积、顶棚高度、周围装修状况、所在场所的作业性质、配线和器具安装以及维修的难易程度等。

(2)根据国家照明标准决定需要的照度。

(3)照明方式包括全面照明、全面照明与局部照明并用、局部照明或直接照明、半直接照明、全面扩散照明、半间接照明、间接照明以及多种形式并用的照明方式等。设计时，可从中选择最佳的照明方式。

(4)照明灯具的选择。光源可从节能荧光灯、白炽灯和水银灯等种类中选择。

(5)根据各种已知条件进行照度计算，决定光源位置、灯具数量和排列方法。

3. 照明设计步骤

电气照明设计一般按以下步骤进行：

(1)了解建设单位的使用要求，如投资水平、豪华程度、照明标准等，并以此明确设计方向。

(2)收集有关技术资料和技术标准。了解土建等的专业情况，如建筑平面图、立面图、电源进线的方位、结构情况、空间环境、潮湿情况、灯具样本、设备及有无易燃易爆物品等。

(3)确定照度标准。

(4)根据建设单位和工程的要求，选择各种电光源设备、设计照明方式、确定灯具种类、安装方式、灯具部位并确定其安装方法。

(5)进行照度计算，确定灯具的功率，调整平面布局。计算照明设备总容量，以便选择电度表及各种控制设备和保护设备。

(6)比较复杂的大型工程需要进行方案比较，评价技术和经济情况，最终确定最佳方案。

(7)进行配电线路设计,分配三相负载,使其尽量平衡。计算干线的截面、型号及敷设部位。选择变压器、配电箱、配电柜及各种高低压电器的规格容量。

(8)绘制照明平面图和系统图,标注型号规格及尺寸。必要时需绘制大样图,注意配电箱留墙洞的尺寸要准确无误。

(9)绘制材料总表,按需要编制工程概算或预算。

(10)编写设计说明书,主要内容包括进线方式、主要设备、材料的规格型号及作法等。

4. 照明设计要求

(1)平面布灯要点。

大房间一般采用均匀布灯,边灯距墙为相邻两灯距离的一半,例如可采用正方形、矩形、菱形等形式。这样,不但满足了照度的均匀度,而且可尽量减少灯具数量及眩光。

当灯具高度在 2.4 m 以下时,灯具外壳应接保护线。如果局部照明设备与人体经常接触,则应采用安全电压照明。

(2)灯具的高度设计。

在高大的建筑房间内布灯,可采用顶灯与壁灯相结合的方式以提高垂直亮度,如大型影剧院等。荧光灯的安装高度可参考表 6.17。

表 6.17　荧光灯的安装最大允许距高比值

名称		型号	灯具效率/%	最大允许距高比		光通量/lm	荧光灯的纵轴与横轴
				A—A	B—B		
筒式荧光灯	1×40 W	YG1—1	81	1.62	1.22	2 400	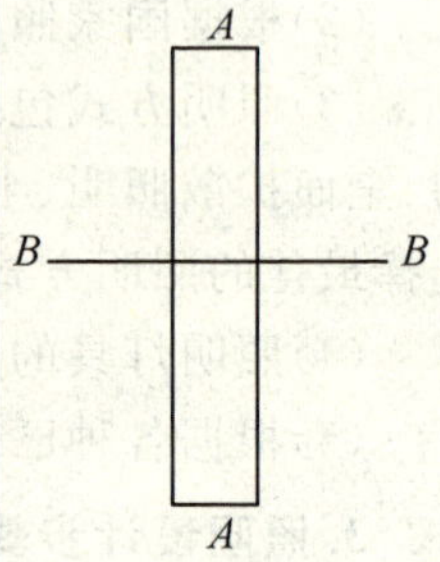
	1×40 W	YG2—1	88	1.46	1.28	2 400	
	2×40 W	YG2—2	97	1.33	1.28	4 800	
密闭型荧光灯	1×40 W	YG4—1	84	1.52	1.27	2 400	
密闭型荧光灯	2×40 W	YG4—2	80	1.41	1.26	4 800	
吸顶型荧光灯	2×40 W	YG6—2	86	1.48	1.22	4 800	
吸顶型荧光灯	3×40 W	YG6—3	86	1.5	1.26	7 200	
嵌入式荧光灯(塑料格栅)	3×40 W	YG15—3	45	1.07	1.05	7 200	
嵌入式荧光灯(铝格栅)	2×40 W	YG15—2	63	1.25	1.20	4 800	

(3)每个回路设计灯具的套数。

按照规范要求,每一照明单相分支回路的电流不宜超过 16 A,所接光源数不宜超过 25 个。连接建筑组合灯具时,回路电流不宜超过 25 A,所接光源数不宜超过 60 个。连接高强度气体放电灯的单相分支回路的电流不宜超过 30 A。建筑物轮廓装饰灯每一单相回路不宜超过 100 个。插座不宜与照明灯接在同一分支回路中。

(4)插座容量及同时使用系数。

民用建筑中的插座在无具体设备连接时,每个按 100 W 计算安装负荷。一个房间的插座宜由一个回路配电,2～3 个房间可共用一个回路供电。备用照明、疏散照明的回路上不应设置插座。多个插座计算容量时，其需要系数可参见表 6.18。

表 6.18　计算插座容量的同时使用系数

插座的数量/个	4	5	6	7	8	9	10
需要系数/K_x	1	0.9	0.8	0.7	0.65	0.6	0.6

(5)相线干线和回路支线截面要求。

对于三相电源来说，一般情况下中性线的截面不宜小于相线截面的一半。如果三相负载很不平衡，中性线电流大，则中性线截面的选择应与相线中的最大截面相等。对于单相电源来说，相线与零线的截面相同。

(6)线路的保护。

所有照明线路均应设置短路保护，而且各级断电次序应有选择性。发生线路断路时，首先应是线路最末端的保护装置动作，只有末端保护装置出现故障时，才能使上一级保护装置动作。此外，在下列情况下还应设计过载保护：

①公共建筑物、居民住宅、商店、试验室及重要的仓库等。

②可能发生火灾危险的房间或有爆炸危险的供电线路。

③绝缘导线敷设在易燃体或有高温的建筑结构上面时，应设计过载保护。

5. 照明供电

(1)供电线路设计方法。

①照明负荷应根据国家有关规程规范，判断中断供电可能造成的影响及损失，合理地确定负荷等级，并应正确选择供电方案。

②民用建筑照明负荷计算宜采用需要系数法。计算照明分支回路和应急照明的所有回路时，需要系数均应取 1。照明负荷的计算功率因数，白炽灯为 1，荧光灯带功率补偿时取 0.95，不带功率补偿时取 0.5；高强度气体放电灯带有无功功率补偿装置时取 0.9，不带补偿装置时取 0.5。大多数情况下，荧光灯、高强度气体放电灯均应设置无功功率补偿。

③三相照明线路各相负荷的分配宜尽量保持平衡，在每个分配电盘中最大与最小相的负荷电流差不宜超过 30%。特别重要的照明负荷，宜在负荷末级的配电箱采用自动切换电源的方式，也可采用由两个专用回路各带 50%照明灯具的配电方式。

④为了改善气体放电灯的频闪效应，可将其同一或不同灯具的相邻灯管分接在不同相别的线路上。对于采用气体放电灯供电的三相四线照明线路，其中性线截面应按最大的一相电流来选择。

⑤建筑物照明电源线路的进户处，应装设带有漏电保护装置的四极总开关。

(2)照明设备的安全电压。

对于容易触及而又无防止触电措施的固定式或移动式灯具，其安装高度距离地面宜为 2.2 m 及以下或手持照明灯具应用安全电压。当环境干燥、条件良好时，一般采用 36 V；在特别潮湿的场所、高温场所、具有导电灰尘的场所或具有导电地面的场所使用电压不应超过 24 V；工作场所的狭窄地点，且作业者接触大块金属面时，使用的手提行灯电压不应超过 12 V。

36 V 及以下安全电压的局部照明的电源和手提行灯的电源，输入电路与输出电路必须实行电路上的隔离，即采用隔离变压器。

(3)应急照明的电源。

应急照明的电源与正常照明的电源不同，其供电方式宜按下列方式选用：

①接自电力网有效地独立于正常照明电源的线路。

②蓄电池组，包括灯内自带蓄电池、集中设置或分区集中的蓄电池装置。

③应急发电机组。

④以上任意两种方式的组合。

应急照明若作为正常照明的一部分同时使用时，应设有单独的控制开关；不作为正常照明的一部分同时使用时，若正常照明发生故障，则应急照明电源宜自动投入。

消防应急灯具的应急电源转换时间应不大于 5 s。应急工作时间应不小于 45 min。

6. 节能标准

节能是照明设计的基本原则之一，是指在保证不降低作业的视觉要求下，最有效地利用照明用电。在照明施工图设计的过程中，应注意以下几方面内容：

(1)照明设计应选用效率高的光源及利用系数高、配光合理的灯具。在保证照明质量的前提下，应优先采用开启式灯具、定向照明灯具，并不宜采用装有格栅、保护罩等附件的灯具。

(2)确定合理的照度标准值。根据视觉作业的要求，选用合适的照明方式及照度值是照明设计所需要完成的任务。照度标准值较高的场所可增设局部照明；在同一照明房间内，当工作区的某一部分或几个部分需要高照度时，可采用分区一般照明的方式。大面积使用气体放电灯的场所，宜装设补偿电容器，低压用户功率因数不应小于 0.85，高压用户不应小于 0.9。若新建筑物的功率因数达不到 0.9，则不予供电。

(3)对于照明线路、开关及控制，宜在楼梯间、走廊等公共用电场所选用节能开关(即触摸延时开关、光电开关、声控开关及双控开关等)。对于室内照明线路宜分组设置开关，如一灯一个开关。为了充分利用自然光，靠近窗户的灯具应单设开关，这样白天就不用开灯了。

住宅照明设计容量计算中住宅楼的需要系数，根据住户数多少，一般宜取 0.5～0.7。当设计一个小区时，住宅楼的负荷计算需要系数与住宅楼的数量有关，首先要求出每一栋楼的计算负荷，2～5 栋楼时，需要系数取 0.4～0.5；6～10 栋楼时，需要系数取 0.3～0.4；10 栋楼以上时，需要系数取 0.2～0.3。

住宅灯具的安装方式为：厨房、厕所采用防水吊线式灯具；客厅、卧室、门厅、过道采用吸顶式灯具。吸顶式灯具应尽量选用节能型灯具，如三基色照明灯具等，不但光线柔和悦目，无频闪、保护视力，而且具有多种色温，从温和的 2 799 K 到冷白的 6 400 K 等，在同等照度下，该高效节能灯 7 W 相当于白炽灯泡 60 W，15 W 相当于 150 W，18 W 相当于 200 W，而且寿命是白炽灯的 5 倍，节能效果十分显著。日光灯采用电子镇流器，可节能 10%～20%，功率因数可达 0.9 以上。

家用电器的插座与照明的支路要求分开，其中插座回路需要设置漏电断路器，而照明支路则可不装。照明回路的出线口一般不大于 25 个灯或不超过 16 A，插座支路不超过 20 A。插座应选用二三孔组合插座，以扁孔和圆孔两用型为最佳，方便使用。插座支路导线截面最小为 2.5 mm^2，照明支路导线截面铜线最小为 1.5 mm^2。

每单元楼梯间公共照明应单设一块电度表计量，各楼层灯由物业管理部门管理和统一收费。

住宅建筑照明的照度标准值应符合表 6.19 的规定。

表 6.19　住宅建筑照明的照度标准值

房间及场所		参考平面及其高度	照度标准值/lx	Ra
起居室	一般活动	0.75 m 水平面	100	80
	书写、阅读		300 *	
卧室	一般活动		75	
	床头、阅读		150 *	
餐厅			150	80
卫生间			100	80
厨房	一般活动		100	80
	操作台	台面	150 *	

注：* 宜用混合照明

7. 办公室照明设计的要点

办公室或教室之类的工作房间要求具有足够的照度和照度均匀度，最低照度与平均照度之比不宜小于 0.7。这是因为，长时间在办公室工作，照度均匀可以减轻疲劳，使人感到舒适，提高工作质量。办公楼建筑照明的照度标准值应符合表 6.20 的规定。

表 6.20　办公楼建筑照明的照度标准值

房间及场所	参考平面及其高度	照度标准值/lx	*UGR*	*Ra*
普通办公室	0.75 m 水平面	300	19	80
高档办公室	0.75 m 水平面	500	19	80
会议室	0.75 m 水平面	300	19	80
接待室、前台	0.75 m 水平面	300	—	80
营业厅	0.75 m 水平面	300	22	80
设计室	实际工作面	500	19	80
文件整理、复印、发行室	0.75 m 水平面	300	—	80
资料、档案室	0.75 m 水平面	200	—	80

楼内的会议室、报告厅、贵宾室等可以选用华丽的灯具。而且需要具有足够的电源插座以便供扩音器、录像、幻灯等电气设备用电。办公室的插座从安全及办公自动化要求的角度来看，应选用单相三孔有保护接零或接地的插座。

阅览室应设置局部照明，灯具的位置应设置在书的正上方，也可将灯直接设置在书架上。

由于办公室通常是在白天使用，设计时宜充分利用自然光，以利节能。平面布灯时应采用单灯单控的方式，在白天阳光充足时，可以不开靠近窗户的灯。楼道和厕所宜单设一条支路，以便于下班以后或是出事后可以拉闸断电，而只保留楼梯和楼道的照明。

电源宜采用TN－S系统三相五线供电，如果当地采用的是TN－C系统，则应在总配电箱处将工作零线分出一根专用保护线，即成为TN－C－S系统供电。

根据目前我国光源和灯具的水平计算，采用荧光灯照明的普通办公室，平均照度为300 lx，所需要的照明安装容量为11 W/m^2。

办公室照明通常采用荧光灯，因为荧光灯的显色性好、发光效率高、色温也高，适宜于办公或学习。应采用单灯单控的方式，人少时，可以少开灯，距离窗户较远处也可以较长时间用灯，这样有利于节能，提倡使用节能型日光灯。

楼梯间、门厅及厕所宜采用白炽灯，因为白炽灯能瞬燃，适用于楼道灯频繁开关，而且没有频闪效应。楼道等宜采用定时开关或延时开关。灯具安装方式多为吸顶式，吸顶式灯照射空间大，适用于楼梯间等场所的整体照明。日光灯不宜频繁开启，因为每开一次就相当于使用2 h的寿命。

由于办公楼一般都吊顶，所以灯具的安装方式多为链吊式，灯具质量超过1 kg时要用链吊式，若超过3 kg则应预埋螺栓。不足1 kg时，可采用线吊式安装。

8. 应急照明设计

应急照明按其功能可分为两种类型：一是指示出口方向及位置的疏散标志灯；二是照亮疏散通道的疏散照明灯。

应急照明每一回路的电流不宜超过15 A，灯的数量不宜超过20个。

在需要设置疏散照明的建筑物内，应按以下原则进行布置：应保证在建筑物内，疏散走道上或公共厅堂内的任何位置的人员，均能看到疏散标志或疏散指示标志，一直到达出口。疏散应急照明灯宜设置在墙面上或顶棚上。安全出口标志宜设置在出口的顶部；疏散走道的指示标志宜设置在疏散走道及其转角处距离地面1.00 m以下的墙面上。应急出口及疏散走道的应急照明灯均属于标志灯，在紧急情况下要求能够可靠、有效地辨认标志，如图6.20所示。应急照明的安装位置和安装高度，如图6.21和图6.22所示。

图6.20　安全出口标志灯外形

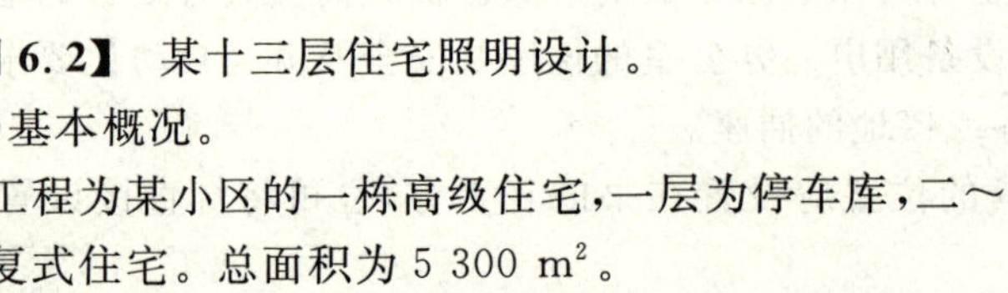

图6.21　应急照明安装高度

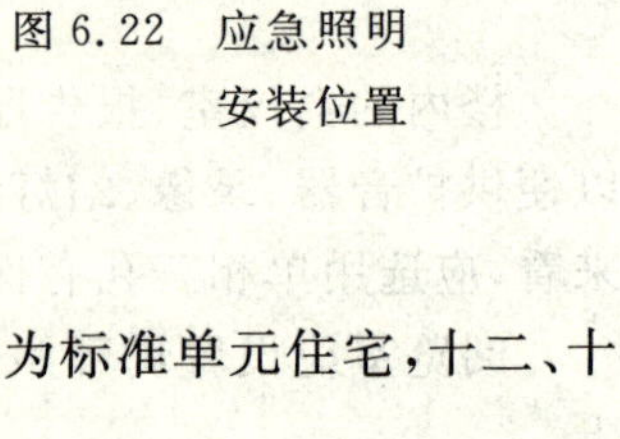

图6.22　应急照明安装位置

【例6.2】　某十三层住宅照明设计。

(1)基本概况。

本工程为某小区的一栋高级住宅，一层为停车库，二～十一层为标准单元住宅，十二、十三层为复式住宅。总面积为5 300 m^2。

(2)结构概况。

大楼结构为钢筋混凝土剪力墙结构，楼板为现浇混凝土楼板，砖墙。

(3)供电概况。

本住宅电源引生活小区变电所，一路供住宅用户用电，二路供电梯、应急照明等用电，均采用电力电缆埋地引入至电缆井。楼内采用220/380 V供电，TN－C－S系统配线，由一层总电表箱处经强电竖井送至各层配电箱；电梯电源、公共照明电源（应急照明）、正压送风设备电源均为双路电源互投装置供电，当常用电源停电时，备用电源自动投入，保证供电可靠性。

(4)照明。

为了减少动力设备用电对照明线路电压波动的影响，照明用电与动力用电线路分开供给。本楼设一般照明和应急照明。

电梯间、楼梯间设应急疏散指示灯及楼层指示灯，它们在正常及事故时均点燃。应急疏散、楼层指示灯均自带蓄电池，应急供电时间不少于45 min。

单元户内设一般照明，由于考虑二次装修，故照明灯具的型号及规格由住户自定。

(5)配线。

楼内强电配线见各层照明平面图及配电系统图中标注，穿管管径除图中标注外，根据平面图中实际根数及线径，参考图集配管径；楼内配线除注明外，均采用BV－0.5 kV铜芯塑料线穿PVC阻燃管保护暗敷设。

图例及安装高度见表6.21。

配电系统图及照明平面图如图6.23～图6.27所示。

表6.21　图例及安装高度

 Mx	配电箱（暗设）1.5 m	 X	洗衣机插座（暗设）1.5 m
 Mz	电表箱（明设）1.5 m	 K	空调插座（暗设）1.8 m
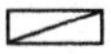 AT	电梯机房配电箱（半明设）1.5 m	 P	排气扇插座（暗设）1.8 m
	单管吸顶荧光灯	 T	可视对讲机电源插座（暗设）1.5 m
	吸顶白炽灯		插座（暗设）0.3 m
	壁灯 2.0 m		翘板开关（暗设）0.3 m
	应急疏散灯 0.8 m	 t	触摸延时开关（暗设）1.5 m
出口	应急疏散灯 2.5 m		

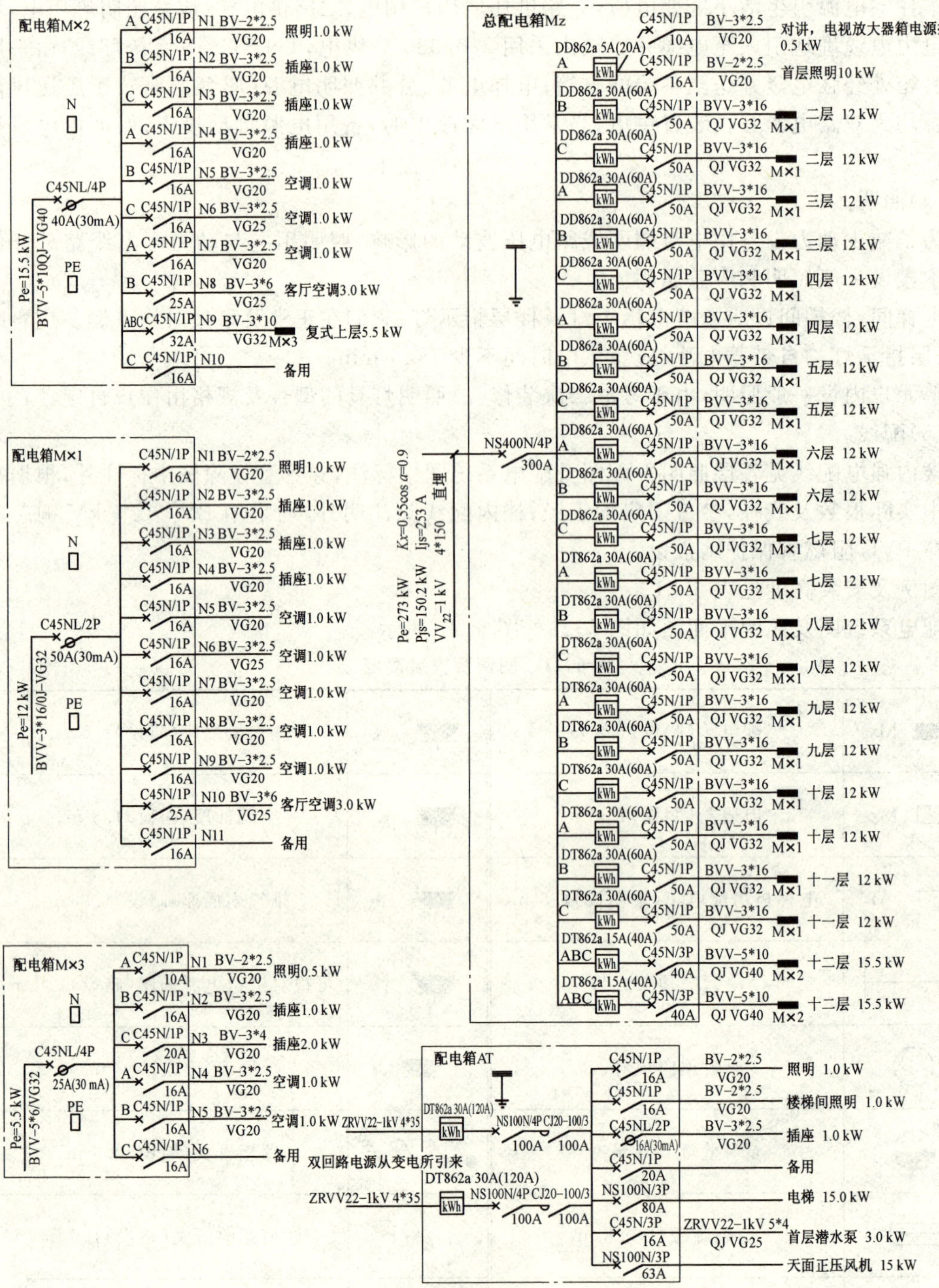

图 6.23　照明配电系统图

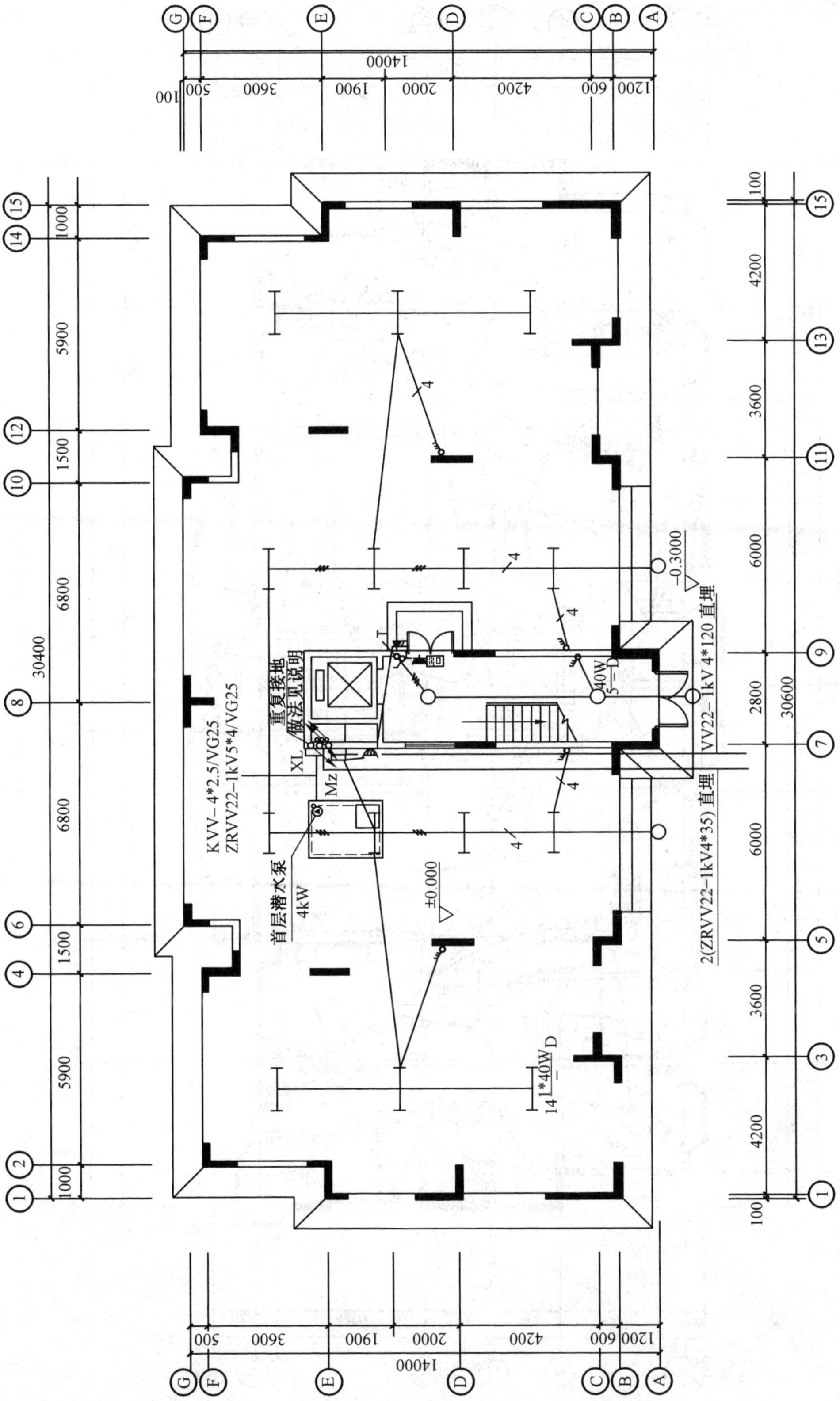

图 6.24　一层照明平面图

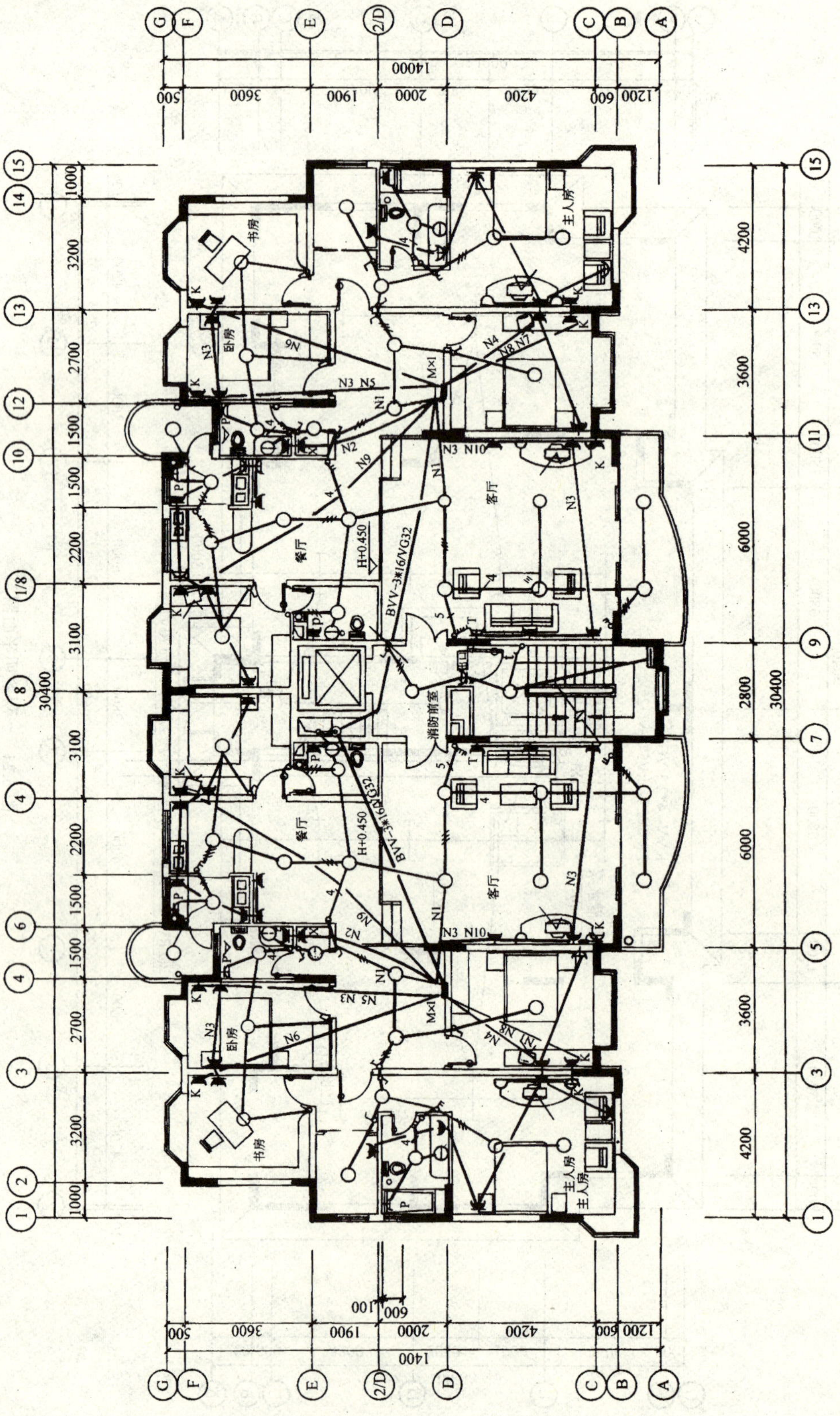

图 6.25　二～十一层照明平面图

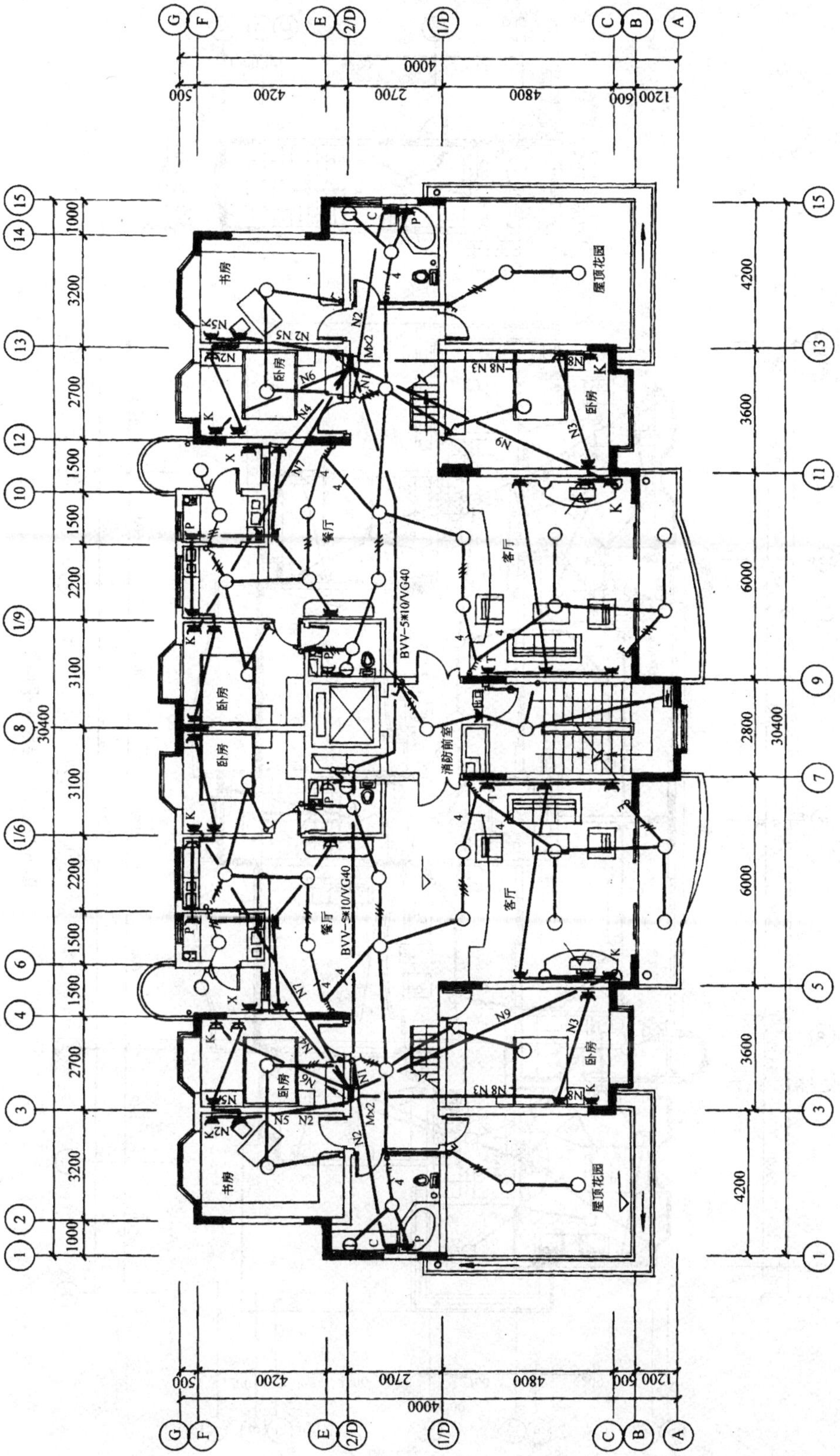

图 6.26　十二层照明平面图

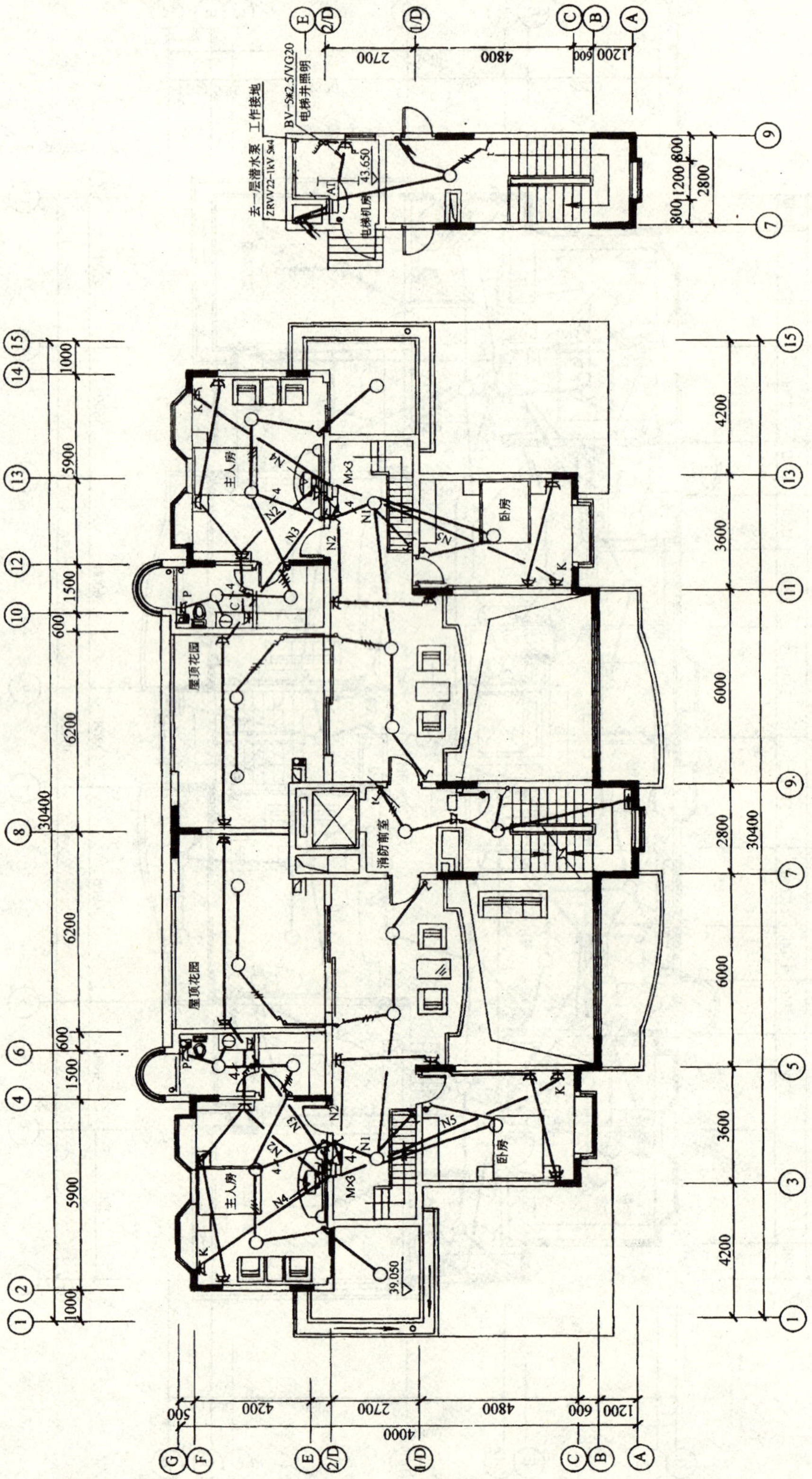

图 6.27　十三层照明平面图

复习思考题

1. 光通量的含义是什么？

2. 光源的色温及相关色温的含义是什么？

3. 什么是显色性和显色指数？

4. 常见的电光源种类有哪些？

5. 简述荧光灯、金属卤化物灯、钠灯、氙灯、LED 灯的特性。

6. 灯具的选择依据什么原则？

7. 灯具布置的基本要求有哪几个方面？

8. 照度计算的方法有哪些？

9. 某车间长 30 m、宽 15 m、高 5 m，灯具安装距地高度为 4.2 m，工作面高 0.75 m，试计算其室形指数。

10. 某商业营业厅的面积为 30 m×15 m，房间净高 3.5 m，工作面高 0.8 m，天棚反射系数为 70%，墙壁反射系数为 55%。拟采用荧光灯吸顶安装，试计算需安装灯具的数量。

11. 某餐厅室内净长 10 m，宽 6.5 m，高 4 m，拟采用 6 盏花灯做照明，每盏花灯装有 220 V 的 4 个 25 W 和 1 个 40 W 的白炽灯泡，其挂高为 3 m，天棚采用白色钙塑板吊顶，墙壁采用白色涂料粉刷，地板为水泥地面，试计算可达到的照度。

第 7 章　建筑物防雷、接地及等电位连接

建筑物防雷、接地及等电位连接是电力系统中一个重要组成部分。本章主要介绍建筑物的防雷分类及防雷措施；低压配电系统的接地形式；建筑物等电位连接以及特殊场所的安全防护。

7.1　建筑物年预计雷击次数

(1) 建筑物年预计雷击次数应按下式计算：

$$N=k\times N_g\times A_e \tag{7.1}$$

式中　N—— 建筑物年预计雷击次数，次 /a；

k—— 校正系数，在一般情况下取 1；位于河边、湖边、山坡下或山地中土壤电阻率较小处、地下水露头处、土山顶部、山谷风口等处的建筑物，以及特别潮湿的建筑物取 1.5；金属屋面没有接地的砖木结构建筑物取 1.7；位于山顶上或旷野的孤立建筑物取 2；

N_g—— 建筑物所处地区雷击大地的年平均密度，次 /km²/a；

A_e—— 与建筑物截收相同雷击次数的等效面积，km²。

(2) 雷击大地的年平均密度，首先应按当地气象台、站资料确定；若无此资料，可按下式计算：

$$N_g=0.1\times T_d \tag{7.2}$$

式中　T_d—— 年平均雷暴日，根据当地气象台、站资料确定，d/a。

(3) 与建筑物截收相同雷击次数的等效面积应为其实际平面积向外扩大后的面积。其计算方法应符合下列规定：

① 当建筑物的高度小于100 m时，其每边的扩大宽度和等效面积应按下列公式计算(图 7.1)：

$$D=\sqrt{H(200-H)} \tag{7.3}$$

$$A_e=[LW+2(L+W)\sqrt{H(200-H)}+\pi H(200-H)\times 10^{-6}] \tag{7.4}$$

式中　D—— 建筑物每边的扩大宽度，m；

L,W,H—— 建筑物的长、宽、高，m。

② 当建筑物的高度小于 100 m，同时其周边在 $2D$ 范围内有等高或比它低的其他建筑物，这些建筑物不在所考虑建筑物以 $h_r=100$(m) 的保护范围内时，按式(7.4) 算出的 A_e 可减去$(D/2)\times$(这些建筑物与所考虑建筑物边长平行以米计的长度总和)$\times 10^{-6}$(km²)。

当四周在 $2D$ 范围内都有等高或比它低的其他建筑物时，其等效面积可按下式计算：

$$A_e=\left[LW+(L+W)\sqrt{H(200-H)}+\frac{\pi H(200-H)}{4}\right]\times 10^{-6} \tag{7.5}$$

③ 当建筑物的高度小于 100 m，同时其周边在 $2D$ 范围内有比它高的其他建筑物时，按式(7.4) 算出的等效面积可减去 $D\times$(这些建筑物与所考虑建筑物边长平行以米计的长度总和) $\times 10^{-6}(\mathrm{km}^2)$。

当四周在 $2D$ 范围内都有比它高的其他建筑物时，其等效面积可按下式计算：

$$A_e = LW \times 10^{-6} \tag{7.6}$$

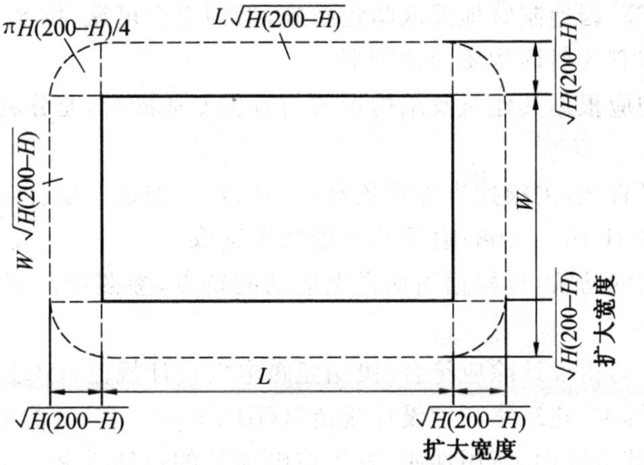

图 7.1　建筑物的等效面积

注：建筑物平面面积扩大后的等效面积如图 7.1 中周边虚线所包围的面积

④ 当建筑物的高度等于或大于 100 m 时，其每边的扩大宽度应按等于建筑物的高计算；建筑物的等效面积应按下式计算：

$$A_e = [LW + 2H(L+W) + \pi H^2] \times 10^{-6} \tag{7.7}$$

⑤ 当建筑物的高等于或大于 100 m，同时其周边在 $2H$ 范围内有等高或比它低的其他建筑物，且不在所确定建筑物以滚球半径等于建筑物高(m) 的保护范围内时，按式(7.7) 算出的等效面积可减去$(H/2)\times$(这些建筑物与所确定建筑物边长平行以米计的长度总和)$\times 10^{-6}(\mathrm{km}^2)$。

当四周在 $2H$ 范围内都有等高或比它低的其他建筑物时，其等效面积可按下式计算：

$$A_e = \left[LW + H(L+W) + \frac{\pi H^2}{4}\right] \times 10^{-6} \tag{7.8}$$

⑥ 当建筑物的高等于或大于 100 m，同时其周边在 $2H$ 范围内有比它高的其他建筑物时，按式(7.7) 算出的等效面积可减去 $H\times$(这些建筑物与所确定建筑物边长平行以米计的长度总和) $\times 10^{-6}(\mathrm{km}^2)$。

当四周在 $2H$ 范围内都有比它高的其他建筑物时，其等效面积可按式(7.6) 计算。

⑦当建筑物各部位的高不同时，应沿建筑物周边逐点算出最大扩大宽度，其等效面积应按每点最大扩大宽度外端的连接线所包围的面积计算。

7.2 建筑物的防雷分类及防雷措施

1. 一般规定

(1)建筑物防雷设计,应认真调查地质、地貌、气象、环境等条件和雷电活动规律以及被保护建筑物的特点等,因地制宜地采取防雷措施,做到安全可靠、技术先进、经济合理。

(2)不应采用装有放射性物质的接闪器。

(3)新建建筑物应根据其建筑及结构形式与有关专业配合,充分利用建筑物金属结构及导体作为防雷装置。

(4)年平均雷暴日数,需根据当地气象台(站)的资料确定。如有困难时,可参照《民用建筑电气设计规范》(JGJ 16—2008)附录 B. 1 的数据选取。

(5)山地建筑物的防雷,可根据当地雷电活动的特点,参照规范规定的有关条文采取防雷措施。

(6)民用建筑物防雷设计除应符合《民用建筑电气设计规范》(JGJ 16—2008)的规定外,还应符合现行国家标准《建筑物防雷设计规范》(GB 50057—2010)的规定。

建筑物应根据其重要性、使用性质、发生雷电事故的可能性和后果,按防雷要求进行分类。根据国标《建筑物防雷设计规范》(GB 50057—2010)建筑物应根据其重要性、使用性质、发生雷电事故的可能性和后果,按防雷要求分为三类,即一类防雷建筑物、二类防雷建筑物、三类防雷建筑物。

2. 建筑物的防雷分类

(1)在可能发生对地闪击的地区,遇下列情况之一时,应划为第一类防雷建筑物:

①凡制造、使用或储存炸药及其制品的危险建筑物,因电火花而引起爆炸、爆轰,会造成巨大破坏和人身伤亡者。

②具有 0 区或 20 区爆炸危险场所的建筑物。

③具有 1 区或 21 区爆炸危险场所的建筑物,因电火花而引起爆炸,会造成巨大破坏和人身伤亡者。

(2)在可能发生对地闪击的地区,遇下列情况之一时,应划为第二类防雷建筑物:

①国家级重点文物保护的建筑物。

②国家级的会堂、办公建筑物、大型展览和博览建筑物、大型火车站和飞机场(不含停放飞机的露天场所和跑道)、国宾馆,国家级档案馆、大型城市的重要给水泵房等特别重要的建筑物。

③国家级计算中心、国际通信枢纽等对国民经济有重要意义的建筑物。

④国家特级和甲级大型体育馆。

⑤制造、使用或储存火炸药及其制品的危险建筑物,且电火花不易引起爆炸或不致造成巨大破坏和人身伤亡者。

⑥具有 1 区或 21 区爆炸危险场所的建筑物,且电火花不易引起爆炸或不致造成巨大破坏和人身伤亡者。

⑦具有 2 区或 22 区爆炸危险场所的建筑物。

⑧有爆炸危险的露天钢质封闭气罐。

⑨预计雷击次数大于0.05次/a的部、省级办公建筑物和其他重要或人员密集的公共建筑物，以及火灾危险场所。

⑩预计雷击次数大于0.25次/a的住宅、办公楼等一般性民用建筑物或一般性工业建筑物。

(3)在可能发生对地闪击的地区，遇下列情况之一时，应划为第三类防雷建筑物：

①省级重点文物保护的建筑物及省级档案馆。

②预计雷击次数大于或等于0.01次/a，且小于或等于0.05次/a的部、省级办公建筑物和其他重要或人员密集的公共建筑物，以及火灾危险场所。

③预计雷击次数大于或等于0.05次/a，且小于或等于0.25次/a的住宅、办公楼等一般性民用建筑物或一般性工业建筑物。

④在平均雷暴日大于15 d/a的地区，高度在15 m及以上的烟囱、水塔等孤立的高耸建筑物；在平均雷暴日小于或等于15 d/a的地区，高度在20 m及以上的烟囱、水塔等孤立的高耸建筑物。

3. 建筑物的防雷措施

1)第一类防雷建筑物

(1)第一类防雷建筑物防直击雷的措施，即设外部防雷装置应符合下列要求：

①应装设独立接闪杆或架空接闪线或网，使被保护的建筑物及风帽、放散管等凸出屋面的物体均处于接闪器的保护范围内。架空接闪网的网格尺寸不应大于5 m×5 m或6 m×4 m。

②排放爆炸危险气体、蒸气或粉尘的放散管、呼吸阀、排风管等的管口外的以下空间应处于接闪器的保护范围内：当有管帽时应按表7.1的规定确定；当无管帽时，应为管口上方半径5 m的半球体。接闪器与雷闪的接触点应设在上述空间之外。

表7.1 有管帽的管口外处于接闪器保护范围内的空间

装置内的压力与周围空气压力的压力差/kPa	排放物对比于空气	管帽以上的垂直距离/m	距管口处的水平距离/m
＜5	重于空气	1	2
5～25	重于空气	2.5	5
≤25	轻于空气	2.5	5
＞25	重或轻于空气	5	5

注：相对密度小于或等于0.75的爆炸性气体规定为轻于空气的气体；相对密度大于0.75的爆炸性气体规定为重于空气的气体

③排放爆炸危险气体、蒸气或粉尘的放散管、呼吸阀、排风管等，当其排放物达不到爆炸浓度、长期点火燃烧、一排放就点火燃烧时，及发生事故时排放物才达到爆炸浓度的通风管、安全阀、接闪器的保护范围可仅保护到管帽，无管帽时可仅保护到管口。

④独立接闪杆的杆塔、架空接闪线的端部和架空接闪网的每根支柱处应至少设一根引下线。对用金属制成或有焊接、绑扎连接钢筋网的杆塔、支柱，宜利用其作为引下线。

⑤独立接闪杆和架空接闪线或网的支柱及其接地装置至被保护建筑物及与其有联系的

管道、电缆等金属物之间的间隔距离(图 7.2),应按下列公式计算,但不得小于 3 m。

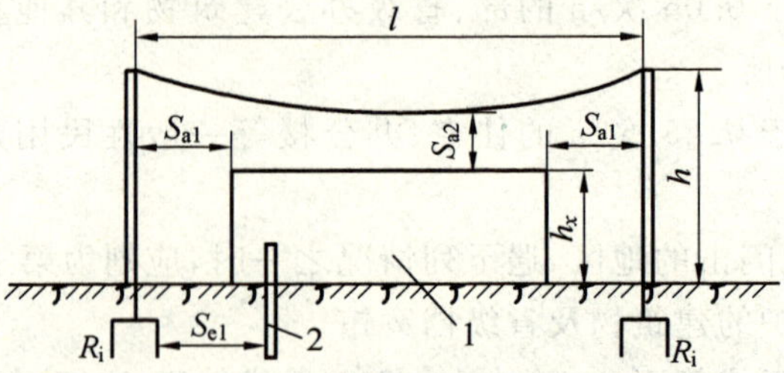

图 7.2　防雷装置至被保护物的间隔距离

1—被保护建筑物;2—金属管道

a. 地上部分:

当 $h_x < 5R_i$ 时:

$$S_{a1} \geqslant 0.4(R_i + 0.1h_x) \tag{7.9}$$

当 $h_x \geqslant 5R_i$ 时:

$$S_{a1} \geqslant 0.1(R_i + h_x) \tag{7.10}$$

b. 地下部分:

$$S_{e1} \geqslant 0.4R_i \tag{7.11}$$

式中　S_{a1}—— 空气中的间隔距离,m;

S_{e1}—— 地中的间隔距离,m;

R_i—— 独立接闪杆、架空接闪线或网支柱处接地装置的冲击接地电阻,Ω;

h_x—— 被保护建筑物或计算点的高度,m。

⑥ 架空接闪线至屋面和各种凸出屋面的风帽、放散管等物体之间的间隔距离(图 7.2),应按下列公式计算,但不应小于 3 m。

a. 当$(h + \frac{l}{2}) < 5R_i$ 时:

$$S_{a2} \geqslant 0.2R_i + 0.03(h + \frac{l}{2}) \tag{7.12}$$

b. 当$(h + \frac{l}{2}) \geqslant 5R_i$ 时:

$$S_{a2} \geqslant 0.05R_i + 0.06(h + \frac{l}{2}) \tag{7.13}$$

式中　S_{a2}—— 接闪线至被保护物在空气中的间隔距离,m;

h—— 接闪线的支柱高度,m;

l—— 接闪线的水平长度,m。

⑦ 架空接闪网至屋面和各种凸出屋面的风帽、放散管等物体之间的间隔距离,应按下列公式计算,但不应小于 3 m。

a. 当$(h + l_1) < 5R_i$ 时:

$$S_{a2} \geqslant \frac{1}{n}[0.4R_i + 0.06(h + l_1)] \tag{7.14}$$

b. 当$(h + l_1) \geqslant 5R_i$ 时:

$$S_{a2} \geqslant \frac{1}{n}[0.1R_i + 0.12(h + l_1)] \tag{7.15}$$

式中　S_{a2}—— 接闪网至被保护物在空气中的间隔距离，m；

l_1—— 从接闪网中间最低点沿导体至最近支柱的距离，m；

n—— 从接闪网中间最低点沿导体至最近不同支柱并有同一距离 l_1 的个数。

⑧ 独立接闪杆、架空接闪线或架空接闪网应有独立的接地装置，每一引下线的冲击接地电阻不宜大于 10 Ω。在土壤电阻率高的地区，可适当增大冲击接地电阻，但在 3 000 Ω·m 以下的地区，冲击接地电阻不应大于 30 Ω。

(2) 第一类防雷建筑物防闪电感应，含防闪电静电感应和防闪电电磁感应的措施，应符合下列要求：

① 建筑物内的设备、管道、构架、电缆金属外皮、钢屋架、钢窗等较大金属物和凸出屋面的放散管、风管等金属物，均应接到防雷电感应的接地装置上。

金属屋面周边每隔 18 ～ 24 m 应采用引下线接地一次。

现场浇灌的或用预制构件组成的钢筋混凝土屋面，其钢筋网的交叉点应绑扎或焊接，并应每隔 18 ～ 24 m 采用引下线接地一次。

② 平行敷设的管道、构架和电缆金属外皮等长金属物，其净距小于 100 mm 时应采用金属线跨接，跨接点的间距不应大于 30 m；交叉净距小于 100 mm 时，其交叉处也应跨接。

当长金属物的弯头、阀门、法兰盘等连接处的过渡电阻大于 0.03 Ω 时，连接处应用金属线跨接。对有不少于 5 根螺栓连接的法兰盘，在非腐蚀环境下，可不跨接。

③ 防雷电感应的接地装置应与电气和电子系统的接地装置共用，其工频接地电阻不宜大于 10 Ω。防雷电感应的接地装置与独立接闪杆、架空接闪线或架空接闪网的接地装置之间的间隔距离应符合“1) 第一类防雷建筑物”第(1) 条第 ⑤ 款的要求。

当屋内设有等电位连接的接地干线时，其与防雷电感应接地装置的连接，不应少于两处。

(3) 第一类防雷建筑物防雷电波侵入的措施，应符合下列要求：

① 室外低压配电线路宜全线采用电缆直接埋地敷设，在入户处应将电缆的金属外皮、钢管接到等电位连接带或防雷电感应的接地装置上，在入户处的总配电箱内是否装设电涌保护器应根据具体情况按《建筑物防雷设计规范》(GB 50057—2010) 第 6 章的规定确定。

② 当全线采用电缆有困难时，可采用钢筋混凝土杆和铁横担的架空线，并应使用一段金属铠装电缆或护套电缆穿钢管直接埋地引入，其埋地长度应按下式计算，但不应小于 15 m：

$$l \geqslant 2\sqrt{\rho} \tag{7.16}$$

式中　l—— 电缆铠装或穿电缆的钢管埋地直接与土壤接触的长度，m；

ρ—— 埋电缆处的土壤电阻率，Ω·m。

在电缆与架空线连接处，还应装设户外型电涌保护器。电涌保护器、电缆金属外皮、钢管和绝缘子铁脚、金具等应连在一起接地，其冲击接地电阻不宜大于 30 Ω。该电涌保护器应选用 Ⅰ 级试验产品，其电压保护水平应小于或等于 2.5 kV，其每一保护模式应选冲击电流等于或大于 10 kA；若无户外型电涌保护器，可选用户内型电涌保护器，但其使用温度应满足安装处的环境温度并应安装在防护等级 IP54 的箱内。电涌保护器的最大持续运行电压值和接线形式应按《建筑物防雷设计规范》(GB 50057—2010) 附录 J 的规定确定；连接电涌保护器的导体截面应按相关规定取值。在入户处的总配电箱内是否装设电涌保护器应按相关规定确定。

当电涌保护器的接线形式为《建筑物防雷设计规范》(GB 50057—2010) 表 J. 1. 2 中的接线形式 2 时，接在中性线和 PE 线间电涌保护器的冲击电流，当为三相系统时不应小于 40 kA，当为单相系统时不应小于 20 kA。

③ 电子系统的室外金属导体线路宜全线采用有屏蔽层的电缆埋地或架空敷设，其两端的屏蔽层、加强钢线、钢管等应等电位连接到入户处的终端箱体上，在终端箱体内是否装设电涌保护器应根据具体情况按《建筑物防雷设计规范》(GB 50057—2010) 第 6 章的规定确定。

④ 当通信线路采用钢筋混凝土杆的架空线时，应使用一段护套电缆穿钢管直接埋地引入，其埋地长度应按式(7. 16) 计算，但不应小于 15 m。在电缆与架空线连接处，还应装设户外型电涌保护器。电涌保护器、电缆金属外皮、钢管和绝缘子铁脚、金具等应连在一起接地，其冲击接地电阻不宜大于 30 Ω。该电涌保护器应选用 D1 类高能量试验的产品，其电压保护水平和最大持续运行电压值应按《建筑物防雷设计规范》(GB 50057—2010) 附录 J 的规定确定，连接电涌保护器的导体截面应按相关规定取值，每台电涌保护器的短路电流应选等于或大于 2 kA；若无户外型电涌保护器，可选用户内型电涌保护器，但其使用温度应满足安装处的环境温度并应安装在防护等级 IP54 的箱内。在入户处的终端箱体内是否装设电涌保护器应符合《建筑物防雷设计规范》(GB 50057—2010)6. 4. 7 的规定。

⑤ 架空金属管道，在进出建筑物处，应与防雷电感应的接地装置相连。距离建筑物 100 m 内的管道，应每隔 25 m 左右接地一次，其冲击接地电阻不应大于 30 Ω，并应利用金属支架或钢筋混凝土支架的焊接、绑扎钢筋网作为引下线，其钢筋混凝土基础宜作为接地装置。

埋地或地沟内的金属管道，在进出建筑物处应等电位连接到等电位连接带或防雷电感应的接地装置上。

(4) 当建筑物太高或由于其他原因难以装设独立的外部防雷装置时，可将接闪杆或网格不大于 5 m×5 m 或 6 m×4 m 的接闪网或由其混合组成的接闪器直接装在建筑物上，接闪网应按《建筑物防雷设计规范》(GB 50057—2010) 附录 B 的规定沿屋角、屋脊、屋檐和檐角等易受雷击的部位敷设；当建筑物高度超过 30 m 时，首先应沿屋顶周边敷设接闪带，接闪带应设在外墙外表面或屋檐边垂直线上或其外。并必须符合下列要求：

① 接闪器之间应互相连接。

② 引下线不应少于两根，并应沿建筑物四周和内庭院四周均匀或对称布置，其间距沿周长计算不宜大于 12 m。

③ 排放爆炸危险气体、蒸气或粉尘的管道应符合相关规定。

④ 建筑物应装设等电位连接环，环间垂直距离不应大于 12 m，所有引下线、建筑物的金属结构和金属设备均应连到环上。等电位连接环可利用电气设备的等电位连接干线环路。

⑤ 外部防雷的接地装置应围绕建筑物敷设成环形接地体，每根引下线的冲击接地电阻不应大于 10 Ω，并应和电气和电子系统等接地装置及所有进入建筑物的金属管道相连，此接地装置可兼作为防雷电感应接地之用。

⑥ 当每根引下线的冲击接地电阻大于 10 Ω 时，外部防雷的环形接地体宜按以下方法敷设：

a. 当土壤电阻率小于或等于 500 Ω·m 时，对环形接地体所包围面积的等效圆半径小于 5 m 的情况，每一引下线处应补加水平接地体或垂直接地体。

补加水平接地体时，其最小长度应按下式计算：

$$l_r = 5 - \sqrt{\frac{A}{\pi}} \tag{7.17}$$

式中 $\sqrt{\frac{A}{\pi}}$—— 环形接地体所包围面积的等效圆半径，m；

l_r—— 补加水平接地体的最小长度，m；

A—— 环形接地体所包围的面积，m^2。

补加垂直接地体时，其最小长度应按下式计算：

$$l_v = \frac{5 - \sqrt{\frac{A}{\pi}}}{2} \tag{7.18}$$

式中 l_v—— 补加垂直接地体的最小长度，m。

b. 当土壤电阻率为 500 ～ 3 000 Ω·m 时，对环形接地体所包围面积的等效圆半径小于按下式的计算值时，每一引下线处应补加水平接地体或垂直接地体。

$$\sqrt{\frac{A}{\pi}} < \frac{11\rho - 3\,600}{380} \tag{7.19}$$

补加水平接地体时，其最小总长度应按下式计算：

$$l_r = \left(\frac{11\rho - 3\,600}{380}\right) - \sqrt{\frac{A}{\pi}} \tag{7.20}$$

补加垂直接地体时，其最小总长度应按下式计算：

$$l_v = \frac{\frac{11\rho - 3\,600}{380} - \sqrt{\frac{A}{\pi}}}{2} \tag{7.21}$$

按本方法敷设接地体以及环形接地体所包围的面积的等效圆半径等于或大于所规定的值时，每根引下线的冲击接地电阻可不做规定。共用接地装置的接地电阻按 50 Hz 电气装置的接地电阻确定，以不大于按人身安全所确定的接地电阻值为准。

⑦ 当建筑物高于 30 m 时，还应采取以下防侧击的措施：

a. 从 30 m 起每隔不大于 6 m 沿建筑物四周设水平接闪带并与引下线相连。

b. 30 m 及以上外墙上的栏杆、门窗等较大的金属物与防雷装置连接。

⑧ 在电源引入的总配电箱处应装设 Ⅰ 级试验的电涌保护器。电涌保护器的电压保护水平值应小于或等于 2.5 kV。其每一保护模式的冲击电流值当电源线路无屏蔽层时可按公式(7.22) 计算，当有屏蔽层时可按公式(7.23) 计算；当无法确定时应取冲击电流等于或大于 12.5 kA。电涌保护器的最大持续运行电压值和接线形式应按本规范附录 J 的规定确定；连接电涌保护器的导体截面应按表 7.2 的规定取值。

$$I_{imp} = \frac{0.5I}{nm} \tag{7.22}$$

$$I_{\text{imp}}=\frac{0.5IR_{\text{s}}}{n(mR_{\text{s}}+R_{\text{c}})} \tag{7.23}$$

式中 I—— 雷电流，按《建筑物防雷设计规范》(GB 50057—2010) 表 F.0.1－1 的规定取值，kA；

n—— 地下和架空引入的外来金属管道和线路的总数；

m—— 每一线路内导体芯线的总根数；

R_{s}—— 屏蔽层每千米的电阻，Ω/km；

R_{c}—— 芯线每千米的电阻，Ω/km。

当电涌保护器的接线形式为《建筑物防雷设计规范》(GB 50057—2010) 表 J.1.2 中的接线形式 2 时，接在中性线和 PE 线间电涌保护器的冲击电流，当为三相系统时不应小于上面规定值的 4 倍，当为单相系统时不应小于 2 倍。

表 7.2 防雷装置各连接部件的最小截面

<table>
<tr><th colspan="3">等电位连接部件</th><th>材料</th><th>截面/mm²</th></tr>
<tr><td colspan="3" rowspan="2">等电位连接带（铜、外表面镀铜的钢或热镀锌钢）</td><td>Cu（铜）</td><td rowspan="2">50</td></tr>
<tr><td>Fe（铁）</td></tr>
<tr><td colspan="3" rowspan="3">从等电位连接带至接地装置或
各等电位连接带之间的连接导体</td><td>Cu（铜）</td><td>16</td></tr>
<tr><td>Al（铝）</td><td>25</td></tr>
<tr><td>Fe（铁）</td><td>50</td></tr>
<tr><td colspan="3" rowspan="3">从屋内金属装置至等电位连接带的连接导体</td><td>Cu（铜）</td><td>16</td></tr>
<tr><td>Al（铝）</td><td>10</td></tr>
<tr><td>Fe（铁）</td><td>16</td></tr>
<tr><td rowspan="5">连接电涌
保护器
的导体</td><td rowspan="3">电气
系统</td><td>Ⅰ级试验的电涌保护器</td><td rowspan="5">Cu（铜）</td><td>6</td></tr>
<tr><td>Ⅱ级试验的电涌保护器</td><td>2.5</td></tr>
<tr><td>Ⅲ级试验的电涌保护器</td><td>1.5</td></tr>
<tr><td rowspan="2">电子
系统</td><td>D1 类电涌保护器</td><td>1.2</td></tr>
<tr><td>其他类的电涌保护器（连接
导体的截面可小于 1.2 mm²）</td><td>根据具体
情况确定</td></tr>
</table>

⑨在电子系统的室外线路采用金属线的情况下，在其引入的终端箱处应安装 D1 类高能量试验类型的电涌保护器，其短路电流当无屏蔽层时可按本条公式(7.22)计算，当有屏蔽层时可按本条公式(7.23)计算；当无法确定时应选用 2 kA。选取电涌保护器的其他参数应符合《建筑物防雷设计规范》(GB 50057—2010)附录 J.2 的规定，连接电涌保护器的导体截面应按相关规定取值。

⑩在电子系统的室外线路采用光缆的情况下，在其引入的终端箱处的电气线路侧，当无金属线路引出本建筑物至其他有自己接地装置的设备时可安装 B2 类慢上升率试验类型的电涌保护器，其短路电流按《建筑物防雷设计规范》(GB 50057—2010)表 J.2.1 的规定宜选用 100 A。

⑪输送火灾爆炸危险物质的埋地金属管道，当其从室外进入户内处设有绝缘段时应在

绝缘段处跨接符合下列要求的电压开关型电涌保护器，或称隔离放电间隙：

a. 选用Ⅰ级试验的密封型电涌保护器。

b. 电涌保护器能承受的冲击电流按本条公式(7.22)计算，式中取 $m=1$。

c. 电涌保护器的电压保护水平应小于绝缘段的耐冲击电压水平，无法确定时，应取其等于或大于 1.5 kV 和等于或小于 2.5 kV。

d. 这类管道在进入建筑物处的防雷等电位连接应在绝缘段之后管道进入室内处进行，可将电涌保护器的上端头接到等电位连接带。

⑫具有阴极保护的埋地金属管道，通常，在其从室外进入户内处设有绝缘段，应在绝缘段处跨接符合下列要求的电压开关型电涌保护器，或称隔离放电间隙：

a. 选用Ⅰ级试验的密封型电涌保护器。

b. 电涌保护器能承受的冲击电流按本条公式(7.22)计算，式中取 $m=1$。

c. 电涌保护器的电压保护水平应小于绝缘段的耐冲击电压水平并应大于阴极保护电源的最大端电压。

d. 这类管道在进入建筑物处的防雷等电位连接应在绝缘段之后管道进入室内处进行，可将电涌保护器的上端头接到等电位连接带。

(5)当树木邻近建筑物且不在接闪器保护范围之内时，树木与建筑物之间的净距不应小于 5 m。

2)第二类防雷建筑物

(1)第二类防雷建筑物外部防雷的措施，宜采用装设在建筑物上的接闪网、接闪带或接闪杆，或由其混合组成的接闪器。接闪网、接闪带应按《建筑物防雷设计规范》(GB 50057—2010)附录 B 的规定沿屋角、屋脊、屋檐和檐角等易受雷击的部位敷设，并应在整个屋面组成不大于 10 m×10 m 或 12 m×8 m 的网格；当建筑物高度超过 45 m 时，首先应沿屋顶周边敷设接闪带，接闪带应设在外墙外表面或屋檐边垂直线上或其外。接闪器之间应互相连接。

(2)凸出屋面的放散管、风管、烟囱等物体，应按下列方式保护：

①排放爆炸危险气体、蒸气或粉尘的放散管、呼吸阀、排风管等管道应符合相关规定。

②排放无爆炸危险气体、蒸气或粉尘的放散管、烟囱，1 区、21 区、2 区和 22 区爆炸危险场所的自然通风管，0 区和 20 区爆炸危险场所的装有阻火器的放散管、呼吸阀、排风管，规范所规定的管、阀及煤气和天然气放散管等，其防雷保护应符合下列要求：

a. 金属物体可不装接闪器，但应和屋面防雷装置相连。

b. 在屋面接闪器保护范围之外的非金属物体应装接闪器，并和屋面防雷装置相连；但符合下列规定者可除外：

对第二类和第三类防雷建筑物，没有得到接闪器保护的屋顶孤立金属物的尺寸没有超过以下数值时可不要求附加的保护措施：高出屋顶平面不超过 0.3 m，上层表面总面积不超过 1.0 m^2 和上层表面的长度不超过 2.0 m；不处在接闪器保护范围内的非导电性屋顶物体，当它没有凸出由接闪器形成的平面 0.5 m 以上时，可不要求附加增设接闪器的保护措施。

(3)专设引下线不应少于两根，并应沿建筑物四周和内庭院四周均匀对称布置，其间距沿周长计算不宜大于 18 m。当建筑物的跨度较大，无法在跨距中间设引下线，应在跨距两端设引下线并减小其他引下线的间距，宜使专设引下线的平均间距不大于 18 m。

(4)外部防雷装置的接地应和防雷电感应、内部防雷装置、电气和电子系统等接地共用接地装置，并应与引入的金属管线做等电位连接。外部防雷装置的专设接地装置宜围绕建筑物敷设成环形接地体。

(5)利用建筑物的钢筋作为防雷装置时应符合下列规定：

①建筑物宜利用钢筋混凝土屋顶、梁、柱、基础内的钢筋作为引下线。对于国家级的会堂、办公建筑物、大型展览和博览建筑物、大型火车站和飞机场(不含停放飞机的露天场所和跑道)、国宾馆，国家级档案馆、大型城市的重要给水泵房等特别重要的建筑物；国家级计算中心、国际通信枢纽等对国民经济有重要意义的建筑物；国家特级和甲级大型体育馆；预计雷击次数大于 0.05 次/a 的部、省级办公建筑物和其他重要或人员密集的公共建筑物以及火灾危险场所；预计雷击次数大于 0.25 次/a 的住宅、办公楼等一般性民用建筑物或一般性工业建筑物，当其女儿墙以内的屋顶钢筋网以上的防水和混凝土层允许不保护时，宜利用屋顶钢筋网作为接闪器，以及这些建筑物为多层建筑且周围很少有人停留时宜利用女儿墙压顶板内或檐口内的钢筋作为接闪器。

②当基础采用硅酸盐水泥和周围土壤的含水量不低于 4%及基础的外表面无防腐层或有沥青质防腐层时，宜利用基础内的钢筋作为接地装置。当基础的外表面有其他类的防腐层且无桩基可利用时，宜在基础防腐层下面的混凝土垫层内敷设人工环形基础接地体。

③敷设在混凝土中作为防雷装置的钢筋或圆钢，当仅一根时，其直径不应小于 10 mm。被利用作为防雷装置的混凝土构件内有箍筋连接的钢筋，其截面积总和不应小于一根直径 10 mm 钢筋的截面积。

④利用基础内钢筋网作为接地体时，在周围地面以下距地面不小于 0.5 m，每根引下线所连接的钢筋表面积总和应按下式计算。

$$S \geqslant 4.2k_c^2 \tag{7.24}$$

式中　S—— 钢筋表面积总和，m^2；

k_c—— 分流系数，其值按《建筑物防雷设计规范》(GB 50057—2010) 附录 E 的规定取值。

⑤当在建筑物周边的无钢筋的闭合条形混凝土基础内敷设人工基础接地体时，接地体的规格尺寸应按表 7.3 的规定确定。

表 7.3　第二类防雷建筑物环形人工基础接地体的最小规格尺寸

闭合条形基础的周长/m	扁钢/mm	圆钢，根数×直径/mm
≥60	4×25	2×ϕ10
≥40 至<60	4×50	4×ϕ10 或 3×ϕ12
<40	钢材表面积总和≥4.24 m^2	

注：1. 当长度相同、截面相同时，宜优先选用扁钢

2. 采用多根圆钢时，其敷设净距不小于直径的 2 倍

3. 利用闭合条形基础内的钢筋作为接地体时可按本表校验，除主筋外，可计入箍筋的表面积

⑥构件内有箍筋连接的钢筋或呈网状的钢筋，其箍筋与钢筋的连接，钢筋与钢筋的连接，应采用土建施工的绑扎法或螺丝扣连接，或对焊或搭焊连接。单根钢筋或圆钢或外引预

埋连接板、线与上述钢筋的连接应焊接或采用螺栓紧固的卡夹器连接。构件之间必须连接成电气通路。

(6)共用接地装置的接地电阻应按50 Hz电气装置的接地电阻确定，以不大于其按人身安全所确定的接地电阻值为准。在土壤电阻率小于或等于3 000 Ω·m的条件下，外部防雷装置的接地体当符合下列规定之一以及环形接地体所包围面积的等效圆半径等于或大于所规定的值时可不计及冲击接地电阻；但当每根专设引下线的冲击接地电阻不大于10 Ω时，可不按本条①、②款敷设接地体。

①当土壤电阻率ρ小于或等于800 Ω·m时，对环形接地体所包围面积的等效圆半径小于5 m的情况，每一引下线处应补加水平接地体或垂直接地体。当补加水平接地体时，其最小长度应按式(7.17)计算；当补加垂直接地体时，其最小长度应按式(7.18)计算。

②当土壤电阻率为800～3 000 Ω·m时，对环形接地体所包围的面积的等效圆半径小于按下式的计算值时，每一引下线处应补加水平接地体或垂直接地体：

$$\sqrt{\frac{A}{\pi}}<\frac{\rho-550}{50} \tag{7.25}$$

补加水平接地体时，其最小总长度应按下式计算：

$$l_r=\frac{\rho-550}{50}-\sqrt{\frac{A}{\pi}} \tag{7.26}$$

补加垂直接地体时，其最小总长度应按下式计算：

$$l_v=\frac{\frac{\rho-550}{50}-\sqrt{\frac{A}{\pi}}}{2} \tag{7.27}$$

③ 在符合“2) 第二类防雷建筑物”第(5)条规定的条件下，利用槽形、板形或条形基础的钢筋作为接地体或在基础下面混凝土垫层内敷设人工环形基础接地体，当槽形、板形基础钢筋网在水平面的投影面积或成环的条形基础钢筋或人工环形基础接地体所包围的面积符合下列规定时，可不补加接地体：

a. 当土壤电阻率小于或等于800 Ω·m时，所包围的面积应大于或等于79 m^2。

b. 当土壤电阻率为800～3 000 Ω·m时，所包围的面积应大于或等于按下式计算的值：

$$A\geqslant\pi\left(\frac{\rho-550}{50}\right)^2 \tag{7.28}$$

④在符合“2)第二类防雷建筑物”第(5)条规定的条件下，对6 m柱距或大多数柱距为6 m的单层工业建筑物，当利用柱子基础的钢筋作为外部防雷装置的接地体并同时符合下列规定时，可不另加接地体：

a. 利用全部或绝大多数柱子基础的钢筋作为接地体。

b. 柱子基础的钢筋网通过钢柱，钢屋架，钢筋混凝土柱子、屋架、屋面板、吊车梁等构件的钢筋或防雷装置互相连成整体。

c. 在周围地面以下距地面不小于0.5 m，每一柱子基础内所连接的钢筋表面积总和大于或等于0.82 m^2。

(7)制造、使用或储存火炸药及其制品的危险建筑物，且电火花不易引起爆炸或不致造成巨大破坏和人身伤亡者；具有1区或21区爆炸危险场所的建筑物，且电火花不易引起爆炸或不致造成巨大破坏和人身伤亡者；具有2区或22区爆炸危险场所的建筑物，其防雷电感应的措施应符合下列要求：

①建筑物内的设备、管道、构架等主要金属物，应就近接到防雷装置或共用接地装置上。

②平行敷设的管道、构架和电缆金属外皮等长金属物应符合“1)第一类防雷建筑物”第(2)条第②款的规定，但长金属物连接处可不跨接。本款对具有 2 区或 22 区爆炸危险场所的建筑物可除外。

③建筑物内防雷电感应的接地干线与接地装置的连接不应少于两处。

(8)防止雷电流流经引下线和接地装置时产生的高电位对附近金属物或电气和电子系统线路的反击，应符合下列要求：

①金属物或线路与引下线之间的间隔距离应按下式计算：

$$S_{a3} \geqslant 0.06 k_c l_x \tag{7.29}$$

式中 S_{a3}—— 空气中的间隔距离，m；

l_x—— 引下线计算点到连接点的长度，m，连接点即金属物或电气和电子系统线路与防雷装置之间直接或通过电涌保护器相连之点。

在金属框架的建筑物中，或在钢筋连接在一起、电气贯通的钢筋混凝土框架的建筑物中，金属物或线路与引下线之间的间隔距离可无要求。

②当金属物或线路与引下线之间有自然或人工接地的钢筋混凝土构件、金属板、金属网等静电屏蔽物隔开时，金属物或线路与引下线之间的间隔距离可无要求。

③当金属物或线路与引下线之间有混凝土墙、砖墙隔开时，其击穿强度应为空气击穿强度的 1/2。当间隔距离不能满足本条①款的规定时，金属物应与引下线直接相连，带电线路应通过电涌保护器与引下线相连。

④在电气接地装置与防雷接地装置共用或相连的情况下，应在低压电源线路引入的总配电箱、配电柜处装设Ⅰ级试验的电涌保护器，其相关参数的取值应符合“1)第一类防雷建筑物”第(4)条第⑧款的规定。

⑤当 Yyn0 型或 Dyn11 型接线的配电变压器设在本建筑物内或附设于外墙处时，应在变压器高压侧装设避雷器；在低压侧的配电屏上，当有线路引出本建筑物至其他有独自敷设接地装置的配电装置时，应在母线上装设Ⅰ级试验的电涌保护器，其相关参数的取值应符合“1)第一类防雷建筑物”第(4)条第⑧款的规定；当无线路引出本建筑物时可在母线上装设Ⅱ级试验的电涌保护器，每台Ⅱ级试验的电涌保护器的标称放电电流值应等于或大于 5 kA，电压保护水平值应小于或等于 2.5 kV，电涌保护器的最大持续运行电压值和接线形式应按《建筑物防雷设计规范》(GB 50057—2010)附录 J 的规定确定；连接电涌保护器的导体截面应按表 7.2 的规定取值。

⑥在电子系统线路从建筑物外引入的终端箱处安装电涌保护器的要求应符合“1)第一类防雷建筑物”第(4)条第⑨、⑩款的规定。

⑦输送火灾爆炸危险物质和具有阴极保护的埋地金属管道，当其从室外进入户内处设有绝缘段时应符合“1)第一类防雷建筑物”第(4)条第⑪、⑫款的规定。

(9)高度超过 45 m 的建筑物，除屋顶的外部防雷装置应符合“2)第二类防雷建筑物”第(1)条的规定外，还应符合下列要求：

①对水平凸出外墙的物体，如阳台、平台等，当滚球半径 45 m 球体从屋顶周边接闪带外向地面垂直下降接触到上述物体时应采取相应的防雷措施。

②高于 60 m 的建筑物，其上部占高度 20%并超过 60 m 的部位应防侧击，防侧击应符合下列要求：

a. 在这部位各表面上的尖物、墙角、边缘、设备以及显著突出的物体，如阳台、平台等，应按屋顶上的保护措施考虑。

b. 在这部位布置接闪器应符合对本类防雷建筑物的要求，接闪器应重点布置在墙角、边缘和显著突出的物体上。

c. 外部金属物，如金属覆盖物、金属幕墙，当金属板下面无易燃物品时，铅板的厚度不应小于 2 mm，不锈钢、热镀锌钢、钛和铜板的厚度不应小于 0.5 mm，铝板的厚度不应小于 0.65 mm，锌板的厚度不应小于 0.7 mm 时，可利用其作为接闪器，还可利用布置在建筑物垂直边缘处的外部引下线作为接闪器。

d. 符合"2)第二类防雷建筑物"第(5)条规定的钢筋混凝土内钢筋和符合"4. 防雷装置 2)引下线"第(5)条规定的建筑物金属框架，当其作为引下线或与引下线连接时均可利用其作为接闪器。

③外墙内外竖直敷设的金属管道及金属物的顶端和底端应与防雷装置等电位连接。

(10)有爆炸危险的露天钢质封闭气罐，在其高度小于或等于 60 m 的条件下，当其罐顶壁厚不小于 4 mm 时，和在其高度大于 60 m 的条件下，当其罐顶壁厚和侧壁壁厚均不小于 4 mm 时，可不装设接闪器，但应接地，且接地点不应少于两处，两接地点间距离不宜大于 30 m，每处接地点的冲击接地电阻不应大于 30 Ω。当防雷的接地装置符合"2)第二类防雷建筑物"第(6)条的规定时，可不计及其接地电阻值，但该条所规定的 10 Ω 可改为 30 Ω。放散管和呼吸阀的保护应符合"2)第二类防雷建筑物"第(2)条的规定。

3)第三类防雷建筑物

(1)第三类防雷建筑物外部防雷的措施，宜采用装设在建筑物上的接闪网、接闪带或接闪杆，或由其混合组成的接闪器。接闪网、接闪带应按《建筑物防雷设计规范》(GB 50057—2010)附录 B 的规定沿屋角、屋脊、屋檐和檐角等易受雷击的部位敷设，并应在整个屋面组成不大于 20 m×20 m 或 24 m×16 m 的网格；当建筑物高度超过 60 m 时，应沿屋顶周边敷设接闪带，接闪带应设在外墙外表面或屋檐边垂直面上或其外。接闪器之间应互相连接。

(2)凸出屋面的物体的保护措施应符合相关规定。

(3)专设引下线不应少于两根，并应沿建筑物四周和内庭院四周均匀对称布置，其间距沿周长计算不宜大于 25 m。当建筑物的跨度较大，无法在跨距中间设引下线时，应在跨距两端设引下线并减小其他引下线的间距，宜使专设引下线的平均间距不大于 25 m。

(4)防雷装置的接地应与电气和电子系统等接地共用接地装置，并应与引入的金属管线做等电位连接。外部防雷装置的专设接地装置宜围绕建筑物敷设成环形接地体。

(5)建筑物宜利用钢筋混凝土屋面、梁、柱、基础内的钢筋作为引下线和接地装置，当其女儿墙以内的屋顶钢筋网以上的防水和混凝土层允许不保护时，宜利用屋顶钢筋网作为接闪器，以及当这些建筑物为多层建筑且周围除保安人员巡逻外通常无人停留时宜利用女儿墙压顶板内或檐口内的钢筋作为接闪器，并应符合"2)第二类防雷建筑物"第(5)条②、③、⑥款和下列的规定：

①利用基础内钢筋网作为接地体时，在周围地面以下距地面不小于 0.5 m 深，每根引下线所连接的钢筋表面积总和应按下式计算：

$$S \geqslant 1.89k_c^2 \tag{7.30}$$

式中　S—— 钢筋表面积总和,m^2。

②当在建筑物周边的无钢筋的闭合条形混凝土基础内敷设人工基础接地体时,接地体的规格尺寸应按表7.4的规定确定。

表7.4　第三类防雷建筑物环形人工基础接地体的最小规格尺寸

闭合条形基础的周长/m	扁钢/mm	圆钢,根数×直径/mm
≥60	—	1×ϕ10
≥40至<60	4×20	2×ϕ8
<40	钢材表面积总和≥1.89 m^2	

注:1.当长度相同、截面相同时,宜优先选用扁钢

2.采用多根圆钢时,其敷设净距不小于直径的2倍

3.利用闭合条形基础内的钢筋作为接地体时可按本表校验,除主筋外,可计入箍筋的表面积

(6)共用接地装置的接地电阻应按50 Hz电气装置的接地电阻确定,以不大于其按人身安全所确定的接地电阻值为准。在土壤电阻率小于或等于3 000 Ω·m的条件下,外部防雷装置的接地体当符合下列规定之一以及环形接地体所包围面积的等效圆半径等于或大于所规定的值时,可不计及冲击接地电阻;当每根专设引下线的冲击接地电阻不大于30 Ω,但对预计雷击次数大于或等于0.01次/a,且小于或等于0.05次/a的部、省级办公建筑物和其他重要或人员密集的公共建筑物,以及火灾危险场所则不大于10 Ω时,可不按本条①款敷设接地体。

①对环形接地体所包围面积的等效圆半径小于5 m的情况,每一引下线处应补加水平接地体或垂直接地体。当补加水平接地体时,其最小长度应按式(7.17)计算;当补加垂直接地体时,其最小长度应按式(7.18)计算。

②在符合"3)第三类防雷建筑物"第(5)条规定的条件下,利用槽形、板形或条形基础的钢筋作为接地体或在基础下面混凝土垫层内敷设人工环形基础接地体,当槽形、板形基础钢筋网在水平面的投影面积或成环的条形基础钢筋或人工环形基础接地体所包围的面积大于或等于79 m^2时,可不补加接地体。

③在符合"3)第三类防雷建筑物"第(5)条规定的条件下,对6 m柱距或大多数柱距为6 m的单层工业建筑物,当利用柱子基础的钢筋作为外部防雷装置的接地体并同时符合下列规定时,可不另加接地体:

a.利用全部或绝大多数柱子基础的钢筋作为接地体。

b.柱子基础的钢筋网通过钢柱,钢屋架,钢筋混凝土柱子、屋架、屋面板、吊车梁等构件的钢筋或防雷装置互相连成整体。

c.在周围地面以下距地面不小于0.5 m深,每一柱子基础内所连接的钢筋表面积总和大于或等于0.37 m^2。

(7)防止雷电流流经引下线和接地装置时产生的高电位对附近金属物或电气和电子系统线路的反击,应符合"2)第二类防雷建筑物"第(8)条第①～⑤款的规定,但公式(7.29)改按下式计算:

$$S_{a3} \geqslant 0.04k_c l_x \tag{7.31}$$

其⑥款的规定中，要求安装D1类电涌保护器者，当无法确定其短路电流时所规定选用1.5 kA者可改为选用1 kA；要求安装B2类电涌保护器者，其所规定选用75 A短路电流者可改为选用50 A。

(8)高度超过60 m的建筑物，除屋顶的外部防雷装置应符合"3)第三类防雷建筑物"第(1)条的规定外，还应符合下列要求：

①对水平凸出外墙的物体，如阳台、平台等，当滚球半径60 m球体从屋顶周边接闪带外向地面垂直下降接触到上述物体时，应采取相应的防雷措施。

②高于60 m的建筑物，其上部占高度20%并超过60 m的部位应防侧击，防侧击应符合下列要求：

a.在这部位各表面上的尖物、墙角、边缘、设备以及显著突出的物体，如阳台、平台等，应按屋顶上的保护措施考虑。

b.在这部位布置接闪器应符合对本类防雷建筑物的要求，接闪器应重点布置在墙角、边缘和显著突出的物体上。

c.外部金属物，如金属覆盖物、金属幕墙，当其最小尺寸符合"4.防雷装置 1)接闪器"第(7)条②款的规定时，可利用其作为接闪器，还可利用布置在建筑物垂直边缘处的外部引下线作为接闪器。

d.符合"(3)第三类防雷建筑物的防雷措施"第(5)条规定的钢筋混凝土内钢筋和符合"4.防雷装置 2)引下线"第(5)条规定的建筑物金属框架，当其作为引下线或与引下线连接时均可利用其作为接闪器。

③外墙内外竖直敷设的金属管道及金属物的顶端和底端应与防雷装置等电位连接。

(9)砖烟囱、钢筋混凝土烟囱，宜在烟囱上装设接闪杆或接闪环保护。多支接闪杆应连接在闭合环上。

当非金属烟囱无法采用单支或双支接闪杆保护时，应在烟囱口装设环形接闪带，并应对称布置三支高出烟囱口不低于0.5 m的接闪杆。

钢筋混凝土烟囱的钢筋应在其顶部和底部与引下线和贯通连接的金属爬梯相连。当符合"3)第三类防雷建筑物"第(5)条的规定时，宜利用钢筋作为引下线和接地装置，可不另设专用引下线。

高度不超过40 m的烟囱，可只设一根引下线，超过40 m时应设两根引下线。可利用螺栓或焊接连接的一座金属爬梯作为两根引下线用。

金属烟囱应作为接闪器和引下线。

4. 防雷装置

1)接闪器

(1)接闪器的材料、结构和最小截面应符合表7.5的规定。

表 7.5　接闪线(带)、接闪杆和引下线的材料、结构与最小截面

材料	结构	最小截面/mm^2	备注[10]
铜、镀锡铜[1]	单根扁铜	50	厚度 2 mm
	单根圆铜[7]	50	直径 8 mm
	铜绞线	50	每股线直径 1.7 mm
	单根圆铜[3、4]	176	直径 15 mm
铝	单根扁铝	70	厚度 3 mm
	单根圆铝	50	直径 8 mm
	铝绞线	50	每股线直径 1.7 mm
铝合金	单根扁形导体	50	厚度 2.5 mm
	单根圆形导体	50	直径 8 mm
	绞线	50	每股线直径 1.7 mm
	单根圆形导体[3]	176	直径 15 mm
	外表面镀铜的单根圆形导体	50	直径 8 mm,径向镀铜厚度至少 70 μm,铜纯度 99.9%
热浸镀锌钢	单根扁钢	50	厚度 2.5 mm
	单根圆钢[9]	50	直径 8 mm
	绞线	50	每股线直径 1.7 mm
	单根圆钢[3、4]	176	直径 15 mm
不锈钢	单根扁钢[6]	50[8]	厚度 2 mm
	单根圆钢[6]	50[8]	直径 8 mm
	绞线	70	每股线直径 1.7 mm
	单根圆钢[3,4]	176	直径 15 mm
外表面镀铜的钢	单根圆钢(直径 8 mm)	50	镀铜厚度至少 70 μm,铜纯度 99.9%
	单根扁钢(厚 2.5 mm)		

注:1. 热浸或电镀锡的锡层最小厚度为 1 μm

2. 镀锌层宜光滑连贯、无焊剂斑点,镀锌层圆钢至少 22.7 g/m^2、扁钢至少 32.4 g/m^2

3. 仅应用于接闪杆。当应用于机械应力没达到临界值之处,可采用直径 10 mm、最长 1 m 的接闪杆,并增加固定

4. 仅应用于入地之处

5. 不锈钢中,铬的含量等于或大于 16%,镍的含量等于或大于 8%,碳的含量等于或小于 0.08%

6. 对埋于混凝土中以及与可燃材料直接接触的不锈钢,其最小尺寸宜增大至直径 10 mm 的 78 mm^2(单根圆钢)和最小厚度 3 mm 的 75 mm^2(单根扁钢)

7. 在机械强度没有重要要求之处,50 mm^2(直径 8 mm)可减为 28 mm^2(直径 6 mm)。并应减小固定支架间的间距

8. 当温升和机械受力是重点考虑之处,50 mm^2 加大至 75 mm^2

9. 避免在单位能量 10 MJ/Ω 下熔化的最小截面是铜为 16 mm^2、铝为 25 mm^2、钢为 50 mm^2、不锈钢为 50 mm^2

10. 截面积允许误差为 −3%

(2)接闪杆宜采用热镀锌圆钢或钢管制成时，其直径应符合下列规定：

①杆长1 m以下时，圆钢不应小于12 mm，钢管不应小于20 mm。

②杆长1～2 m时，圆钢不应小于16 mm，钢管不应小于25 mm。

③独立烟囱顶上的杆，圆钢不应小于20 mm，钢管不应小于40 mm。

(3)接闪杆的接闪端宜做成半球状，其最小弯曲半径宜为4.8 mm，最大宜为12.7 mm。

(4)当独立烟囱上采用热镀锌接闪环时，其圆钢直径不应小于12 mm；扁钢截面不应小于100 mm^2，其厚度不应小于4 mm。

(5)架空接闪线和接闪网宜采用截面不小于50 mm^2热镀锌钢绞线或铜绞线。

(6)明敷接闪导体固定支架的间距不宜大于表7.6的规定。固定支架的高度不宜小于150 mm。

表7.6 明敷接闪导体和引下线固定支架的间距

布置方式	扁形导体和绞线固定支架的间距/mm	单根圆形导体固定支架的间距/mm
安装于水平面上的水平导体	500	1 000
安装于垂直面上的水平导体	500	1 000
安装于从地面至高20 m垂直面上的垂直导体	1 000	1 000
安装在高于20 m垂直面上的垂直导体	500	1 000

(7)除第一类防雷建筑物外，金属屋面的建筑物宜利用其屋面作为接闪器，并应符合下列规定：

①板间的连接应是持久的电气贯通，可采用铜锌合金焊、熔焊、卷边压接、缝接、螺钉或螺栓连接。

②金属板下面无易燃物品时，铅板的厚度不应小于2 mm，不锈钢、热镀锌钢、钛和铜板的厚度不应小于0.5 mm，铝板的厚度不应小于0.65 mm，锌板的厚度不应小于0.7 mm。

③金属板下面有易燃物品时，不锈钢、热镀锌钢和钛板的厚度不应小于4 mm，铜板的厚度不应小于5 mm，铝板的厚度不应小于7 mm。

④金属板无绝缘被覆层(薄的油漆保护层或1 mm厚沥青层或0.5 mm厚聚氯乙烯层均不属于绝缘被覆层)。

(8)除第一类防雷建筑物和“3.建筑物的防雷措施 2)第二类防雷建筑物”第(2)条第①款的规定外，屋顶上永久性金属物宜作为接闪器，但其各部件之间均应连成电气贯通，并应符合下列规定：

①旗杆、栏杆、装饰物、女儿墙上的盖板等，其截面应符合表7.5的规定，其壁厚应符合“1)接闪器”第(7)条的规定。

②输送和储存物体的钢管和钢罐的壁厚不应小于2.5 mm；当钢管、钢罐一旦被雷击穿，其内的介质对周围环境造成危险时，其壁厚不应小于4 mm。

③利用屋顶建筑构件内钢筋作为接闪器应符合“3.建筑物的防雷措施 2)第二类防雷建筑物”第(5)条和“3.建筑物的防雷措施 3)第三类防雷建筑物”第(5)条的规定。

(9)除利用混凝土构件钢筋或在混凝土内专设钢材作为接闪器外，钢质接闪器应热镀锌。在腐蚀性较强的场所，还应采取加大其截面或其他防腐措施。

(10)不得利用安装在接收无线电视广播天线杆顶上的接闪器保护建筑物。

(11)专门敷设的接闪器应由下列的一种或多种组成：

①独立接闪杆。

②架空接闪线或架空接闪网。

③直接装设在建筑物上的接闪杆、接闪带或接闪网。

(12)专门敷设的接闪器，其布置应符合表7.7的规定。布置接闪器时，可单独或任意组合采用接闪杆、接闪带、接闪网。

表7.7 接闪器布置

建筑物防雷类别	滚球半径 h_r/m	接闪网网格尺寸/m
第一类防雷建筑物	30	≤5×5 或≤6×4
第二类防雷建筑物	45	≤10×10 或≤12×8
第三类防雷建筑物	60	≤20×20 或≤24×16

2)引下线

(1)引下线的材料、结构和最小截面应按表7.5的规定取值。

(2)明敷引下线固定支架的间距不宜大于表7.6的规定。

(3)引下线宜采用热镀锌圆钢或扁钢，宜优先采用圆钢。

当独立烟囱上的引下线采用圆钢时，其直径不应小于12 mm；采用扁钢时，其截面不应小于100 mm^2，厚度不应小于4 mm。

防腐措施应符合“1)接闪器”第(9)条的规定。

利用建筑构件内钢筋作为引下线应符合“3.建筑物的防雷措施 2)第二类防雷建筑物”第(5)条和“4.防雷装置”第1)(5)条的规定。

(4)专设引下线应沿建筑物外墙外表面明敷，并经最短路径接地；建筑外观要求较高者可暗敷，但其圆钢直径不应小于10 mm，扁钢截面不应小于80 mm^2。

(5)建筑物的钢梁、钢柱、消防梯等金属构件以及幕墙的金属立柱宜作为引下线，但其各部件之间均应连成电气贯通，可采用铜锌合金焊、熔焊、卷边压接、缝接、螺钉或螺栓连接；其截面应按表7.5的规定取值；各金属构件可被覆有绝缘材料。

(6)采用多根专设引下线时，应在各引下线上于距地面0.3～1.8 m之间装设断接卡。当利用混凝土内钢筋、钢柱作为自然引下线并同时采用基础接地体时，可不设断接卡，但利用钢筋作为引下线时应在室内外的适当地点设若干连接板。当仅利用钢筋作为引下线并采用埋于土壤中的人工接地体时，应在每根引下线上于距地面不低于0.3 m处设接地体连接板。采用埋于土壤中的人工接地体时应设断接卡，其上端应与连接板或钢柱焊接。连接板处宜有明显标志。

(7)在易受机械损伤之处，地面上1.7 m至地面下0.3 m的一段接地线应采用暗敷或采用镀锌角钢、改性塑料管或橡胶管等加以保护。

(8)第二类防雷建筑物或第三类防雷建筑物为钢结构或钢筋混凝土建筑物时，在其钢构件或钢筋之间的连接满足本规范规定并利用其作为引下线的条件下，当其垂直支柱均起到引下线的作用时，可不要求满足专设引下线之间的间距。

3)接地装置

(1)接地体的材料、结构和最小尺寸应符合表 7.8 的规定。利用建筑构件内钢筋作为接地装置应符合“3.建筑物的防雷措施 2)第二类防雷建筑物”第(5)条和“4.防雷装置”第 1)(5)条的规定。

表 7.8　接地体的材料、结构和最小尺寸

材料	结构	最小尺寸			备注
		垂直接地体直径/mm	水平接地体/mm^2	接地板/mm	
铜、镀锡铜	铜绞线	—	50	—	每股直径 1.7 mm
	单根圆铜	15	50	—	—
	单根扁铜	—	50	—	厚度 2 mm
	铜管	20	—	—	壁厚 2 mm
	整块铜板	—	—	500×500	厚度 2 mm
	网格铜板	—	—	600×600	各网格边截面 25 mm×2 mm，网格网边总长度不少于 4.8 m
热镀锌钢	圆钢	14	78	—	—
	钢管	20	—	—	壁厚 2 mm
	扁钢	—	90	—	厚度 3 mm
	钢板	—	—	500×500	厚度 3 mm
	网格钢板	—	—	600×600	各网格边截面 30 mm×3 mm，网格网边总长度不少于 4.8 m
	型钢	注 3	—	—	—
裸钢	钢绞线	—	70	—	每股直径 1.7 mm
	圆钢	—	78	—	—
	扁钢	—	75	—	厚度 3 mm
外表面镀铜的钢	圆钢	14	50	—	镀铜厚度至少 250 μm，铜纯度 99.9%
	扁钢	—	90（厚 3 mm）	—	
不锈钢	圆形导体	15	78	—	—
	扁形导体	—	100	—	厚度 2 mm

注：1. 热镀锌层应光滑连贯、无焊剂斑点，镀锌层圆钢至少 22.7 g/m^2、扁钢至少 32.4 g/m^2

2. 热镀锌之前螺纹应先加工好

3. 不同截面的型钢，其截面不小于 290 mm^2，最小厚度 3 mm，可采用 50 mm×50 mm×3 mm 角钢

4. 当完全埋在混凝土中时才可采用裸钢

5. 外表面镀铜的钢，铜应与钢结合良好

6. 不锈钢中，铬的含量等于或大于 16%，镍的含量等于或大于 5%，钼的含量等于或大于 2%，碳的含量等于或小于 0.08%

7. 截面积允许误差为 −3%

(2)在符合表 7.9 规定的条件下，埋于土壤中的人工垂直接地体宜采用热镀锌角钢、钢管或圆钢；埋于土壤中的人工水平接地体宜采用热镀锌扁钢或圆钢。

接地线应与水平接地体的截面相同。

表 7.9　防雷装置的材料及使用条件

材料	使用于大气中	使用于地中	使用于混凝土中	耐腐蚀情况		
				在下列环境中能耐腐蚀	在下列环境中增加腐蚀	与下列材料接触形成直流电耦合可能受到严重腐蚀
铜	单根导体，绞线	单根导体，有镀层的绞线，铜管	单根导体，有镀层的绞线	在许多环境中良好	硫化物有机材料	—
热镀锌钢	单根导体，绞线	单根导体，钢管	单根导体，绞线	敷设于大气、混凝土和无腐蚀性的一般土壤中受到的腐蚀是可接受的	高氯化物含量	铜
电镀铜钢	单根导体	单根导体	单根导体	在许多环境中良好	硫化物	—
不锈钢	单根导体，绞线	单根导体，绞线	单根导体，绞线	在许多环境中良好	高氯化物含量	—
铝	单根导体，绞线	不适合	不适合	在含有低浓度硫和氯化物的大气中良好	碱性溶液	铜
铅	有镀铅层的单根导体	禁止	不适合	在含有高浓度硫酸化合物的大气中良好	—	铜不锈钢

(3)人工钢质垂直接地体的长度宜为 2.5 m。其间距以及人工水平接地体的间距均宜为 5 m,当受地方限制时可适当减小。

(4)人工接地体在土壤中的埋设深度不应小于 0.5 m,并宜敷设在当地冻土层以下,其距墙或基础不宜小于 1 m。接地体宜远离由于烧窑、烟道等高温影响使土壤电阻率升高的地方。

(5)在敷设于土壤中的接地体连接到混凝土基础内起基础接地体作用的钢筋或钢材的情况下,土壤中的接地体宜采用铜质或镀铜或不锈钢导体。

(6)在高土壤电阻率的场地,降低防直击雷冲击接地电阻宜采用下列方法:

①采用多支线外引接地装置,外引长度不应大于有效长度,有效长度应符合《建筑物防雷设计规范》(GB 50057—2010)附录 C 的规定。

②接地体埋于较深的低电阻率土壤中。

③换土。

④采用降阻剂。

(7)防直击雷的专设引下线距出入口或人行道边沿不宜小于 3 m。

(8)接地装置埋在土壤中的部分,其连接宜采用放热焊接;当采用通常的焊接方法时,应在焊接处做防腐处理。

(9)接地装置工频接地电阻的计算应符合国家标准《工业与民用电力装置的接地设计规范》(GB/T 50065—2011)的规定,其与冲击接地电阻的换算应符合《建筑物防雷设计规范》(GB 50057—2010)附录 C 的规定。

5. 滚球法确定接闪器的保护范围

单支接闪杆的保护范围应按下列方法确定,如图 7.3 所示。

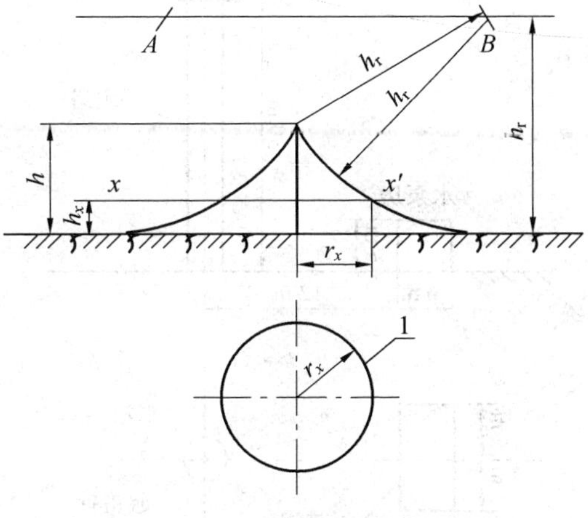

图 7.3　单支接闪杆的保护范围

1—xx' 平面上保护范围的截面

(1) 当接闪杆高度 h 小于或等于 h_r 时:

① 距地面 h_r 处作一平行于地面的平行线。

② 以杆尖为圆心,h_r 为半径作弧线交于平行线的 A,B 两点。

③ 以 A,B 为圆心,h_r 为半径作弧线,弧线与杆尖相交并与地面相切。弧线到地面为其保护范围。保护范围为一个对称的锥体。

④ 接闪杆在 h_x 高度的 xx' 平面上和地面上的保护半径，应按下式计算：

$$r_x = \sqrt{h(2h_r - h)} - \sqrt{h_x(2h_r - h_x)} \quad (7.32)$$

$$r_0 = \sqrt{h(2h_r - h)} \quad (7.33)$$

式中　r_x—— 接闪杆在 h_x 高度的 xx' 平面上的保护半径，m；

h_r—— 滚球半径，按表 7.10 计算，m；

h_x—— 被保护物的高度，m；

r_0—— 接闪杆在地面上的保护半径，m。

表 7.10　滚球计算半径

建筑物的防雷级别	滚球半径 /m
第一类防雷建筑物	30
第二类防雷建筑物	45
第三类防雷建筑物	60

(2) 当接闪杆高度 h 大于 h_r 时，在接闪杆上取高度等于 h_r 的一点代替单支接闪杆杆尖作为圆心。其余的做法应符合上述第(1) 条的规定。式(7.32) 和式(7.33) 中的 h 用 h_r 代入。

【例 7.1】　某厂一座 30 m 高的水塔旁边，建有一水泵房(属第三类防雷建筑物)，尺寸如图 7.4 所示。水塔上装有一支高 2 m 的避雷针，试问此针能否保护这一水泵房？

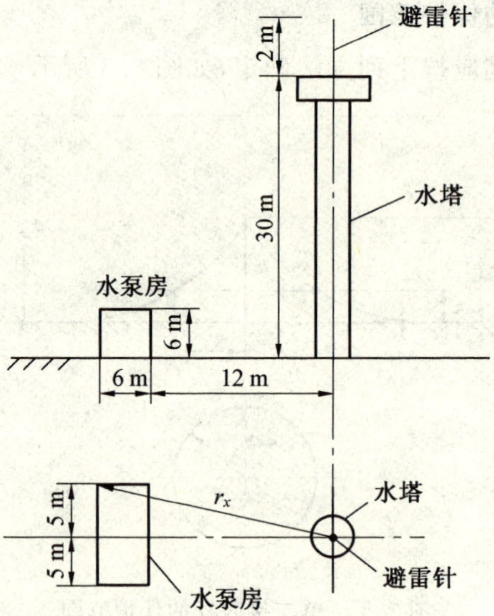

图 7.4　避雷针的保护范围

解　查表 7.10，得滚球半径 $h_r = 60$ m，而 $h = (30 + 2)$m $= 32$ m，$h_x = 6$ m，因此得

$$r_r = (\sqrt{32 \times (2 \times 60 - 32)} - \sqrt{6 \times (2 \times 60 - 6)})\text{m} \approx 26.9\ \text{m}$$

现水泵在 $h_x = 6$ m 高度上最远一角距离避雷针的水平距离为

$$r = \sqrt{(12 + 6)^2 + 5^2}\ \text{m} = 18.7\ \text{m} < r_x$$

由此可见，水塔上的避雷针完全能保护这一水泵房。

7.3　低压配电系统的接地方式

1. 低压配电系统的接地方式

按国际电工委员会(IEC)的规定，低压电网主要有 TN，TT 和 IT 三种接地方式，其中 TN 又分为 TN－S，TN－C 和 TN－C－S。

第一个字母(T 或 I)表示电源中性点的对地关系；第二个字母(N 或 T)表示装置的外露导电部分的对地关系；横线后面的字母(S，C 或 C－S)表示保护线与中性线的结合情况。

T－through(通过)表示电力网的中性点(发电机、变压器的星形接线的中间结点)是直接接地系统；N－neutral(中性点)表示电气设备正常运行时不带电的金属外露部分与电力网的中性点采取直接的电气连接，即"保护接零"系统。

2. TN 系统

(1)TN－S 系统。

TN－S 系统，即五线制系统，三根相线分别为 L_1，L_2，L_3，一根零线 N，一根保护线 PE，仅电力系统中性点一点接地，用电设备的外露可导电部分直接连接到 PE 线上，如图 7.5 所示。

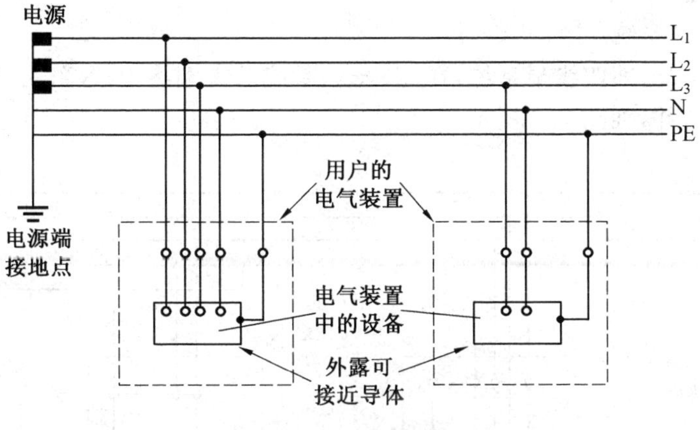

图 7.5　TN－S 系统的接地方式

TN－S 系统中的 PE 线在正常工作时无电流，设备的外露可导电部分无对地电压，以保证操作人员的人身安全；在事故发生时，PE 线中有电流通过，使保护装置迅速动作，切断故障。一般规定 PE 线不允许断线，也不允许进入开关。N 线(工作零线)在接有单相负载时，可能会产生不平衡电流。PE 线与 N 线的区别在于 PE 线平时无电流，而 N 线在三相负荷不平衡时有电流；PE 线是专用保护接地线，N 线是工作零线；PE 线不允许进入漏电开关，但 N 线可以。

TN－S 系统适用于工业与民用建筑等低压供电系统，是目前我国在低压系统中普遍采用的接地方式。

(2)TN－C 系统。

TN－C 系统，即四线制系统，三根相线分别为 L_1，L_2，L_3，一根中性线与保护线合并的

PEN 线，将用电设备的外露可导电部分接到 PEN 线上，如图 7.6 所示。

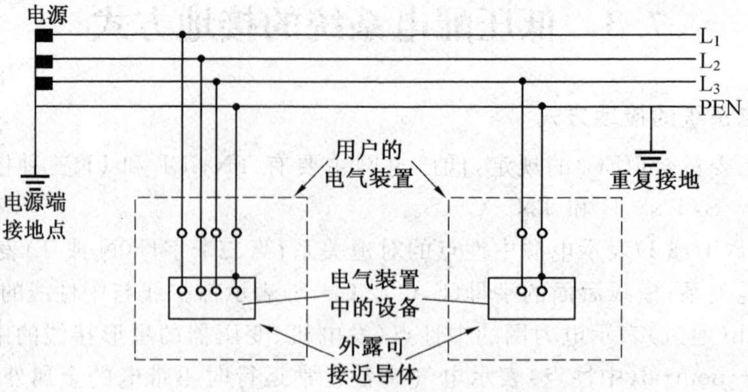

图 7.6　TN－C 系统的接地方式

在 TN－C 系统中接线，当存在三相负荷不平衡和有单相负荷时，PEN 线上出现不平衡电流，设备的外露可导电部分有对地电压的存在。由于 N 线不得断线，所以在进入建筑物之前，N 线或 PE 线应加做重复接地。

TN－C 系统适用于三相负荷基本平衡的情况，同时也适用于有单相 220 V 的便携式、移动式的用电设备。

(3)TN－C－S 系统。

TN－C－S 系统，即四线半系统，在 TN－C 系统的末端将 PEN 线分为 PE 线和 N 线，分开后不允许再合并，如图 7.7 所示。

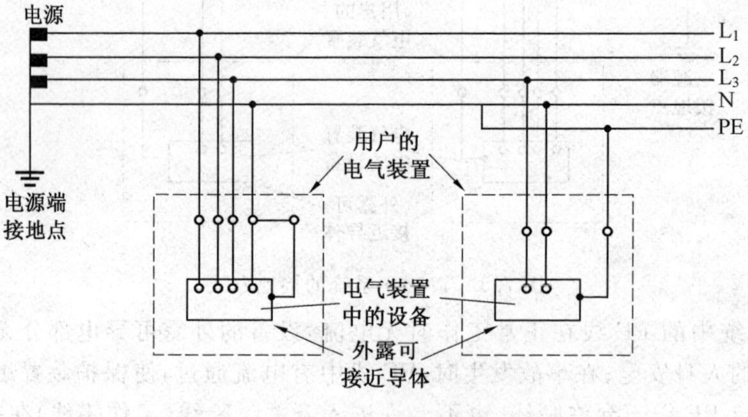

图 7.7　TN－C－S 系统的接地方式

在 TN－C－S 系统的前半部分具有 TN－C 系统的特点，在系统的后半部分却具有 TN－S系统的特点。目前在一些民用建筑中，电源入户之后，就会将 PEN 线分为 N 线和 PE 线。

TN－C－S 系统适用于工业企业和一般民用建筑。当负荷端装有漏电开关，干线末端装有接零保护时，也可用于新建住宅小区。

3. TT **系统**

在 TT 系统中，当电气设备的金属外壳带电（相线碰壳或漏电）时，接地保护可以降低触电的概率，但低压断路器不一定会跳闸，设备外壳的对地电压可能超过安全电压。当漏电电流较小时，需加设漏电保护器，如图 7.8 所示。

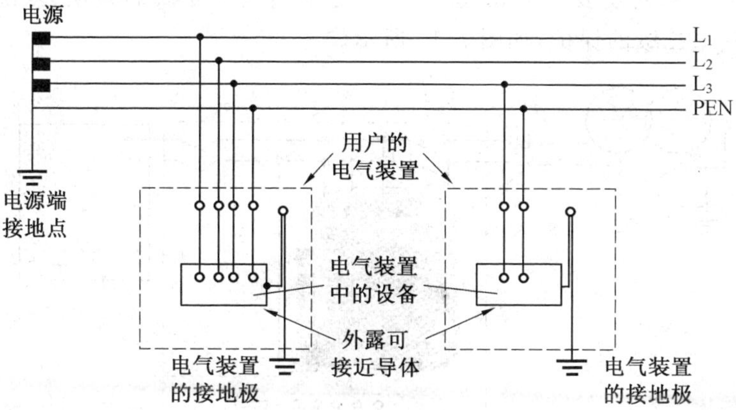

图 7.8　TT 系统的接地方式

TT 系统是适用于供给小负荷的接地系统。该系统接地装置的接地电阻应满足单相接地发生故障时，在规定的时间内能够切断供电线路的要求，或将接地电压限制在 50 V 以下。

4. IT **系统**

IT 系统是指电力系统不接地或经过高阻抗接地，为三线制系统。三根相线分别为 L_1，L_2，L_3，用电设备的外露部分采用各自的 PE 线接地，如图 7.9 所示。

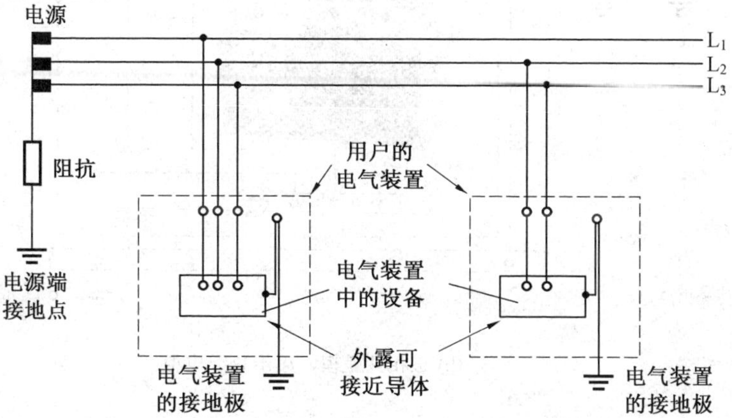

图 7.9　IT 系统的接地方式

在 IT 系统中，当任何一相接地发生故障时，由于大地可作为相线继续工作，所以系统可以继续运行。因此在线路中需加单相接地检测装置，以便发生故障时报警。

IT 系统一般适用于矿井、游泳池等场所。

5. 电涌保护方式

(1)电涌保护形式。

低压供电系统的电涌保护形式主要有单相电涌保护器和三相电涌保护器两种，主要用于电网干扰较为严重的场所，能够有效地抑制电网中的尖峰干扰及感应雷电波，它主要针对TT和TN－S配电系统所要求的相线、零线对地及相线对零线的共模、差模进行全方位保护，一般用于第一、二级的保护，如图7.10所示。

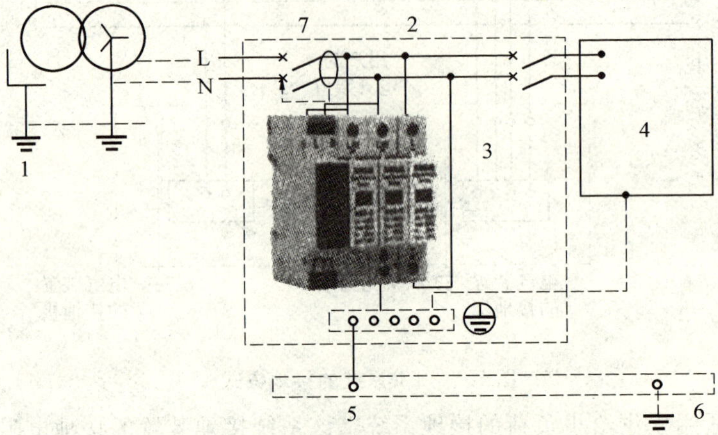

(a) 单相共差模，用于楼屋分配电箱

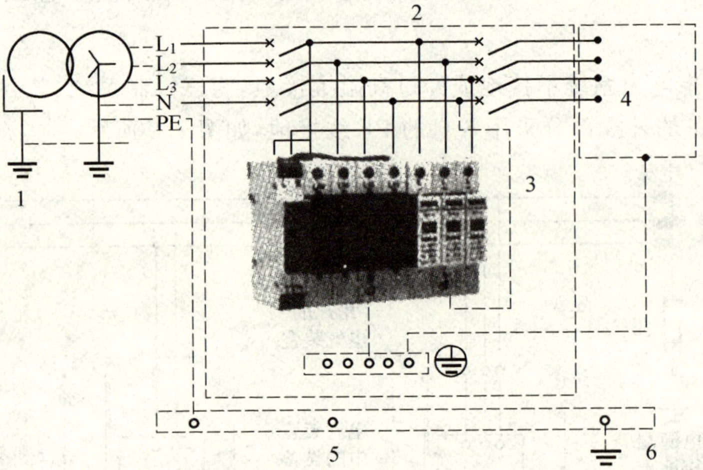

(b) 三相共差模，用于总配电柜

图7.10 单相、三相电涌保护器

1—接地线；2—电气开关箱；3—电涌保护器；4—被保护设备；5—主接地端子；6—总接地连接；7—漏电保护设备

(2)TN－C－S系统。

TN－C－S系统中的N线(中线)和PE线(地线)从变压器低压侧合为一条PEN线，此位置只需在相线－PEN线之间加装电涌保护器即可，在进入建筑物总配电箱之后，PEN线分为N线和PE线独立布线，PEN线接于建筑物内总等电位接地以接入大地，如图7.11所示。

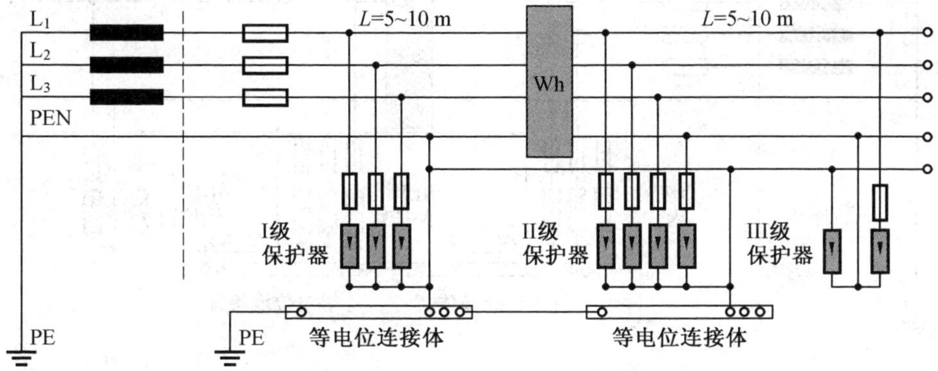

图 7.11　TN－C－S 系统的电涌保护

(3)TN－S 系统。

TN－S 系统中的 N 线(中线)和 PE 线(地线)仅在变压器低压侧出线端相连并与地连接,在进入建筑物总配电箱之前,N 线和 PE 线独立布线,相线与 PE 线之间均要加装电涌保护器,如图 7.12 所示。

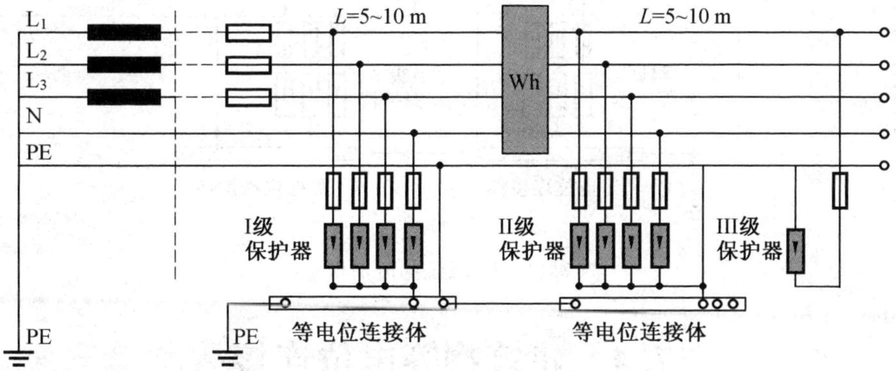

图 7.12　TN－S 系统的电涌保护

(4)TT 系统。

TT 系统中的 N 线(中线)仅在变压器的中性点接地,N 线和 PE 线严格分开布线。因此,需要在相线与 N 线之间加装电涌保护器,N 线与 PE 线之间加装间隙电涌保护器,如图 7.13 所示。

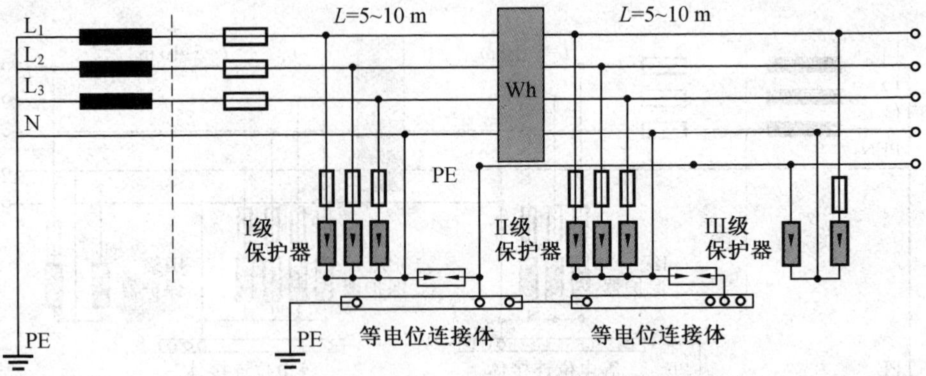

图 7.13　TT 系统的电涌保护

(5)IT 系统。

IT 系统的变压器中性点不接地,线路中有中线 N 线,如图 7.14 所示。

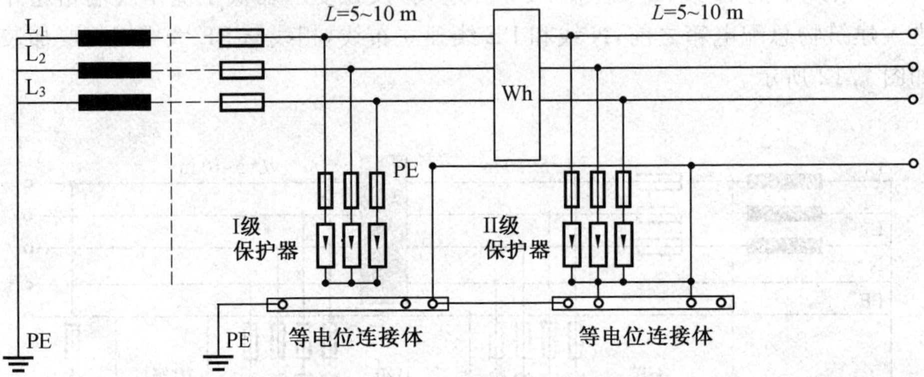

图 7.14　IT 系统的电涌保护

7.4　建筑物等电位连接

在建筑电气工程中,常见的等电位连接措施有总等电位连接、辅助等电位连接和局部等电位连接三种,其中局部等电位连接是辅助等电位连接的一种扩展。这三者在原理上都是相同的,但是在作用范围和工程作法上则有所不同。

1. 等电位连接

等电位连接是将建筑物中各电气装置和其他装置外露的金属及可导电部分与人工或自然接地体用导体连接起来,以达到减少电位差的目的。

(1)总等电位连接(MEB)。

总等电位连接作用于全建筑物,在一定程度上能够降低建筑物内间接接触电击的接触电压和不同金属部件之间的电位差,并能消除来自于建筑物外经电气线路和各种金属管道引入的危险故障电压的危害。它应通过进线配电箱近旁的接地母排(总等电位连接端子板)将下列可导电部分互相连通:

①进线配电箱的 PE(PEN)母排。

②公用设施的金属管道，如上下水、热力、燃气等管道。

③建筑物的金属结构。

④如果设有人工接地，也包括其接地极引线。

建筑物在进行了总等电位连接之后，可防止 TN 系统电源线路中的 PE 线和 PEN 线传导引入故障电压而导致电击事故，同时还可减少电位差、电弧、电火花发生的概率，避免接地故障引起的电气火灾事故和人身电击事故，此外它也是防雷安全所必需的。因此，在建筑物的每一电源进线处，一般设有总等电位连接端子板，由总等电位连接端子板与进入建筑物的金属管道和金属结构构件进行连接，如图 7.15 所示。

需要注意的是，在与煤气管道作等电位连接时，应采取措施将管道处于建筑物内、外的部分隔离开，以防止误将煤气管道作为电流的散流通道(即接地极)用，并且防止雷电流在煤气管道内产生火花，在此隔离两端应跨接火花放电间隙。

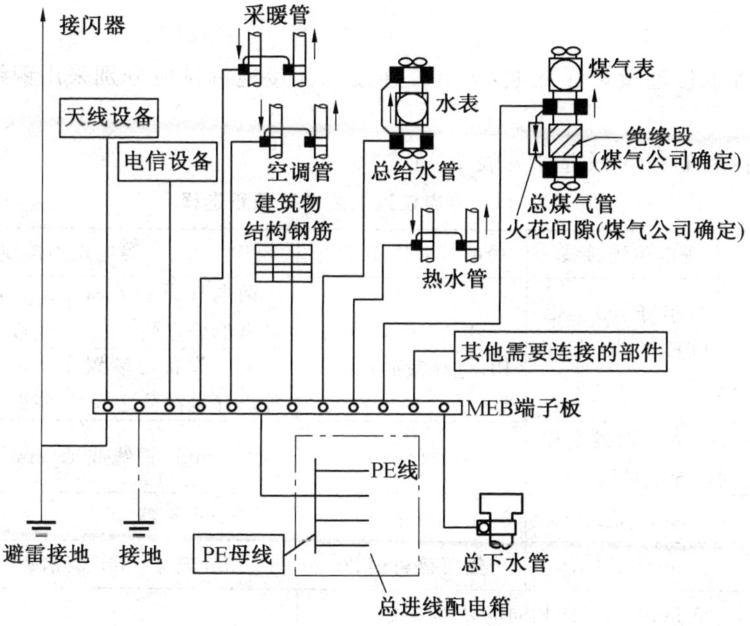

图 7.15　总等电位连接

(2)辅助等电位连接(SEB)。

将两导电部分用导线直接进行等电位连接，使故障接触电压降低至接触电压限值以下，称为辅助等电位连接。下列情况需进行辅助等电位连接：

①电源网络阻抗过大，使自动切断电源的时间过长，不能满足防电击要求时。

②自 TN 系统同一配电箱供给固定式和移动式两种电气设备，而固定式设备保护电器切断电源时间不能满足移动式设备防电击要求时。

③为满足浴室、游泳池、医院手术室等场所对防电击的特殊要求时。

(3)局部等电位连接(LEB)。

当需要在局部场所范围内进行多个辅助等电位连接时，可通过局部等电位连接端子板将 PE 母线或 PE 干线、公用设施的金属管道以及建筑物的金属结构互相连通，以便能够简单地实现该局部范围内的多个辅助等电位连接，称为局部等电位连接。

按照《低压配电设计规范》(GB 50054—2011)的规定,采用接地故障保护时,在建筑物内应进行总等电位连接。而当电气装置或其某一部分的接地故障保护不能满足规定要求时,则应在局部范围内进行局部等电位连接。

局部等电位连接一般用于浴室、游泳池、医院手术室等场所,发生电气事故的危险性较大,要求具有更低的接触电压,在这些局部范围内需要多个辅助等电位连接才能达到要求,这种连接就称为局部等电位连接。一般局部等电位连接也有一个端子板或成环形。简单地说,局部等电位连接可以看作是在局部范围内的总等电位连接。

在进行等电位连接时,要保证等电位连接的可靠导通,等电位连接这一电气安全措施所耗用的是一些导线。采取等电位连接实际上也实现了接地,因为它所连接的管道及基础钢筋等本身也起到了低电阻、长寿命的接地作用。

2. 等电位连接材料

(1)材料。

为了保证等电位连接可靠导通,等电位连接线和接地母排应分别采用铜线和铜板。

(2)规格。

等电位连接线的截面积选择见表 7.11。

表 7.11 等电位连接线的截面积选择

<table>
<tr><th>取值</th><th>总等电位连接线</th><th>局部等电位连接线</th><th colspan="2">等电位连接线</th></tr>
<tr><td rowspan="2">一般值</td><td rowspan="2">不小于 0.5 倍 PE(PEN)进线截面积</td><td rowspan="2">不小于 0.5 倍 PE 进线截面积</td><td>两电气设备外露导电部分之间</td><td>1 倍于较小 PE 线截面积</td></tr>
<tr><td>电气设备与装置外露导电部分之间</td><td>0.5 倍 PE 进线截面积</td></tr>
<tr><td rowspan="3">最小值</td><td>6 mm² 铜线或相同电导值导线</td><td>有机械保护</td><td colspan="2">2.5 mm² 铜线或 16 mm² 铝线</td></tr>
<tr><td>16 mm² 铝线</td><td>无机械保护</td><td colspan="2">4 mm² 铜线</td></tr>
<tr><td>50 mm² 铁导体</td><td colspan="3">热镀锌扁钢 20 mm×4 mm 或 φ8 mm 圆钢</td></tr>
<tr><td>最大值</td><td colspan="2">25 mm² 铜线或相同电导值导线</td><td colspan="2">—</td></tr>
</table>

除了考虑机械强度之外,当等电位连接线在故障的情况下有可能通过短路电流时,还应保证在短路电流的作用下导线与其接头不应被烧断。由于总等电位连接线一般没有短路电流通过,所以规定有最大值,而辅助等电位连接线有短路电流通过,因此 LEB 以 PE 线为基准选择,不规定最大值。

3. 等电位连接施工安装

(1)厨房、卫生间。

在厨房、卫生间内便于检测的位置设置局部等电位端子板,端子板与等电位连接干线连接。地面内钢筋网宜与等电位连接线连通,当墙为混凝土墙时,墙内钢筋网也宜与等电位连接线连通。

厨房、卫生间内的金属地漏、下水管道等设备通过等电位连接线与局部等电位端子板连接。

连接时需将抱箍与管道接触处的接触表面刮拭干净，安装完毕后涂刷防护漆。抱箍内径应与管道外径相等，抱箍大小依管道大小而定。

等电位连接线采用 BV－1×4 mm^2 铜导线穿塑料管于地面或墙内暗敷设，具体做法如图 7.16(a)所示。

厨房、卫生间地面或墙内暗敷不小于 25 mm×4 mm 的镀锌扁钢构成环状，具体做法如图 7.16(b)所示。

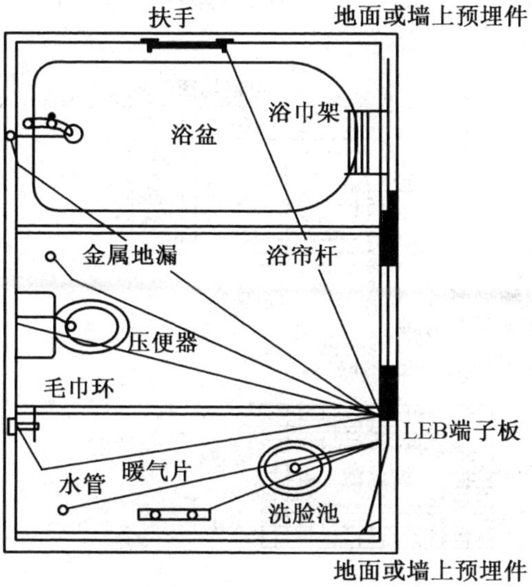

(a) 导线穿塑料管在地面或墙内暗敷设

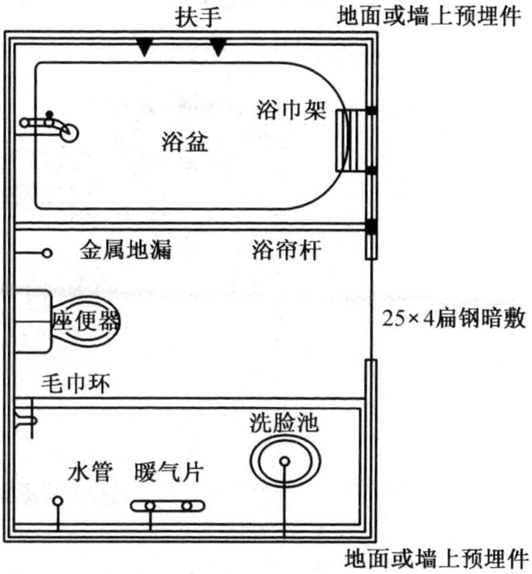

(b) 地面内钢筋网宜与等电位连接线连通

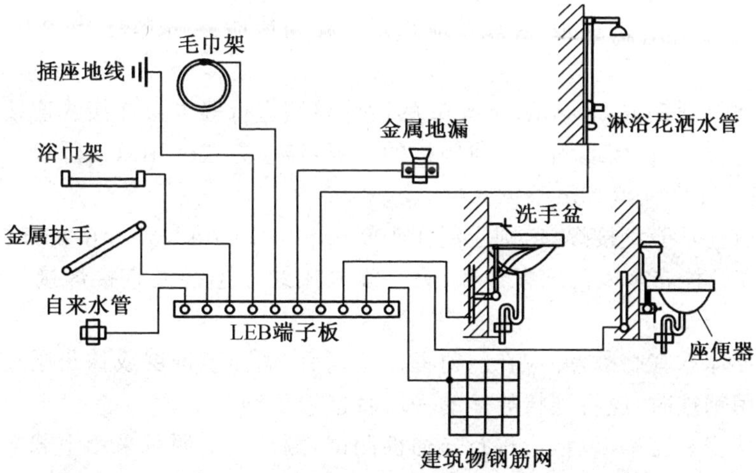

(c) 立体图

图 7.16　卫生间的等电位连接

(2)游泳池。

在游泳池内便于检测处设置局部等电位端子板,金属地漏、金属管等设备通过等电位连接线与等电位端子板连通。

如室内原来没有 PE 线,则不应引入 PE 线,将装置外可导电部分相互连接即可。为此,室内也不应采用金属穿线管或金属护套电缆。

游泳池边的地面下无钢筋时,应敷设电位均衡导线,导线间距约为 0.6 m,最少在两处作横向连接。如在地面下敷设采暖管线,则电位均衡导线应位于采暖管线的上方。

电位均衡导线也可敷设网格为 150 mm×150 mm,ϕ3 的铁丝网,相邻铁丝网之间应相互焊接。一般做法如图 7.17 所示。

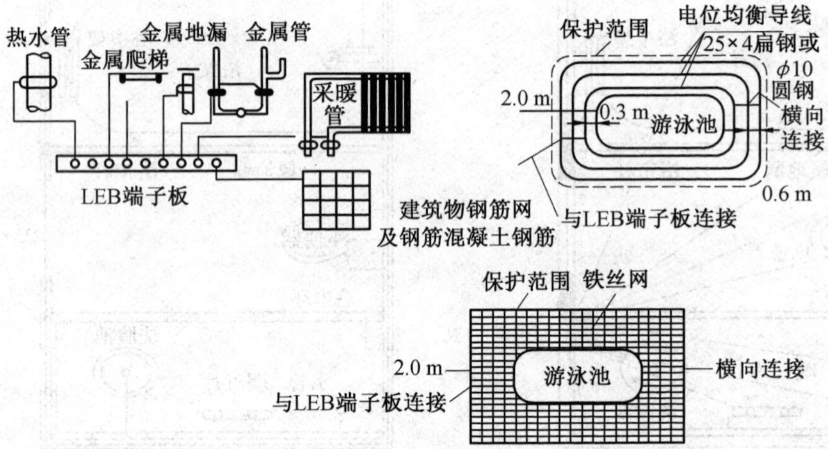

图 7.17　游泳池的等电位连接

(3)金属门窗。

根据设计图纸上的位置,于柱内或圈梁内预留预埋件,预埋件设计无要求时应采用面积大于 100 mm×100 mm 的钢板,预埋件应预留于柱角或圈梁角之处,与柱内或圈梁内的主钢筋焊接。

使用 ϕ10 镀锌圆钢或 25 mm×4 mm 的镀锌扁钢进行等电位连接线连接预埋件与钢窗框、固定铝合金窗框的铁板或固定金属门框的铁板,连接方式采用双面焊接。采用圆钢焊接时,搭接长度宜不小于 100 mm。

如金属门窗框不能直接焊接,则应制作 100 mm×30 mm×30 mm 的连接件,一端采用不少于 2 套 M6 螺栓与金属门窗框连接,另一端采用螺栓连接或直接焊接与等电位连接线连通。

所有连接导体均宜暗敷,并应在门窗框定位以后,墙面装饰层或抹灰层施工之前进行。

当柱体采用钢柱时,应将连接导体的一端直接焊于钢柱上。

等电位连接安装完毕以后,应进行导通性测试,测试用电源可采用空载电压 4～24 V 的直流或交流电源,如果测试电流不小于 0.2 A,则可认为等电位连接是有效的,如发现有导通不良的管道连接处,则应作跨接线。

4. 工程实例

(1)钢筋混凝土建筑物等电位连接。

钢筋混凝土建筑物等电位连接的例子如图 7.18 所示。

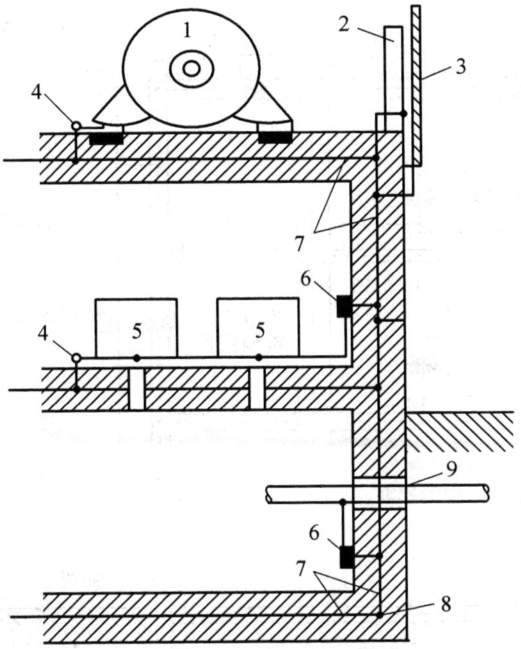

图 7.18　钢筋混凝土建筑物等电位连接

1—电力设备;2—钢支柱;3—立面的金属盖板;4—等电位连接点;5—电气设备;6—等电位连接带;7—混凝土内钢筋;8—基础接地体;9—各种管线的共用入口

(2)办公建筑物等电位连接。

办公建筑物设计防雷区、屏蔽、等电位连接和接地的例子如图 7.19 所示。

(3)建筑物内混合等电位连接。

当采用 S 型等电位连接网络时,信息系统的所有金属组件应与共用接地系统的各组件有大于 10 kV、1.2/50 μs 的绝缘的例子如图 7.20 所示。加绝缘的目的是为了防止外来的干扰电流进入所涉及的电子装置。

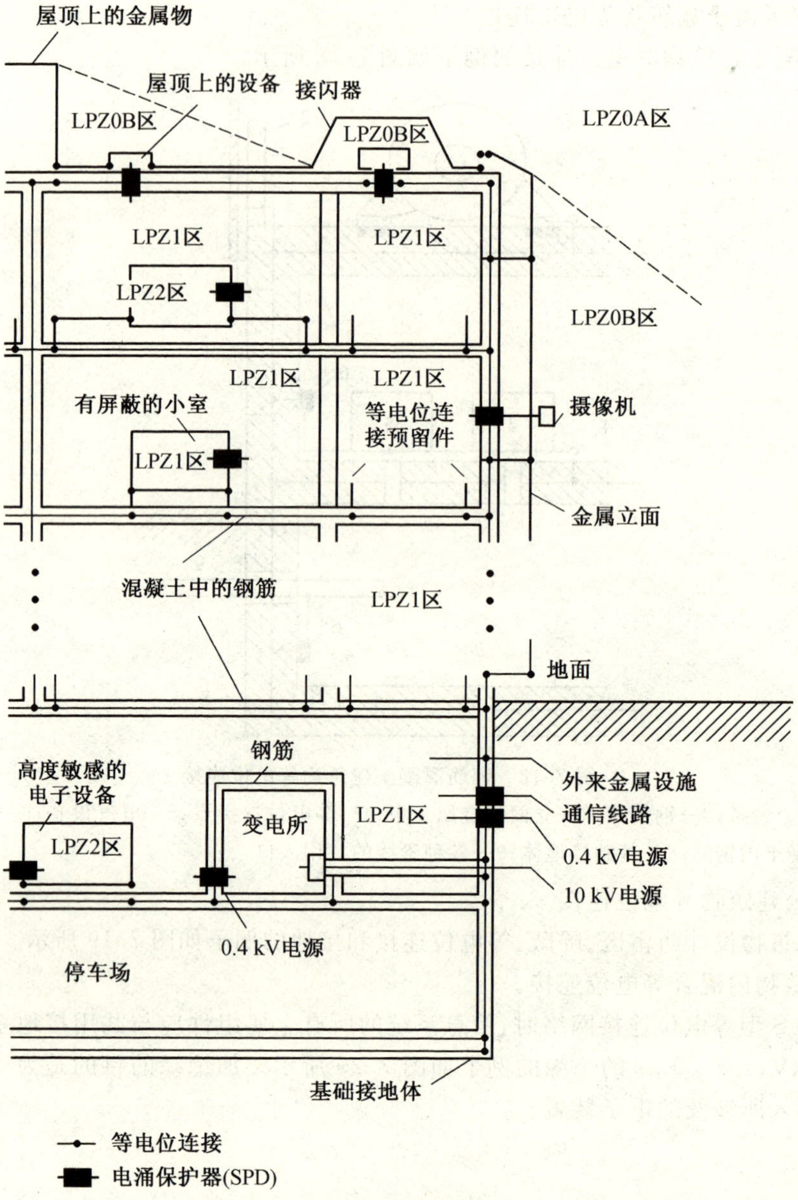

图 7.19　办公建筑物设计防雷区、屏蔽、等电位连接和接地

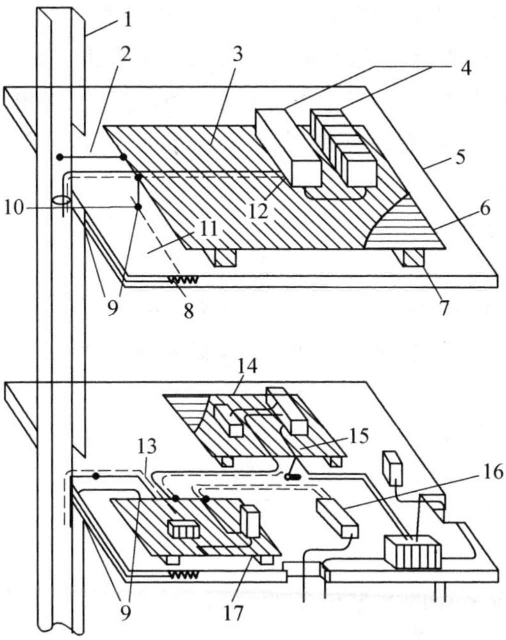

图 7.20　建筑物内混合等电位连接

1—低阻抗电缆管道,建筑物共用接地系统的一个组合单元;2—单点连接点与电缆管道之间的连接;3—LP22 区;4—LP23 区,由设备屏蔽外壳构成,即系统组 1 的机架;5、8—钢筋混凝土地面;6—等电位连接网络;7—等电位连接网络 1 与建筑物共用接地系统之间的绝缘物,其绝缘强度大于 10 kV、1.2/50 μs;9—电缆管道、等电位连接网络 1、系统组 2 与地面钢筋的等电位连接;10—单点连接点 1;11—LPZ1 区;12—达到机架的电缆金属屏蔽层;13—单点连接点 2;14—系统组 2;15—单点连接点 3;16—采用一般等电位连接的原有设备和装置;17—系统组 2

7.5　特殊场所的安全防护

1. 医疗场所的安全防护

医疗场所的安全防护是指对患者进行诊断、治疗、整容、监测和护理等的医疗场所的安全防护设计。

1)分类

医疗场所应按使用接触部件所接触的部位及场所分为 0、1、2 三类,各类应符合下列规定:

0 类场所应为不使用接触部件的医疗场所。

1 类场所应为接触部件接触躯体外部,及除 2 类场所规定外的接触部件侵入躯体的任何部分。

2 类场所应为将接触部件用于诸如心内诊疗术、手术室以及断电将危及生命的重要治疗的医疗场所。

2)安全防护

医疗场所的安全防护应符合下列规定:

(1)在1类和2类医疗场所内，当采用安全特低电压系统(SELV)、保护特低电压系统(PELV)时，用电设备的标称供电电压不应超过交流方均根值25 V和无纹波直流60 V。

(2)在1类和2类医疗场所，IT，TN和TT系统的约定接触电压均不应大于25 V。

(3)TN系统在故障情况下切断电源的最大分断时间230 V应为0.2 s，400 V应为0.05 s。IT系统最大分断时间230 V应为0.2 s。

3)TN系统剩余电流保护

医疗场所采用TN系统供电时，应符合下列规定：

(1)TN－C系统严禁用于医疗场所的供电系统。

(2)在1类医疗场所中额定电流不大于32 A的终端回路，应采用最大剩余动作电流为30 mA的剩余电流动作保护器作为附加防护。

(3)在2类医疗场所，当采用额定剩余动作电流不超过30 mA的剩余电流动作保护器作为自动切断电源的措施时，应只用于下列回路：

①手术台驱动机构的供电回路。

②移动式X光机的回路。

③额定功率大于5 kV·A的大型设备的回路。

④非用于维持生命的电气设备回路。

(4)应确保多台设备同时接入同一回路时，不会引起剩余电流动作保护器(RCD)误动作。

4)TT系统剩余电流保护

TT系统要求在所有情况下均应采用剩余电流保护器，其他要求应与TN系统相同。

5)IT系统剩余电流保护

医疗场所采用IT系统供电时，应符合下列规定：

(1)在2类医疗场所内，用于维持生命、外科手术和其他位于“患者区域”内的医用电气设备和系统的供电回路，均应采用医疗IT系统。

(2)用途相同且相毗邻的房间内，至少应设置一回独立的医疗IT系统。医疗IT系统应配置一个交流内阻抗不少于100 kΩ的绝缘监测器并满足下列要求：

①测试电压不应大于直流25 V。

②注入电流的峰值不应大于1 mA。

③最迟在绝缘电阻降至50 kΩ时，应发出信号，并应配置试验此功能的器具。

(3)每个医用IT系统应设在医务人员可以经常监视的地方，并应装设配备有下列功能组件的声光报警系统：

①应以绿灯亮表示工作正常。

②当绝缘电阻下降到最小整定值时，黄灯应点亮，且应不能消除或断开该亮灯指示。

③当绝缘电阻下降到最小整定值时，可音响报警动作，该音响报警可解除。

④当故障被清除恢复正常后，黄色信号应熄灭。

当只有一台设备由单台专用的医疗IT变压器供电时，该变压器可不装设绝缘监测器。

(4)医疗IT变压器应装设过负荷和过热的监测装置。

6)接地形式

医疗及诊断电气设备，应根据使用功能要求采用保护接地、功能接地、等电位连接或不接地等形式。

7)接地电阻

医疗电气设备的功能接地电阻值应按设备技术要求确定，宜采用共用接地方式。当必须采用单独接地时，医疗电气设备接地应与医疗场所接地绝缘隔离，两接地网的地中距离应符合电子设备接地系统的规定。

8)电源插座

向医疗电气设备供电的电源插座结构应符合手持式电气设备电源插座的规定。

9)辅助等电位连接应符合下列规定：

(1)在 1 类和 2 类医疗场所内，应安装辅助等电位连接导体，并应将其连接到位于"患者区域"内的等电位连接母线上，实现下列部分之间等电位：

①保护导体。

②外界可导电部分。

③抗电磁场干扰的屏蔽物。

④导电地板网格。

⑤隔离变压器的金属屏蔽层。

(2)在 2 类医疗场所内，电源插座的保护导体端子、固定设备的保护导体端子或任何外界可导电部分与等电位连接母线之间的导体的电阻不应超过 0.2 Ω。

(3)等电位连接母线宜位于医疗场所内或靠近医疗场所。在每个配电盘内或在其附近应装设附加的等电位连接母线，并应将辅助等电位导体和保护接地导体与该母线相连接。连接的位置应使接头清晰易见，并便于单独拆卸。

(4)当变压器以额定电压和额定频率供电时，空载时出线绕组测得的对地泄漏电流和外护物的泄漏电流均不应超过 0.5 mA。

(5)用于移动式和固定式设备的医疗 IT 系统应采用单相变压器，其额定输出容量不应小于 0.5 kV·A，并不应超过 10 kV·A。

10)接地导体

医疗电气设备的保护导体及接地导体应采用铜芯绝缘导线，其截面应符合接地网的规定。

11)防静电措施

手术室及抢救室应根据需要采用防静电措施。

2. 特殊场所的安全防护

特殊场所的安全防护是指浴室、游泳池和喷水池及其周围，由于人身电阻降低和身体接触地电位而增加电击危险的安全防护。

1)浴池的安全防护

浴室的区域划分可根据其尺寸划分为三个区域，如图 7.21 所示，图中所定尺寸已计入盆壁和固定隔墙的厚度。

0 区：浴盆、淋浴盆的内部或无盆淋浴 1 区限界内距地面 0.10 m 的区域。

1 区的限界：围绕浴盆或淋浴盆的垂直平面；或对于无盆淋浴，距离淋浴喷头 1.20 m 的垂直平面和地面以上 0.1～2.25 m 的水平面。

2 区的限界：1 区外界的垂直平面和与其相距 0.6 m 的垂直平面，地面及地面以上

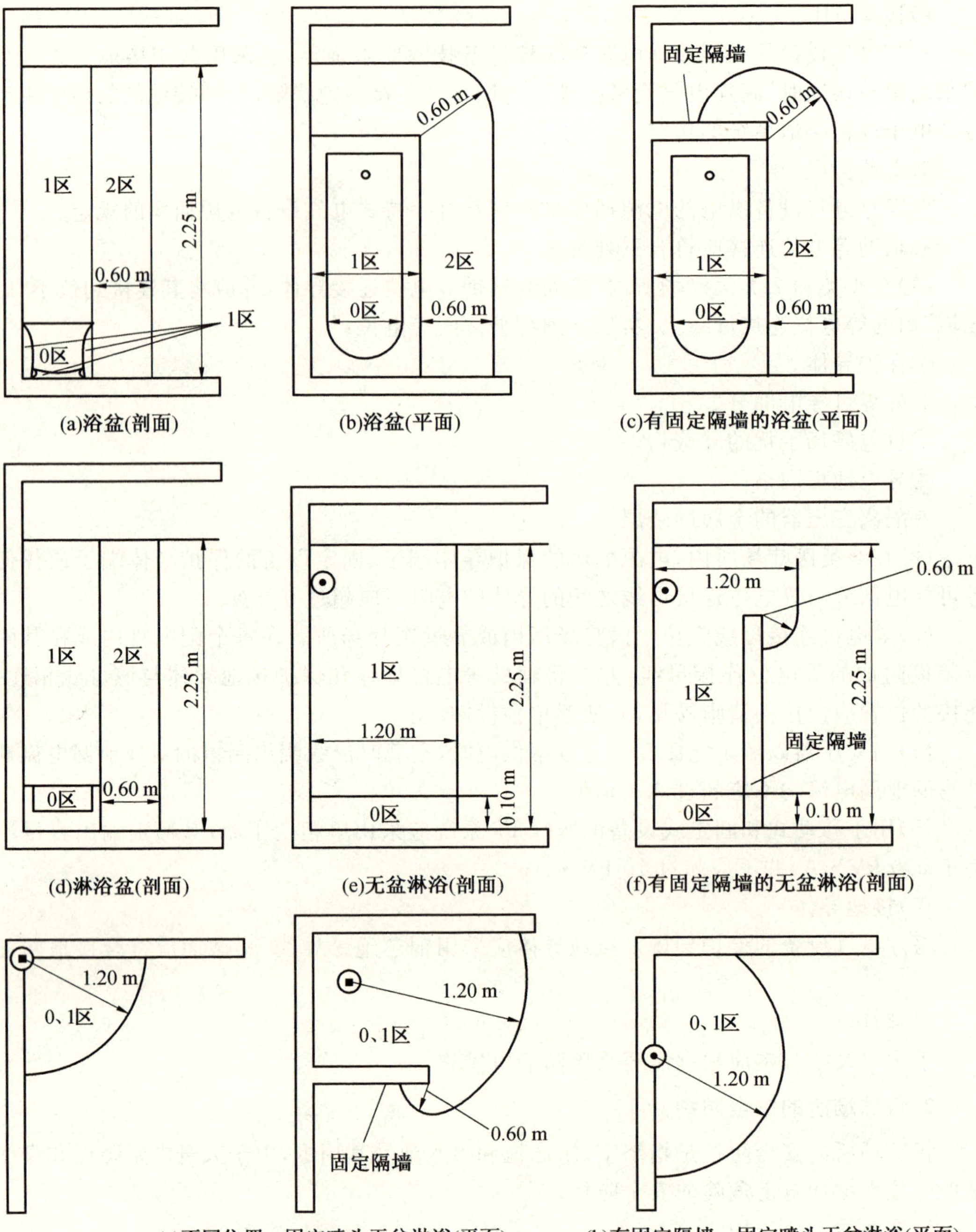

图 7.21　浴室的区域划分所定尺寸已计入墙壁及固定隔墙的厚度

2.25 m的水平面。

浴池的安全防护应符合下列规定。

(1)安全防护应根据所在区域,采取相应的措施。

(2)建筑物除应采取总等电位连接外，还应进行辅助等电位连接。

辅助等电位连接应将 0、1 及 2 区内所有外界可导电部分与位于这些区内的外露可导电部分的保护导体连接起来。

(3)在 0 区内，应采用标称电压不超过 12 V 的安全特低电压供电，其安全电源应设于 2 区以外的地方。

(4)在使用安全特低电压的地方，应采取下列措施实现直接接触防护：

①应采用防护等级至少为 IPX2 的遮拦或外护物。

②应采用能耐受 500 V 试验电压历时 1 min 的绝缘。

(5)不得采取用阻挡物及置于伸臂范围以外的直接接触防护措施；也不得采用非导电场所及不接地的等电位连接的间接接触防护措施。

(6)除安装在 2 区内的防溅型剃须插座外，各区内所选用的电气设备的防护等级应符合下列规定：

①在 0 区内应至少为 IPX7。

②在 1 区内应至少为 IPX5。

③在 2 区内应至少为 IPX4(在公共浴池内应为 IPX5)。

(7)在 0、1 及 2 区内宜选用加强绝缘的铜芯电线或电缆。

(8)在 0、1 及 2 区内，非本区的配电线路不得通过；也不得在该区内装设接线盒。

(9)开关和控制设备的装设应符合以下要求。

①0、1 及 2 区内，不应装设开关设备及线路附件；当在 2 区外安装插座时，其供电应符合下列条件：

——可由隔离变压器供电；

——可由安全特低电压供电；

——由剩余电流动作保护器保护的线路供电，其额定动作电流值不应大于 30 mA。

②开关和插座距预制淋浴间门口的距离不得小于 0.6 m。

(10)当未采用安全特低电压供电及安全特低电压用电器具时，在 0 区内，应采用专用于浴盆的电器；在 1 区内，只可装设电热水器；在 2 区内，只可装设电热水器及Ⅱ类灯具。

2)游泳池的安全防护

游泳池和戏水池的区域划分可根据其尺寸划分为三个区域，如图 7.22 所示。

0 区：水池的内部。

1 区的限界：距离水池边缘 2 m 的垂直平面；预计有人占用的表面和高出地面或表面 2.5 m的水平面。

在游泳池设有跳台、跳板、起跳台或滑槽的地方，1 区包括由位于跳台、跳板及起跳台周围 1.5 m 的垂直平面和预计有人占用的最高表面以上 2.5 m 的水平面所限制的区域。

2 区的限界：1 区外界的垂直平面与距离该垂直平面 1.5 m 的平行平面之间；预计有人占用的表面和地面及高出该地面或表面 2.5 m 的水平面之间。

游泳池的安全防护应符合下列规定：

(1)安全防护应根据所在区域，采取相应的措施。

(2)建筑物除应采取总等电位连接外，还应进行辅助等电位连接。应将 0、1 及 2 区内下列所有外界可导电部分及外露可导电部分，用保护导体连接起来，并经过总接地端子与接地

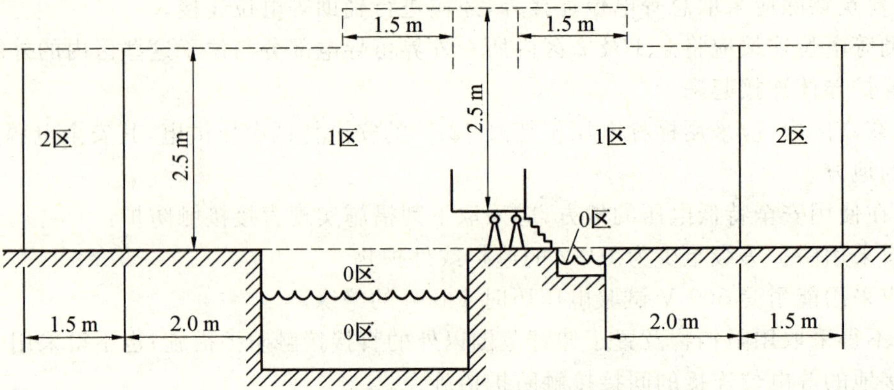

(a) 游泳池和戏水池的区域划分

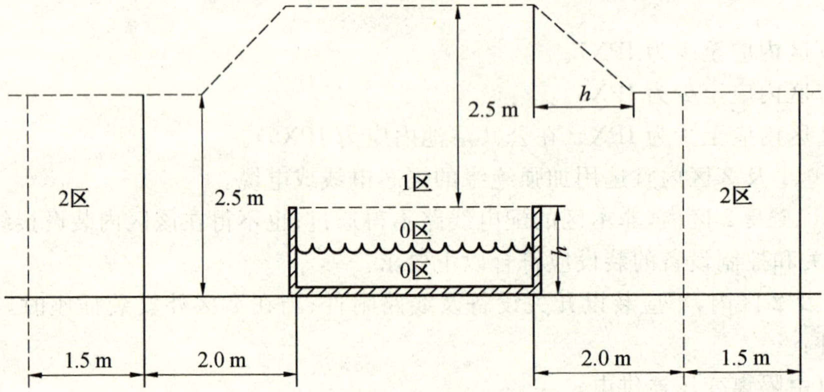

(b) 地上水池的区域尺寸

图 7.22　游泳池的区域划分所定尺寸已计入墙壁及固定隔墙的厚度

网相连：

①水池构筑物的水池外框，石砌挡墙和跳水台中的钢筋等所有金属部件。

②所有成型外框。

③固定在水池构筑物上或水池内的所有金属配件。

④与池水循环系统有关的电气设备的金属配件。

⑤水下照明灯具的外壳、爬梯、扶手、给水口、排水口及变压器外壳等。

⑥采用永久性间隔将其与水池区域隔离的所有固定的金属部件。

⑦采用永久性间隔将其与水池区域隔离的金属管道和金属管道系统等。

(3)在 0 区内，应用标称电压不超过 12 V 的安全特低电压供电，其安全电源应设在 2 区以外的地方。

(4)在使用安全特低电压的地方，应采取下列措施实现直接接触防护：

①应采用防护等级至少是 IPX2 的遮拦或外护物。

②应采用能耐受 500 V 试验电压历时 1 min 的绝缘。

(5)不得采取阻挡物及置于伸臂范围以外的直接接触防护措施；也不得采用非导电场所及不接地的局部等电位连接的间接接触防护措施。

(6)在各区内所选用的电气设备的防护等级应符合下列规定：

①在 0 区内应至少为 IPX8。

②在 1 区内应至少为 IPX5(但是建筑物内平时不用喷水清洗的游泳池,可采用 IPX4)。

③在 2 区内应至少为:IPX2,用于室内游泳池时;IPX4,用于室外游泳池时;IPX5,用于可能用喷水清洗的场所。

(7)在 0、1 及 2 区内宜选用加强绝缘的铜芯电线或电缆。

(8)在 0 及 1 区内,非本区的配电线路不得通过;也不得在该区内装设接线盒。

(9)开关、控制设备及其他电气器具的装设,应符合下列要求:

①在 0 及 1 区内,不应装设开关设备或控制设备及电源插座。

②当在 2 区内装设插座时,其供电应符合下列要求:

——可由隔离变压器供电;

——可由安全特低电压供电;

——由剩余电流动作保护器保护的线路供电,其额定动作电流值不应大于 30 mA。

③在 0 区内,除采用标称电压不超过 12 V 的安全特低电压供电外,不得装设用电器具及照明器具。

④在 1 区内,用电器具必须由安全特低电压供电或采用Ⅱ级结构的用电器具。

⑤在 2 区内,用电器具应符合下列要求:

——宜采用Ⅱ类用电器具;

——当采用Ⅰ类用电器具时,应采取剩余电流动作保护措施,其额定动作电流值不应超过 30 mA;

——应采用隔离变压器供电。

(10)水下照明灯具的安装位置,应保证从灯具的上部边缘至正常水面不低于 0.5 m。面朝上的玻璃应采取防护措施,防止人体接触。

(11)对于浸在水中才能安全工作的灯具,应采取低水位断电措施。

3)喷水池的安全防护

喷水池的区域划分如图 7.23 所示。

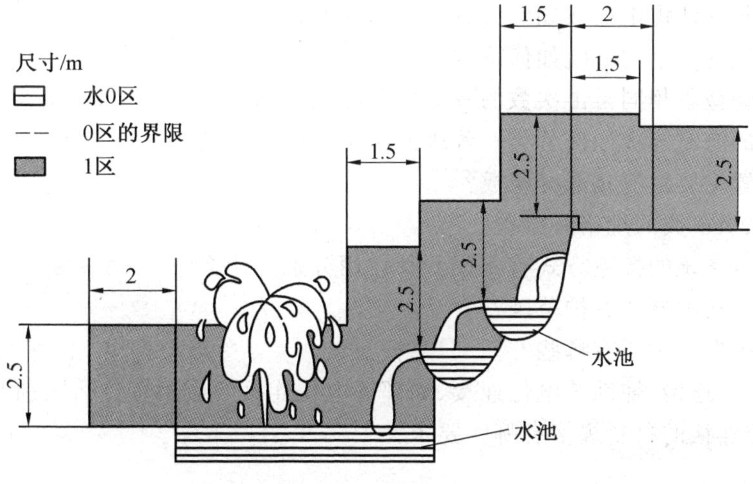

图 7.23　喷水池的区域划分

喷水池的安全防护应符合下列规定:

(1)安全防护应根据所在不同区域,采取相应的措施。

(2)室内喷水池与建筑物除应采取总等电位连接外,还应辅助等电位连接;室外喷水池在0、1区域范围内均应进行等电位连接。

辅助等电位连接,应将防护区内下列所有外界可导电部分与位于这些区域内的外露可导电部分,用保护导体连接,并经过总接地端子与接地网相连:

①喷水池构筑物的所有外露金属部件及墙体内的钢筋。

②所有成型金属外框架。

③固定在池上或池内的所有金属构件。

④与喷水池有关的电气设备的金属配件。

⑤水下照明灯具的外壳、爬梯、扶手、给水口、排水口、变压器外壳、金属穿线管。

⑥永久性的金属隔离栅栏、金属网罩等。

(3)喷水池的0、1区的供电回路的保护,可采用下列任一种方式:

①对于允许人进入的喷水池,应采用安全特低电压供电,交流电压不应大于12 V;不允许人进入的喷水池,可采用交流电压不大于50 V的安全特低电压供电。

②由隔离变压器供电。

③由剩余电流动作保护器保护的线路供电,其额定动作电流值不应大于30 mA。

(4)在采用安全特低电压的地方,应采取下列措施实现直接接触防护:

①应采用防护等级至少是IPX2的遮挡或外护物。

②应采用能耐受500 V试验电压、历时1 min的绝缘。

(5)电气设备的防护等级应符合下列规定:

①0区内应至少为IPX8。

②1区内应至少为IPX5。

复习思考题

1. 建筑物年预计雷击次数如何计算?

2. 雷击大地的年平均密度如何确定?

3. 与建筑物截收相同雷击次数的等效面积应如何确定?

4. 建筑物的防雷等级如何分类?各级的防雷措施主要是什么?

5. 防雷装置主要由哪几部分组成?

6. 接闪器、引下线的规格有哪些?

7. 低压配电系统的接地方式有哪些?其作用分别是什么?

8. 如何确定接闪器的保护范围?

9. 电涌保护形式主要有哪些?

10. 总等电位连接、辅助等电位连接、局部等电位连接的应用有什么区别?

11. 等电位连接的材料规格有哪些要求?

第 8 章　智能建筑电气技术

我国的智能建筑始建于 20 世纪 90 年代。智能建筑融合了建材、钢铁、机械、电力、电子、仪表、计算机和通信等多门学科，将建筑、通信、计算机和设备监控等方面的先进技术相互融合，集成为最优化的整体，它的出现满足了现代社会对建筑物的功能要求。随着科学技术的不断发展，智能建筑的智能化程度也得到逐步提高。本章主要介绍综合布线系统、火灾自动报警系统、安全防范系统、通信自动化系统以及智能建筑系统集成的内容。

8.1　建筑智能化系统工程

《智能建筑工程质量验收规范》(GB 50339—2013)对建筑智能化系统工程的质量控制、系统检测和竣工验收做出了具体规定。依据规定，智能建筑分部工程分为智能化集成系统、信息接入系统、用户电话交换系统、信息网络系统、综合布线系统、移动通信室内信号覆盖系统、卫星通信系统、有线电视及卫星电视接收系统、公共广播系统、会议系统、信息系统导引及发布系统、时钟系统、信息化应用系统、建筑设备监控系统、火灾自动报警系统、安全技术防范系统、应急响应系统、机房工程、防雷与接地等多个子分部工程；子分部工程又分为若干分项工程(子系统)。根据设计和需要，实际的建筑智能化系统可为其中的一个或多个分项工程和系统集成。

8.2　综合布线系统

1. 综合布线系统概述

20 世纪 50 年代，发达国家在兴建大型高层建筑时，首先提出了楼宇自动化的要求。在建筑物内部装设各种仪表、控制装置和信号显示等设备，并采取集中控制、监视的方法，以便于运行操作和维护管理。这些设备分别设有独立的传输线路，能够将分散在建筑物内的设备连接起来，组成各自独立的集中监控系统，这种线路称为专业布线系统。

20 世纪 80 年代以来，随着科学技术的不断发展，专业布线系统已经不能满足需要。为此，美国率先研究和推出了综合布线系统(Premises Distribution System，简称 PDS)，以替代专业布线系统。近几年来，随着我国城市中各种高层建筑和现代化公共建筑的不断涌现，尤其是智能化建筑的建成，综合布线系统已经成为建筑工程中的热门课题。

1)综合布线系统的概念

所谓综合布线系统，就是一个建筑物(或场地)的内部之间或建筑群体中的信息传输媒质系统。它将话音、数据(包括计算机)、图像(包括有线电视、监控系统)等各种设备所需的布线、接续构件组合在一套标准且通用的传输媒质(对绞线、同轴电缆、光缆等)中。目前，综合布线系统主要以通信自动化为主。

综合布线的特征如下：

(1)系统性。在建筑物的任意区域内均有输出端口，使连接和重新布置工作终端时不需要再另外布线。

(2)重构性。在不改变系统布线结构的情况下，综合布线能够重新组织网络拓扑结构。

(3)标准化。整个系统的输出端口及相应配线电缆要求统一，使其能够平稳连接各种网络和终端。

综合布线系统由于其设计思想上具有先进性，并且易于管理，故可长期提供简单平稳的操作，使网络构造、工作站的设置变得简单容易，并可同步进行。从长远来看，综合布线最大限度地减少了安装成本。

2)综合布线系统的类型

为了满足不同用户的实际需要，适应通信发展的趋势，目前综合布线系统可分为基本型、增强型和综合型三种不同类型。它们都能够支持话音、数据等系统，在设备配置和特点及适用场合方面均有所不同。但是这三种类型的综合布线系统又有相互衔接的有机关系。它们能够随着用户客观需要的变化，逐步增加、完善和提高通信功能，从低级转变为高级的综合布线系统。

(1)基本型综合布线系统。该系统是一个比较经济的布线系统。它能够支持语音和数据产品。

①系统的设备配置。

a.每个工作区有一个信息插座。

b.每个水平布线子系统的配线电缆是一条四对非屏蔽对绞线电缆。

c.接续设备全部采用夹接式交接硬件。

d.每个工作区的干线电缆至少有两对对绞线。

②系统的特点。

a.能支持话音、数据或高速数据系统。

b.能支持多种计算机系统的数据传输。

c.工程造价较低，且可适应今后发展的要求，逐步向高级的综合布线系统发展。

d.技术要求不高，便于日常维护管理。

e.采用气体放电管式过压保护和能够自复的过流保护。

(2)增强型综合布线系统。该系统不仅支持语音和数据的应用，还支持图像、影视和视频会议等。

①系统的设备配置。

a.每个工作区有两个以上的信息插座。

b.每个工作区的配线电缆是两条四对非屏蔽对绞线电缆。

c.接续设备全部采用夹接式或插接式交接硬件。

d.每个工作区的干线电缆至少有三对对绞线。

②系统的特点。

a.每个工作区有两个以上的信息插座。

b.任何一个信息插座均可提供话音和数据处理等多项服务。

c.采用铜芯导线电缆和光缆混合组网。

d. 维护管理简单方便。

e. 能够适应多种产品的需要，具有适应性强、经济有效等特点。

f. 采用气体放电管式过压保护和能够自复的过流保护。

(3)综合型综合布线系统。该系统的特征是把光缆纳入到综合布线系统中。

①系统的设备配置。

a. 在基本型和增强型系统的基础上增设光缆系统。一般在建筑群子系统和建筑物垂直干线子系统上根据需要采用多模或单模光缆。

b. 每个基本型或增强型的工作区设备配置，均应满足各种类型的配备要求。

②系统的特点。

a. 每个工作区有两个以上的信息插座，灵活机动、功能齐全。

b. 任何一个信息插座均可提供话音和数据处理等多项服务。

c. 采用以光缆为主与铜芯导线电缆混合组网。

d. 维护管理简单方便。

e. 能够适应多种产品的需要，且具有适应性强、经济有效等特点。

3)综合布线系统的特点

综合布线系统是一个全新的概念，总的特点为“与设备无关”。综合布线系统还具有一定的先进性，其特点主要表现在以下几个方面：

(1)综合性、兼容性。综合布线系统具有综合多种系统并互相兼容的特点。在使用时可不定义信息插座的具体应用，只需将某种所需设备接入信息插座然后在设备间和管理间的交连设备上进行相应的跳线操作即可。

(2)开放性。综合布线系统是开放式体系结构，它符合多种国际上流行的标准，能够支持任何厂家的任意网络产品，并且支持任意网络结构，对几乎所有通信协议也是开放的。

(3)灵活性。是指在任意信息点上，能够连接不同类型的设备，所有设备的开通及更改均不需要改变系统布线，只需增减相应的网络设备以及进行必要的跳线管理即可。

(4)发展性。综合布线系统采用模块化设计和积木式的标准件，除去敷设在建筑物内的水平电缆以外，其余所有的接插件均为积木式，易于扩充和重新配置。标准件便于管理和使用。

(5)经济性。综合布线系统将分散的专业布线系统综合到统一的标准化网络中，这样可减少缆线和设备的数量。虽然采用综合布线系统初次投资多，但却降低了整个建筑运行费用，其性价比极高。

2. 综合布线系统的构成

目前综合布线系统产品所遵循的基本标准主要是美国标准 ANSI/EIA/TIA568A：1995《商务建筑电信布线标准》和国际标准化组织/国际电工委员会标准 ISO/IEC11801：1995《信息技术——用户房屋综合布线》。

上述两种综合布线标准的差别极为明显，就其组成来说，美国标准将综合布线系统划分为六个独立的子系统，而国际标准则将其划分为三个子系统和工作区布线。由于我国大多采用美国产品，所以我们将按美国标准来介绍综合布线系统的组成。

按照美国标准的规定，综合布线系统由六个子系统构成，即工作区子系统、水平子系统、管理子系统、干线子系统、设备间子系统和建筑群子系统。其结构如图 8.1 所示。

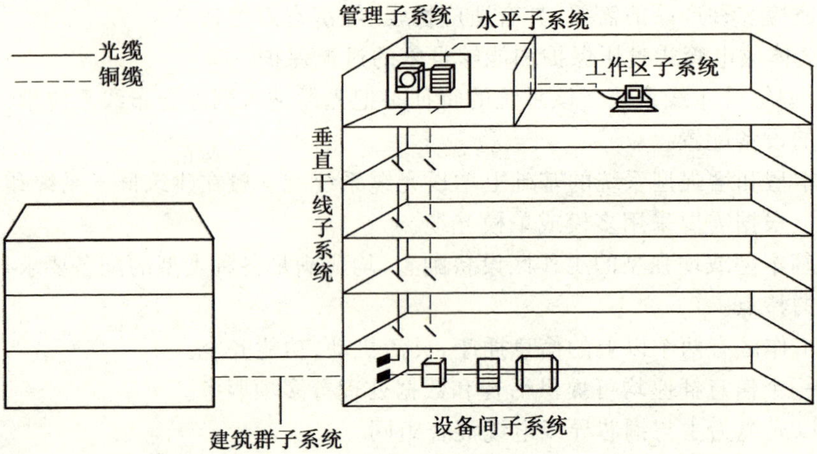

图 8.1　综合布线系统的组成

(1)工作区子系统。

工作区子系统是连接各种终端设备的区域,是综合布线系统的最末端,一般由从信息插座到终端设备的接线处之间的所有设备组成。其设备包括信息插座、连接软线、适配器等。工作区域可支持电话机、计算机、传真机、打印机及传感器等终端设备。工作区子系统规模的大小没有统一规定,通常由信息插座的数量来决定。

(2)水平子系统。

水平子系统是连接工作区子系统和垂直干线子系统的部分。其一端接在信息插座上,另一端接在楼层配线间的配线架上,多采用 3 类或 5 类线。该子系统包括水平电缆、水平光缆及楼层配线架上的接插软线和跳线等。水平子系统是局限于同一楼层的布线系统,其功能是将干线子系统线路延伸到工作区,缆线通常采用四对八芯无屏蔽双绞线。

(3)管理子系统。

管理子系统设置在每个楼层中的接续设备房间内,是连接干线子系统和水平子系统的纽带,其主要功能是将干线子系统与各楼层间的水平子系统相互连接起来。该系统的主要设备包括配线架和跳线等。当终端设备的位置或局域网的结构产生变化时,只要通过跳线方式即可解决,而不需要重新布线。管理子系统是充分体现综合布线灵活性的地方,是综合布线的一个重要子系统。

(4)干线子系统。

干线子系统通常设置在弱电竖井中,它是整幢建筑综合布线系统的主干部分。该系统由两端分别接到管理子系统和设备间子系统配线架上的大对数电缆或光缆组成,是建筑物的主干电缆。

(5)设备间子系统。

设备间是建筑物内专设的安装设备的房间,也是网络管理和值班人员的工作场所。其系统组成包括设备间中的电(光)缆、各种大型设备(电话交换机、计算机主机等)、总配线架及防雷保护装置等。该系统是把建筑内公共系统需要互相连接的各种不同设备集中装设的子系统,可以完成各个楼层水平子系统间的通信线路的调配、连接和测试等任务,还可与建筑外的公用通信网连接形成对外传输的通道。设备间子系统可以说是整个综合布线系统的中心单元。

(6)建筑群子系统。

建筑群子系统是将两个以上建筑物间的通信信号连接在一起的布线系统,其两端分别安装在设备间子系统的接续设备上,可实现大面积地区建筑物之间的通信连接。该系统通常采用架空安装或在地下管道内敷设,并设有防止浪涌电压进入建筑的保护装置。

3. 综合布线系统的工程设计

1)传输媒质的选择

在综合布线系统中,一般常用的传输媒质是对绞线和光缆。EIA/TIA 把对绞线分为五类,常用的一般有以下三类:

(1)3 类线。最大带宽为 16 MHz,用于话音和低速数据(10 Mbit/s)的传输。

(2)4 类线。最大带宽为 20 MHz,用于传输 16 Mbit/s 的数据。

(3)5 类线。目前应用最为广泛,其带宽为 100 MHz。允许运行类似于 100 Mbit/s 的高速网络并支持 600 MHz 的全息图像。

在实际应用中,3 类 UTP 主要用于音频传输,而 5 类 UTP 则以数据传输作为重点。另外,近年来出现了几种新型电缆,其中超 5 类电缆是在对现有的 5 类 UPT 对绞线的部分性能加以改善后而产生的新型电缆系统,不少性能参数如近端串扰(NEXT)、衰减串扰比(ACR)等都有所提高,但其传输带宽仍为 100 MHz;6 类电缆系统是一个新级别的电缆系统,除了各项性能参数均有较大提高以外,其带宽将扩展至 200 MHz 或更高;7 类电缆是欧洲提出的一种电缆标准,其计划的带宽为 600 MHz 左右,但是其连接模块的结构却与目前的 RJ—45 完全不兼容。

与对绞线相比,光缆具有传输信息量大、距离长、体积小、质量轻、抗干扰性强等优点。所以,光缆是理想的大容量宽频传输线路。

光缆分为单模和多模两种,多模光纤在网络中一般仅支持较近的传输(几千米),常用于建筑物内的连接。与多模光纤相比,单模光纤在网络中能够支持更远的信号传输,常用于建筑物之间的连接。

在实际应用中,必须了解建筑物内所涉及的各系统的传输标准要求,根据智能建筑对系统传输速率的不同要求来选择合适的传输媒质。如果综合布线系统的具体用途不十分明确,一般宜选用 5 类线或超 5 类线。同时还必须注意,系统接续设备的选择必须要与传输媒质的类型相适应。

2)工作区子系统

工作区子系统设计的主要内容为对信息插座的类型、类别和安装方式的确定以及对信息插座数量的估算。

(1)确定信息插座的类型。综合布线系统中的信息插座有两种,均为国际标准的 RJ—45 插座。它们在外观上并无区别,只是在线的排序上不同。T568A(ISDN)符合 ISDN 国际标准的要求,T568B(ALT)在北美洲使用比较广泛。在设计中需要注意的是,同一个综合布线系统中只能使用一种类型的信息插座,不可混用。

(2)确定信息插座的类别。在确定了信息插座所采用的国际标准之后,还要确定信息插座的类别。一般认为在未来使用要求还不明确的情况下,宜全部采用 5 类或更高级别的电缆和插座。而在使用要求明确的情况下，则可根据用户的要求，从降低综合布线系统投资的角度考虑，电话传输宜采用3类电缆和插座，计算机传输宜采用5类或更高级别的电缆和插座的形式。

(3)估算信息插座的数量。估算信息插座数量的具体步骤如下：

①计算楼面实际可用的面积。根据建筑物的建筑面积计算出建筑物的使用面积，通常认为使用面积＝建筑面积×0.75。

②确定一个工作区的服务面积。通常情况下工作区的服务面积应根据工作环境需要，在5～10 m^2之间选定。

③计算工作区的数量。工作区的数量＝工作区的总面积÷一个工作区的服务面积。

④估算信息插座的数量。信息插座的数量＝工作区的数量×一个工作区内信息插座的数量。

(4)确定信息插座的安装方式。新建筑物通常采用嵌入式(暗装)信息插座，而现有建筑物则应采用表面安装(明装)的信息插座。

3)水平子系统设计

水平子系统是综合布线结构中重要的一部分，其设计的成功与否对整个布线系统的设计成功是否有着极大的影响。

(1)最大布线距离。水平子系统对布线的距离有着严格的要求，水平电缆或光缆的最大长度为90 m。这是楼层配线架上电缆或光缆机械终端到通信引出端之间的电缆或光缆的长度。另外还有10 m软电缆长度，它包含了工作区电缆或光缆、楼层配线架上的接插软线或跳线。其中，接插软线或跳线的长度不应大于5 m，并要求整个系统要一致。

在楼层配线架与通信引出端之间可设置转接点，但要求最多只能转接一次，且整个水平电缆最大长度为90 m的要求保持不变，因为转接点过多或布线距离过长，必然会使电缆的传输特性恶化而降低通信质量。

(2)确定电缆类型。综合布线系统的水平子系统宜采用四对双绞线。四对双绞线分为UTP和STP两种型号，并且分类为阻燃和非阻燃、实心和非实心。对于用户有高速率终端要求的场合，可采用光纤直接布设到桌面的方案。

(3)确定布线方式。水平布线的方式有多种，应根据建筑物的特点及用户的不同需要灵活掌握。一般常采用吊顶布线法(包括分区法、内部布线法、电缆管道布线法、插通布线法)和地板布线法(包括地板下线槽布线法、蜂窝状地板布线法、高架地板布线法、地板下管道布线法)。

(4)确定电缆长度。电缆长度的确定应按以下步骤进行：

①根据水平子系统的布线方法、电缆走向和配线间的位置来确定离配线间最远和最近的信息插座的距离。

②求出平均电缆的长度。平均电缆长度＝最近和最远的两条电缆的总长÷2。

③计算总电缆长度。总电缆长度＝[平均电缆长度＋备用部分(平均长度的10%)＋端接冗余6 m]×信息点数量。

4)管理子系统设计

管理子系统的主要设备是配线架，因此该子系统的设计主要是确定配线架的类别和数量。

(1)配线架的类别。配线架分为光纤配线架和双绞线配线架两大类,并且光纤配线架和双绞线配线架又包括多对数型和快接型两种。其中,快接型适用于信息点较少,用户经常对线路进行修改、移位或重组的场合;而多对数配线架则适用于信息点较多且线路基本固定的场合。

(2)配线架数量的计算原则。配线架数量的计算原则主要有两点:一是要求语音配线架与数据配线架分开;二是要求进线与出线分开。

此外,为了保证系统的未来应用,水平双绞线的所有 8 芯线都要打在配线架上。

5)干线子系统设计

干线子系统将楼层的通信间与本大楼的设备间连接起来,构成了综合布线系统的另一个星形结构。干线子系统的硬件主要是大对数电缆或光缆,它是传输过程中的主干。

(1)干线子系统缆线的长度。干线子系统缆线的长度应根据传输介质及带宽要求来确定。如果使用光纤,则传输距离可达 2 000 m。使用大对数电缆,当要求带宽大于 5 MHz 时,电缆长度不宜超过 90 m,当带宽要求小于 5 MHz 时,则最长能达到 800 m。

(2)确定干线电缆的连接方法。干线电缆的连接方法主要有以下几种:

①点对点端接法。点对点端接法是最简单、最直接的连接方法,它要求只用一根电缆独立供应整个一层楼,干线子系统每根电缆从设备间引出直接延伸到指定的楼层和交接间,具体方法如图 8.2 所示。

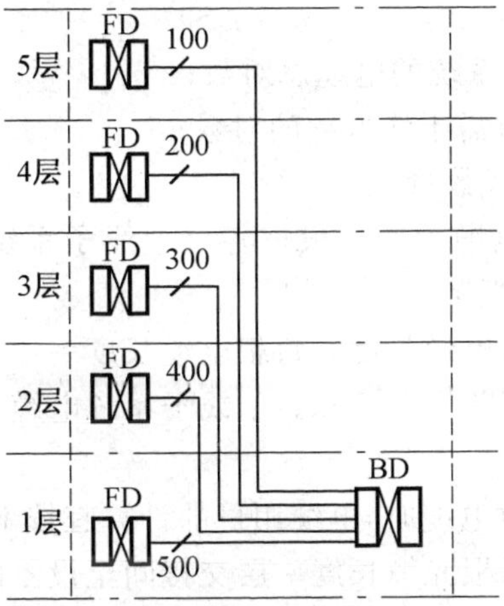

图 8.2 点对点端接法

②分支递减端接法。分支递减端接法是用一根大容量干线电缆(其容量足以供应若干个交接间或若干楼层),经过电缆接头保护箱分出若干根小容量电缆,这些小容量电缆分别延伸到各个交接间或各个楼层,并端接于目的地的连接硬件,具体方法如图 8.3 所示。

③直接连接法。干线电缆采用直接连接法是在特殊情况下才使用的技术。所谓特殊情况主要有两种:一是整个综合布线系统信息点的数量较少;二是管理间太小。具体方法如图 8.4 所示。

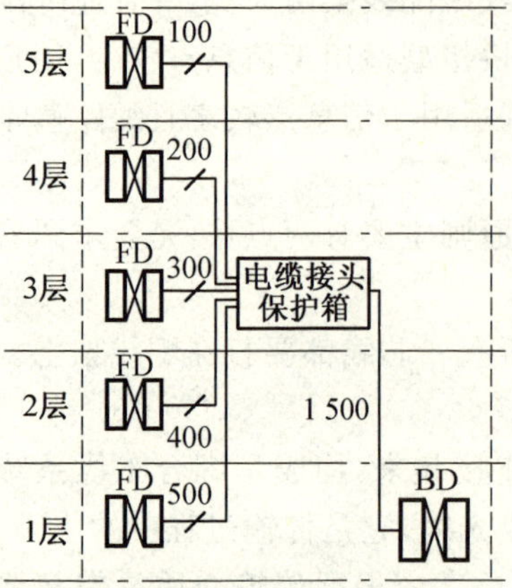

图 8.3　分支递减端接法

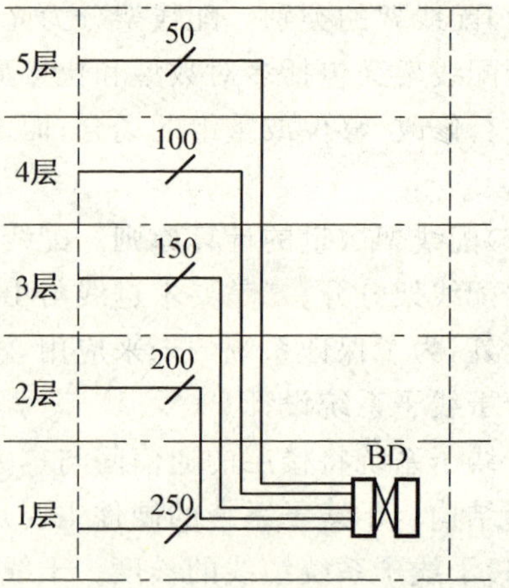

图 8.4　直接连接法

(3)确定干线电缆的布线方式。垂直干线通道的布线方式有电缆孔法和电缆井法两种，水平干线通道也有管道法和电缆桥架法可供选择。

(4)计算干线子系统缆线用量。

①干线子系统使用大对数电缆时，电缆用量的计算宜按下列步骤进行：

a.计算各层干线子系统的电缆对数，公式如下：

$$S_n = \Delta S g \tag{8.1}$$

式中　S_n—— 第 n 层干线子系统的电缆总对数；

ΔS—— 每个工作区所需干线电缆的对数；

g—— 第 n 层的工作区数量。

b.计算各层干线子系统电缆根数。根据各层干线子系统电缆总对数和电缆的规格来选择电缆，并计算所需电缆的根数。

c.计算各层干线子系统的电缆长度。每根电缆长度＝层交接间至设备间的距离＋电缆预留长度。电缆预留长度一般为 6～12 m。干线子系统电缆总长度计算按电缆的规格分别合计。

②干线子系统使用大对数电缆时，电缆用量的计算宜按下列步骤进行：

a.计算每根光缆长度。每根光缆长度＝层交接间至设备间的距离＋光缆预留长度。光缆预留长度一般为 10～12 m。

b.计算光缆总长度。按光缆的规格，分别合计电缆、光缆总长度。

6)设备间子系统设计

设备间子系统的设备与管理间基本相同，只是其规模较大，并且还有防雷、防过压、防过流等的保护设备。

设备间子系统的设计主要从两方面综合考虑，一是设备间的位置；二是设备间的大小。

(1)设备间的位置。设备间的位置选择应尽量：

①建在建筑物平面及其综合布线系统干线综合体的中间位置。

②靠近服务电梯，以便装运笨重设备。

③避免设在建筑物的高层或地下室以及用水设备的下层。

④远离强震动源和强噪声源。

⑤避开强电磁场的干扰源。

⑥远离有害气体源以及存放腐蚀、易燃、易爆物的场所。

(2)设备间的大小。设备间的最小面积应不小于 14 m^2，根据实际需要还可相应地扩大。

7)建筑群子系统设计

建筑群子系统的硬件由大对数铜缆与光缆构成，一般采用户外敷设。与室内敷设的电缆相比，它在外层保护上有所不同，以适应户外使用。对于进入建筑物的外线一定要接入独立的配线架，对于铜缆要进行电气保护，以保护接入设备不受过流过压的损坏；对于光缆则不必进行电气保护。建筑群子系统的电缆可以采用架空电缆、直埋电缆、地下管道电缆、巷道敷设，也可采用这四种敷设方式的任意组合进行敷设。

8)综合布线系统供电设计

电源是综合布线系统设备间或各个机房(包括程控数字用户电话交换机房、计算机主机房等)的主要动力，电源供电质量的好坏和安全可靠程度将会直接影响到智能化建筑中各种设备的正常运行。但是综合布线系统的供电设计是否合理和完善也是极为重要的。综合布线系统的电源在设计时应注意以下两点内容：

(1)综合布线系统电力负荷等级的确定。综合布线系统的电力负荷等级一般应与该建筑物中电气设备的最高负荷等级相同，同时还应与智能化建筑中的程控数字用户电话交换机和计算机主机处于同一类型电力负荷等级，以便于采取统一的供电方案设计。

(2)供配电方式的确定。在智能化建筑中，对综合布线系统、程控数字用户电话交换机和计算机主机等的供配电方式应进行统一考虑，以便节省设备和有利于维护管理。

在综合布线系统工程中比较常用的是直接供电与 UPS 相结合的供配电方式。将设备间和机房内的辅助设备的用电由市电直接供给；程控数字用户电话交换机和计算机主机及其网络的互连设备均由不间断供电系统 UPS 供电。这种供配电方式的优点是不仅能够减少系统之间的互相干扰，有利于维护检修，而且还可减少 UPS 设备的数量(因为 UPS 设备的价格较高)，从而降低工程建设费用。

9)综合布线系统防护设计

综合布线系统防护设计的内容主要包括两部分：一是各种缆线和配线设备的选用；二是接地系统的设计。这部分虽然内容较少，但却是综合布线系统工程设计的关键环节，对于保证综合布线系统的正常运行起着重要的作用。

(1)各种缆线和配线设备的选用。防护设计的目的在于尽量减少各种电气故障对综合布线系统的各种缆线和配线设备(包括接插件)的损害，避免对综合布线系统所连接的设备(如用户终端设备)和器件的损坏。在进行防护设计时，各种缆线和配线设备的选用是关键。在防护设计中应了解工程现场实际情况和调查周围环境条件，以取得翔实可靠的数据，并以此为依据，正确、合理地选用设备和器材。各种缆线和配线设备的选用宜符合以下要求：

①当综合布线系统所在的周围环境干扰场强度或综合布线系统的噪声电平低于防护标准的规定时，可选用 UTP 非屏蔽缆线系统和非屏蔽配线设备。

②综合布线系统的周围环境干扰强度或综合布线系统的噪声电平高于防护标准的规定时，应根据其超过标准的量级大小，分别选用 FTP，SFTP 和 STP 等不同屏蔽结构的缆线系统和具有屏蔽性能的配线设备。此外，当综合布线系统距离其他干扰源的间距不能满足要

求时,应采取适当的保护措施。

③如果综合布线系统的周围环境干扰场强度很高,采用屏蔽系统也无法满足各项标准的规定时,则可采用光缆系统。

④当智能化建筑内的用户要求综合布线系统必须保证信息保密,不允许传输信号向外辐射,或综合布线系统的发射干扰波指标不能满足防护标准的规定时,应采用具有屏蔽性能的配线设备和屏蔽结构的缆线,也可采用光缆系统。

(2)接地系统设计。在智能化建筑中的综合布线系统,其接地系统根据其作用的不同,可分为直流工作接地、交流工作接地、安全保护接地、防雷保护接地和屏蔽保护接地等多种形式,下面主要介绍保护接地。

①屏蔽保护接地。当智能化建筑物内部或周围环境对综合布线系统存在电磁干扰时,综合布线系统必须采用具有屏蔽性能的缆线和设备,且要求各段缆线的屏蔽层均须保持良好的连续性。此外,还应采取良好的接地措施,要求屏蔽层接地线距离接地点应尽量靠近,一般不应超过 6 m。综合布线系统的配线设备也应接地,用户设备端的接地应视具体情况而定。

由于采用屏蔽系统的缆线和设备的工程建设投资较高,为了节约投资,采用无屏蔽结构的缆线,或虽采用屏蔽缆线但因屏蔽层的连续性和接地系统都得不到保证时,应将缆线穿放在钢管或在金属槽道(或桥架)内敷设,同时要求各段钢管或金属槽道(或桥架)应保持连续的电气连接,并在钢管或槽道的两端有良好的接地。

②安全保护接地和防雷保护接地。当通信线路从建筑物外面引入屋内,通信电缆有可能受到雷击、电源接地、电源感应电动势或地电动势升高等的外界影响时,必须采取安全保护措施,避免发生各种损害和事故。

a. 过压保护。综合布线系统中的过压保护目前包括气体放电管保护器和固态保护器两种,由于价格的原因,目前多选用气体放电管保护器。

b. 过流保护。综合布线系统的过流保护宜选用能够自复的保护器。目前,可选用热线圈和熔断器两种。在综合布线系统中一般采用熔断丝保护器,这是因为其日常使用和维护管理都比较方便,而且价格也较为适宜。

c. 当建筑物防雷接地采用外引式泄流引下线入地时,通信接地应与建筑防雷接地分开设置,它们之间应保持一定的间距,以确保通信安全。这时综合布线系统宜采取单独设置接地体,保护地线的接地电阻值不应大于 1 Ω。

d. 如果建筑物防雷接地利用建筑结构钢筋作为泄流引下线,且与其基础和建筑四周的接地体连成整个防雷接地装置时,综合布线系统的通信接地无法与其分开,不能保持规定的安全间距时,应采取互相连接在一起的方法,将它们互相连通,使整幢建筑的接地系统组成一个笼式的均压整体,这种方式即为联合接地方式。采用联合接地方式时,为了减少危险影响,要求总接线排的工频接地电阻不应大于 1 Ω,以限制接地装置上出现的高电位值。

8.3 火灾自动报警系统

火灾自动报警系统是人们为了早期发现、通报火灾,并及时采取有效措施以控制和扑灭火灾,而设置在建筑物中或其他场所的一种自动消防设施,它是人们同火灾做斗争的有力工具。

1. 系统的组成

火灾自动报警系统的组成主要包括触发器件、火灾报警装置、火灾警报装置以及具有其他辅助功能的装置，如图 8.5 所示。该系统能够在火灾初期，将燃烧产生的烟雾、热量和光辐射等物理量，通过感温、感烟和感光等火灾探测器变成电信号，传输到火灾报警控制器中，并同时显示出火灾发生的部位，记录火灾发生的时间。一般火灾自动报警系统和自动喷水灭火系统、室内消火栓系统、防排烟系统、通风系统、空调系统、防火门、防火卷帘、挡烟垂壁等相关设备联动，自动或手动发出指令、启动相应的装置。

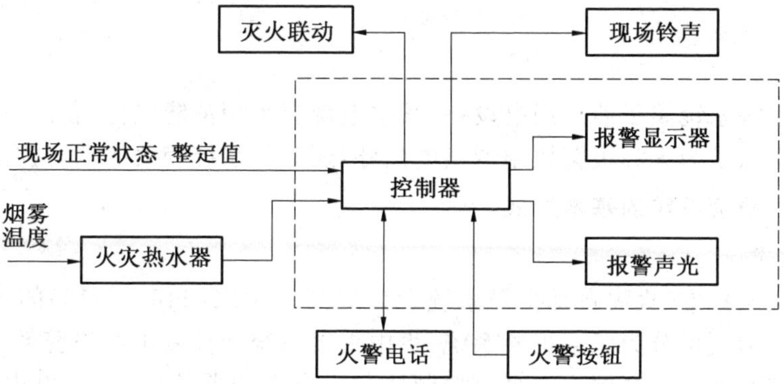

图 8.5　火灾自动报警系统的工作原理

(1)触发器件。

触发器件是指在火灾自动报警系统中，自动或手动产生火灾报警信号的器件，它主要包括火灾探测器和手动火灾报警按钮两部分。火灾探测器是能响应火灾参数(如烟、温度、火焰辐射、气体浓度等)，并自动产生火灾报警信号的器件。按响应火灾参数的不同，火灾探测器可分为感温火灾探测器、感烟火灾探测器、感光火灾探测器、可燃气体探测器和复合火灾探测器五种基本类型。不同类型的火灾探测器适用于不同类型的火灾和不同的场所。手动火灾报警按钮是以手动方式产生火灾报警信号、启动火灾自动报警系统的器件，也是火灾自动报警系统中不可缺少的组成部分之一。

(2)火灾报警装置。

火灾报警装置是指在火灾自动报警系统中，用以接收、显示和传递火灾报警信号，并能发出控制信号和具有其他辅助功能的控制指示设备。火灾报警控制器就是其中最基本的一种器件。火灾报警控制器担负着为火灾探测器提供稳定的工作电源；监视探测器及系统自身的工作状态；接收、转换、处理火灾探测器输出的报警信号；进行声光报警；指示报警的具体部位及时间；同时执行相应辅助控制等诸多任务。它是火灾报警系统中的核心组成部分。

在火灾报警装置中，还有一些诸如中断器、区域显示器、火灾显示等功能不完整的报警装置，它们可视为火灾报警控制器的演变或补充，在特定的条件下应用，与火灾报警控制器同属火灾报警装置。

(3)火灾警报装置。

火灾警报装置是指在火灾自动报警系统中，用以发出区别于环境声、光的火灾警报信号的装置。它以声、光音响方式向报警区域发出火灾警报信号，以警示人们采取安全疏散、灭火救灾的措施。

(4)消防控制设备。

消防控制设备是指在火灾自动报警系统中,当接收到火灾报警以后,能自动或手动启动相关消防设备并显示其状态的设备。它主要包括火灾报警控制器,自动灭火系统的控制装置,室内消火栓系统的控制装置,防烟排烟系统及空调通风系统的控制装置,常开防火门、防火卷帘的控制装置,电梯回降控制装置,以及火灾应急广播、火灾警报装置、消防通信设备、火灾应急照明与疏散指示标志的控制装置等控制装置中的部分或全部。消防控制设备一般设置在消防控制中心,以便于实行集中统一的控制。也有的消防控制设备设置在被控消防设备所在的现场,但其动作信号则必须返回到消防控制室,实行集中与分散相结合的控制方式。

(5)电源。

火灾自动报警系统属于消防用电设备,其主电源应采用消防电源,备用电源则应采用蓄电池。系统电源除了为火灾报警控制器供电以外,还为与系统相关的消防控制设备等供电。

2. 火灾自动报警系统的基本形式

(1)基本形式。

根据现行国家标准《火灾自动报警系统设计规范》(GB 50116—2013)的规定,火灾自动报警系统的基本形式可分为区域报警系统、集中报警系统和控制中心报警系统三种。

①区域报警系统。由区域火灾报警控制器和火灾探测器等组成,或由火灾的控制器和火灾探测器等组成,一般适用于较小范围的保护。

②集中报警系统。由集中火灾报警控制器、区域火灾报警控制器和火灾探测器等组成,或由火灾报警控制器、区域显示器和火灾探测器等组成,一般适用于较大范围内多个区域的保护。

③控制中心报警系统。由消防控制室的消防控制设备、集中火灾报警控制器、区域火灾报警控制器和火灾探测器等组成,或由消防控制室的消防控制设备、火灾报警控制器、区域显示器和火灾探测器等组成。其系统的容量较大,消防设施控制功能较全,一般适用于大型建筑的保护。

(2)报警区域与探测区域。

火灾自动报警系统的保护对象形式多样、功能各异、规模不同。为了便于早期探测、早期报警,并且方便日常的维护管理,在安装的火灾自动报警系统中,一般将其保护空间划分为若干个报警区域,每个报警区域又划分为若干个探测区域。这样在发生火灾时,可以迅速、准确地确定着火部位,便于有关人员采取有效措施。

所谓报警区域,就是人们在设计中将火灾自动报警系统的警戒范围按防火分区或楼层划分的部分空间,它是设置区域火灾报警控制器的基本单元。一个报警区域可由一个防火分区或同楼层相邻几个防火分区组成,但同一个防火分区不能在两个不同的报警区域内;同一报警区域也不能保护不同楼层的几个不同的防火分区。

所谓探测区域,就是将报警区域按照探测火灾的部位划分的单元,它是火灾探测器部位编号的基本单元。一般一个探测区域对应系统中具有一个独立的部位编号。

3. 火灾自动报警系统设计

火灾自动报警系统用于探测火灾隐患,肩负了安全防范的重任,是智能建筑中建筑设备自动化系统(CBS)的重要组成部分。智能建筑中的火灾自动报警系统设计首先必须符合《火灾自动报警系统设计规范》(GB 50116—2013)的规定,同时也要适应智能建筑的特点,合理选配产品,做到安全适用、技术先进、经济合理。

(1)火灾自动报警系统的设计一般分为区域火灾自动报警系统、集中火灾自动报警系统和控制中心报警系统三种形式。就智能建筑的基本特点而言,控制中心报警系统是最适用的方式。智能建筑中火灾自动报警系统的设计要点主要有以下几点:

①根据被保护对象发生火灾时燃烧的特点确定火灾类型。

②根据所需防护面积部位,按照火灾探测器的总数和其他报警装置(如手报)的数量确定火灾报警控制器的总容量。

③按划分的报警区域设置区域报警控制器。

④根据消防设备确定联动控制方式。

⑤按防火灭火要求确定报警和联动的逻辑关系。

⑥最后还要考虑火灾自动报警系统与智能建筑"3AS"(建设设备自动化系统、通信自动化系统、办公自动化系统)的适应性。

(2)由于火灾自动报警系统的特殊地位,使其在布线安装方面有别于智能建筑中的其他控制系统。对线缆的选型和布线方式要满足以下要求:

①要满足自动报警装置自身的技术条件,如其报警传输线大都要求采用双绞线等。

②要满足一定的机械强度。

③要采取穿管保护、暗敷或阻燃措施。

④要与其他低压系统电缆竖井分开布设。

⑤要使其传输网络不与其他传输网络共用。

从智能建筑的概念来讲,火灾自动报警系统及其联动控制应属于建筑设备自动化系统(ABS)的范畴,目前火灾自动报警系统由于特殊的管理要求,其报警线、联动线、通信线基本自成体系,与智能建筑中综合布线系统有相当大的差异,但随着智能建筑的发展和火灾自动报警系统日趋成熟,两者在应用上的结合将越来越密切。关键在于智能建筑中设计选配火灾自动报警系统时,一定要考虑两者在连接界面上的适配性,使它们在安装使用及运行时以最好的方式结合起来。

8.4　安全防范系统

所谓安全防范系统,就是以维护公共安全为目的,综合运用安防产品和相关科学技术、管理方式所组成的公共安全防范体系。它由防盗报警系统、电视监控系统、出入口控制系统、可视对讲系统、巡更系统和停车场出入管理系统等多种防范系统组成。各种系统既可以单独使用,也可以联动,目前在智能建筑中应用十分广泛。

1. 防盗报警系统

防盗报警系统是指当有入侵者入侵防范区域时,能够及时发出报警信号的专用电子系统。该系统能够根据现场的实际情况,使用不同的信号探测器来进行周界防护和定位保护。

1)防盗报警系统的组成

防盗报警系统主要由探测器、传输系统和报警控制器组成,如图 8.6 所示。

图 8.6　防盗报警系统的基本组成

在防盗报警系统中，探测器安装在防范现场，用于探测和预报各种危险情况。当有入侵发生时，立即发出报警信号，并将报警信号经传输系统发送到报警控制器。

信号传输系统的信道种类极多，通常分为有线信道和无线信道两种。有线信道常使用双绞线、电话线、同轴电缆或光缆等传输探测电信号。而无线信道则是将探测电信号调制到规定的无线电频段上，用无线电波传输探测电信号。

由信号传输系统送至报警控制器的电信号经控制器做进一步的处理，以判断“有”或“无”危险信号。如果有情况，控制器就会控制报警装置发出声、光报警信号，以引起值班人员的警觉，并采取相应的措施；也可直接向公安保卫部门发出报警信号。

2)探测器

(1)探测器的分类。在防盗报警系统中，探测器通常有以下几种分类方式：

①按传感器种类分类。即按传感器探测的物理量的不同进行分类。通常包括开关报警器，振动报警器，超声、次声报警器，红外报警器，微波、激光报警器等。还有把两种传感器安装在一个探测器里的报警器，称为双鉴报警器。

②按工作方式分类。可分为主动和被动报警器两种。主动报警器在工作时，探测器要向探测现场发出某种形式的能量，经过反射或直射到传感器上，形成一个稳定的信号。当出现危险情况时，稳定信号被破坏，从而使报警器发出报警信号。被动报警器在工作时是利用被测物体自身存在的能量进行检测的，它不需向探测现场发出信号。

③按警戒范围分类。可分为点、线、面和空间探测报警器。

a.点控制报警器。其警戒的仅是某一点，如门窗、柜台、保险柜等，当这一监控点出现危险情况时，就会发出报警信号。通常采用微动开关方式或磁控开关方式进行报警控制。

b.线控制报警器。其警戒的是一条线，当这条警戒线上出现危险情况时，就会发出报警信号。如光电报警器或激光报警器等，先由光源或激光器发出一束光或激光，被接收器接收，当光和激光被遮断时，报警器就会发出报警信号。

c.面控制报警器。其警戒范围为一个面，当警戒面上出现危害时，就会发出报警信号。如振动报警器装在一面墙上，当墙面上任何一点受到震动时，就会发出报警信号。

d.空间控制报警器。其警戒的范围是一个空间，当所警戒空间的任意一处出现非法入侵时，即发出报警信号。如在微波多普勒报警器所警戒的空间内，入侵者从门窗、天花板或地板的任何一处进入都会产生报警信号。

(2)几种常用的探测器。

①磁控开关。磁控开关是一种应用广泛、成本低、安装方便且不需要调整和维修的探测器，主要用于各类门窗的警戒。磁控开关分为可移动部件和输出部件两种。可移动部件是一块磁铁，安装在活动的门窗上。输出部件是将带有金属触点的两个簧片封装在充满惰性气体的玻璃管(称干簧管)中，并安装在相应的门窗框上，两者的安装距离要适当，以保证门、窗关闭时干簧管触点在磁力作用下闭合。输出部件上有两条线，正常状态下为常闭输出。当门窗开启时，磁铁与干簧管远离，干簧管附近的磁场就会消失或减弱，干簧管触点断开，输

出即转换成为常开。也就是说,当有人破坏单元的大门或窗户时,磁控开关就会将信号传输给报警控制器进行报警。

②玻璃破碎探测器。根据探测原理的不同,玻璃破碎探测器可分为振动探测器和声音探测器两种。

a. 振动式玻璃破碎探测器。该探测器一般黏附在玻璃上,利用振动传感器在玻璃破碎时产生的特殊频率(2 kHz),感应出报警信号。对一般行驶车辆或风吹门窗时产生的振动则没有响应。

b. 声音分析式玻璃破碎探测器。该探测器利用拾音器对高频的玻璃破碎声音进行有效的检测,主要用于周界防护,安装在单元窗户和玻璃门附近的墙上或天花板上,不会受到玻璃本身的振动而引起反应。当窗户或阳台门的玻璃被打破时,玻璃破碎探测器在探测到玻璃破碎的声音后,就会立即将探测到的信号传给报警控制器进行报警。

③微波探测器。微波探测器分为微波移动报警器和微波阻挡报警器两种。这是一种利用微波能量的辐射及探测技术构成的报警器。

a. 微波移动探测器(多普勒式微波探测器)。该探测器一般由探头和控制器两部分组成,探头安装在警戒区域,控制器装设在值班室。探头中的微波振荡源产生一个固定频率为 $f_0=300\sim300\ 000$ MHz 的连续发射信号,其小部分送至混频器,大部分能量通过天线向警戒空间辐射。当遇到运动目标时,反射波频率就会变为 $f_0\pm f_d$,通过接收天线送入混频器产生差频信号 f_d,经放大处理后再传输至控制器,触发控制电路报警或显示。这种报警器对静止目标不产生反应,没有报警信号输出,一般仅用于监控室内目标。由于微波的辐射能够穿透水泥墙和玻璃,在使用时需考虑安装的位置和方向。

b. 微波阻挡探测器。该探测器由微波发射机、微波接收机和信号处理器三部分组成,使用时将发射天线和接收天线相对放置在监控场地的两端,发射天线将会发射微波束并将其直接送至接收天线。当没有运动目标遮断微波波束时,微波能量会被接收天线接收,从而发出正常的工作信号。当有运动目标阻挡微波束时,接收天线接收到的微波能量将会减弱或消失,此时便可产生报警信号。

④超声波报警器。超声波报警器的工作方式与微波报警器类似,不同的是它使用的是 25～40 kHz 的超声波。当入侵者在探测区内移动时,超声反射波就会产生大约 ±100 Hz 的频移,接收机检测出发射波与反射波之间的频率差异后,便可发出报警信号。该报警器容易受到振动和气流的影响。

⑤红外线探测器。红外线探测器是利用红外线的辐射和接收技术而构成的报警装置,分为主动式和被动式两种类型。

a. 主动式红外报警器。该报警器主要由收、发装置两部分组成。发射装置向装在几米甚至几百米远的接收装置辐射一束红外光束,当光束被遮断时,接收装置就会发出报警信号,因此它也被称为阻挡式报警器或对射式报警器。

主动式红外报警器有较远的传输距离,因红外线属于非可见光源,入侵者难以发觉与躲避,防御界线非常明确,所以能够提高其抗噪声和误报的能力。而且主动红外探测器具有寿命长、价格低、易调整的优点,因此被广泛应用于安全技术防范工程中。

当主动红外探测器用在室外自然环境中时,通常采用截止滤光片,滤去背景光中的极大部分能量(主要滤去可见光的能量),并使接收机的光电传感器在各种户外光照条件下的使用基本相似。另外,室外的大雾还会引起红外光束的散射,从而大大地缩短了主动红外探测器的有效探测距离。

b.被动式红外探测器。该探测器不向空间辐射能量,而是依靠接收人体所发出的红外辐射来进行报警。任何物体因其表面热度的不同,均会辐射出强弱不等的红外线。不同的物体,其所辐射的红外线波长也有所差异。人体的表面温度为 36 ℃,大部分辐射功能集中在 8~12 μm 的波段范围内。被动式红外报警器即利用此种方式来探测人体。

⑥电动式振动探测器。该探测器主要用于室内、外周界警戒及防凿、砸金库保险柜等。当入侵者走动,或敲打墙壁、门窗和保险柜等物体时,由这些物体所发出的微弱振动信号,经与地面、墙壁或保险柜等固定在一起的电动式振动传感器转换成电信号,经放大、处理,即可发出报警信号。

⑦泄漏电缆入侵探测器。该探测器一般应用于室外周界,或地道、过道、烟囱等处的警戒。泄漏电缆入侵探测器分为双线组成和三线组成两种。双线组成时,实际应用中,泄漏电缆周界报警系统有双线组成的,也有三线组成的。双线组成时,一根电缆用于发射能量,而另一根电缆则接收能量,两者之间形成一个电场。当有人进入此电场时,就会干扰这个耦合场,此时在感应电缆里便产生了电量的变化,此变化的电量达到预定值时,即会发出警报。三线组成时,中间的一根电缆用于发射能量,而两边的两根电缆则接收能量,中间的一根与其两边的两根电缆之间都各自形成一个稳定的电场。当有人进入此电场时,就会产生干扰信号,在其中的一根或两根感应电缆中产生变化的电量,此电量达到预定值时,即会发出警报。

⑧双鉴报警器。各种报警器各有优缺点,为了减少误报,把两种不同探测原理的探测器结合起来,组成双技术的组合报警器,称为双鉴报警器。双技术的组合不能是任意的,必须符合以下条件:

a.组合中的两个探头(探测器)有不同的误报机理,而两个探头对目标的探测灵敏度又必须相同。

b.上述原则不能满足时,应选择对警戒环境产生误报率最低的两种类型的探测器。如果两种探测器对外界环境的误报率都很高,当两者结合成双鉴探测器时,不会显著降低误报率。

c.选择的探测器应对外界经常或连续发生的干扰不敏感。

3)报警控制器

报警控制器是防盗报警系统的中枢,它负责接收报警信号、控制延迟时间、驱动报警输出等工作。报警控制器将某区域内的所有防盗防侵入传感器组合在一起,形成一个防盗管区,一旦发生报警,则在控制器上就可一目了然地反映出区域所在。高档的报警控制器有与闭路电视监控摄像的连动装置,一旦在系统内发生警报,则该警报区域的摄像机图像就会立即显示在中央控制室内,并且可将报警时刻、报警图像、摄像机号码等信息实时地加以记录,若是与计算机连机的系统,就能以报警信息数据库的形式储存,以便快速地检索与分析。

2.电视监控系统

电视监控系统是电视技术在安全防范领域的应用,它是一种先进的、安全防范能力极强的综合系统。电视监控系统的主要功能是通过摄像机及其辅助设备来监控被控现场,并把监测到的图像、声音内容传送至监控中心。目前已在金融、交通、商场、医院、工厂等各个领域中得到了广泛应用，它是现代化管理、监测、控制的重要手段，也是智能大厦的一个重要组成部分。

电视监控系统一般由摄像、传输分配、控制、图像显示与记录四个部分组成。系统通过摄像部分把所监视目标的光、声信号转换成电信号，然后送入传输分配部分。传输分配部分再将摄像机输出的视频（有时包括音频）信号馈送至中心机房或其他监视点。系统通过控制部分可在中心机房通过有关设备对系统的摄像和传输分配部分的设备进行远距离控制。系统传输的图像信号可依靠相关设备进行切换、记录、重放、加工和复制等处理。摄像机拍摄的图像则由监视器重现出来。电视监控系统的组成如图 8.7 所示。

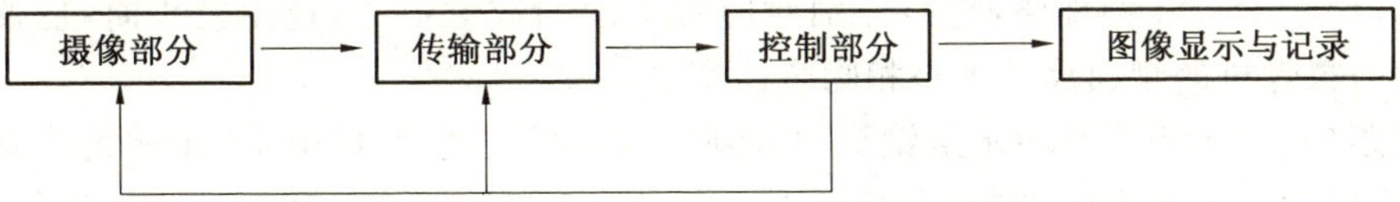

图 8.7　电视监控系统的组成

1）摄像部分

摄像部分由摄像机、镜头、云台和摄像机防护罩等设备构成，其中摄像机是核心设备。

（1）摄像机。摄像机是电视监控系统中最基本的前端设备，其作用是将被摄物体的光图像转换成电信号，为系统提供信号源。根据摄像器件类型的不同，摄像机可分为电真空摄像器件和固体摄像器件两大类。其中，固体摄像器件（如 CCD 器件）是近年发展起来的一类新型摄像器件，其优点是寿命长、质量轻、不受磁场干扰、抗震性好、无残像且不怕靶面灼烧等，随着其技术的不断完善和价格的逐渐降低，已经逐渐取代了电真空摄像管。

摄像机的主要参数指标如下：

①像素数。像素数是指摄像机 CCD 传感器的最大像素数。对于一定尺寸的 CCD 芯片来说，像素数越多则由该芯片构成的摄像机的分辨率也就越高。

②分辨率（清晰度）。分辨率是衡量摄像机优劣程度的一个重要参数。它是指当摄像机在标准的测试环境下摄取等间隔排列的黑白相间条纹时，在监视器上能够看到的最多线数。当超过这一线数时，屏幕上就只能看到灰蒙蒙的一片而不能再分辨出黑白相间的线条。分辨率一般用水平电视线 TVL 来表示。需要注意的是，在系统中所选用监视器的分辨率要高于摄像机的分辨率。

③最低照度（灵敏度）。最低照度是指当被摄景物的光亮度低至一定程度而使摄像机输出的视频信号电平低至某一规定值时的景物光亮度。测定此参数时，应注明镜头的最大相对孔径。

④信噪比。信噪比是指信号电压与噪声电压的比值，通常用符号 S/N 来表示。其中 S 表示摄像机在无噪声时的图像信号值，N 表示摄像机本身所产生的噪声值。信噪比也是摄像机的一个重要参数。当摄像机摄取较亮场景时，监视器显示的画面通常比较明快，观察者不易看出画面中的干扰噪点；而当摄像机取较暗场景时，监视器显示的画面就比较昏暗，观察者此时很容易就能看到画面中呈雪花状的干扰噪点。干扰噪点的强弱，也就是干扰噪点对画面的影响程度，与摄像机信噪比指标的好坏有着直接的关系，即摄像机的信噪比越高，干扰噪点对画面的影响就越小。一般摄像机给出的信噪比值均是在 AGC（自动增益控制）关闭时的值。CCD 摄像机信噪比的典型值一般为 45～55 dB。

(2)镜头。镜头相当于人眼的晶状体,如果没有晶状体,人眼就看不到任何物体;同样如果没有镜头,那么摄像机所输出的图像就是白茫茫的一片,没有清晰的图像输出。摄像机镜头是电视监视系统中不可缺少的部件,其质量(指标)的优劣将会直接影响到摄像机的整机指标。摄像机镜头按其功能和操作方法的不同,可分为定焦距镜头、变焦距镜头和特殊镜头三大类。

镜头的特性参数:镜头的参数有很多,主要包括成像尺寸、焦距、光圈、视场角、景深及镜头安装接口等。

a. 成像尺寸。镜头一般可分为 25.4 mm(1 in)、16.9 mm(2/3 in)、12.7 mm(1/2 in)和 8.47 mm(1/3 in)等几种规格,它们分别对应着不同的成像尺寸,选用镜头时,应使镜头的成像尺寸与摄像机的靶面尺寸大小相吻合。

b. 焦距(f)。焦距用来表示从镜头中心到主焦点的距离,它以毫米(mm)为单位。

c. 光圈(F)。也称光圈指数,它是镜头的焦距(f)与镜头有效直径(D)的比值,即 $F=f/D$。

d. 视场角。镜头都有一定的视野范围,镜头对这个视野的高度和宽度的张角就称为视场角,视场角与镜头的焦距及摄像机靶面尺寸的大小有关。焦距短则视角宽,焦距长则视角窄。

e. 景深。景深是指焦距范围内景物的最近与最远点之间的距离。通常改变景深的方法有三种:一是使用长焦距镜头;二是增大摄像机与被摄物体之间的实际距离;三是缩小镜头的焦距。

f. 镜头安装接口。镜头与摄像机大部分采用"C""CS"安装座连接。所有的摄像机镜头均是螺纹口的,CCD 摄像机的镜头安装有 C 安装座和 CS 安装座两种工业标准。两者的螺纹部分相同,但两者从镜头到感光表面的距离却不同。C 安装座从镜头安装基准面到焦点的距离为 17.526 mm;而 CS 安装座其镜头安装基准面到焦点的距离则为 12.5 mm。如果要将一个 C 安装座镜头安装到一个 CS 安装座摄像机上时,就需要使用镜头转换器;反之则不能。

(3)云台。云台是一种用来安装摄像机的工作台,分为手动和电动两种。手动云台由螺栓固定在支撑物上,摄像机方向的调节有一定的范围:一般水平方向可调 15°～30°,垂直方向可调±45°。电动云台在微型电动机的带动下进行水平和垂直转动,不同的产品其转动角度也各不相同。在选用云台时,主要应考虑以下几项指标:

①回转范围。云台的回转范围分为水平旋转角度和垂直旋转角度两个指标,具体选择时可根据所用摄像机的要求进行。

②承载能力。因为摄像机及其配套设备的质量均由云台来承载,所以选用云台时必须将云台的承载能力考虑在内。一般轻载云台的最大负重约为 9 kg,重载云台的最大负重约为 45 kg。

③云台的旋转速度。一般来讲,普通云台的转速是恒定的,云台的转速越高,价格也就越高。有些场合需要快速跟踪目标,这就需要选择高速云台。有的云台还能实现定位功能。

④安装方式。云台有侧装和吊装两种安装方式,即云台可安装在天花板和墙壁上。

⑤云台外形。云台分为普通型和球形两种,球形云台是把云台安置在一个球形或半球形的防护罩中,除了防止灰尘干扰图像以外,还有隐蔽、美观的特点。

(4)摄像机防护罩。在闭路电视监控系统中，摄像机的使用环境差别很大。为了在各种环境下都能正常工作，需要使用防护罩来加以保护。防护罩的种类有很多，主要分为室内、室外和特殊类型等几种。室内防护罩的主要区别是体积大小、外形是否美观、表面处理是否合格，主要以装饰性、隐蔽性和防尘为主要目标。而室外防护罩因属全天候应用，所以要能适应不同的使用环境。特殊防护罩主要用于特殊的场合。

2)传输部分

电视监控系统中，需要传输的信号主要有电视信号和控制信号两种。电视信号从系统前端的摄像机流向电视监控系统的控制中心，控制信号则从控制中心流向前端的摄像机等受控对象。

电视监控系统中，信号的传输方式主要根据传输距离的远近、摄像机的多少来确定。传输距离较近时，采用视频传输方式。传输距离较远时，采用射频有线传输方式或光缆传输方式。

3)控制部分

在电视监控系统中，控制部分是系统的核心。它是多种设备的组合，这种组合是根据系统的功能要求来决定的。设备组成一般包括主控器(主控键盘)、分控器(分控键盘)、视频矩阵切换器、音频矩阵切换器、报警控制器及解码器等。其中，主控器和视频矩阵切换器是系统中必须具有的设备，通常将它们集中为一体，结构图如图 8.8 所示。控制部分的功能有以下几个方面：

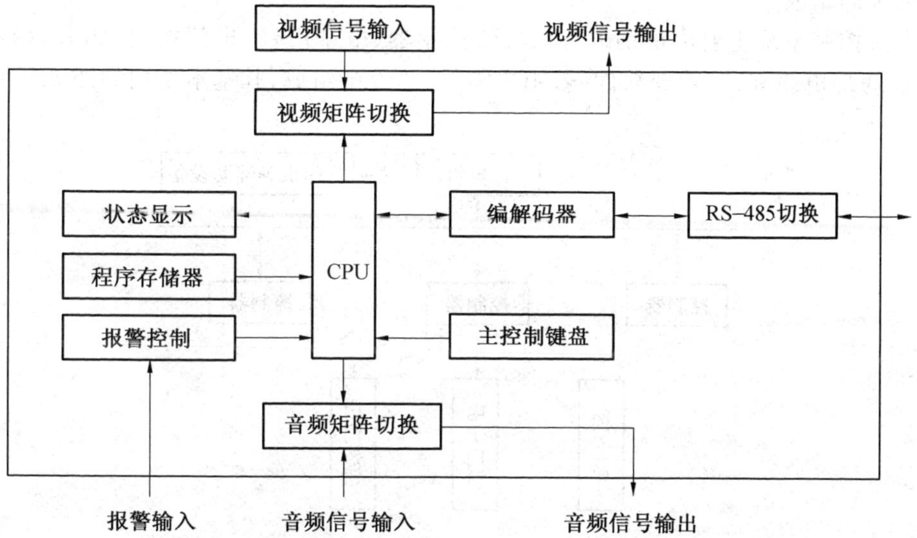

图 8.8　电视监控系统控制台的结构

(1)接收各种视频装置的图像输入，并根据操作键盘的控制将它们有序地切换到相应的监视器上供显示或记录，完成视频矩阵切换功能，编制视频信号的自动切换顺序和间隔时间。

(2)从键盘输入操作指令，并以此来控制云台的上下、左右转动，镜头的变倍、调焦、光圈及室外防护罩的雨刷。

(3)键盘有口令输入功能,可防止未授权者非法使用本系统,多个键盘之间有优先等级安排。

(4)可对系统运行步骤进行编程,有数量不等的编程程序可供使用,可按时间来触发运行所需的程序。

(5)有一定数量的报警输入和继电器触点输出端,可接收报警信号输入和端接控制输出。

(6)有字符发生器,可在屏幕上生成日期、时间及摄像机号等信息。

4)图像显示与记录

图像显示与记录部分的主要设备是监视器及录像机。其中监视器的作用是将前端摄像机传送到终端的视频信号再现为图像,而录像机的作用则是将监视现场的部分或全部画面进行实时录像,以便为事后查证提供证据。

3. 出入口控制系统

出入口控制系统,也称门禁管理系统,是用来控制进出建筑物或一些特殊房间和区域的管理系统。出入口控制系统采用个人识别卡方式,给每个有权进入的人发一张个人身份识别卡,系统根据该卡的卡号和当前的时间等信息,判断该卡持有人是否可以进出。在建筑物内的主要管理区、出入口、电梯厅、主要设备控制中心机房、贵重物品库房等重要部位的通道口安装上出入口控制系统,即可有效控制人员的流动,并能对工作人员的出入情况进行及时的查询,同时系统还可兼作考勤统计。如果遇到非法进入者,还能实时报警。

1)系统的组成

出入口控制系统主要由识别卡、读卡器、控制器、电子门锁、出门按钮、钥匙、指示灯、上位 PC 机、通信电缆、门禁管理软件(若用户需要)等设备组成,其基本结构如图 8.9 所示。

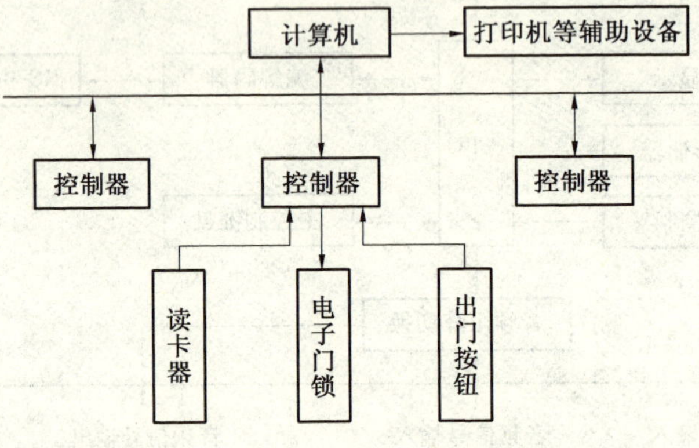

图 8.9　出入口控制系统的基本结构

出入口控制系统包括三个层次的设备。底层是直接与人员打交道的设备,有读卡机、电子门锁、出口按钮等,主要用于接受人员输入的信息,再转换成电信号送到控制器中,同时根据来自于控制器的信号,完成开锁、闭锁等工作。控制器接收底层设备发来的有关人员的信息,与自己存储的信息做对比以做出判断,然后再发出处理的信息。单个控制器也可组成一个简单的系统来管理一个或几个门。多个控制器通过通信网络与计算机连接起来就组成了整个建筑的出入口控制系统。计算机装有系统的管理软件，它管理着系统中所有的控制器，并向它们发送命令，对它们进行设置，接收它们发来的信息，完成系统中所有信息的分析与处理。

2)系统的主要设备

(1)识别卡按照使用方式的不同，可分为接触式识别卡和非接触式识别卡两种类型。所谓接触式，是指必须将识别卡插入读卡器内或在槽中划一下，才能读到卡号，例如 IC 卡、磁卡等。而非接触式则是指识别卡无须与读卡器接触，相隔一定的距离就可以读出识别卡内的数据。

(2)读卡器。读卡器分为接触卡读卡器(如磁条、IC 等)和感应卡(非接触)读卡器(依数据传输格式的不同，大抵可分为韦根、智慧等)两大类，它们之间又有带密码键盘或不带密码键盘之分。

读卡器设置在出入口处，通过它可读入门禁卡的参数，并将所读取的参数经由控制器判断分析。准入则电锁打开，人员可自行通过；禁入则电锁不动作，而且立即报警并做出相应的记录。

(3)控制器。控制器是系统的核心，它由一台微处理机和相应的外围电路组成。一般由控制器来决定某一张卡是否为本系统已注册的有效卡，以及该卡是否符合所限定的时间段，从而控制电磁锁是否打开。

由控制器和第三层设备可组成简单的单门式门禁系统。与联网式门禁系统相比，它少了统计、查询和考勤等功能，比较适合于无须记录历史数据的场所。

(4)电锁。出入口控制系统所采用的电锁一般有电阴锁、电磁锁和电摇锁三种类型，应视门的具体情况而选择。电阴锁、电磁锁一般可用于木门和铁门；电插锁则用于玻璃门。电阴锁一般为通电开门，电磁锁和电插锁为通电锁门。

(5)计算机。出入口控制系统的微机通过专用的管理软件对系统所有的设备和数据进行管理。

3)系统的功能

出入口控制系统主要有以下几种功能：

(1)对已授权的人，凭有效的卡片、代码或特征，允许其进入。未被授权的人则拒绝其入内，属黑名单者将报警。

(2)门内人员可用手动按钮开门。

(3)门禁系统管理人员可用钥匙开门。

(4)在特殊情况下由上位机来指令门的开关。

(5)将门的状态及被控信息记录到上位机中，可方便地进行查询。

(6)由上位机对卡片进行管理(发放卡片及登录黑名单)。

(7)对某时间段内人员的出入状况或某人的出入状况可进行实时统计、查询和打印。

另外，该系统还可加入考勤系统功能。通过设定班次和时间，系统可对所有存储的记录进行考勤统计。例如可查询某人在某段时间内的上下班情况、正常上下班次数、迟到次数、早退次数等，从而进行有效的管理。根据特殊需要，系统也可外接密码键盘输入、报警信号输入以及继电器联动输入，可驱动声、光报警或启动摄像机等其他设备。

4. 访客对讲系统

访客对讲系统是在公寓、住宅小区和高层住宅楼中应用广泛的一种安全防范系统，是住户的第一道防止非法入侵的安全防线。通过该系统，住户可在家中用对讲分机及设在单元楼门口的对讲主机与来访者通话，并通过声音或分机屏幕上的影像来辨认来访者，使得一切非本单元楼的人员及陌生来访者均不能进入，以确保住户的方便和安全。

1)访客对讲系统的组成

访客对讲系统按其功能的不同，可分为单对讲型和可视对讲型两种。下面以可视对讲系统为例来介绍访客对讲系统的组成。

(1)对讲分机。室内对讲分机主要用于住户与访客或管理中心人员的通话、观看来访者的影像及开门功能。它由装有黑白或彩色影像管、电子铃、电路板的机座及座上功能键和手机组成，由本系统的电源设备供电。分机具有双工对讲通话功能，影像管显像清晰，呼叫为电子铃声。可视分机通常安装在住户的起居室墙壁上或住户房门后的侧墙上，与门口主机配合使用。

(2)门口主机。用于实现来访者通过机上功能键与住户对讲通话，并通过机上的摄像机提供来访者的影像。机内装有摄像机、扬声器、麦克风和电路板，机面设有多个功能键，由系统电源供电，一般安装在单元楼门外的左侧墙上或特制的防护门上。

门口主机通常包括直接按键式和数字编码式两种。其中直接按键式门口主机上有多个按键，分别对应于楼里的每个住户，系统容量小。而数字编码式主机则是由 10 位数字键及“#”键与“*”键组成拨号键盘，来访者访问住户时，可像拨电话号码一样拨通被访问住户的房门号，适用于多住户场合。

(3)电源。楼宇对讲系统采用 220 V 交流电源供电，直流 12 V 输出。为了保证在停电时系统能够正常使用，应加入充电电池作为备用电源。

(4)电控锁。电控锁安装在单元楼门上，其受控于住户和物业管理保安值班人员，平时锁闭。当确认来访者可进入后，通过对设定键的操作，打开电锁，来访者即可进入。进入后，门上的电锁自动锁闭。

(5)管理中心主机。在大多数楼宇可视对讲系统中均设有管理中心主机，它一般设在保安人员的值班室中，主机装有电路板、电子铃、功能键和手机(有的管理主机内附荧幕和扬声器)等设备，并可外接摄像机和监视器。物业管理中心的保安人员，可与住户及来访者进行通话，并可观察到来访者的影像；还可接受用户分机的报警，识别报警区域及记忆用户号码，监视来访者情况，并具有呼叫和开锁的功能。

2)楼宇可视对讲系统的功能

楼宇可视对讲系统主要有以下几种功能：

(1)来访者在住宅门口按下呼叫按钮，室内机接收到触发信号，铃声即被激活。

(2)如果主人在家，则可把听筒摘下，这时来访者的图像就会自动地呈现在室内机显示屏上，主人可与之对话，在主人允许并按下出门按钮(或手动开门)后，来访者便可推门进入。

(3)如果主人不在家，来访者就不可能进入住宅，这样可保护室内的安全。

(4)在平时，主人也可摘下听筒，监视室外的情况。

(5)可视对讲子系统若需要出门按钮，则可与门禁子系统的出门按钮相关联。

5. 巡更系统

所谓巡更系统，就是在指定的巡逻路线上安装巡更按钮或读卡器，保安人员在巡逻时依次输入信息，输入的信息及时传送到控制中心。控制中心的计算机上设有巡更系统管理程序，可设定巡更的路线和方式。保安人员在规定的巡逻路线上巡逻时，在指定的时间和地点向中央控制站发回信号以表示正常。如果在指定的时间内，信号没有发送到中央控制站，或不按规定的次序出现信号，系统将认为异常。有了巡更系统以后，若巡逻人员出现问题或危险，如被困或被杀，就会很快被发觉，从而增加了大楼的安全性。

巡更系统还可帮助管理人员分析巡逻人员的表现。管理人员可随时在电脑中查询保安人员的巡逻情况、打印巡检报告，并对失盗失职现象进行分析。巡更系统的结构如图 8.10 所示。

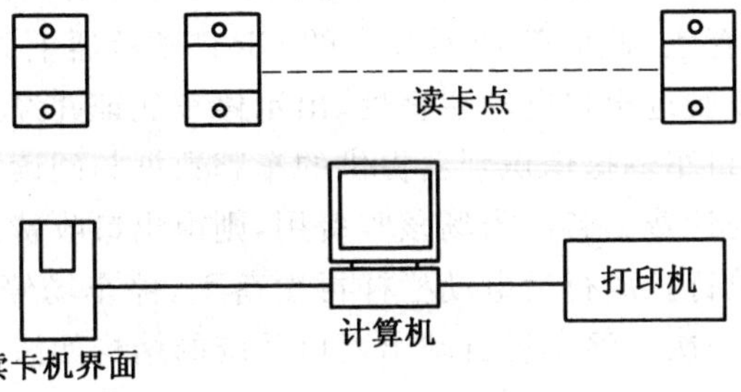

图 8.10　巡更系统的结构

6. 停车场自动出入管理系统

停车场自动出入管理系统是利用高度自动化的机电设备对停车场进行安全、快捷、高效的管理。利用该系统可减少人工参与和人为失误，并提高停车场的使用效率。

1)停车场自动出入管理系统的组成

停车场自动出入管理系统主要由车辆自动识别系统、收费系统、保安监控系统组成。通常包括控制计算机、自动识别装置、临时发票发放及检查装置、挡车器、车辆探测器、监控摄像机、车位提示牌等设备。

(1)控制计算机。控制计算机是停车场自动出入管理系统的控制中枢，它负责整个系统的协调与管理，不仅可以独立工作构成停车管理系统，而且还可以与其他计算机网相连，组成一个更大的自控装置。

(2)车辆的自动识别装置。停车场自动管理的核心技术是车辆自动识别。车辆自动识别装置一般采用卡识别技术，现在大都使用非接触型卡，从而提高了识别速度。

(3)临时车票发放及检验装置。这一装置是为临时停放的车辆准备的，一般设置在停车场的出入口处，能够为临时停放的车辆自动发放临时车票，记录车辆进入的时间，并在出口处收费。

(4)挡车栏杆。在每个停车场的出入口处均装有挡车栏杆，它受系统的控制升起或落下，只对合法车辆放行，可防止非法车辆进出停车场。

(5)车辆探测器和车位提示牌。车辆探测器一般设置在出入口处，对进出车场的每辆车进行检测、统计。将车辆进出车场的数量传送给控制计算机，通过车位提示牌可以显示车场中车位的状况，并在车辆通过检测器时控制挡车栏杆落下。

(6)监控摄像机。在车场进出口等处设置电视监视摄像机，将进入车场的车辆输入计算机。当车辆驶出出口处时，验车装置将车卡与该车进入时的照片同时调出检查无误后放行，以避免车辆的丢失。

2)停车场自动出入管理系统的工作过程

车辆驶近入口时，可看到停车场指示的信息标志，标志显示了入口方向与停车场内空余车位的情况。若停车场停车满额，则车满灯亮，拒绝车辆入内；若车位未满，则允许车辆进入，但驾车人必须购买停车票卡或专用停车卡，通过验读机认可，入口电动栏杆升起放行，车辆驶过栏杆门以后，栏杆将自动放下，阻挡后续车辆进入。进入的车辆可由车牌摄像机将车牌影像摄入并送至车牌图像识别器形成当时驶入车辆的车牌数据。车牌数据与停车凭证数据(凭证类型、编号、进库日期、时间)一同存入管理系统计算机内。进场的车辆在停车引导灯指引下停在规定的位置上，此时管理系统中的CRT显示器上即显示该车位已被占用的信息。车辆离开时，汽车驶近出口电动栏杆处，出示停车凭证并经验读机识别出行的车辆停车编号与出库时间。出口车辆摄像识别器提供的车牌数据与阅读机读出的数据将被一同送入管理系统，进行核对与计费。若需当场核收费用，则由出口收费器(员)收取。手续完毕之后，出口电动栏杆升起放行。放行后电动栏杆再次落下，停车场停车数减一，入口指示信息标志中的停车状态刷新一次。停车场自动出入口系统的结构如图8.11所示。

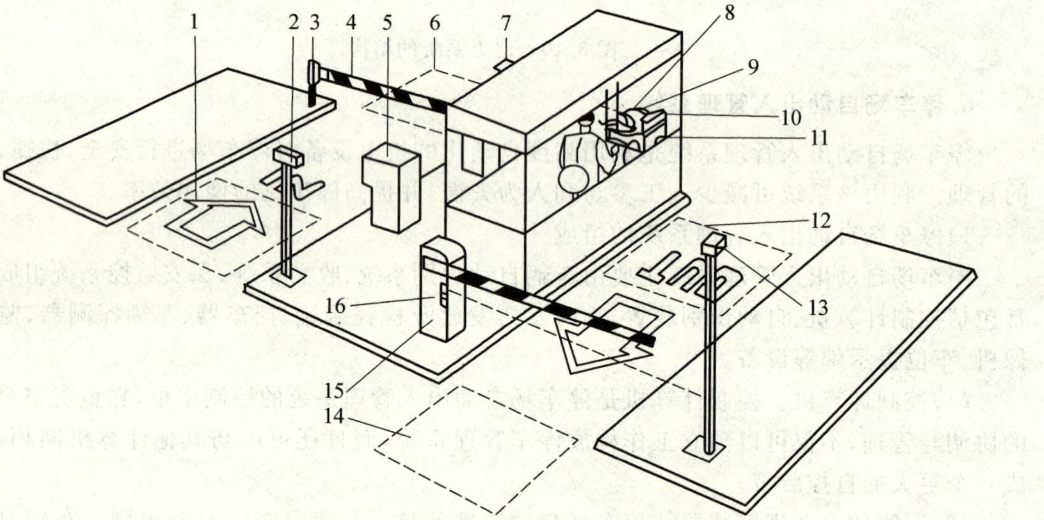

图8.11　停车场自动出入口系统的结构

1—入口地下感应器；2—车位已满告示牌；3—红外线感应系统(附加)；4—入口挡杆自动升降机；5、11—入口时/月租磁卡记录机；6—入口自动落杆感应器；7、13—入口24 h录像系统(附加)；8—收据打印机；9—收费显示器；10—出口时/月租电脑收费系统；12—出口地下感应器；14—出口自动落杆感应器；15—出口挡杆自动升降机；16—红外线感应系统(附加)

8.5　通信自动化系统

智能建筑通信自动化系统(Communication Automation System,CAS)是保证楼内语音、数据、图像传输的基础,它同时与外部通信网(如公共电话网、数据通信网、计算机网络、卫星以及广电网等)相连并与世界各地互通信息,提供建筑物内外的有效信息服务。

智能建筑中的通信网络系统包括通信系统和计算机网络系统两大部分。智能建筑中的通信系统目前由用户程控交换系统和有线电视网两大基本系统组成。其中,用户程控交换系统是由电信系统发展而来的,有线电视网则是由广电系统发展而来的。智能建筑中的计算机网络系统就是智能建筑中的计算机局域网及其互联网、用户接入网。

目前,CAS 通常由电话通信系统、电缆电视系统、视频会议系统、广播电视卫星系统、同声传译系统、公共/应急广播系统、计算机局域网、用户接入网等多种子系统组成。

1. 电话通信系统

电话通信系统是各类建筑物必须设置的系统。智能建筑中的电话系统交换设备一般采用用户程控交换机(PABX),电话线路基于综合布线系统(SCS)。PABX 不仅能提供传统的语音通信方式,还能满足用户对数据通信、计算机局域网互联、N—ISDN 通信的要求。

2. 电缆电视系统

电缆电视系统(Cable Television,CATV)也是智能建筑的基本系统之一。与传统的 CATV 相比,不同之处在于智能建筑 CATV 要求电视图像信号的双向传输,并为采用 HFC(光纤同轴电缆混合接入网)打下基础。

3. 视频会议系统

视频会议系统是利用图像压缩编码和处理技术、电视技术、计算机网络通信技术和相关设备、线路,实现远程点对点或多点之间图像、语音、数据信号的实时交互式通信。采用该系统,可大大节省时间、提高会议的效率、降低会议成本。

4. 广播电视卫星系统

广播电视卫星系统(Very Small APerture Terminal,VSAT)通过架设在房顶的卫星地面站直接接收广播电视的卫星信号。VSAT 是 20 世纪 80 年代发展起来的一种新型的卫星通信系统,它是具有小口径天线的智能化的地球站。这类地球站安装使用方便,而且十分利于智能建筑的数据传输。大量的此类小站(天线为几米甚至小至 1 m 以下)协同一个大站(称主站),构成一个卫星通信系统,可以单向、双向传输数据、语音、图像及其他综合电信及信息业务,适合于用户分散、业务量不大的专用或公用通信网。

5. 同声传译系统

同声传译系统是由译员通过专用的传译设备提供即时口头翻译,听众通过耳机接收的一套语音系统。这种翻译形式可同时有几种语言,如联合国大会就有六种语言的同声传译。

6. 公共/应急广播系统

智能大厦和高级宾馆等现代化建筑物内均设有广播音响系统,包括服务性广播、应急广播和音乐广播等多个部分。广播音响系统的设计则包括公共广播与客房音响两部分。

公共广播设置于公共场所，如走廊、电梯门厅、电梯轿厢、入口大厅、商场、酒吧、宴会厅等，通常采用组合式声柱或分散扬声器箱，平时播放背景音乐，当遇到火灾时作为应急广播，指挥人员进行疏散。

客房音响设置的目的是为客人营造一种欣赏音乐与休息的舒适环境。

7. 计算机局域网

计算机局域网包括智能建筑公共主干网、物业管理使用的局域网和购房/租房用户使用的业务局域网。主干网和楼层局域网主要采用以太网系列。

8. 用户接入网

从现代网络功能的角度来看，通信网由传输网、交换网和接入网三大部分组成。电信网的接入网是指实现本地交换机与用户之间的连接部分；有线电视的接入网是指从前端到用户之间的部分；而数据通信网的接入网则是指通信子网的边缘路由器与用户 PC 之间的部分。

用户接入网主要是解决智能建筑内部与外部世界的信息沟通。主流用户接入网目前有 N—ISDN（窄带综合业务数字网）、HFC（光纤同轴电缆混合网）、ADSL（不对称数字用户线）、FTTB（光纤到楼）、DDN（数字数据网）、F. R.（帧中继）等几种。

8.6 智能建筑系统集成

1. 智能建筑系统集成的概念

智能建筑中的各个系统均可按照各自的规律自行开发出来，它们自成体系。但是这些各自分离的系统并不能构成真正的智能建筑，只有各个系统之间互通信息、相互协调地工作，才能形成统一的整体，并达到最优组合，从而满足用户对功能的要求。

按照系统论的观点来看，系统是由相互联系、相互作用的若干要素（或子系统）构成的具有特定功能的统一整体，系统要素之间的关系不是简单的组合或叠加，而是相互作用和联系，通过“集成”构成系统。对于建筑智能化而言，系统的基本要素（子系统）主要包括建筑设备自动化系统（BAS）、通信自动化系统（CAS）和办公自动化系统（OAS）。

从狭义上来说，系统集成是指在系统总体设计的指导下及其软、硬件配置方案的基础上，利用计算机网络和软、硬件接口将各个有关系统连接起来，集成一个大的系统。

建筑智能化系统的集成如图 8.12 所示。图中，在建筑物环境平台上，三个基本要素 BA，CA，OA 由各自分离到相互渗透直至最后集成为一个相互关联的、统一的、协调的整体，即在建筑物环境平台上形成一个总体最优组合。图中的阴影部分代表智能化系统集成，智能化程度越高，阴影部分的面积就越大。换句话来说，建筑智能化程度的高低，取决于三大基本要素有机耦合、相互渗透的程度，即系统综合集成的程度。因此，系统集成才是实现建筑智能化并使巨额投资获得收益的关键。在这里，实现各要素之间通信的物理介质就是支持数据、语音、图像和控制信息传输的综合布线系统。

建筑智能化系统的综合集成，体现了人、资源与环境三者之间的关系：人是加工过程的操作者与成果的享用者，各种各样的资源既可以提供加工手段，也可以作为被加工的对象，环境是智能化的出发点与归宿。

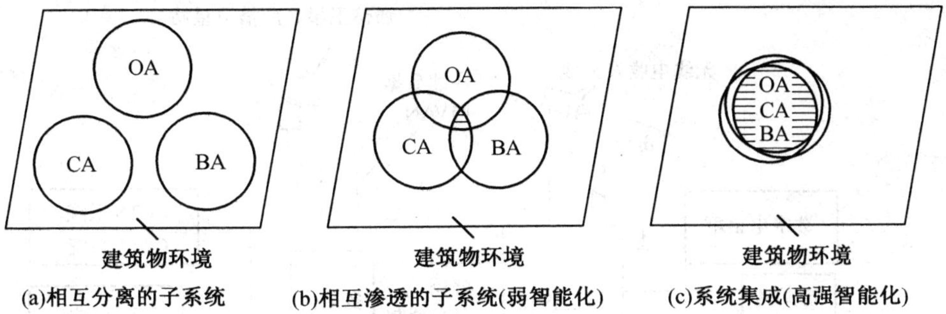

图 8.12　建筑智能化系统的集成

2. 智能建筑的网络结构

智能建筑系统集成的关键是建筑物内信息通信网络的实现,智能建筑系统集成的总体框图如图 8.13 所示。从图中可以看出,为了把 BA,CA,OA 集成起来,需要通过整座大厦内的信息通信网络的规划、设计来实现,以便把大厦的支持应用功能组织成一个完整体。

智能大厦网络集成主要包括高速主干网和楼层局域网,其总体结构如图 8.14 所示。主干网用来沟通计算中心主机与楼内各个局域网之间的联系,并实现与外界的通信。楼层局域网则为根据需要建立的各种用途的网络,可以在一个楼层设置一个或多个局域网,也可以多个楼层设置一个局域网;可以是相同类型的局域网,也可以是不同类型不同协议的局域网,具体视需要而定。

1)高速主干网

高速主干网覆盖大楼内的各个楼层。计算中心主机、各楼层局域网通过主干网连接成大楼网络系统,大楼与外界的通信联网也是通过主干网来实现的。对于主干网有两点要求:一是传输速度要高,一般要求达到 100 Mbit/s 以上,以免在多个局域网同时访问中心主机时形成系统瓶颈,从而导致网络延时;二是可靠性要高,以免某个结点发生故障时影响主干网的正常工作。

在进行主干网的方案论证时,需要考虑以下三点因素:

(1)满足主干网的性能要求,提供信息服务的技术平台和综合通信业务。

(2)技术比较成熟,通常采用标准制定 2～3 年,市面上已出售 1～2 年的产品,风险性较低。

(3)选择扩充性好、兼容性高的技术,以满足今后发展、扩容的需要。

可供选择的主干网方案有 FDDI 高速主干网、ATM 高速主干网和交换式快速 Ethernet 主干网三种。

2)楼层局域网

楼层局域网并不局限于一个楼层,它可以是需要互联的各个子系统。由于用途不同,这些局域网的类型和结构也不相同,对通信的要求也有所差异。

设置局域网时,应根据应用目的、信息流量、访问服务器的频繁程度、工作站数以及网络覆盖范围等来选择局域网的种类和配置。对于网上传输数据比较频繁且又量大的应用环境,一个局域网的站点数不能太多,否则将会影响网络的响应时间,在这种情况下,如需联网的站点数很多,则可通过交换器分成几个网段,以提高局域网的运行效率,从而改善网络性

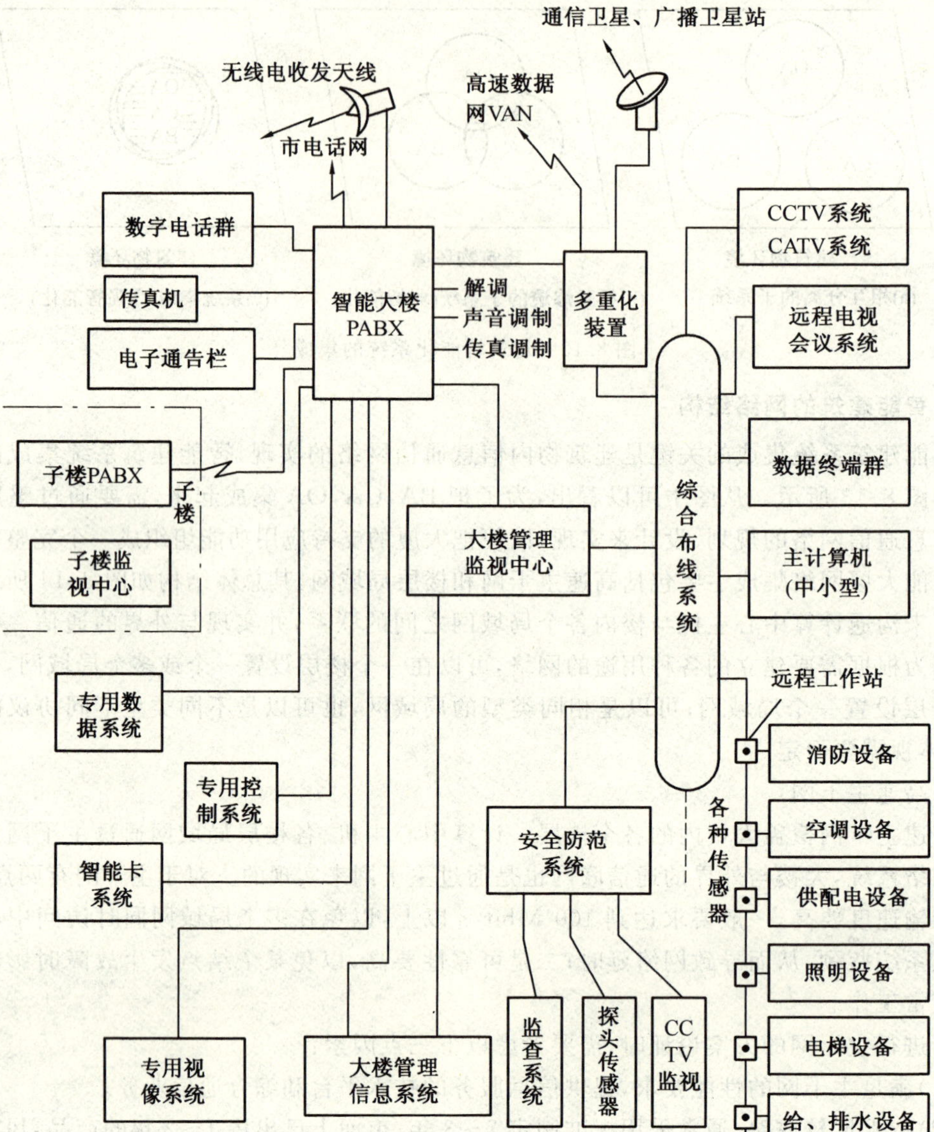

图 8.13　智能建筑系统集成的总体框图

能。

3)与外界网络的互联

大厦管理部门应向电信部门申请电话中继线以及 X.25(公用数据网)、ISDN(综合业务数字网)、DDN(数字数据网)、VSAT(数字卫星网)等接口，才可与外界进行通信。这些端口的数量应根据具体要求进行配置，通常采用以下两种方案：

(1)利用大厦内的计算机网络，通过路由器与外界进行通信。路由器可以提供 ATM，DDN，X.25 等接口，互联方法如图 8.15 所示。

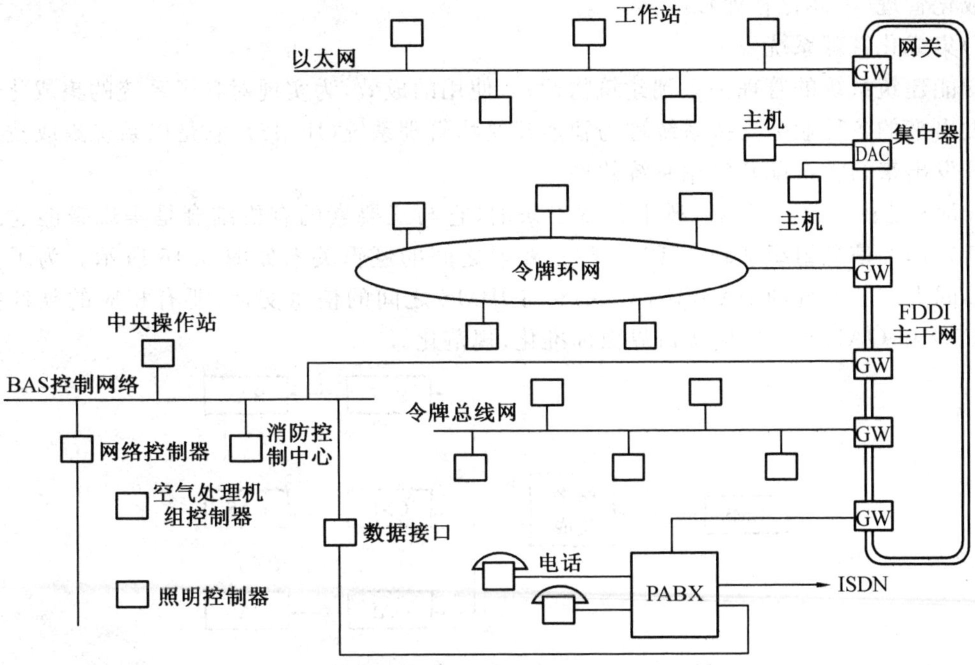

图 8.14　智能建筑网络的总体结构

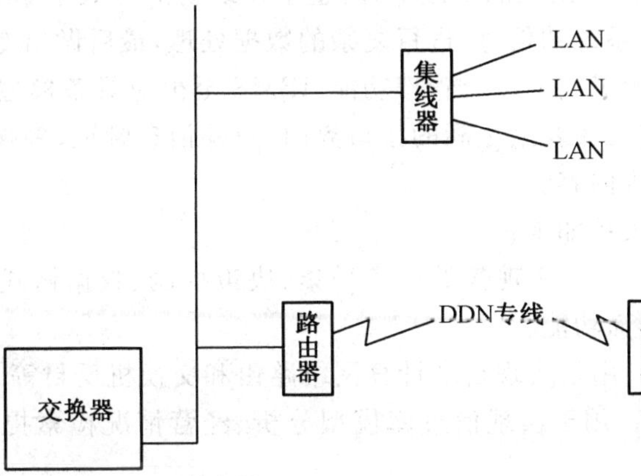

图 8.15　与外界网络互联方式

(2)经电信局的交换机端口及光纤与外界互联。光纤的最大传输距离可达 40 km,这也是邮电部门经常采用的一种方案。

智能建筑网络集成的关键在于要实现各种不同类型和结构的局域网之间的互联,构成一个开放式的系统,实现各个基本要素之间的信息互通,实现互操作。为了达到这个目的,必须遵循国际标准化组织(ISO)提出的开放系统互联参考模型(OSI)、制造自动化协议(MAP)和技术与办公协议(TOP),做到接口、界面标准化、规范化。

3. 智能建筑的集成化管理

通过计算机网络已将各种不同功能的子系统在物理上集成到了一起,为了达到整体最优组合的目的,还应在汇集建筑物内、外各种形态信息的基础上,实现对这些智能化子系统的集成化管理(一体化管理)。

1)集成化管理系统

智能建筑系统的管理关系到建筑物运营、使用的成效,为实现对各子系统的集成化管理而开发出来的各种业务支持系统称为智能建筑物管理系统(IBMS),它是以系统集成技术为基础开发出来的大批配套应用系统软件。

IBMS 是在三大要素的基础上开发出来的,它与三要素的有机结合是实现智能建筑系统运营管理的信息组织基础。IBMS 与三要素之间的逻辑关系如图 8.16 所示。为了实现三个不同类型子系统即 BAS,CAS,OAS 与 IBMS 之间的信息交换,要有相应的软件接口 BAI,CNI 和 OAI,并且要使接口界面标准化、规范化。

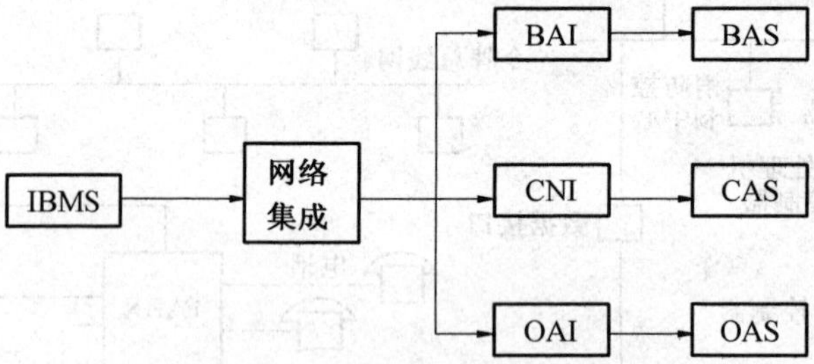

图 8.16 IBMS 与三要素之间的逻辑关系

IBMS 的功能是,在网络集成的基础上,对整个建筑物的各大子系统进行运营管理与协调,具体包括采集各大子系统的信息,进行复杂的数据处理,最后做出专家决策,实现对建筑物的更高层次的管理。为了完成以上管理功能,IBMS 至少应具备模型的建立与学习、信息流向的合理设计、形成与三大要素之间的接口界面、户外信息管理、多媒体制作、决策支持以及信息库的建立和维护等内容。

各大子系统的接口关系如下:

(1)BAI(BA 接口)。用于实现各类信息采集、决策控制、数据格式转换、系统设置以及保安监控、消防连锁等界面功能。

(2)CNI(CN 接口)。用于实现自动计算网络路由和交换机反封等 CN 界面功能。

(3)OAI(OA 接口)。用于实现信息库模型分析、经营情况检索提示、会议支援和决策支持等 OA 界面功能。

2)管理功能

由于建筑物的用途不同,IBMS 的对象不同,管理的业务范围也不相同,下面以出租型综合办公大楼为例说明其管理功能。

(1)设备运行管理。

①设备档案管理。

②机电设备运行管理,包括暖通空调、给排水、供配电、照明、电梯管理等。

③能源管理,包括电、燃气、冷热源的合理使用、计量、收费管理等。

④设备维修管理。

⑤火灾自动报警与消防联动系统管理。

⑥安全防范系统管理,如闭路电视监视、出入口控制、巡更管理、停车场管理等。

⑦通信自动化系统设备管理。

⑧办公自动化系统设备管理。

⑨综合布线系统设备管理。

(2)经营管理。

①租赁贷借信息与契约、租金管理。

②财务及电子转账管理。

③公共设施使用预约管理,如会议室、库房、多功能大厅等的日程预订计划等。

④预约代办服务管理,如交通、住宿代办等。

⑤OA 区域服务管理,如 PC 机、传真机等。

⑥远程计算服务管理,如租户共享主机资源、通过 LAN 接远程用户终端等。

⑦通信邮件服务管理,如电子邮件、声音邮件、传真邮件等。

⑧信息向导服务管理,如 CATV、工作站等提供各种公共信息服务。

4. 智能建筑系统集成的实现

智能大厦建设的本身也是一个系统集成的全过程。系统集成的整个生命周期自用户需求分析开始,通过精心实施,直至评价、运行维护。系统集成实现的流程图如图 8.17 所示。

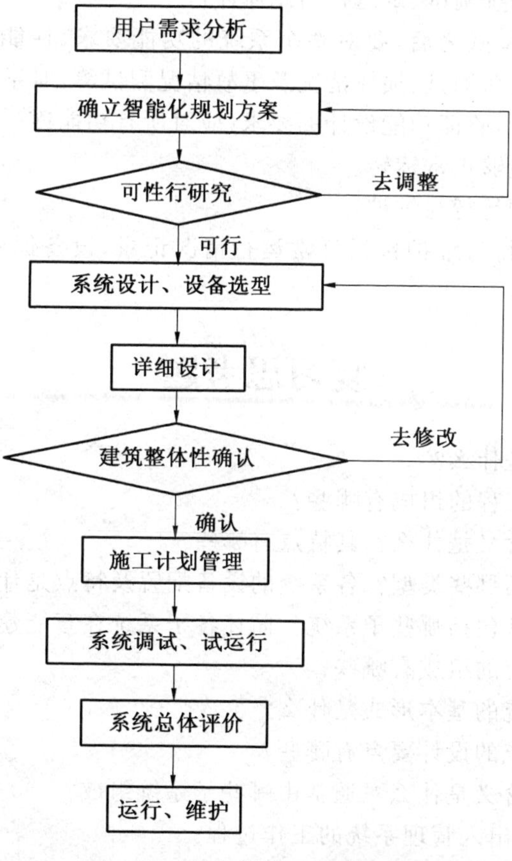

图 8.17　系统集成实现的流程图

(1)用户需求分析。

了解用户的要求和设想,将用户的需求翻译成任务的原始格式,说明整个系统需要达到的功能要求,相应的测试条件、验收要求,以形成具体的开发目标。

(2)确立智能化规划方案。

在分析用户需求的基础上,确立智能化方案。包括总体规模、系统结构,子系统功能指标、网络结构以及系统的实施与经费概算等。

(3)可行性研究。

对确立的智能化方案进行论证,从技术、经济、社会等诸多方面进行分析研究,考查其是否具备了必要的条件、是否可行。

(4)系统设计、设备选型。

详细设计和建筑整体性确认系统设计要从硬件和软件两个方面出发,详细地分析用户的要求,指出对这些要求的测试和满足这些要求的硬件集成、软件集成和设备选购。在触及系统设计细节的基础上进一步进行软件结构设计、软件细部设计,从而完成软件模块编程,并在此基础上进行建筑整体性确认。

通常,由系统集成商负责系统集成的设计、产品选型、施工、人员培训与维护的整个过程,系统集成商必须与业主长期合作。因此,通过招标、投标过程选择系统集成商时,对投标书和设备配置进行评审的过程,实际上也是分析、比较、确认系统设计的过程。

(5)施工计划管理、系统调试、试运行与总体评价。

经过现场施工、安装调试之后,要对整个系统的功能要求、性能指标进行全面测试、验收,包括正常运转、最大负荷测试、损坏情况及事故情况测试等,对系统集成的功能设计和质量进行全面的衡量和评价,验证功能设计的要求(应对所有功能逐一验收),确保整个系统在设计现场的建筑环境下能够正常运转。

(6)运行、维护系统的运行与维护。

运行、维护系统的运行与维护包括日常运行情况记录,设备保养、维修以及改造、升级等。

复习思考题

1.智能建筑的含义是什么?

2.建筑智能化系统工程的组成有哪些?

3.综合布线系统的含义是什么?其特点有哪些?

4.综合布线系统包括哪些类型?各系统的设备配置及特点是什么?

5.综合布线系统通常包括哪些子系统?简述各子系统在智能建筑中的位置及作用。

6.火灾自动报警系统的组成有哪些?

7.火灾自动报警系统的基本形式是什么?

8.火灾自动报警系统的设计要点有哪些?

9.安全防范系统的含义是什么?通常由哪些子系统组成?

10.简述停车场自动出入管理系统的工作过程。

11.通信自动化系统通常包括哪些子系统?各子系统的含义是什么?

12.智能建筑系统集成包括哪些内容?各自的功能有哪些?

13.集成化管理是指什么?

第9章　建筑电气工程设计与施工

本章介绍建筑电气设计的任务、组成；电气设计的原则；电气施工图的分类及内容。

9.1　建筑电气设计的任务与组成

1. 电气设计的范围

所谓设计范围，就是指设计边界的划分问题。设计边界分为以下两种情况：

(1)明确工程内部线路与外部线路的分界点。

电气的边界与土建边界不同，它不能按规划部门的红线进行划分，而是需要通过建设单位(甲方)与有关部门的协商来确定，其分界点可能在红线以内，也可能在红线以外。如供电线路及工程的接电点，就有可能在红线以外。

(2)明确工程电气设计的具体分工和相互交接的边界。

在与其他单位联合设计或承担工程中某几项设计时，必须明确具体分工和相互交接的边界，以免出现整个工程图彼此脱节的情况。

2. 电气设计的内容

建筑电气设计的内容一般包括强电设计和弱电设计两大部分。其中，强电设计部分主要包括变配电、输电线路、照明电力、防雷与接地、电气信号及自动控制等项目；弱电设计部分主要包括电话、广播、共用天线电视系统、火灾报警系统、防盗报警系统、空调及电梯控制系统等项目。

3. 设计项目的确定

对于一个具体工程而言，其电气设计项目的确定是根据建筑物的功能、工程设计规范、建设单位及有关部门的要求等来进行的，并非任何一个工程都包括上述全部项目，可能仅包括强电或弱电，也可能是强电、弱电的某些项目的组合。

通常在一个工程中设计项目可根据以下几个因素来确定：

(1)根据建设单位的设计委托要求确定。在建设单位委托书上，一般应写明设计内容和设计要求(有时因建设单位经办人对电气专业不太熟悉，往往需要请设计单位帮其一起填写设计委托书，以免漏项)，这是因为有时建设单位可能把工程中的某几项另外委托给其他单位设计，所以设计内容必须在设计委托书上写明。

(2)由设计人员根据规范的要求确定。例如，民用建筑的火灾报警系统、消防控制系统、紧急广播系统、防雷装置等内容是根据所设计建筑物的高度、规模、使用性能等情况，按照民用建筑有关规范的规定，由设计人员确定的，而且在建设单位的设计委托书上无须写明。但是，如果根据规范必须设置的系统或装置，而建设单位又不同意设置时，就必须有建设单位主管部门同意不设置的正式文件，否则应按规范执行。

(3)根据建筑物的性质和使用功能按常规设计要求考虑的内容确定。例如,学校建筑的电气设计内容,除了一般的电力、照明以外,还应有电铃、有线广播等内容;剧场的电气设计中,除了一般的电力、照明以外,还应包括舞台灯光照明、扩声系统等内容。

总之,设计时应仔细弄清建设单位的意图、建筑物的性质和使用功能,并要熟悉国家设计标准和规范,本着满足规范的要求、服务于用户的原则来确定设计内容。

强电和弱电的设计往往涉及几个专业的知识,在一般设计单位,由于人力所限以及承担的工程项目规划不太大,往往这两个部分的分工不是很明确。但是在大的设计单位,往往把这两个部分划归为两个专业。这在一般设计单位是难以做到的,因此要求电气设计人员对强、弱电设计都能掌握。

9.2 建筑电气设计的原则与程序

1. 电气设计的原则

建筑电气的设计必须贯彻执行国家有关工程的政策和法令,并应符合现行的国家标准和设计规范。电气设计还应遵守有关行业、部门和地区的特殊规定和规程。在满足上述要求的前提下力求贯彻以下四项原则:

(1)满足使用要求和保证“安全用电”。

(2)确立技术先进、经济合理、管理方便的方案。

(3)设计应适当留有发展的余地。

(4)设计应符合现行的国家标准和设计规范。

2. 电气设计的程序

1)初步设计阶段

电气的初步设计是在工程建筑方案设计的基础上进行的。对于大中型复杂工程,还应进行方案比较,以便遴选技术上先进可靠、经济上合理的方案,然后再进行内部作业,编制初步设计文件。

(1)初步设计阶段的主要工作如下:

①了解和确定建设单位的用电要求。

②落实供电电源及配电方案。

③确定工程的设计项目。

④进行系统方案设计和必要的计算。

⑤编制初步设计文件,估算各项技术与经济指标(由建筑经济专业完成)。

⑥在初步设计阶段,还要解决好专业之间的配合问题,特别是要提出配电系统所必需的土建条件,并在初步设计阶段予以解决。

(2)初步设计文件应达到以下深度的要求:

①已确定设计方案。

②能满足主要设备及材料的订货要求。

③可根据初步设计文件进行工程概算,以便控制工程投资。

④可作为施工图设计的基础。

以方案代替初步设计的工程，电气部分的设计一般仅编制方案说明，可不设计图样，其初步设计深度是确定设计方案，据此估算工程投资。

2)施工图样设计阶段

(1)根据已批准的初步设计文件(包括审批中的修改意见以及建设单位的补充要求)进行施工图样设计，其主要工作如下：

①进行具体的设备布置。

②进行必要的计算。

③确定各电气设备的选型以及确定具体的安装工艺。

④编制出施工图设计文件等。

(2)在这一阶段特别要注意与各专业相互配合，尤其是对建筑空间、建筑结构、采暖通风以及上下水管道的布置要有所了解，避免盲目布置造成返工。

(3)施工图设计应达到以下深度要求：

①可编制出施工图的预算。

②可以安排材料、设备和非标准设备的制作。

③可以进行施工和安装。

上述为一般建筑工程的情况，较复杂和较大型的工程建筑还应增设方案遴选阶段，建筑电气应与之相配合。同时，建筑电气本身也应进行方案比较，采取切实可行的系统方案。特别复杂的工程还需绘制管道综合图，以便于发现矛盾和施工安装。

9.3　建筑电气设计的具体步骤

建筑电气工程的设计从接受设计任务开始到设计工作全部结束，大致可分为方案设计、初步设计、施工图设计、工程设计技术交底、施工现场配合、工程竣工验收六个步骤。

1. 方案设计

对于大型且复杂的建筑工程，其电气设计需要进行方案设计，在这一阶段主要是与建筑方案的协调和配合设计工作，此阶段的具体工作通常有以下几个方面：

1)接受电气设计任务

接受电气设计任务时，应先研究设计任务委托书，明确设计内容和要求。

2)收集资料

设计资料的收集根据工程的规模和复杂程度，可进行一次收集，也可根据各设计阶段深度的需要而分期收集，一般需要收集的资料有如下几种：

(1)向当地供电部门收集有关资料。主要包括：

①电压等级，供电方式(电缆或架空线，专用线或非专用线)。

②配电线路回数、距离、引入线的方向及位置。

③当采用高压供电时，还应收集系统的短路数据，如短路容量、稳态短路电流、单相接地电流等。

④供电端的继电保护方式、动作电流和时间的整定值等。

⑤供电局对用户功率因数、电能计量的要求，电价、电费的收取办法。

⑥供电局对用户的其他要求。

(2)向当地气象部门及其他单位收集资料。需收集的气象、地质资料见表9.1。

表9.1　气象、地质资料表

资料内容	用途
最高年平均温度	选变压器
最热月平均最高温度	选室外裸导线及母线
最热月平均温度	选室内导线及母线
一年中连续三次的最热日昼夜平均温度	选空气中电缆
土壤中0.7～1.0 m深处一年中最热月平均温度	选地下电缆
年雷电小时数和雷电日数	防雷装置
50年一遇的最高洪水位	变电所所址选择
土壤电阻率和土壤结冰深度	接地装置

(3)向当地电信部门收集有关资料。主要包括：

①选址附近电信设备的情况及利用的可能性、线路架式、电话制式等。

②当地电视频道的设置情况，电视台的方位，选址处的电视信号强度。

(4)向当地消防主管部门收集资料。由于建筑的防火设计需要，在设计之前，必须走访当地消防主管部门，了解有关建筑防火设计的地方法规。

3)确定负荷等级

负荷等级的确定主要应考虑以下几个方面的内容：

(1)根据有关设计规范，确定负荷的等级、建筑物的防火等级以及防雷等级。

(2)估算设备的总容量(kW)，即设备的计算负荷总量(kW)、需要备用电源的设备总容量(kW)和设备计算总容量(kW)(对于一级负荷而言)。

(3)配合建筑专业最后确定方案，即主要对建筑方案中的变电所的位置、方位等提出初步意见。

2. 初步设计

建筑方案经有关部门批准以后，即可进行初步设计。初步设计阶段需要进行的工作有以下几个方面：

1)分析设计任务书和进行设计计算

详细分析研究建设单位的设计任务书和方案审查意见，以及其他有关专业(如给排水、暖通专业)的工艺要求及电气负荷资料，在建筑方案的基础上进行电气方案设计，并进行设计计算(包括负荷计算、照度计算、各系统的设计计算等)。

2)各专业间的设计配合

(1)给排水、暖通专业应提供用电设备的型号、功率、数量以及在建筑平面图上的位置，同时还应尽量提供设备样本。

(2)向结构专业了解结构形式、结构布置图、基础的施工要求等。

(3)向建筑专业提出设计条件，即包括各种电气设备(如变配电所、消防控制室、闭路电视机房、电话总机房、广播机房、电气管道井、电缆沟等)用房的位置、面积、层高及其他要求等。

(4)向暖通专业提出设计条件，如空调机房和冷冻机房内的电气控制柜需要的位置空间，空调房间内的用电负荷等。

3)编制初步设计文件

初步设计阶段应编制初步设计文件，初步设计文件一般包括图样目录、设计说明书、设计图样、主要设备表和概算(概算一般由建筑经济专业编制)等内容。

(1)图样目录。初步设计图样目录应列出现制图的名称、图别、图号、规格和数量。

(2)设计说明书。初设阶段以说明为主，即对各项内容和要求进行说明。设计说明应包括设计依据、设计范围、供电设计、电气照明设计、建筑物的防雷保护、弱电设计等内容。

(3)设计图样。初步设计的图样有供电总平面图、供电系统图、变配电所平面图、照明系统图及平面图、弱电系统图与平面图、主要设备材料表、计算书等。

3. 施工图设计

初步设计文件经有关部门审查批准以后，即可进行施工图设计。施工图设计阶段的主要工作有以下几个方面：

(1)准备工作。

检查设计的内容是否与设计任务和有关的设计条件相一致；核对各种设计参数、资料是否正确；进一步收集必要的技术资料。

(2)设计计算。

深入进行系统计算；进一步核对和调整计算负荷；进行各类保护计算、导线与设备的选择计算、线路与保护的配合计算、电压损失计算等。

(3)各专业间的配合与协调。

对初步设计阶段互提的资料进行补充和深化。如向建筑专业提供需要他们配合的有关电气设备用房的平面布置图；需要结构专业配合的有关留预埋件或预留孔洞的条件图；向水暖专业了解各种用电设备的控制、操作、连锁要求等。

(4)编制施工图设计文件。

施工图设计文件一般由图样目录、设计说明、设计图样、主要设备及材料表、工程预算等部分组成。图样目录中应先列出新绘制的图样，然后再列出选用的标准图、重复利用图及套用的工程设计图。

当本专业有总说明时，在各子项工程图样中应加以附注说明；当子项工程先后出图时，应分别在各子项工程图样中写出设计说明，图例一般在总说明中。

4. 工程设计技术交底

电气施工图设计完成以后，在施工开始之前，设计人员应向施工单位的技术人员或负责人进行电气工程设计的技术交底。技术交底主要介绍电气设计的主要意图、强调指出施工中应注意的事项，并解答施工单位提出的技术疑问，补充和修改设计文件中的遗漏和错误。其间应做好会审记录，并最后作为技术文件归档。

5. 施工现场配合

在按图进行电气施工的过程中，电气设计人员应经常去现场帮助解决图样上或施工技术上的问题，有时还要根据施工过程中出现的新问题进行一些设计上的变动，并以书面形式发出修改通知或修改图。

6. 工程竣工验收

设计工作的最后一步是组织设计人员、建设单位、施工单位及有关部门对工程进行竣工验收。电气设计人员应检查电气施工是否符合设计要求，即详细查阅各种施工记录，并现场查看施工质量是否符合验收规范，检查电器安装措施是否符合图样规定，并将检查结果逐项写入验收报告，最后作为技术文件归档。

9.4 建筑电气设计施工图绘制

工程设计施工图是用来直观地表达设计意图的工程语言，也是指导施工人员安装操作和设备运行维护的依据，同时还是设备订货的依据。所以施工图样的表达要规范、准确、完整、清楚，文字要简洁。

1. 电气工程图的图形符号和文字符号

在电气工程图中，设备、元件、线路及其安装方法等，都是用统一的图形符号和文字符号来表示的。图形符号和文字符号就像是电气工程语言中的“词汇”，如果要设计、绘制和阅读电气图样，就必须首先熟悉这些“词汇”，并弄清它们各自所代表的含义。

电气图样中的电气图形符号通常包括系统图图形符号、平面图图形符号、电气设备文字符号和系统图的回路标号，它们均有统一的国家标准。在实际工程设计中，如果统一图例（国标）不能满足图样表达的需要时，则可根据工程的具体情况，自行设定某些图形符号，但此时必须附有图例说明，并在设计图样中列出来。一般来说，每项工程都应有图例说明。

常用电气图例和文字标准见表 9.2～9.4。

表 9.2　常用电气照明图例符号

图形符号	名称	图形符号	名称
	多种电源配电箱（屏）		防水防尘灯
	动力或动力－照明配电箱		壁灯
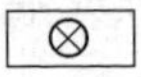	信号板信号箱（屏）		球形灯
	照明配电箱（屏）		花灯
	单相插座（明装）		局部照明灯
	单相插座（暗装）		天棚灯

续表 9.2

图形符号	名称	图形符号	名称
	单相插座(密闭、防水)		荧光灯一般符号
	单相插座(防爆)	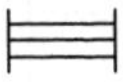	三管荧光灯
	带接地插孔的三相插座(明装)		避雷器
	带接地插孔的三相插座(暗装)		避雷针
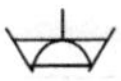	带接地插孔的三相插座(密闭、防水)	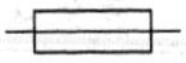	熔断器一般符号
	带接地插孔的三相插座(防爆)		接地一般符号
	单极开关(明装)		多极开关一般符号(单线表示)
	单极开关(暗装)		多极开关一般符号(多线表示)
	单极开关(密闭、防水)		分线盒一般符号
	单极开关(防爆)		室内分线盒
	开关一般符号	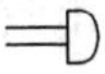	电铃
	单极接线开关	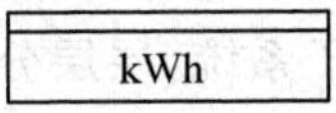	电能表
	动合(常开)触点 注:本符号也可用作开关一般符号		灯或信号灯一般符号

表 9.3　导线或电缆敷设方式的标注符号

序号	中文名称	旧代号	新代号	序号	中文名称	旧代号	新代号
1	暗敷	A	C	11	绝缘子或瓷柱敷设	CP	K
2	明敷	M	E	12	塑料线槽敷设	CB	PR
3	铝皮线卡	QD	AL	13	钢线槽敷设	S	SR
4	电缆桥架		CT	14	金属线槽敷设		MR
5	金属软管		F	15	电缆桥架敷设		CT
6	厚壁钢管(水煤气管)		RC	16	瓷夹板敷设	CP	PL
7	穿焊接钢管敷设	G	SC	17	塑料夹敷设	CJ	PCL
8	穿电线管敷设	DG	TC	18	穿蛇皮管敷设	VJ	CP
9	穿硬聚氯乙烯管敷设	VG	PC	19	塑料阻燃管	SPG	PVC
10	穿阻燃半硬聚氯乙烯管敷设		FPC				

表 9.4　导线敷设部位的标注

序号	中文名称	旧代号	新代号	序号	中文名称	旧代号	新代号
1	沿钢索敷设	S	SR	7	暗敷设在梁内	LA	BC
2	沿屋架或跨屋架敷设	LM	BE	8	暗敷设在柱内	ZA	CLE
3	沿柱或跨柱敷设	ZM	CLE	9	暗敷设在墙内	QA	WC
4	沿墙面敷设	QM	WE	10	暗敷设在墙面或地板内	DA	FC
5	沿天棚面或顶板面敷设	PM	CE	11	暗敷设在屋面或顶板内	PA	CC
6	在能进入的吊顶内敷设	PNM	ACE	12	暗敷设在不能进入的吊顶内	PNA	ACC

2. 电气工程施工图的组成

一般来说，一项工程的电气设计施工图总是由系统图、平面图、设备布置图、安装图、电气原理图等内容组成的。电气工程的规模大小不同，电气项目也各不相同，反映不同规模的工程图样的种类、数量也各有差异。

(1)系统图。

系统图是用来表示系统网络关系的图样，应表示出系统的各个组成部分之间的相互关系、连接方式，以及各组成部分的电气元件和设备及其特性参数。通过系统图能够了解工程的全貌和规模。

当工程规模较大、网络比较复杂时，为了更加简洁、方便地进行表达，也可先画出各干线系统图，然后再分别画出各子系统，层层分解，有层次地进行表达。图 9.1 所示为照明配电系统图。

系统图上需要表达以下几点内容：

①电缆进线(或架空线路进线)的回路数、型号规格、敷设方式及穿管管径。例如，某照明系统图中标注有 BV(4×50＋1×25)SC80－FC，则表示该线路采用的是铜芯塑料绝缘线，四根 50 mm^2，一根 25 mm^2，穿焊接钢管敷设，管径为 80 mm，沿地面暗设。

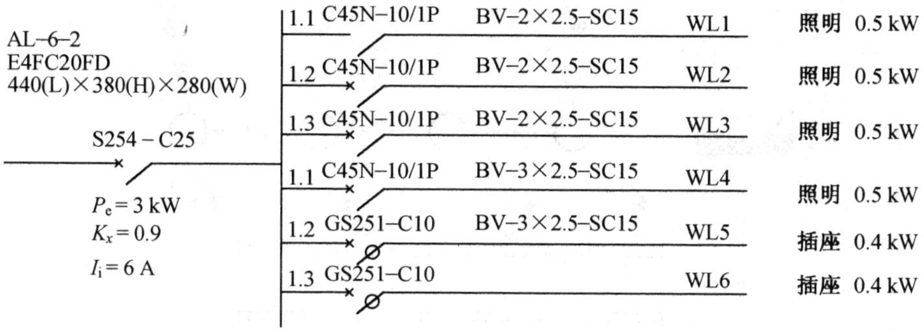

图 9.1　照明配电系统图

本例中导线型号 BV 之间加一个 L，成 BLV，则表示铝心塑料绝缘电线。BX 表示为铜心塑料绝缘橡皮绝缘线。电缆及导线的型号很多，可以参见电气施工图册或产品样本。

②总开关、熔断器的规格型号，出线回路数量，用电负载功率，各条照明支路的分相情况。

③配电系统图上，还应表示出该工程总的设备容量、需要系数、计算容量、计算电流、配电方式等。此外，也可以采用绘制一个小表格的方式标出用电参数。

④电气系统图上的各条配电线路中，应标出该回路的编号和照明设备的总容量。例如，有一栋楼，电源进户线标注有 VLV23(3×50＋2×25)SC50－BC，则表示该线路采用的是铝心塑料绝缘、塑料护套钢带铠装五芯电力电缆，其中三芯是 50 mm^2，两芯是 25 mm^2，穿钢管暗敷设，管径为 50 mm，暗敷设在梁内。

(2)平面图。

平面图是用来表示所有电气设备和线路的平面位置、安装高度、设备和线路的型号、规格、线路的走向和敷设方法、敷设部位的图样。

平面图按工程内容的繁简分层绘制，一般每层绘制一张或数张。同一系统的图应画在一张图上。

平面图还应标注轴线、尺寸、比例、楼面标高、房间名称等，以方便图形校审、编制施工预算和指导施工。图 9.2 为某住宅的局部照明平面图。

照明灯具在平面图上往往以图形符号加文字标注来表示。插座符号内涂黑，则表示嵌入墙内安装。具体的格式如下：

$$a - b\frac{cd}{e}f$$

式中　a—— 某场所同类照明器具的套数，通常在一张平面图中各类型灯分别标注；

b—— 灯具类型代号，可以查阅施工图册或产品样本；

c—— 照明器具内安装灯泡或灯管数量，通常一个或一根可以不表示；

d—— 每个灯泡或灯管的功率瓦数，W；

e—— 照明器具底部距本层楼地面的安装高度，m；

f—— 安装方式代号，灯具安装方式主要有几种形式，见表 9.5。

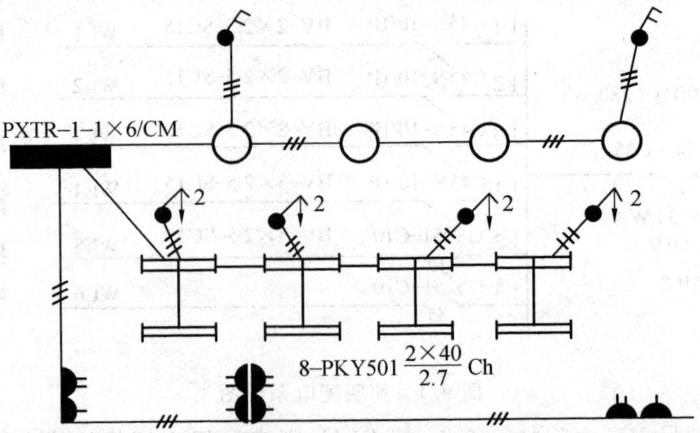

图 9.2 局部照明平面图

表 9.5 灯具安装方式及其代号

序号	名称	旧代号	新代号	序号	名称	旧代号	新代号
1	线吊式	X	CP	9	嵌入式(成人不可进入的顶棚)	R	R
2	固定线吊式	X1	CP1	10	顶棚内安装(成人可进入的顶棚)	DR	CR
3	防水线吊式	X2	CP2	11	墙壁内安装	BR	WR
4	吊线器式	X3	CP3	12	台上安装	T	T
5	链吊式	L	Ch	13	支架上安装	J	SP
6	管吊式	G	P	14	柱上安装	Z	CL
7	壁装式	B	W	15	座装	ZH	HM
8	吸顶式或直附式	D	S				

(3)设备布置图。

设备布置图是用来表示各种电气设备的平面与空间位置之间的相互关系以及安装方式的图样,其通常由平面图、立面图、剖面图及各种构件详图等组成。此类图一般均是按照三视图的原理绘制的。

(4)安装图。

安装图是用来表示电气工程中某一部分或某一部件的具体安装要求和做法的图样,同时它还表明了安装场所的形态特征。此类图一般均有统一的国家标准图,需要时应尽量选用标准图。

(5)电气原理图。

电气原理图是用来表示某一具体设备或系统的电气工作原理的图样。其作用在于指导具体设备与系统的安装、接线、调试、使用与维护。在原理图上,一般用文字简要地说明控制原理或动作过程,同时在图样上还应列出原理图中的电气设备和元件的名称、规格型号及数量。

总之，电气施工图的绘制，应力求以较少的图样准确、明了地来表达设计意图，使施工和维护人员读起来感到条理清楚。此外，在一个具体的工程中，往往还可以根据实际情况来适当增加或减少某些图。

9.5　建筑电气设计说明

1. 初设阶段的说明

初设阶段以说明为主，以图样为辅，工程规模不同，其要求也不完全相同。

1)中小型工程说明要点

中小型工程的设计范围(项目)主要有一般照明、事故照明、工艺设备供电、建筑设备机泵供电及控制、电梯供电、工艺设备控制、声光信号系统、电话配线、广播配线、共用天线电视系统、防雷接地等。因此，说明要点一般包括以下几个方面内容：

(1)主要照明电源。

(2)电力负荷级别及预计设备容量。

(3)供电电源的落实情况。

(4)安全保护措施，如防雷、防火、防爆级别、接零、接地保护等。

(5)主要设备及线路的安装方式和选材。

(6)典型房间电气布置的说明，可在建筑平面图中示意或在设计说明中以文字叙述。

2)大型建筑工程说明

对于大型建筑工程，其设计项目一般比较多，常见的有照明系统、变配电系统、自备电源系统、防雷接地系统、电梯电力系统、电话、广播、电视、事故照明、消防报警与控制、空调自动化、机电设备自动化、业务管理自动化等。因此，对大型建筑工程的一般要求如下：

(1)对工程设计范围要逐项说明，并绘出必要的布置图、主接线或系统框图。

(2)每个系统均应简要说明其主要结构、设备选型、管路走向等，同时还要绘出主接线图。

(3)初步设计还应进行建筑电气工程的概算，用来控制工程的总投资。

2. 施工图说明

在施工图设计阶段以图为主，以说明为辅。施工图中的说明主要是那些图样上不易表达或可以统一说明的问题。其要点主要包括以下几个方面：

(1)叙述工程土建的概况。

(2)阐述工程设计的范围及工程级别(防火、防爆、防雪、负荷级别)。

(3)电源概况。

(4)照明灯具、开关插座的选型。

(5)说明配电盘、箱、柜的选型。

(6)电气管线敷设。

(7)保安接地方式。

(8)施工安装要求及设计依据。

3. 设计说明书的编制

设计说明书是工程设计中必不可少的设计文件。在建筑电气设计中，不同的项目，其说明书的内容及要求也不相同。

1)供电设计说明

供电设计说明的主要内容如下：

(1)说明供电电源与设计工程的方位、距离间的关系；输电线路的形式(专用线或非专用线，电缆或架空线)；供电的可靠程度；供电系统的短路数据和远期发展的情况。

(2)用电负荷的性质及等级；总电力供应主要指标(总设备容量、总计算容量、需要系数、选用变压器容量及台数等)及供电措施。

(3)说明供电系统的形式，即备用电源的自动投入切换；变压器低压侧之间的联络方式及容量；对供电安全所采取的措施。

(4)说明变配电所总电力负荷的分配情况及计算结果(给出总设备容量、计算容量、计算电流、补偿前后的功率因数)；变电所之间备用容量的分配原则；变电所的数量、位置及结构形式。

(5)功率因数的补偿方式、应补偿容量以及补偿结果。

(6)高、低压供电线路的形式和敷设方法。

(7)设备过电压和防雷保护的措施；接地的基本原则，接地电阻的要求；对跨步电压所采取的措施等。

2)电力设计说明

电力设计说明的主要内容如下：

(1)电源来自于何处；配电系统的形式(树干式、放射式、混合式)；负荷类别及供电保护措施。

(2)根据用电设备的类别和环境特点(正常、灰尘、潮湿、高温有爆炸危险等)，来说明设备选择的原则和大容量用电设备的启动和控制方法。

(3)导线选择及线路敷设方式。

(4)安全用电的措施，即防止触电危险所设置的接地、触电保护开关等。

3)电气照明设计说明

电气照明设计说明的主要内容如下：

(1)照明电源、电压、容量、照度选择及配电系统形式的选择。

(2)光源与照明灯具的选择。

(3)导线的选择及线路敷设方式。

(4)应急照明电源的切换方式。

4)建筑物的防雷保护

(1)说明按自然条件、当地雷电日数以及根据建筑物的高度和重要程度，确定的防雷等级和防雷措施。

(2)按防雷等级和安装位置，确定接闪器和引下线的形式和安装方法。如果利用建筑物的构件进行防雷，则应阐述设计确定的原则和所要采取的措施。

(3)说明接地电阻值的确定、接地极的处理方式和采用的材料。

5)初设阶段弱电设计

初设阶段弱电设计的内容主要包括以下几点：

(1)设计的内容和依据。

(2)各项弱电系统的概述和站址的确定。

(3)各系统的确定和设备的选择。

(4)各系统的供电方式等。

(5)需提请在设计审批时解决或确定的主要问题。

9.6　建筑电气工程施工图实例

【实例一】多层住宅电气设计

A市某单位住宅楼,共有六层两个单元,建筑面积为2 348 m^2。设计内容包括室内配电、照明、防雷和弱电系统(综合布线、电话、有线电视)。

1. 设计要点

(1)电气负荷为三级。防雷设计按三类:避雷网网格不大于20×20 m或24×16 m,引下线的间距不大于25 m。

(2)根据户型大小来确定用电负荷,一般为4～8 kW/户,个别用户有特殊要求的,需酌情处理。

(3)每栋住宅的总电源进线断路器应具有漏电保护功能。每套住宅应设置电源总断路器,并应采用可同时断开相线和中性线的开关电器。设洗浴设备的卫生间应作等电位连接。

(4)住宅的公共部位应设人工照明,除了高层住宅的电梯厅和应急照明以外,均应采用节能自熄开关。应急照明采用节能自熄开关时,必须有应急时自动点亮的措施。

(5)按照常规要求,多层住宅弱电系统应含有综合布线、电话、有线电视及楼宇对讲系统(本工程系经济适用房,甲方未要求设计楼宇对讲系统)。闭路电视多采用分配一分支或分支一分配等系统(本工程采用集线器分配方式,应本地电视台的要求,便于行业管理及收费)。

(6)电流互感器的选择。

①一次电流为线路工作电流或变压器额定电流的1.2～1.5倍,或电动机额定电流的1.5倍。

②需要考虑动稳定和热稳定校验。不同型号的互感器,即使变比相同,其动稳定电流也各有差异。例如,同为75/5的互感器,LZJC－10的动稳定电流为11.25 kA,而LZZBJ9－10的动稳定电流则为52.5 kA。

(7)中性线不可共用,否则在正常工作中(特别是负载不平衡时)会使中性线过载发热。如果中性线开路,则会使相电压上升为线电压,串接于两相中的用电器终端电压为190 V左右,易使电器烧毁,甚至造成电气火灾。

(8)该设计的图纸目录见表9.6。

(9)该设计应选用国家建筑标准图集,见表9.7。

表 9.6 图纸目录

序号	图号	图纸名称	图幅
1	电施－1/8	图纸名称 设计说明	2#
2	电施－2/8	配电系统图	2#
3	电施－3/8	弱电系统图(一)主要设备材料表	2#
4	电施－4/8	弱电系统图(二)	2#
5	电施－5/8	一层强电管线平面图	2#
6	电施－6/8	标准层单元强弱电平面图	2#
7	电施－7/8	一层弱电管配线及接地装置平面图	2#
8	电施－8/8	屋面避雷装置平面图	2#

表 9.7 选用国家建筑标准图集

序号	图集名称	图集号
1	钢管配线安装	03D301－3
2	建筑物防雷设施安装	03D501－1
3	接地装置安装	03D501－4
4	常用低压配电设备安装	04D702－1
5	综合布线系统工程设计施工图集	08X101－3
6	电缆敷设	D101－1～7
7	等电位连接安装	02D501－2

2. 设计说明

(1)概述。

①本工程为六层两个单元住宅楼，建筑面积为 2 348 m^2。

②中华人民共和国现行主要标准及法规如下：

a.《民用建筑电气设计规范》(JGJ 16—2008)。

b.《有线电视系统工程技术规范》(GB 50200—1994)。

c.《住宅设计规范》(GB 50096—2011)。

d.《建筑物防雷设计规范》(GB 50057—2010)。

(2)设计范围。

设计范围为室内配电及照明、防雷接地系统。综合布线系统、有线电视系统(CATV)、电话系统设备用电按三级负荷设计。本楼电气设备总容量为 160 kW。

(3)照明系统。

①供电电源及电压。本工程电源由室外箱变采用电缆穿钢管埋地引来，供电电压为 380/220 V。系统采用 TN－S。

②导线选型及敷设方式。电源进线选用 VV－1 kV 型铜芯电缆，采用穿钢管埋地引

来，干线选用 BV－0.45/0.75 kV 型铜芯导线穿钢管沿地坪、墙暗敷，其余支线穿 PC 管沿地、墙、顶棚及板缝板孔内暗敷。

③设备安装高度。总配电箱、用户配电箱嵌墙安装，底边距地 1.6 m，暗开关 1.3 m。洗衣机、盥洗间插座距地 1.5 m，暗插座距地高度详见材料表。

④电视、电话插座与电源插座水平距离大于 0.3 m。

(4)电话电缆系统。

信号源由小区电话交接箱穿钢管埋地敷设至一层分线箱，由分线箱引至每单元层分线盒再引至户内电话出线口，户内电话线采用 RVS－2×0.5，穿 PC 管暗敷，电话出线口距地 0.3 m 暗装。

(5)闭路电视。

①CATV 信号源由小区电视交接箱穿钢管埋地引入一层前端箱，由此箱分别引至各单元三层集线器箱至用户盒。前端箱集线器箱距地 1.8 m，用户盒距地 0.3 m，均暗敷于墙内。

②闭路电视用户接受电平(64±4)dB。

③干线电缆选用 SYWV－75－9，支线电缆选用 SYWV－75－5。

(6)防雷保护及接地。

①防雷按三级防雷建筑物设防，在屋顶及女儿墙上采用 ϕ10 镀锌圆钢装设成环型避雷带作为接闪器，屋顶避雷网格不大于 20 m×20 m，并且利用建筑物结构柱内 4 根不小于 ϕ10 的主筋作为引下线，避雷带和引下线应可靠焊接。

②接地做法采用强弱电联合接地系统，利用基础底部主筋做接地极，主筋连接处必须焊接，搭接长度大于 12 d，跨越伸缩缝做法详见 92DQ13－44，接地电阻小于或等于 1 Ω，如不满足补打人工接地体。

③屋顶所有金属设备、金属构件及正常运行不带电的金属部分均应和联合接地装置可靠连接。

④采用总等电位连接，凡进出入户的所有金属管道均与联合接地系统可靠连接，卫生间做等电位连接。

(7)施工规范。

严格按照《电气装置安装工程施工及验收规范》等有关规范标准和《建筑电气安装工程图集》进行施工，施工中需与土建等各工种密切配合。

(8)AL 配电箱系统图如图 9.3 所示。

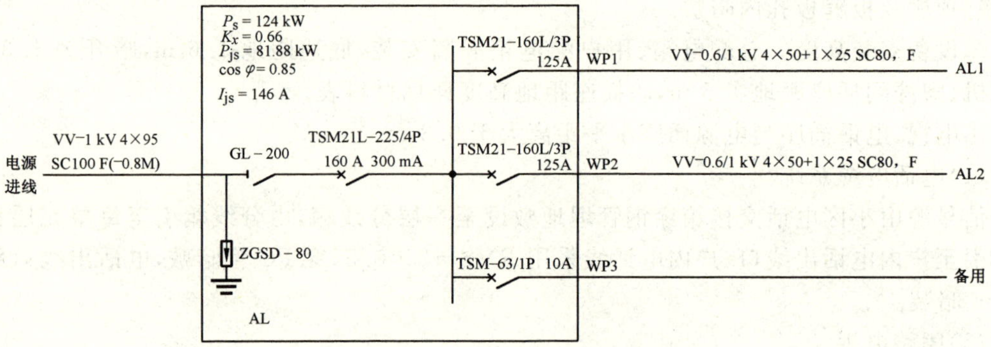

图 9.3　AL 配电箱系统图

(9)AL1(AL2)配电箱系统图如图 9.4 所示。

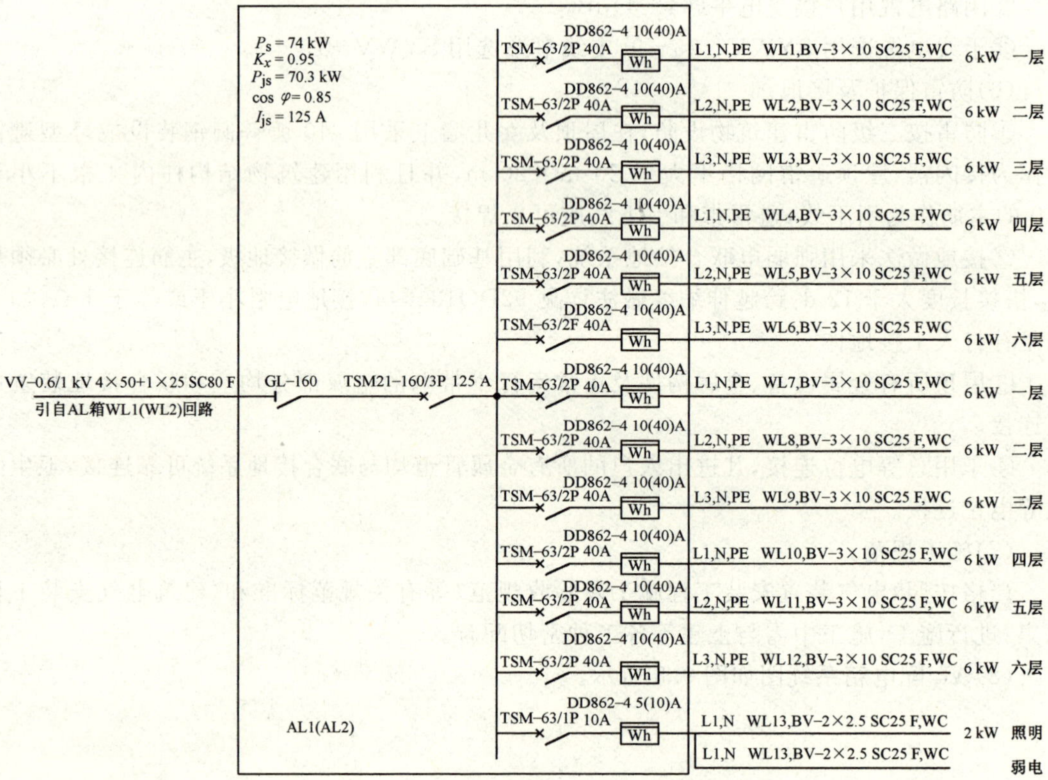

图 9.4　AL1(AL2)配电箱系统图

(10)用户配电箱系统图如图 9.5 所示。

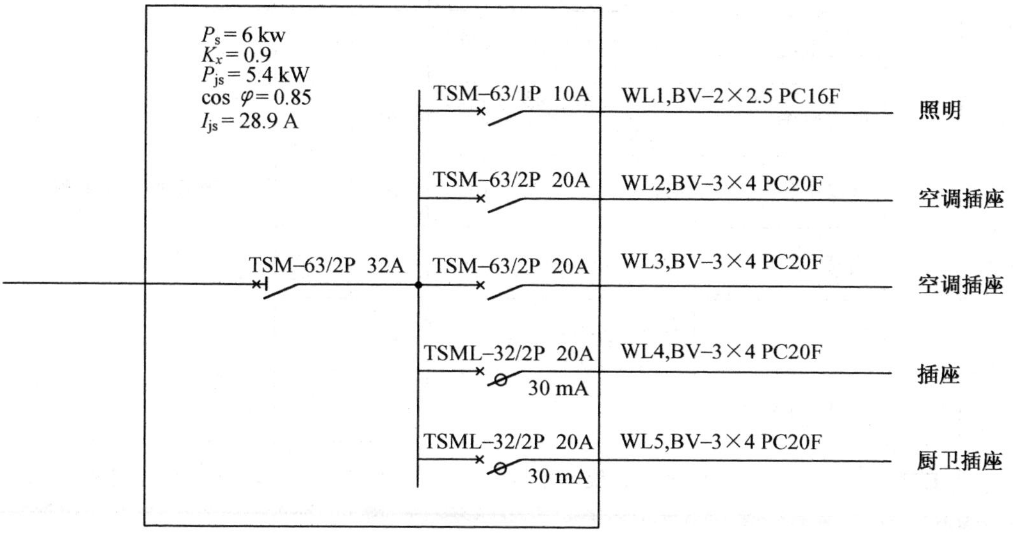

图 9.5　用户配电箱系统图

(11)主要设备材料表见表 9.8。

表 9.8　主要设备材料表

序号	图例	名称	型号及规格	单位	数量	备注
		一、照明部分				
1	▬	照明配电箱	XMR86 Ⅱ 型 根据系统图修改	台	3	箱底距地 1.8 m,厂家制作
2	▬	户配电箱	XMR86 Ⅱ 型 根据系统图修改	台	24	箱底距地 1.8 m,厂家制作
3	⊗	吸顶灯	220 V 40 W	套	72	
4	●	吸顶灯	220 V 3×40 W	套	48	
5		吸顶灯	220 V 40 W	套	48/16	
6		单联单控开关	E811 10A250V	个	144	墙面 暗装 底边距地 1.4 m
7		双联单控开关	E821 10A250V	个	24	墙面 暗装 底边距地 1.4 m
8		声光控延时开关	B8SG/3 3A250V	个	16	墙面 暗装 底边距地 1.4 m
9		双联开关二、三极插座	B9PK 10A250V	个	264	墙面 暗装 底边距地 0.3 m
10		三极多用插座	B9Hz 13A250V	个	96	墙面 暗装 底边距地 1.8 m

续表 9.8

序号	图例	名称	型号及规格	单位	数量	备注
11		电力电缆	VV－0.6/1 kV 4×95	m		数量详见施工预算
12		电力电缆	VV－0.6/1 kV 4×50＋1×25	m		
13		绝缘电线	BV－500－2.5/4/10	m		
14		钢管	SC25/80/100	m		
15		PVC 管	PC16/20	m		
		二、CATV 部分				
1		前端箱	根据系统图定制	台	1	墙面 暗装 底边距地 1.8 m
2		集线器		台	2	墙面 暗装 底边距地 1.8 m
3		放大器/二分配器	LF33－6/FPL2/4－1	台	1/1	
4		二分配器箱	根据系统图定制	台	24	墙面 暗装 底边距地 1.8 m
5		电视插座	E75TV	个	48	墙面 暗装 底边距地 0.3 m
6		射频同轴电缆	SYWV－75－9	m		数量详见施工预算
7		射频同轴电缆	SYWV－75－5	m		
8		钢管	SC40/25/20	m		
9		PVC 管	PVC20/25/32	m		
		三、电话部分				
1		电话分线箱	XF6－10－30	台	1	墙面 暗装 底边距地 1.8 m
2		电话插座	ET01S	个	48	墙面 暗装 底边距地 0.3 m

续表 9.8

序号	图例	名称	型号及规格	单位	数量	备注
3		电话电缆	HYV－30×2×0.5	m		数量详施工预算
4		电话线	RVS－2×0.5	m		
5		钢管	SC40/32	m		
6		PVC 管	PC16/25/40	m		
7						
		四、网络部分				
1	[ ]	网络设备箱		台	1	墙面 暗装 底边距地 1.8 m
2	⊠	单元配线架		个	1	
3	HUB	集线器		台	1	
4	TO	电脑插座	ET01CM	个	24	墙面 暗装 底边距地 0.3 m
5		五类电缆	1061004	m		数量详见施工预算
6		钢管	SC32/40	m		
7		PC 管	PC20/25/40	m		
		五、防雷部分				
1		镀锌扁钢	－40×4	m		数量详见施工预算
2		镀锌圆钢	ϕ10	m		

(12)宽带网系统图如图 9.6 所示。

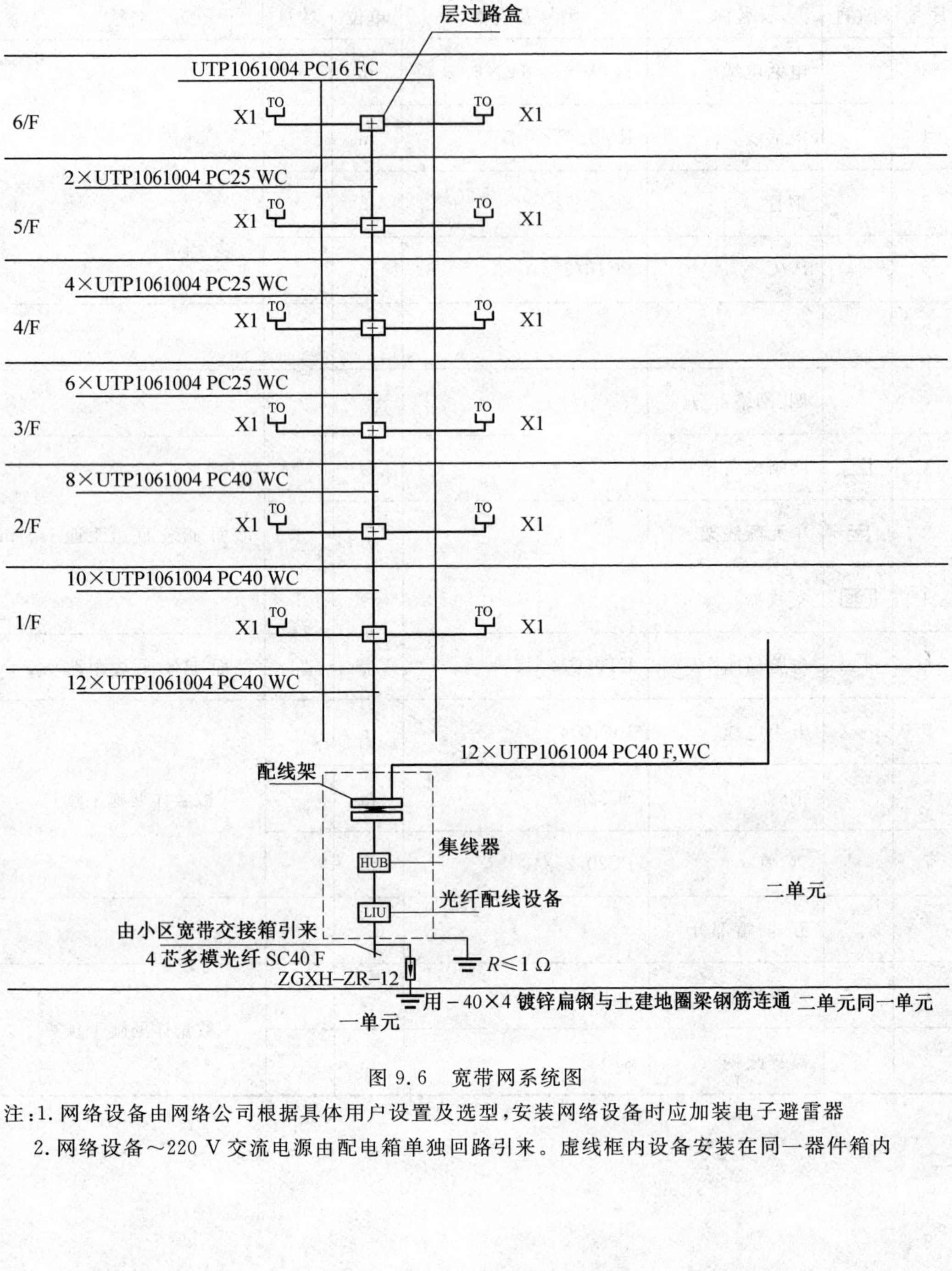

图 9.6　宽带网系统图

注:1. 网络设备由网络公司根据具体用户设置及选型,安装网络设备时应加装电子避雷器

2. 网络设备～220 V 交流电源由配电箱单独回路引来。虚线框内设备安装在同一器件箱内

(13)闭路电视系统图如图 9.7 所示。

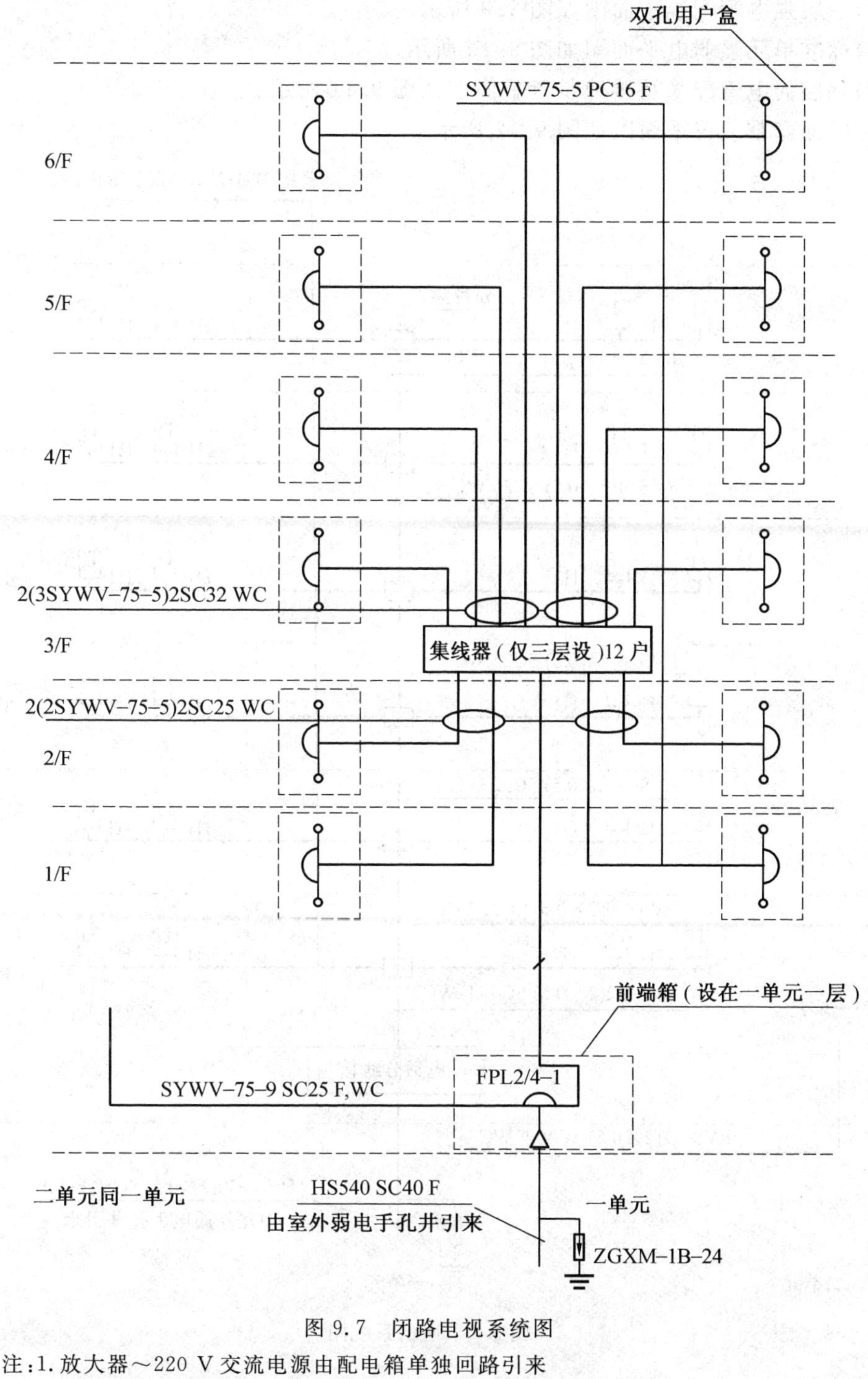

图 9.7　闭路电视系统图

注:1. 放大器～220 V 交流电源由配电箱单独回路引来

2. 分支器至用户盒最大衰耗为 4 dB

(14)通信系统图如图 9.8 所示。

(15)一层强电管配线平面图如图 9.9 所示。

(16)标准单元强弱电平面图如图 9.10 所示。

(17)一层弱电管配线及接地装置平面图如图 9.11 所示。

(18)屋面避雷装置平面图如图 9.12 所示。

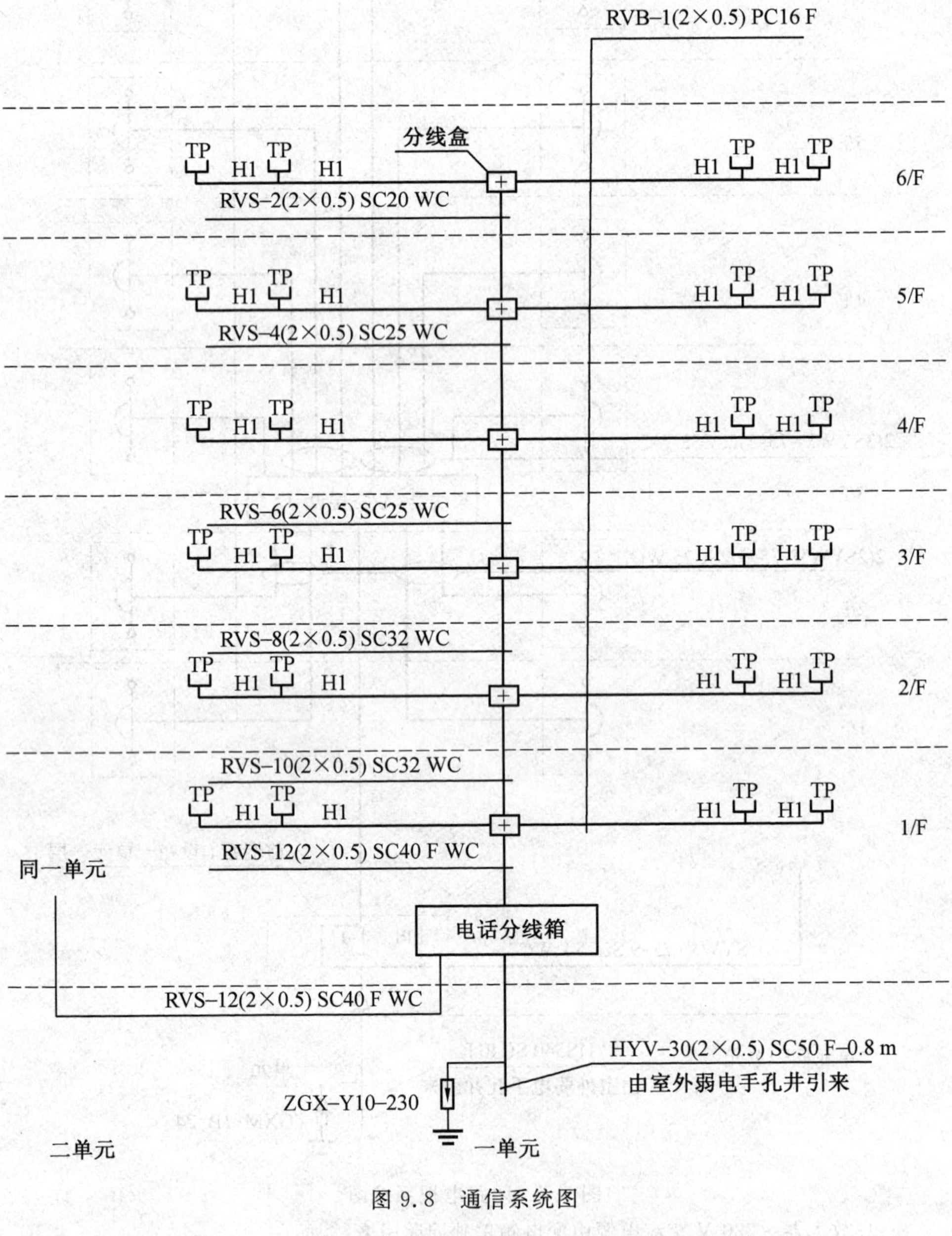

图 9.8　通信系统图

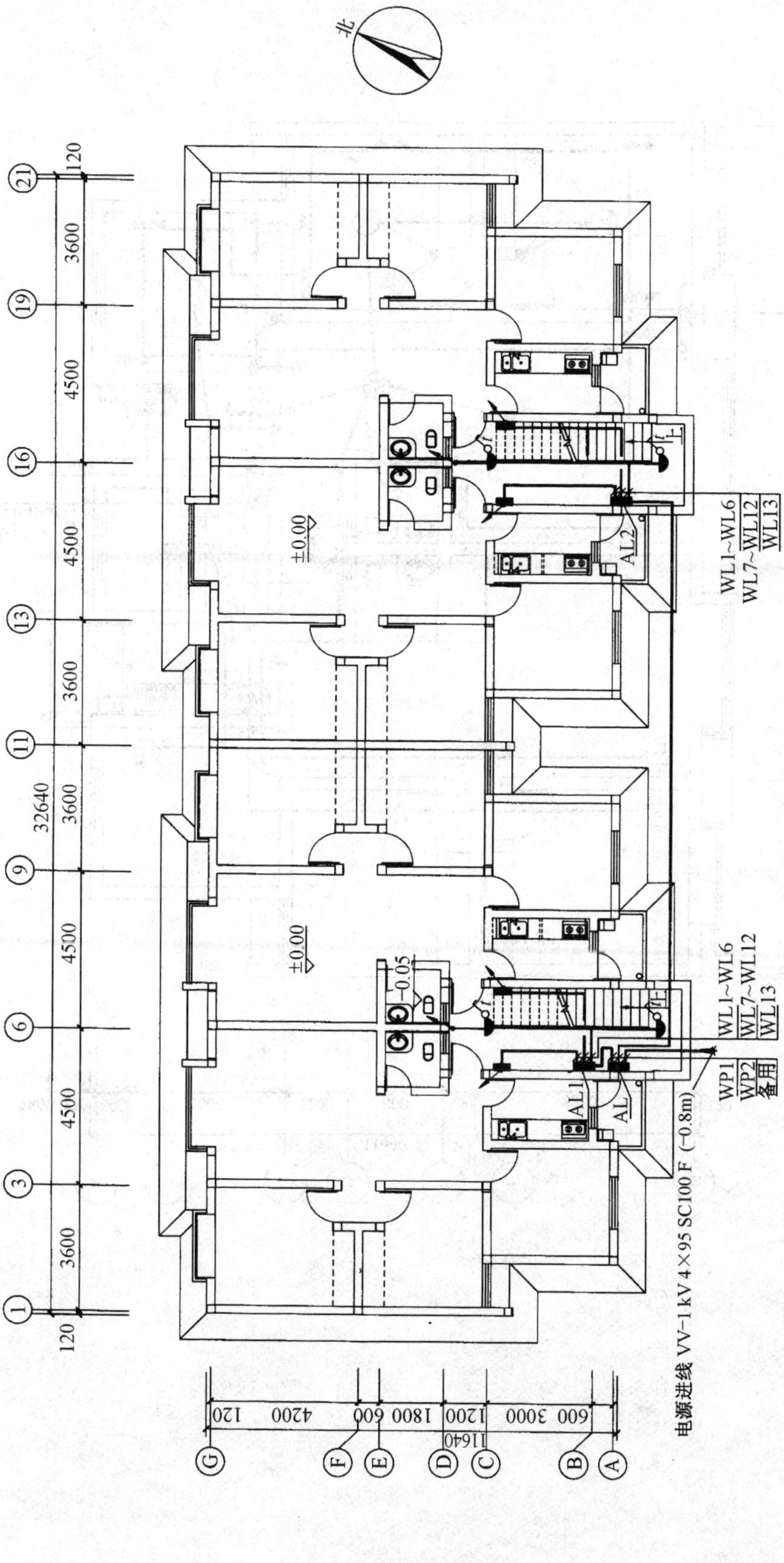

图 9.9　一层强电管配线平面图 (1：100)

(B+B)

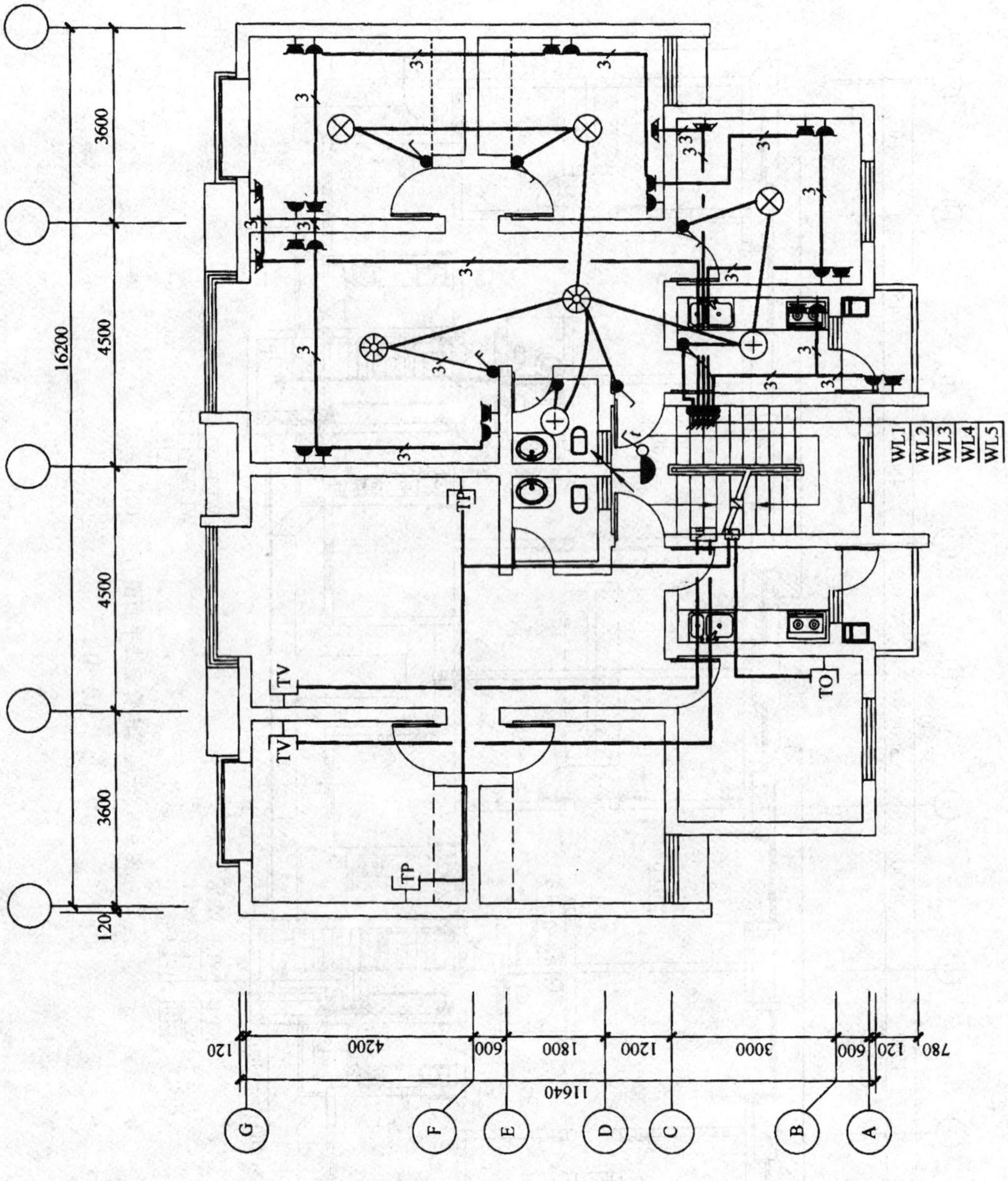

图 9.10　标准单元强弱电平面图

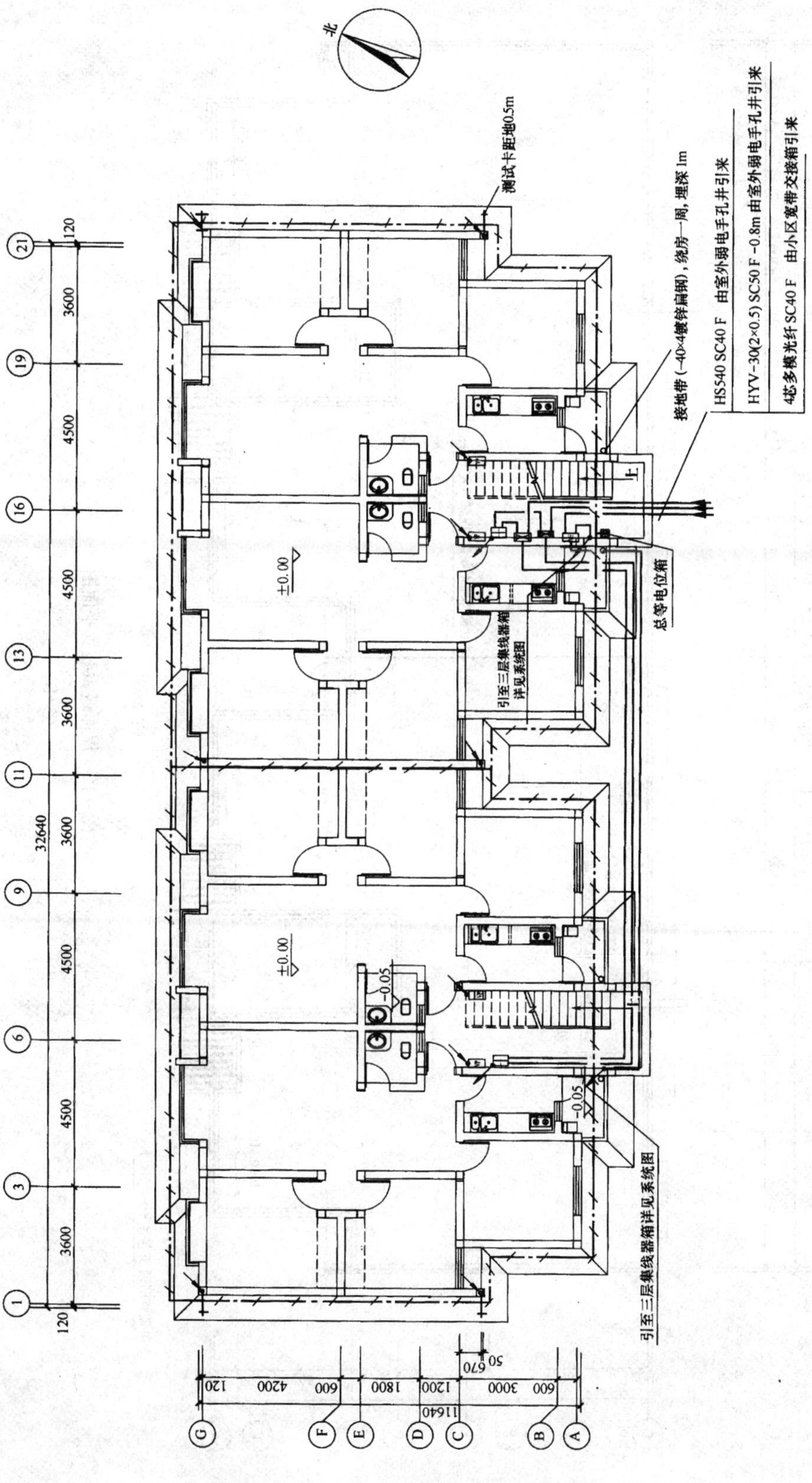

图 9.11　一层弱电管配线及接地装置平面图

(B+B)

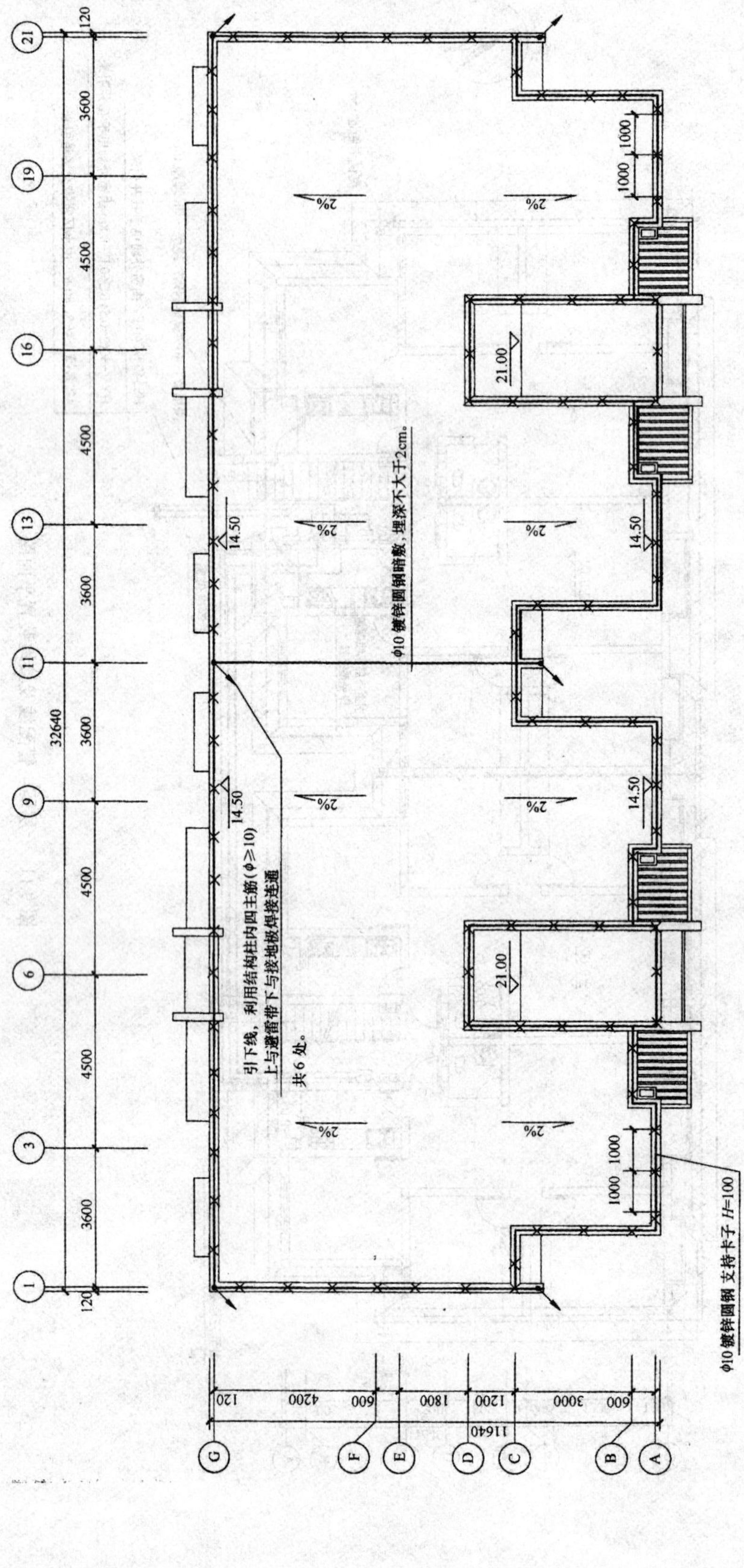

图 9.12　屋面避雷装置平面图
(B+B)

【实例二】大学校园总图供电施工图设计

某大学校园供电总图，总用电负荷为 8 000 kV・A，最大变压器为 1 600 kV・A。采用箱式变电站供电——树干式、放射式相结合。电缆全部埋地敷设(遇挡墙时采用密封、耐高温、防雨的母线槽)。

1. 设计要点

(1)大学校园供电总图有两种方案：一种为中央变电所＋架空线(变电所占用建筑面积，架空线影响校容)；另一种为箱式变电站＋电缆(不占用建筑面积，不影响校容)。本设计采用后一种方式。

(2)理论分析和设计实践证明：变压器容量在 1 600 kV・A 及以下时，均可采用负荷开关＋熔断器保护方案，设备简单、价格低廉、性能良好。该方案用负荷开关投切电路和隔离故障点，熔断器完成短路保护功能(动作时间为 0.01 s，而断路器动作时间则为 0.06 s，这对于防止变压器油箱炸裂具有十分重要的意义)。

(3)按照中压负荷开关国家制造标准，中压负荷开关仅能开断 1 250 kV・A 配电变压器空载电流。为了安全起见，本设计在 10 kV 电源进线端设计了一台断路器，作为负荷开关＋熔断器保护的后备保护。从而实现了变压器和电缆的双重保护。

(4)对于校园所需的另一电源则引自变电所另一母线上的 10 kV 出线。

(5)箱式变电站位置的确定应考虑供电半径的要求。220/380 V 供电半径一般为250 m 左右，如果供电半径过大，则需增大电缆截面，以满足用电器对供电电压偏差允许值的要求。

①一般电动机为＋5%～－5%。

②电梯电动机为＋7%～－7%。

③照明。一般场所为＋5%～－5%，道路照明、应急照明、警卫照明为＋5%～－10%。

(6)管道敷设。采用双壁波纹管或碳素管埋于人行道或绿化带下，顶部距地 0.8 m。过马路时采用镀锌金属管，顶部距地 0.8 m。转角、分支需设人孔井，直线段人孔井间距不超 100 m。

2. 设计说明

(1)供电拓扑示意及高压分线箱系统图如图 9.13 所示。

(2)1＃箱式变电站系统图如图 9.14 所示。

(3)2＃箱式变电站系统图如图 9.15 所示。

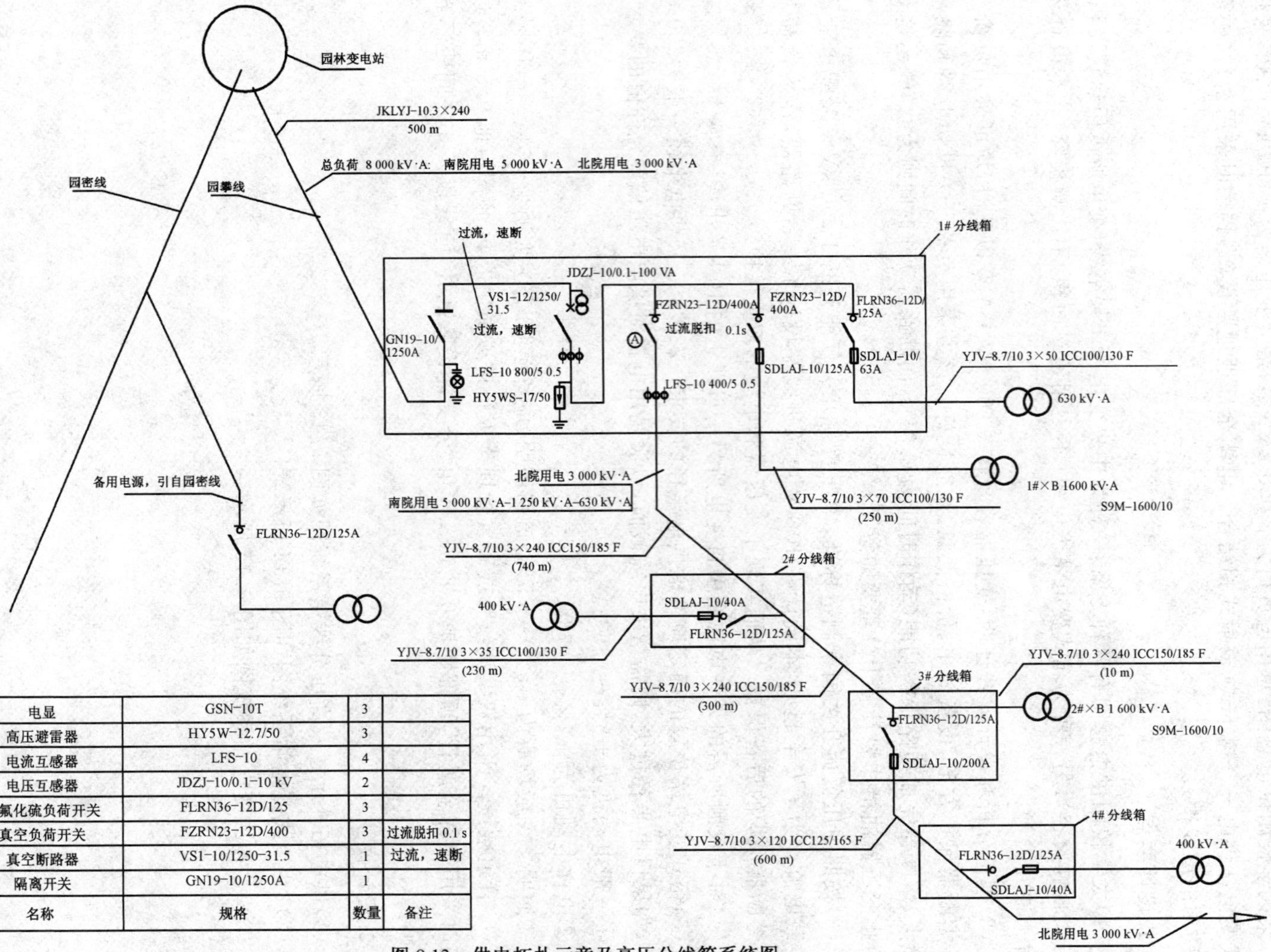

序号	代号	名称	规格	数量	备注
8		电显	GSN-10T	3	
7		高压避雷器	HY5W-12.7/50	3	
6		电流互感器	LFS-10	4	
5		电压互感器	JDZJ-10/0.1-10 kV	2	
4		六氟化硫负荷开关	FLRN36-12D/125	3	
3		真空负荷开关	FZRN23-12D/400	3	过流脱扣 0.1 s
2		真空断路器	VS1-10/1250-31.5	1	过流，速断
1		隔离开关	GN19-10/1250A	1	

图 9.13　供电拓扑示意及高压分线箱系统图

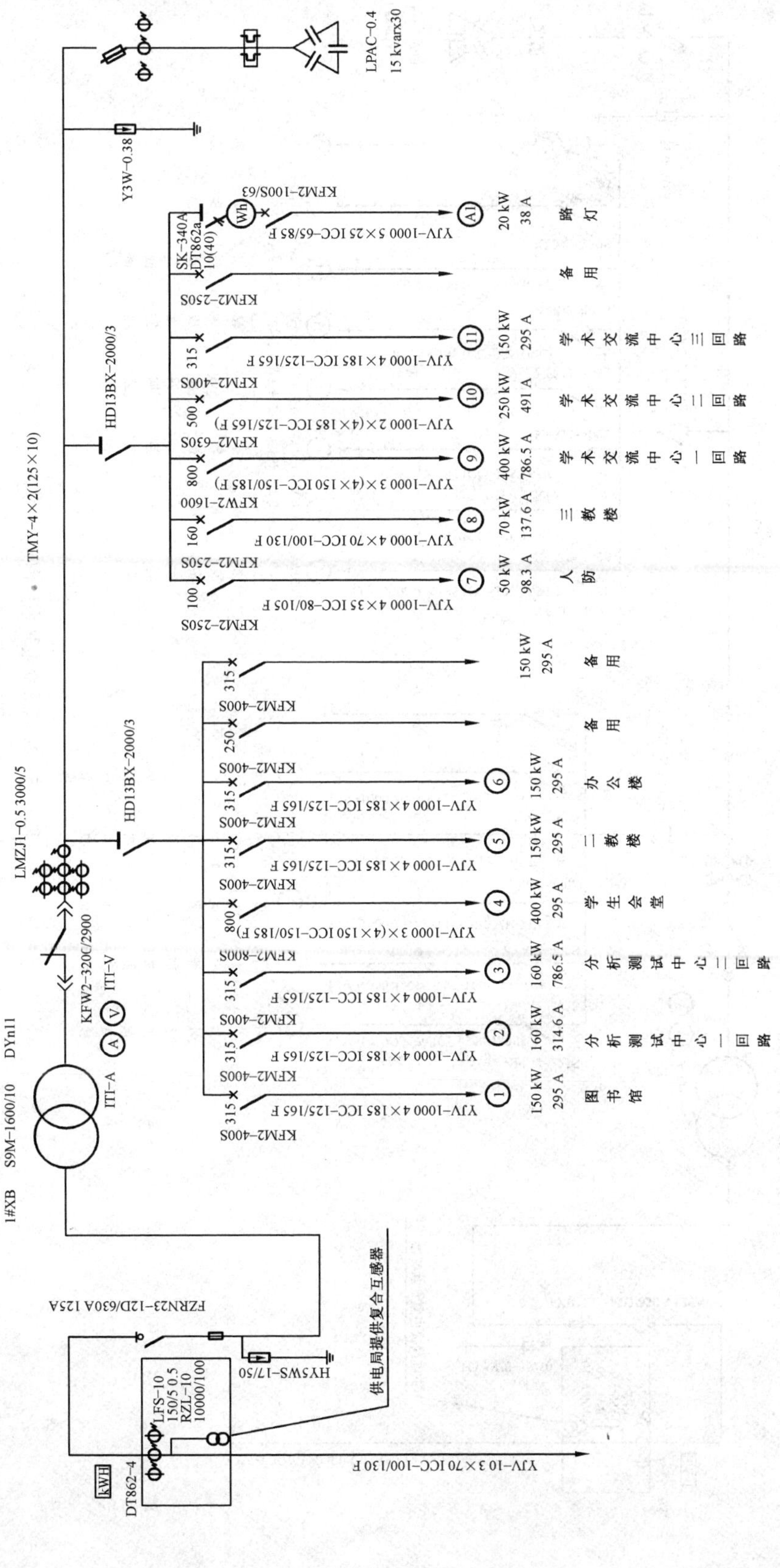

图 9.14　1# 箱式变电站系统图

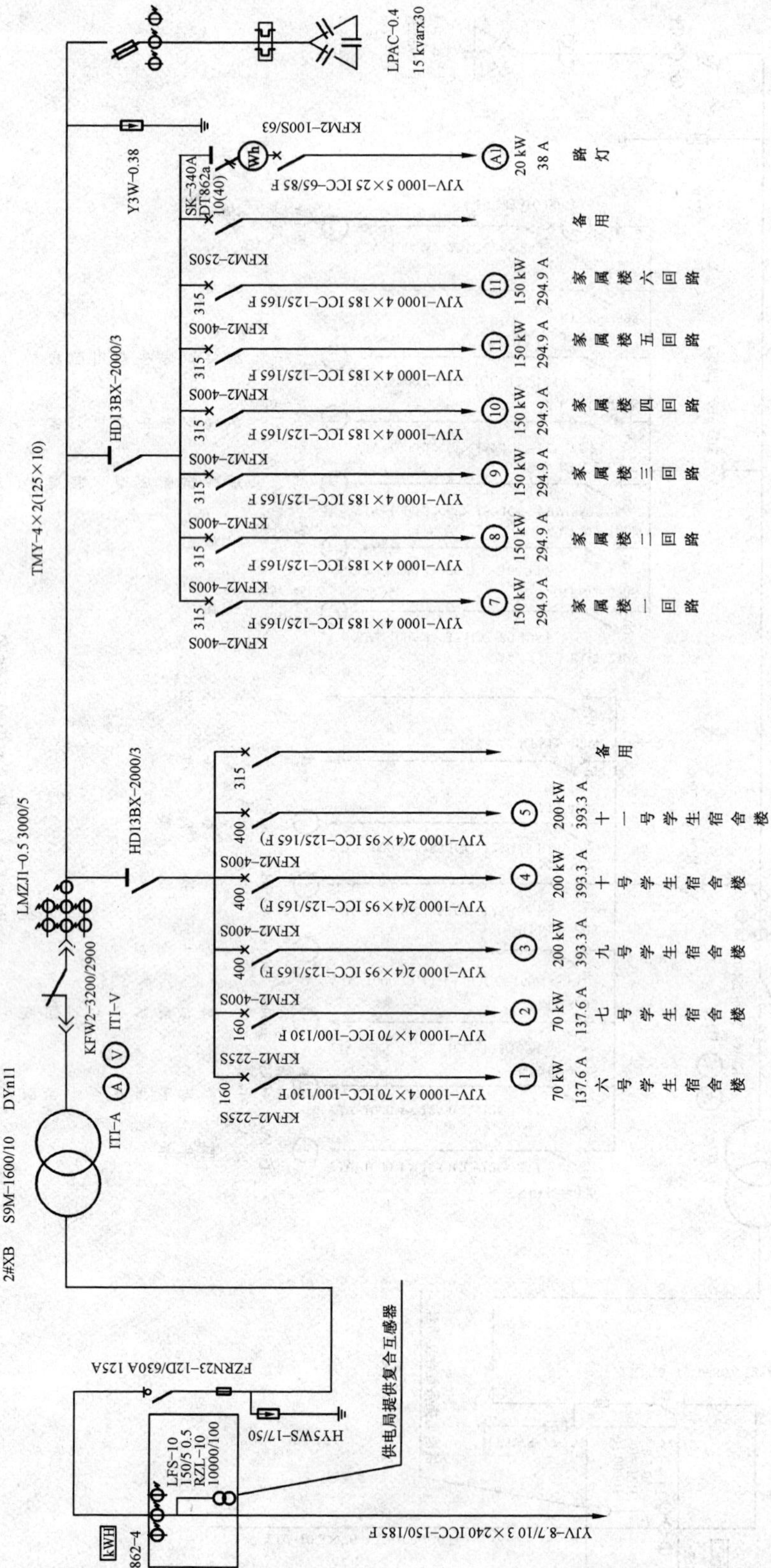

图 9.15 2# 箱式变电站系统图

复习思考题

1.在建筑电气工程中,设计项目的确定因素有哪些?

2.建筑电气设计的原则是什么?

3.简述建筑电气的设计程序。

4.建筑电气设计的具体步骤包括哪些?各步骤的内容是什么?

5.建筑电气图样中的电气图形符号通常有哪些?

6.电气工程施工图的组成有哪些?

7.何为系统图?系统图上需要表达的内容有哪些?

8.照明灯具在平面图上往往以图形符号加文字标注来表示,其具体格式及符号含义是什么?

9.常用的建筑电气设计说明书有哪些?各自的内容是什么?

附 表

附表 1　500 V 铜芯绝缘导线长期连续负荷允许载流量表

导线截面/mm²	线芯结构			导线明敷设/A				橡皮绝缘导线多根同穿在一根管内时，允许负荷电流/A												塑料绝缘导线多根同穿在一根管内时，允许负荷电流/A											
	股数	单芯直径	成品外径/mm	25 ℃		30 ℃		25 ℃						30 ℃						25 ℃						30 ℃					
								穿金属管			穿塑料管			穿金属管			穿塑料管			穿金属管			穿塑料管			穿金属管			穿塑料管		
				橡皮	塑料	橡皮	塑料	2 根	3 根	4 根	2 根	3 根	4 根	2 根	3 根	4 根	2 根	3 根	4 根	2 根	3 根	4 根	2 根	3 根	4 根	2 根	3 根	4 根	2 根	3 根	4 根
1.0	1	1.13	4.4	21	19	20	18	15	14	12	13	12	11	14	13	11	12	11	10	14	13	11	12	11	10	13	12	10	11	10	9
1.5	1	1.37	4.6	27	24	25	22	20	18	17	17	16	14	19	17	16	16	15	13	19	17	16	16	15	13	18	16	15	15	14	12
2.5	1	1.76	5.0	35	32	33	30	28	25	23	25	22	20	26	23	22	23	21	19	26	24	22	24	21	19	24	22	21	22	19	18
4	1	2.24	5.5	45	42	42	39	37	33	30	33	30	26	35	31	28	31	28	24	35	31	28	31	28	25	33	29	26	29	26	23
6	1	2.73	6.2	58	55	54	51	49	43	39	43	38	34	46	40	36	40	36	32	47	41	37	41	36	32	44	38	35	38	35	30
10	7	1.33	7.8	85	75	80	70	68	60	53	59	52	46	64	56	50	55	49	43	65	57	50	56	49	44	61	53	47	52	46	41
16	7	1.68	8.8	110	105	103	96	86	77	69	76	68	60	80	72	65	71	64	56	82	73	65	72	65	57	77	68	61	67	61	53
25	19	1.28	10.6	145	138	136	129	113	100	90	100	70	80	106	94	84	94	84	75	107	95	85	95	85	75	100	89	80	89	80	70
35	19	1.51	11.8	180	170	168	159	140	122	110	125	110	98	131	114	103	117	103	92	133	115	105	120	105	93	124	108	98	112	98	87
50	19	1.81	13.8	230	215	215	201	175	154	137	160	140	123	164	144	128	150	131	115	165	146	130	150	132	117	154	137	122	140	123	109
70	49	1.33	17.3	285	265	267	248	215	193	173	195	175	155	201	181	162	182	164	145	205	183	165	185	167	148	194	171	154	173	156	138
95	84	1.20	20.8	345	325	323	304	260	235	210	240	215	195	243	220	197	224	201	182	250	225	200	230	205	185	234	210	187	215	192	173
120	133	1.08	21.7	400	—	374	—	300	270	245	278	250	227	280	252	229	260	234	212	—	—	—	—	—	—	—	—	—	—	—	—
150	37	2.24	22.0	470	—	439	—	340	310	280	320	290	265	318	290	262	299	271	248	—	—	—	—	—	—	—	—	—	—	—	—
185	37	2.49	24.2	540	—	505	—	—	—	—	—	—	—	—	—	—	—	—	—	—	—	—	—	—	—	—	—	—	—	—	—
240	61	2.21	27.2	660	—	617	—	—	—	—	—	—	—	—	—	—	—	—	—	—	—	—	—	—	—	—	—	—	—	—	—

注：导电线芯最高允许工作温度＋65 ℃

附表 2　500 V 铝芯绝缘导线长期连续负荷允许载流量表

导线截面/mm²	线芯结构			导线明敷设/A				橡皮绝缘导线多根同穿在一根管内时，允许负荷电流/A												塑料绝缘导线多根同穿在一根管内时，允许负荷电流/A											
	股数	单芯直径	成品外径/mm	25 ℃		30 ℃		25 ℃						30 ℃						25 ℃						30 ℃					
				橡皮	塑料	橡皮	塑料	穿金属管			穿塑料管			穿金属管			穿塑料管			穿金属管			穿塑料管			穿金属管			穿塑料管		
								2 根	3 根	4 根	2 根	3 根	4 根	2 根	3 根	4 根	2 根	3 根	4 根	2 根	3 根	4 根	2 根	3 根	4 根	2 根	3 根	4 根	2 根	3 根	4 根
2.5	1	1.76	5.0	27	25	25	23	21	19	16	19	17	15	20	18	15	18	16	14	20	18	15	18	16	14	19	17	14	17	16	13
4	1	2.24	5.5	35	32	33	30	28	25	23	25	23	20	26	23	22	23	22	19	27	24	22	24	22	19	25	22	21	22	21	20
6	1	2.73	6.2	45	42	42	39	37	34	30	33	29	26	35	32	28	31	27	24	35	32	28	31	27	25	33	30	26	29	28	24
10	7	1.33	7.8	65	59	61	55	52	46	40	44	40	35	49	43	37	41	38	33	49	44	38	42	38	33	46	41	36	39	38	34
16	7	1.68	8.8	85	80	80	75	66	59	52	58	52	46	62	55	49	54	49	43	63	56	50	55	49	44	59	52	47	51	49	44
25	7	2.11	10.6	110	105	103	98	86	76	68	77	68	60	80	71	64	72	64	56	80	70	65	73	65	57	75	65	61	68	61	57
35	7	2.49	11.8	138	130	129	122	106	94	83	95	84	74	99	89	78	89	79	69	100	90	80	90	80	70	94	84	75	84	79	70
50	19	1.81	13.8	175	165	164	154	138	118	105	120	108	95	124	110	98	112	101	89	125	110	100	114	102	90	117	103	94	107	96	88
70	19	2.14	16.0	220	205	206	192	165	150	133	153	135	120	154	140	124	143	126	112	155	143	127	145	130	115	145	134	119	136	125	111
95	19	2.49	18.3	265	250	248	234	200	180	160	184	165	150	187	168	150	172	154	140	190	170	152	175	158	140	178	159	142	164	149	133
120	37	2.01	20.0	310	—	290	—	230	210	190	210	190	170	215	197	178	197	178	159	—	—	—	—	—	—	—	—	—	—	—	—
150	37	2.24	22.0	360	—	337	—	260	240	220	250	227	205	243	224	206	234	212	192	—	—	—	—	—	—	—	—	—	—	—	—

注：导电线芯最高允许工作温度＋65 ℃

参考文献

[1] 中华人民共和国住房和城乡建设部. GB 50052—2009 供配电系统设计规范[S]. 北京：中国计划出版社，2010.

[2] 中华人民共和国住房和城乡建设部. GB 50057—2010 建筑物防雷设计规范[S]. 北京：中国计划出版社，2011.

[3] 中华人民共和国住房和城乡建设部. GB 50311—2007 综合布线系统工程设计规范[S]. 北京：中国标准出版社，2007.

[4] 中华人民共和国住房和城乡建设部. GB 50054—2011 低压配电设计规范[S]. 北京：中国计划出版社，2012.

[5] 中华人民共和国住房和城乡建设部. JGJ 16—2008 民用建筑电气设计规范[S]. 北京：中国建筑工业出版社，2008.

[6] 李英姿，洪元颐. 现代建筑电气供配电设计技术[M]. 北京：中国电力出版社，2008.

[7] 唐海. 建筑电气设计与施工[M]. 2 版. 北京：中国建筑工业出版社，2010.

[8] 方潜生. 建筑电气[M]. 北京：中国建筑工业出版社，2010.

[9] 徐光锋. 工业与民用建筑电气设计典型实例[M]. 北京：中国电力出版社，2009.

[10] 颜伟中. 电工学(土建类)[M]. 2 版. 北京：高等教育出版社，2010.

[11] 胡国文. 现代民用建筑电气工程设计[M]. 北京：机械工业出版社，2012.

[12] 郑发泰. 建筑供配电与照明系统施工[M]. 北京：中国建筑工业出版社，2005.

[13] 李蔚. 建筑电气设计要点难点指导与案例剖析[M]. 北京：中国建筑工业出版社，2012.

[14] 俞丽华. 电气照明[M]. 4 版. 上海：同济大学出版社，2010.

[15] 姜大庆，洪学银. 综合布线系统设计与施工[M]. 北京：清华大学出版社，2011.

[16] 段春丽. 建筑电气[M]. 北京：机械工业出版社，2014.